Markus Lisken und Ulf Gerber
Das Thermikbuch für Modellflieger
Thermik finden und optimal nutzen

Das Thermikbuch für Modellflieger

Thermik finden und optimal nutzen

Markus Lisken und Ulf Gerber

Verlag für Technik und Handwerk
Baden-Baden

vth Fachbuch
Best.Nr.: FB 2044

Die Deutsche Bibliothek - CIP-Einheitsaufnahme

Lisken, Markus:
Das Thermikbuch für Modellflieger : Thermik finden und optimal nutzen / Markus Lisken und Ulf Gerber. - Baden-Baden : Verl. für Technik und Handwerk, 1992
(vth-Fachbuch)
ISBN 3-88180-044-1
NE: Gerber, Ulf:

ISBN 3-88180-044-1

Alle Fotos bis auf Abb. 63 und Abb. 65: Verfasser;
Abb. 63 und Abb. 65: Karin Niessen

Printed in Germany
Druck: Offsetdruckerei Peter Naber, Hügelsheim

Vorwort

Sie wissen schon, wo beim Modell vorne ist?

Sie sind schon einmal geflogen, oder sogar heil gelandet?

Und Sie mögen keine Motoren, die anstatt den Flug zu verlängern nur Ihre Fingerkuppe zu verkürzen trachten?

Dann sind Sie unser Mann! Oder unsere Frau? Wer weiß?

Wir zeigen Ihnen in diesem Buch nicht nur, wie Sie das Interesse am Fliegen endgültig verlieren (wegen steifem Nacken), sondern geben Ihnen auch wirksame Tips, wie Sie Ihr Modell eindrucksvoller als bisher zerstören können (zum Beispiel im Sturzflug unter einer Cumuluswolke).

Thermik erhitzt Modelle und Gemüter, kein Wunder also, daß es ebensoviele verschiedene Meinungen dazu gibt wie Piloten. Wir haben unsere eigene Meinung hinter den Messergebnissen zurückgestellt. Das Thermikfliegen komplett zu beschreiben ist eine unendliche Geschichte und wir mußten auf manche Kleinigkeit verzichten, wie etwa die verschiedenen Ausführungen der von aufgebrachten Bauern verwandten Mistgabeln oder der rätselhaften Vorliebe von Kühen für blau lackierte Modelle.

Besonderer Dank gebührt Ulf Gerber für die einzig wirklich wichtigen Kapitel dieses Buches, Stefan Fühling für seine Hinweise darauf, daß dieses Buch aus wissenschaftlicher Sicht vor Fehlern nur so wimmelt, Oliver Straub für seine Tips zum Fliegen in Wüstengebieten, Gernod Winter für die Abbildungen und Hilfe bei der Computerauswertung der Meßergebnisse sowie Fa. Rohles für die zur Verfügung gestellte Modellsegelflugelektronik.

Dieses Buch entstand zu großen Teilen in den Tropen, wobei unzählige Mücken durch ihre Stiche nicht nur die Länge des Vorwortes ganz erheblich begrenzten. Der geneigte Leser möge daher Nachsicht üben, wenn hin und wieder einige Bemerkungen über Käfer, Spinnen und Ameisen fallen, die es trotz verschiedenartigsten Bemühungen nicht schafften, dieses Buch zu verhindern. Es ist übrigens erstaunlich, daß tropische Verhältnisse unsere mitteleuropäische Thermikszene besser wiedergeben als umgekehrt, von einigen Schneeschauern vielleicht abgesehen...

Ubon, Winter 1989 und
Aachen im September 1992
Markus Lisken

Widmung: Denen, die mir das Fliegen zeigten

Inhaltsverzeichnis

"Ist Thermik?"

Seien wir ehrlich: Ganz unten, am letzten Ende der Modellflugskala und oft mitleidig belächelt, tummeln wir Modellsegelflieger uns. So ganz ohne Knattern, Benzin und Power, das macht doch keinen Spaß, oder? Ohnehin erstaunlich, wieso "die Dinger auch ohne Wind oben bleiben können".

Aber da gibt es noch so ein kleines Zauberwort, das alle verbindet, vom Seniorpilot mit seinem sechs Meter Segler über den Familienvater mit einem echten und einem hölzernen Filius bis hin zum Bussard neben dem heimischen Flugplatz, die "Thermik".

Thermik ist aus dem Griechischen abgeleitet und bedeutet "Wärme". In der Fliegersprache auch "Bärte" oder "Blasen" genannt versteht man darunter warme Aufwinde. Jeder Thermikflieger sucht sie, und so kreisen seit jeher Modelle und Stammtischrunden um dieses Thema. Jedes Wochenende auf wahrscheinlich jedem Modellflugplatz fällt mit jedem neu eintreffenden Seglerpiloten die magische Frage "geht's hoch heute?".

Obwohl Thermik Hoffnung und Motor der (Modell-) Segelflieger ist, wurde bisher relativ wenig darüber berichtet. Kein Wunder; das Geld, das in die Entwicklung von Antriebssystemen aller Art gesteckt wurde, fehlt bei der Erforschung der Thermik fast völlig. Denn im Gegensatz zum Atomantrieb für Flugzeuge (!) wurde Thermik-"Antrieb" bisher leider fast nie als förderungswürdig anerkannt. Das ist schade, denn ein Flug von Frankfurt nach New York in der doppelten Zeit zum halben Preis und ganz ohne Luftverschmutzung wäre in ferner Zukunft sicherlich ebenso denkbar wie spannend.

Über Modelle, Profile und Meteorologie gibt es viel Literatur und mancher Modellsegelflieger kennt sich damit schon gut aus. Die eigentliche Technik des Thermikmodellfluges ist darüber erstaunlich vernachlässigt worden. Das wollen wir ändern. Denn es gibt drei gute Gründe, lieber ein bißchen Köpfchen statt viel Power zu benützen. Je nach persönlichen Vorlieben kann man nämlich

- länger,
- höher, oder
- weiter

fliegen als bisher, manchmal sogar als mit Motor, in jedem Fall aber leiser.

Stundenlanges Fliegen in der Thermik erreicht man nicht mit irgendeinem Geheimtrick, dem Gefühl im kleinen Zeh oder magischen Beschwörungen ("nun flieg, flieg!") sondern nur durch Erfahrung und Wissen um den Segelflug und die Gebiete, die er streift, wie Meteorologie, Gerätekunde und Flugtaktik.

Angefangen hat alles in der zwanziger Jahren. Damals flogen unsere großen Brüder fleißig an Hängen entlang, hin und zurück. Wenn der Wind darauf blies, schafften einige ganz besonders ausdauernde Ritter der Lüfte auf besenstielartig anmutenden Geräten das über acht Stunden lang non-stop. Wer aber vom Hang wegflog, lernte ihn unweigerlich schon nach kurzer Zeit von unten kennen.

Otto Lilienthal glaubte noch, daß die Vögel sich nur mit der Kraft ihrer Schwingen in der Luft hielten. Den Segelfliegern dämmerte nach einem äußerst unfreiwilligen Gewitterflug von Max Kegel im Jahr 1925 nur langsam, daß da noch eine andere Kraft sein müsse. Daß das so lange dauerte, ist eigentlich seltsam, da doch fast täglich Vögel ohne einen Flügelschlag auf große Höhen steigen. Andererseits waren die Ausgangshöhen der damaligen Startmethode (Gummiseil am Hang) und somit auch der Aktionsradius nicht gerade berauschend. Der Meteorologe Professor Dr. Walter Georgii schreibt zur "vorthermischen Epoche":

"Es war eigentlich erstaunlich, daß die meteorologische Wissenschaft dem Segelflug bisher nichts genaues über das Auftreten und die Intensität der thermischen Aufwinde sagen konnte, daß man wohl nach theoretischen Formeln ihre Existenz berechnete, aber keine Vorstellung von ihrer Anordnung im Raum und ihrer Vertikalgeschwindigkeit besaß. Auf diese letzten Angaben kam es aber gerade an für die Prüfung der Möglichkeit des thermischen Segelfluges." (1)

Der geniale Robert Kronfeld rüstete vier Jahre später sein Flugzeug mit einem Gerät zur Messung der Sinkgeschwindigkeit aus. Das Erstaunen war groß, denn das Gerätchen zeigte an einigen Stellen manchmal gar kein Sinken an, sondern Steigen! Da ein Flugzeug in der Luft aber nicht einfach stehenbleiben kann, kreiste man an diesen Stellen und stieg dadurch mit dem Aufwind kilometerhoch. Den Hinweis darauf aber gab nicht etwa ein Pilot, sondern ausgerechnet ein Wissenschaftler:

Am 30. April 1928 schickte in Darmstadt Georgii den Piloten Johannes Nehring mit einem Motorflugzeug zur Basis einer sich aufbauenden Wolke über dem Flugplatz, der sich dort mit abgestelltem Motor so lange wie möglich in weiten Kreisen unmittelbar unter der Wolke halten sollte. Dies gelang ihm schließlich auch ganze 10-12 Minuten ohne Höhenverlust. Die Auswertung des mitgeführten Barogramms ergab eine Aufwindgeschwindigkeit von 4-5 m/s. Damit war der Beweis erbracht, daß die Thermik für die Segelflieger u.U. sogar ein noch intensiverer, nutzbarer Aufwind ist, als der am Hang. Die neue Ära des Segelfluges brach endgültig an, als Robert Kronfeld kurze Zeit später an der Wasserkuppe unter der Regie Georgiis aus dem Gummiseilstart gezielt unter die sich in einiger Entfernung aufbauende Wolke flog und sofort kräftig Höhe gewann. Georgii schreibt dazu:

"Dieser Flug, den nur wenige Angehörige des Instituts am Fliegerdenkmal der Wasserkuppe erlebt hatten, dürfte mindestens die gleiche historische Bedeutung gehabt haben, wie der erste Stundenflug an diesem Hang im August 1922. Ich bat Kronfeld, Stillschweigen zu bewahren, da die Vorführung der neuen Methode des thermischen Segelfluges die Überraschung des Rhön-Wettbewerbes 1928 werden sollte." (1)

Das Jahr 1928 wurde damit zur Geburtsstunde des echten Thermikfluges. Die Segelflieger wurden vom Hang unabhängig und hatten einen kostenlosen Motor mit großer Energie entdeckt, die Sonne. Zusammen mit ihren Vorbildern, den Thermik nutzenden Vögeln, ging der Flug jetzt über weite Landschaften, Flüsse und Städte. Entsprechend wohlklingend änderten sich auch die Namen der Flugzeuge, statt des "Geheimrat", des "Konsul" beispielsweise oder gar der heutzutage nur noch verwandten phantasielosen Baumusterkürzel nahm man die der Vorbilder wie "Kranich", "Sperber" und "Bussard".

Am 6. August 1928 war zum Rhön-Wettbewerb ein Zielflug mit Rückkehr zu dem 8 km entfernten Himmeldankberg ausgeschrieben worden. Georgii schreibt:

"Jetzt galt es, die überlegene Taktik des thermischen Segelfluges von Wolke zu Wolke allen Segelfliegern des Wettbewebs vorzuführen. Kronfeld wurde zum Himmeldankberg angesetzt. Am Südhang der Wasserkuppe wartete er im Hangaufwind eine günstige Wolke ab, stieg unter ihr auf größere Höhe, flog die nächste Wolke an und war schon in kurzer Zeit über dem Himmeldankberg. Hier fand er wieder eine gute Wolke und kehrte mit ihrer Hilfe, hoch über dem Gipfel der Wasserkuppe kreisend, mit souveräner Sicherheit zu seinem Stützpunkt zurück. Alle Wettbewerbsteilnehmer waren sprachlos und staunten. So etwas hatten die Rhön und die Segelflieger noch nicht gesehen. Da gab es nur eines: Gleich nachmachen. Der Stuttgarter Segelflieger Bachem wiederholte Kronfelds Zielflug... und zeigte, daß man schon unter einer Wolke so viel Höhe erreichen konnte, um in einem Gleitflug zum Ziel und zurück zu kommen. Wie einfach war doch auf einmal die Segelfliegerei geworden! Ein Streckenflug nach Klein-Bardorf offenbarte, daß man nun, wie die Zugvögel, sich den wandernden Wolken anvertrauen und unter ihnen kreisend, mit ihrer Zuggeschwindigkeit über Täler und Gebirge mühelos hinwegfliegen kann. Die auffallendste Leistung dieses von Jubel und Begeisterung getragenen Wettbewerbs war aber der Höhenflug mit anschließendem Streckenflug bis Bad Kissingen von Edgar Dittmar, der den seit 1922, also schon über sechs Jahre bestehenden Wasserkuppen-Höhenrekord von Hentzen von 350 auf 775 Meter steigern konnte. Damit war eine neue Epoche des Segelfluges angebrochen, die eine geradezu stürmische Steigerung der Leistungen und in weiten Teilen der Welt eine neue Welle der Segelflugbegeisterung auslöste." (1)

Seitdem hat sich bei den manntragenden Seglern viel getan. Das Wissen um die Thermik und deren Entstehung gehört zur Ausbildung jedes Segelfliegers. Zusammen mit den erheblich verbesserten Flugzeugen sind Flüge von tausend Kilometern und mehr heutzutage keine Seltenheit mehr, es wurde schon eine Höhe von sechzehn Kilometern erreicht (was allerdings dem Piloten das Leben kostete), jeder halbwegs begabte Anfänger fliegt mit einer Maschine, die meist älter als er selber ist, solange um den heimatlichen Flugplatz wie die Blase (die echte oder die Thermik) es ihm gestattet.

Bei den Modellfliegern sieht es noch nicht ganz so gut aus. Das liegt nicht etwa an den Leistungen der Modelle, sondern an der Einstellung der Piloten. Wer mit einem Elektroantrieb sechs oder acht Stunden in der Luft bleibt, erntet fließiges Schulterkopfen ("ist aus unserem Verein, der, toll, was?") und gilt zu Recht als Guru auf seinem Gebiet.

Der andere Weg ist der reine Thermikflug. Er kostet Sie zwar nicht unbedingt das Leben, macht aber auch riesigen Spaß. Meist bevorzugen ihn die etwas ruhigeren Naturen. Auf einem Campingstuhl sitzend ragt dann eigentlich nur die Antenne in die Luft und reizt allenfalls mal einen Spaziergänger nach dem meist erfolglosen Blick in den Himmel zum Kommentar "der angelt".

Im Katalog eines bekannten Herstellers für den Modellflug steht neben einem golden glänzenden Elektromotor der denkwürdige Satz: "Ideal für die thermiklose Zeit". Falls Sie es tatsächlich schaffen, dieses Buch bis zum Ende zu lesen, werden auch Sie darüber schmunzeln. Vielleicht ist damit Mitternacht gemeint?

Thermik, Altes und Neues vom Aufwind

Seit es das Wetter gibt, gibt es Thermik. Das ist schon ziemlich lange her, viele Millionen Jahre. Das Wetter ist eine endlose Fortsetzungsgeschichte, sogar noch länger als "Dallas", ohne Werbung und Sendepausen. Man bekommt leider immer nur einzelne Episoden mit. Und selbst dann platzt man oft noch mittendrin rein, will aber natürlich trotzdem sofort wissen, was heute denn so los ist.

Während jeder Motorflieger und jeder Autofahrer seinen Motor oft mit allen Macken und Einzelteilen kennt, heißt es beim Seglerpiloten so manches Mal nur lapidar "Thermik ist immer über'm Kornfeld". Klappen wir die Motorhaube einmal auf und sehen uns unseren Motor auch etwas genauer an. Er ist gar nicht so kompliziert, sondern recht langlebig, robust und in ländlichen Gebieten sogar bleifrei.

Unsere unsichtbare Hauptperson, die Thermik, ähnelt einem Knäuel Wolle, bevor die Katze es zwischen den Krallen hatte (Abb. 1). In der Mitte ist das Einzige, was uns nützt, der Kern. Er enthält die am kräftigsten aufwärtsgerichtete Luftströmung, der gesamte Rest ist lediglich Verpackung, Abwindring genannt, da er die Blase seitlich wie ein Ring umgibt. Wie aber kann ein Modell ohne Motor überhaupt steigen? Wieso gibt es für Flügel sogenannte Steigprofile?

Richtig, seien Sie skeptisch! Das ist tatsächlich Unsinn. Jedes Flugzeug ohne Antrieb kann gegenüber der Umgebungsluft nur dann steigen, wenn man am Höhenruder zieht. Und das geht bekanntlich nicht allzu lange. Ansonsten sinkt ein Segelflugzeug absolut immer. Wenn es wirklich Profile gäbe, mit denen man ständig steigen könnte, würde wir unsere gesamten Ersparnisse freudig opfern, um selbiges zu erwerben. Bevor Sie nun, von Selbstzweifeln geplagt, ein Persönlichkeitsseminar belegen ("Ich habe ganz genau gesehen, daß die Dinger manchmal einfach so hochsteigen!"."Ja ja, entspannen Sie sich erst mal"), modifizieren wir den Ausdruck "Sinken" ein kleines Bißchen:

Jedes Flugzeug ohne Motor und schwerer als Luft speichert die beim Start aufgenommene Energie, die Höhe, und gibt sie im Verlauf des Fluges wieder ab (Abb. 2). Ein Segler sinkt daher immer in der ihn umgebenden Luft, egal ob diese hochsteigt, fällt oder sonstwas macht. Steigt die Luft aber stärker als das Flugzeug sinkt, so steigt das Fluzeug vom Erdboden aus gesehen. Genauso, als wenn wir einen Minisegler in einem Lastwagen fliegen lassen würden und den ganzen Lastwagen dabei hochheben.

So etwas wäre für eine Gewitterwolke noch nicht einmal unmöglich; sie kann zwischen 40.000 und 100.000 PS erzeugen! Verständlich, daß Verkehrsflugzeuge einen großen Bogen darum machen.

Nun ist aber nicht jeder Aufwind direkt Thermik. Reine Aufwinde gibt es vorwiegend an schrägen Ebenen, solange sie vom Wind angeblasen werden, der Hangaufwind, nicht

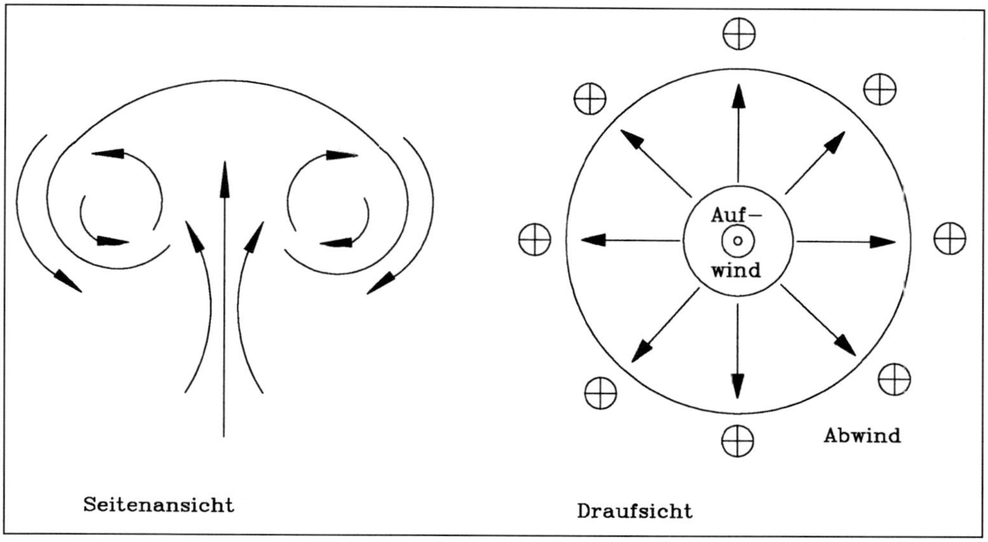

Abb. 1: Etwas, das man nicht sehen kann, unsere Hauptperson, die Thermikblase. In ihrem Kern herrscht das stärkste Steigen. Die eingekreisten Kreuze symbolisieren die abwärtsgerichtete Luftströmung im umgebenden Wirbelring. In den Kern der Blase strömt von allen Seiten Luft nach.

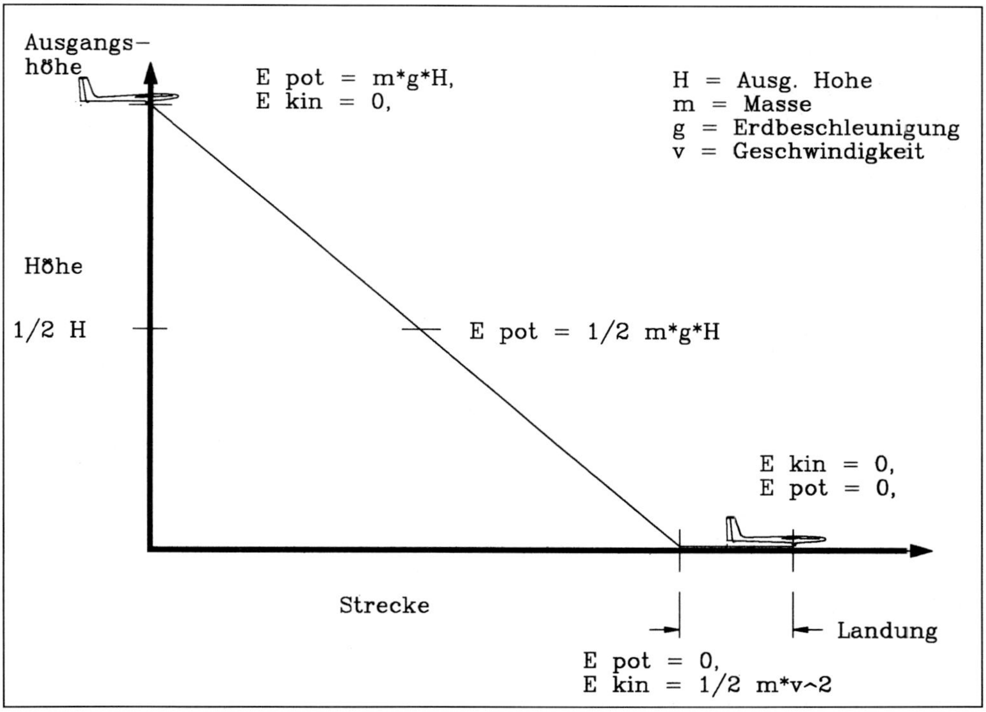

Abb. 2: Ein motorloses Flugzeug wandelt die als Höhe gespeicherte Energie (Epot) in kinetische Energie (Vor- und Auftrieb) um.

zu verwechseln mit dem thermischen Hangwind, ist ein Beispiel.

Thermik hat zwei Vorteile gegenüber dem Hangaufwind. Sie trägt meist wesentlich höher als ein Hang und ist relativ unabhängig von Wind und Windrichtung. Nachteilig ist, daß man, oft weniger und unregelmäßigeres Steigen als am Hang hat und daß Thermik nicht mit solcher Sicherheit voraussagbar ist wie Hangaufwind. Wer aber das Pech oder das Glück hat, wie die Flachlandflieger in Unkenntnis alpiner Hänge störrisch behaupten, in der hanglosen Ebene zu wohnen und zu fliegen, der braucht als Flieger ohne Propeller nun mal Thermik zum Obenbleiben.

Früher wußte man nicht, daß es verschiedene Thermikarten gibt. Es ist daher ein großer Verdienst der beiden Segelflieger Carmichael und Horstmann, Thermik selber vermessen und in Klassen eingeteilt zu haben. Natürlich verteidigt jeder Pilot dabei seinen Lieblingsautor energisch...

Carmichael ging 1954 (!) von drei Standardmodellen aus:

- Der starken Thermik,
- der schwachen Thermik,
- der weiten Thermik.

Starke Thermik heißen dabei Bärte mit maximal 6 Metern Steigen pro Sekunde.

Der Radius einer solchen Thermik ist aber sehr klein; die Messungen von Carmichael lagen bei einem maximalen Radius von unter 200 Metern.

Die schwache Thermik (unter 3 Metern pro Sekunde) hat einen nur geringfügig größeren Radius, die weite Thermik ist bis zu 300 Metern breit bei maximalen Steigwerten von unter 5 Metern pro Sekunde im Zentrum.

Der Temperaturunterschied zwischen der Thermik und der umgebenden Luft ist in unseren Breitengraden meist größer als zwei und kleiner als fünf Grad. Eine Blase lebt durchschnittlich zwischen drei und dreißig Minuten, bei dicken Quellwolken dauert sie lange an, bei flachen Wolkenfetzen kurz. Unterhalb der Wolkenbasis ist die Form der Thermik meist blasen- oder schlauchförmig.

Klar, daß auch die sich daraus ableitenden Diagramme zur Standardaufwindverteilung heftige Diskussionen auslösten. Jeder hatte seine Privatvorstellungen von Thermik und wehe, jemand war anderer Meinung. Man sollte aber auch bedenken, wann diese Messungen vorgenommen wurden und daß sich seitdem auf diesem Sektor kaum etwas getan hat.

Ein sogenannter "schwacher" Bart mit "nur" 3 Metern Steigen oder 200 Metern Radius ist für uns Modellsegelflieger schon ein echter Traumbart. Bevor Sie nun in Erwartung solcher Superbärte die Flügel Ihres Seglers auf ein Paar Stummel beschneiden, eine Warnung: Bei diesen Theorien müssen wir aufgrund der im Modellflug niedrigeren Flughöhen ganz erhebliche Abstriche machen, und zwar an ersten Stelle bei den genannten Dimensionen.

Wir haben in den letzten Jahren selber verschiedene Messungen und Aufzeichnungen sowohl zur Häufigkeit, als auch zur Stärke der Thermik gemacht, um die oben genannten Theorien im Modellflug nachzuprüfen und zu ergänzen. Dabei kam die uralte Weisheit heraus, daß es im Kleinen ähnlich wie im Großen ist. Wer schon einmal in einem Verkehrsflugzeug mitgeflogen ist, kennt die Turbulenzen. Sie können einen Jumbojet Hunderte von Metern hochheben oder einen Hängegleiter in der Luft regelrecht zerlegen beziehungsweise "desintegrieren", wie Zerstörungen und Explosionen in der Zivilluftfahrt so nett und vornehm heißen. Segelflieger reißen sich um solche Turbulenzen und nennen sie Thermik, verfallen aber selber in den Fehler, alles, was ihr Flugzeug nur ein bißchen hin und her schüttelt, als Turbulenz abzutun.

Wir haben es uns nicht so einfach gemacht. Die kleinen Wackler im großen Segelflugzeug sind meist echte Thermik und für Modellflieger durchaus nutzbar, der Kreisradius ist halt nur geringer. Aber selbst mit einem kleinen Modellsegelflugzeug läßt sich die minimale Größe einer Blase beim besten Willen nicht mehr bestimmen. Es ist fraglich, ob es eine kleinste Thermik überhaupt gibt, man beachte etwa einen Schwarm Mücken oder den Rauch einer Zigarette. Wenn das Modell nur klein genug ist, kann man auch über einer heissen Herdplatte fliegen. Bei der grafischen Darstellung der Thermikoberfläche eines Flugplatzes ist die Häufigkeit gerade schwacher und enger Thermik enorm.

Die Vermutung liegt aber nahe, daß bezogen auf ihren Durchmesser Mini-Bärte genauso oft auftreten, wie alle anderen Bärte auch. Bei gleicher Fluggeschwindigkeit wird man also um so mehr Bärte feststellen, je kleiner diese sind.

Die Luft ist vertikal nie ruhig. Auch das, was wir als Turbulenz bezeichnen, läßt sich mit einem leichten schnellen Segler teilweise noch ausfliegen, zum Beispiel die schon bei schwachem Wind durch Hügel, Bäume oder Windscherung enstehenden Verwirbelungen der Luft. Sie sind oft die Miniaturausgabe der "richtigen" Thermik und reichen bei einer Hindernishöhe von 50 Metern oft bis auf 500 Meter herauf. Selbst einzelne Bäume ziehen Schleppen bis zu mehreren Hundert Metern hinter sich.

Die Thermik in den Dimensionen, in denen wir Modellflieger uns bewegen, nennen wir sie notfalls "Standardthermik", besser "Durchschnittblase", ist in 100 Metern Höhe ein Bart mit einem Eigensteigen von etwa 0,3 Metern und einem Durchmesser von – was schätzen Sie?– Nein, falsch, etwa drei Metern.

Solche Bärte kennen die meisten Segel-, Drachen- und Gleitschirmflieger verständlicherweise nicht. Letztgenannte könnten zwar notfalls so eng kreisen, daß ein Steigen dabei herauskäme, völlig unakzeptabel dafür ist aber das Sinken der Gleitschirme von etwa ein bis zwei Metern pro Sekunde.

Die Erkenntnisse der Segelflieger bestätigten sich dagegen in Höhen ab etwa 400 Metern völlig. Die Anzahl der Mikrobärte nimmt ab und die breiter und starker Thermik, zumindest für unsere Verhältnisse als Modellflieger, nimmt stark zu.*

Um Thermik nutzen zu können, müssen wir wissen, woher sie kommt und wie sie entsteht. Darüber gibt es viele dicke Lehrbücher, die sich hervorragend zum Beschweren einer verzogenen Fläche eignen. Kein Lehrbuch kann eigene Beobachtungen und Erfahrungen ersetzen. Wir möchten Ihnen nur etwas Rüstzeug zum eigenen Verstehen mitgeben, sagen wir zehn Prozent vom Allerwichtigsten in Kurzfassung für eilige Modellflieger:

Entstehung

Energiespender aller Thermik ist die Sonne. Je höher sie am Himmel steht, desto mehr Licht und Wärme gibt sie an den bestrahlten Untergrund ab. Dieser wiederum heizt die Luft auf, zumindest zum größten Teil. Das berühmte helle Kornfeld wirft mehr Wärme zurück als

---

*Anm.: Wer es ganz genau wissen möchte: Rein theoretisch beträgt die Vertikalgeschwindigkeit w aufsteigender Warmluft:

$$w = \sqrt{2H} \cdot b$$

in Metern pro Sekunde. H ist die dabei zugrundegelegte Höhe in Metern über Grund, b ist die Aufwärtsbeschleunigung der Luft, etwa ein Prozent der Temperaturdifferenz zur Umgebungsluft, das sind je nach Luftschichtung und Jahreszeit etwa 0,6 Grad Celsius. In 1000 Metern Flughöhe hätten wir somit beispielsweise die Wurzel aus 2 · 1000 · 0,006, das sind rund 3 Meter pro Sekunde, in 200 Metern Höhe 1,5 Meter Steigen und falls die Thermik je den Mars erreichen sollte, hat sie dann die mehrfache Lichtgeschwindigkeit...

Abb. 3: Auf den ersten Blick sind Luftbilder immer etwas langweilig. Aber gerade bei diesem sind die meisten thermisch interessanten Oberflächen dicht nebeneinander: Helle Kornfelder, mittelhelle Wiesen und dunkler Wald.

ein dunkler Untergrund (Abb. 3). Die warme Luft darüber kann sich vom Boden ablösen und wie ein Heißluftballon aufsteigen. Besonders gern läßt sie sich dabei von günstigem Wind und Geländeerhebungen unterstützen.

Tagsüber ist über wärmereflektierendem Untergrund oft gute Thermik, denn alles, was Licht reflektiert, reflektiert auch Wärme. Abends sind die Stellen besser, die tagsüber die Wärme gespeichert und sich sozusagen für später aufgehoben haben, Sie kennen es bestimmt noch von der letzten Suche nach Ihrem Modell, pardon, dem Ihres Kollegen natürlich, im Wald. Dort ist es Abends wärmer.

Soweit ist ja alles ganz einfach. Man fliegt einfach über hellen Flächen und schon bleibt man oben, dann stimmt das also doch mit dem Kornfeld.

Was wäre, wenn jemand über flimmerndem Asphalt Thermik findet? Oder über einem pechschwarzen Dach ? Das wirft doch keine Wärme zurück, wie soll es dann Thermik erzeugen? Der Mann, der unter diesem Dach palettenweise Baukästen für Modellflugzeuge stapeln muß, ist anderer Auffassung. Wir folgern, das Dach wirft die Wärme nicht zurück sondern heizt sich erst mal selber auf. Über allen dunklen Flächen kann es also erst dann Thermik geben, wenn sie sich aufgeheizt haben. Dann können sie ihre Wärme an die umgebende Luft abgeben.

Ein Beispiel: Wir sind mitten im Thermikwettbewerb, das Modell steigt allen anderen auf und davon, große Freude. Nun schiebt sich eine dicke Wolke vor die Sonne, dem Bart geht nach einer Minute schon die Puste aus. Was nun? Ein Kasten Bier und die Ehrenurkunde stehen auf dem Spiel, ein extrem hoher Einsatz, wie Sie sicherlich zugeben werden.

Wir überlegen daher besonders gründlich:

Das Kornfeld kann gar keine Thermik mehr erzeugen, es wird ja nicht bestrahlt. Das Fabrikdach aber (oder der Rübenacker, oder was auch immer angeblich nie Thermik hat) bringt wieder prima Steigen. Es war immer noch aufgeheizt und die Thermik dort ist wesentlich konstanter, wenn auch schwächer. Aber das ist immer noch besser als zu landen, oder? Denken Sie an die schöne Urkunde zu Hause in der Glasvitrine!

Es gibt kaum generell gute oder schlechte Bodenoberflächen für das Thermikfliegen; wenn ringsum gar nichts mehr geht, steuern die großen Segelflieger oft sogar ein normalerweise verpöntes Waldstück an und bitten den Passagier, sich gut festzuschnallen, es gehe gleich hoch. Feld – Waldübergänge sind zwar normalerweise prima Abreißkanten für die über dem Feld erwärmte Luft, bei Abschattungen aber setzen sie meist schon einige Sekunden später aus und die Thermik kommt auf einmal mitten aus dem Wald statt vom Rand (Abb. 4). Dieser Übergang geht nicht schlagartig vor sich. Die sogenannten thermischen Totzeiten, also die Zeiten zwischen dem Ende des einen und dem Anfang des anderen Thermiklieferanten liegen nach unserer Erfahrung zwischen

0 bis 5 Minuten für gute Wärmereflektoren, bzw. 0 bis 15 Minuten beim Tag / Abendwechsel und

2 bis 10 Minuten für wärmespeichernde Oberflächen bzw. 1,5 bis 3 Stunden beim Tag / Abendwechsel.

Abb. 4: Während im Hintergrund noch die Sonne schien, bescherte die durchziehende Wolke hier einen dringend benötigten Bart über vergleichsweise dunklem Untergrund. Etwas unscharf zu sehen ist das Zackenband am vorderen Rand des Flügels zur Turbulenzerzeugung.

Vielgepriesen sind Sonnenhänge und Berggrate. Normalerweise bieten sie der schrägstehenden Sonne die größtmögliche Fläche zum Bescheinen an. Die Sonne legt sich sofort mächtig ins Zeug, Thermik entsteht ..... und wird gar nicht so selten von einer hinterhältigen Böe ins Lee getrieben, wo sie sich mit kalter Luft vermischt und enttäuscht auflöst. Die Thermik wird in einem solchen Fall häufig, aber schwach sein. Hügelige Gelände sind thermisch oft besser als pottebenes Flachland, wo morgens und abends meist eine Stunde weniger "drin" ist.

Dafür sind die Bärte im Flachland stärker, wenn die Auslösefaktoren fehlen und die Blase lange Zeit hat, Energie zu tanken.

Selbst winzigste Auslöser reichen danach zur Ablösung aus. Wir hatten einmal das Glück, daß sich an einem heißen, aber thermikschwachen Tag freundlicherweise eine unfreiwillig gelandete, manntragende ASW 20 als Thermikauslösequelle für unser Modell "opferte".

Und nun kommt die Kopfnuß: Was ist mit Seen und Flüssen, mit Wasser? Ein in der Sonne glitzernder See scheint ja nun jede Menge Licht zu reflektieren, oder? Andererseits verdunstet er auch viel Wasser. Wer naß aus der Dusche kommt und sich dann vor einen Ventilator stellt, kann nachempfinden, wie der Thermik in solchen Situationen zumute sein muß....

Alle Segelflieger zusammen, somit schier ungeheuer geballtes Wissen aus erster Hand sowie jedes dem Autor bekannte Lehrbuch behaupten, daß es über Wasser keine Thermik gibt (Abb. 5).

Und logisch scheint es auch. Obwohl es über dem Meer regelrechte Wolkenstraßen aus lauter Cumuli gibt.

Abb. 5: So so, über Wasser gibt es also keine Thermik? Und was machen diese Wolkenstraßen dann über dem (südchinesischen) Meer?

Nun, wir wollen nicht widersprechen. Der Knackpunkt ist nämlich das "keine Thermik". Die fängt bei den meisten Experten leider erst da an, wo ihr Flugzeug (-modell) aufhört zu sinken. Daß es aber auch über dem Meer hunderte von Metern hoch geht, wird Ihnen jeder Blautölpel (nein, kein Albatros) in äquatorialen Breiten gerne einmal demonstrieren. Von Null an, mit zwei Flügelschlägen, bis zur Sichtgrenze nach oben. Und Ihrer Frau können Sie guten Gewissens erzählen, es handle sich um eine Forschungsreise.

Einigen wir uns darauf, daß Wasser hierzulande allenfalls einer unentschlossenen, wandernden Blase die Entscheidungshilfe zum Abheben geben kann und ansonsten keine verwertbare (!) Thermik erzeugt. Vielleicht findet sich ja mal ein genialer Konstrukteur, der ein Modell für solche Zwecke baut? Was die Tölpel mit ihrer hohen Flügelbelastung können, müßten wir doch auch schaffen, oder?

Nun aber zur langerwarteten Aufzählung. Bei starker oder zunehmender Sonneneinstrahlung und trockenem Boden geht es meist hoch über "zivilisierten" Gegenden wie
Sport- und Parkplätzen,
Sand-, Stein- und Betonflächen, eventuell auch Steinbrüchen,
breiten Strassen,
Feldern mit reifem Korn,
vertrocknetem Gras,
grossen hellen Dächern,
aber auch Wüsten,
kurzum über allem, was hell ist.
Sogar über Schnee gibt es kurzzeitige, enge Thermik, da Schnee bis zu 95% des einfallenden Lichtes reflektiert.

Bei schwacher oder nachlassender Sonneneinstrahlung und abends sind eher geeignet
Wälder,
feuchte Wiesen,
Rübenfelder,
also alle dunklen Flächen,
manchmal aber auch Steinbrüche, da sie sich aufheizen.

Diese Stellen geben Abends noch lange Wärme ab, während es im Kornfeld schon kurz nach Sonnenuntergang empfindlich kühl wird.

Besonders wahrscheinlich ist Thermik an den Übergangsstellen zwischen dem jeweils "guten" und "schlechten" Untergrund anzutreffen. Als guter Thermikpilot wissen Sie also jetzt, wo Sie wann hinfliegen. Nur Anfänger fliegen ziellos hin und her (und bleiben deswegen, ich gebe es zu, länger oben).

Ausgesprochen thermikunwillig sind alle stark wärmespeichernden, Wasser enthaltenden oder verdunstenden Gegenden, wie Seen, Flüsse und Sümpfe. Diese erzeugen genau wie auch nasse Wälder, viel Verdunstungskälte und man sollte sie tagsüber weiträumig umfliegen, da sie einen "langen Arm" haben.

Bevor Sie sich nun zum günstigen Wochenendtarif eine Baumsäge ausleihen, eine Überlegung: Wenn Luft aufsteigt, muß sie ja auch irgendwoher von unten nachströmen. Ferner: Wenn sich alles überall aufheizt, könnte es keine relativ wärmeren Stellen mehr geben, wo sollte dann die Thermik herkommen? Lassen wir es also so, wie es ist. Jede der Zutaten für die Thermik ist wichtig.

In der Mitte zwischen all den Extremen liegt wahrscheinlich Ihr Flugplatz. Hier ist meist irgendein kleiner Auslöser nötig, um der warmen Luft das Ablösen vom Boden zu ermöglichen. Freiflieger schwören darauf, in die Hände zu klatschen oder das Hemd zu schwenken. Das mag in der Damenwelt großes Aufsehen erregen, aber kurz nach Einsetzen der ersten Morgenthermik sind bei stabiler Luftschichtung erfahrungsgemäß schon mittlere Kanonenschüsse nötig, um die Thermik dezent darauf aufmerksam zu machen, ob sie sich doch vielleicht gelegentlich einmal ablösen könnte. Bei labiler Schichtung dagegen können schon vorbeifahrende Autos, der Start eines vorherigen Modells und andere Luftbeweger Auslöseursache sein. Wir hatten an einem in Windrichtung schwach geneigten Platz ohne jede Geländehindernisse Ablösungen, deren eindeutige Ursache der einsam sich gegen den Horizont abhebende Pilot selber zu sein schien....

Noch wirkungsvoller sind durchziehende Wolkenschatten, Hecken oder Baumreihen. Dort kann die Blase vom Untergrund abreißen, denn sie ist, ähnlich einem Wassertropfen, der ja auch erst mal am Hahn hängen bleibt, träge und klebt zunächst relativ breit am Boden. Dann zieht die warme, unkoordinierte Luft sich zu einer grossen Blase zusammen und wird "praller". Beim Überfliegen einer solchen Blase wird das Modell mehrfach unruhig, steigt aber nicht, die Luft fühlt sich "wabernd" an.

Es ist meist recht lohnend, über einer solchen Kuppel zu kreisen. Das Modell bringt währenddessen auch bei genauem Zentrieren höchstens einen Nullschieber und viele Piloten drehen dann ab, weil sie den Bart für zu schwach halten und den oft nahen Boden fürchten. Nach einigen Minuten ist die Blase "reif". Bei Wind dauert das manchmal nur Sekunden, dafür ist die Thermik hinterher dann aber auch schwächer. Sie wackelt ähnlich einer Seifenblase am Stil noch ein bißchen hin und her bevor sie sich vom Boden löst. Dabei streckt sie sich nach oben, um dann schnell in eine Tropfenform überzugehen.

Wer gewartet hat, kann jetzt ernten, denn es geht wie im Fahrstuhl hoch. Wer aber von weither in die Richtung düst um noch schnell von unten den Anschluß bekommen zu können, (f-)liegt falsch. Denn am Boden ist die Blase mittlerweile "abgenabelt" und trägt trotz der von allen Seiten nachströmenden Luft nicht mehr. Nur der Elektroflieger ist in der glücklichen Lage, noch schnell ein paar Elektronen nachschieben zu können, eine Investition, die sich auch bei fast leerem Antriebsakku unbedingt lohnt.

Temperaturdifferenzen

Den höchsten Einfallswinkel und damit die höchste Strahlungsintensität erreicht die Sonne Mittags. Oft ist die Thermik kurz vor Mittag auch tatsächlich am stärksten, wenn auch nicht am häufigsten. Ideal sind um diese Zeit ebene Flächen oder sehr flache Hänge. Morgens können schräge, der Sonne zugewandte Hänge auch ohne Wind tragen, da sie eher als der Boden beschienen werden.

Macht man die Aktivität einer thermisch gut aktiven Oberfläche sichtbar, so sieht das auf den Kopf gestellt ungefähr so aus, wie die Wassertropfen an einem heißen Kochtopfdekkel.

Andererseits spiegelt ein einziger Tag auch ein bißchen den Jahresverlauf der Thermik wieder. Und da sieht es manchmal anders aus, als erwartet. Es ist ein Irrtum zu glauben, so richtige Thermik gebe es nur im Sommer. Klar, die für den Modellflug nutzbare Thermik ist im Winter meist schwächer als die im Frühjahr, aber manchmal durchaus so stark wie die im Sommer.

Der Autor hatte beispielsweise seine schlechtesten Thermikflüge überhaupt an einem sehr warmen Sommertag mit blauem Himmel bei Windstille. Seit Tagen lag ein kräftiges Hoch über Deutschland, das sich kaum bewegte. Die Temperaturen lagen Nachts noch über zwanzig Grad, die Tagestemperaturen um achtundzwanzig Grad. Der Temperaturunterschied betrug also weniger als acht Grad, der Boden blieb warm. Mindestens genauso wichtig wie die absolute Temperatur ist aber auch der Temperaturunterschied zwischen Tag und Nacht.

Ebenso hätte die völlige Windstille jeden Piloten stutzig machen sollen. An thermisch guten Tagen sind auch bei Windstille immer einzelne, zum Teil starke Böen zu beobachten. In Asien erreichen diese manchmal Sturmstärken und brechen Äste ab, um nur wenige Sekunden danach wieder in völlige Windstille überzugehen. Der längste Flug an diesem Tag lag trotz sechsstündiger zäher Versuche ("das gibt's doch nicht") bei zehn Minuten.

Den niedrigsten Stand der Sonne haben wir in mitteleuropäischen Breiten bekanntlich um den 21. Dezember herum.

Die meisten Segelflieger bleiben dann lieber am zugegebenermaßen wärmeren heimischen Herd. Wir haben aber im Winter bei Temperaturen unter Null Grad schon gestaunt, wie lange sich die Finger am Sender hielten. Der Heiligabend 1990 beispielsweise war auch für Thermikflieger ein Fest. Bei Nachttemperaturen unter dem Gefrierpunkt und Tagestemperaturen um 10 Grad gab es Ein-Meter-Bärte "dicht an dicht" und die Flugzeit wurde in der Hauptsache vom physischen Standvermögen des Piloten (die Kälte) sowie dem psychischen Druck (die Familie) bestimmt...

Es gibt bei abnehmenden Temperaturunterschieden wie gegen Mittag und analog dazu im Hochsommer einen leichten Knick der Thermikkurve nach unten. Ein Jahresdiagramm der Thermik hat starke Ähnlichkeit mit dem Diagramm in der Abbildung 81 im Kapitel über Barogramme. Auch dort ist beim höchsten Stand der Sonne, etwa in der Mitte des Barogramms, ein deutlicher Einbruch zu erkennen. Der Einfallswinkel der Sonne ist eben nur *ein* Faktor; die letzte große Unbekannte aber fehlt uns noch.

Die Luftschichtung

Wir suchen noch eine Erklärung für die schwache, stetige Thermik, die man manchmal selbst bei völlig geschlossener Wolkendecke, Nachts, im tiefsten Winter, bei Regen oder starkem Wind findet. Sie scheint völlig losgelöst von Landschaft, Sonne und Temperaturdifferenz aufzutreten, und es heißt dann bei vielen Piloten achselzuckend "da steckste eben nicht drin, mal geht's hoch, mal nicht". Bevor wir etwas näher darauf eingehen, noch der Hinweis, daß man bei geschlossener Wolkendecke Thermik nie bodenorientiert sucht, sondern nur unter schwarzen Flecken der Wolke oder blauen Löchern am Himmel.

Die am wenigsten beachtete, aber wichtigste Größe bei unseren Aufwindspielereien heißt Schichtung der Luft. Nehmen wir ein häufiges Beispiel, das bei den Modellsegelfliegern ach so beliebte Feuer. Da gibt es Piloten, die von einem Traumflug über dem Vereinsgrill berichten und andere, die über einem Flächenbrand sinken vermeldeten. Wie kommt das?

Wenn Sie schon ein- oder mehrmals das Vergnügen hatten, Ihrem Sohn das Fahrrad aufpumpen zu dürfen, wissen Sie, daß nicht nur Sie, sondern auch die Luftpumpe warm wurden. Grund dafür ist die Tatsache, daß alle Gase, die zusammengedrückt werden, sich erwärmen. Logisch, folgert daraus, daß ausdehnende Gase sich abkühlen. So weit, so gut.

Nun gibt es Piloten, die ein Thermometer in den Rumpf des Modells legen um nach der Landung die maximale Höhe des Fluges an der niedrigsten festgehaltenen Temperatur abzulesen. Das beruht auf der Überlegung, daß normalerweise die Temperatur in der Atmosphäre mit steigender Höhe abnimmt. Diese Abnahme ist nicht immer der Fall, es kann nach oben hin auch wärmer oder noch kälter werden. Eigentlich schade, denn sonst wäre es ein Kinderspiel, einen Höhenmesser nach diesem Prinzip zu konstruieren.

Warme Luft steigt bekanntlich auf. Stellen wir uns nun einmal eine Thermikblase als einen großem Luftballon vor. Er ist wärmer als die ihn umgebende Luft. Dabei dehnt er sich etwas aus und kühlt nach dem Druckgesetz immer um konstant ziemlich genau ein Grad pro hundert Meter ab. Nicht so konstant ist dagegen der Temperaturverlauf der Atmosphäre. Normalerweise beträgt er etwa 0,65 Grad auf hundert Metern. Somit wird der Ballon schneller kalt als die ihn umgebende Atmospähre. Er wird daher nicht endlos steigen, sondern höchstens soweit, bis er die gleiche Temperatur wie die ihn umgebende Luft hat.

Eine solche Luftschichtung nennt man stabil. Es kann dabei durchaus etwas Thermik entstehen und bis zu einer gewissen Höhe tragen.

Was wird aber passieren, wenn die Atmosphäre mit zunehmender Höhe schneller kalt wird, als unser Ballon? Sagen wir um zwei Grad pro hundert Meter. Das würde ja praktisch bedeuten, daß der Ballon bei seinem Aufstieg nach wie vor zwar kälter, relativ zu der ihn umgebenden Luft aber immer wärmer wird, stimmt's? Somit würde er immer schneller aufsteigen, was uns Thermikfliegern doch nur recht sein kann, oder?

Und genau das passiert tatsächlich bei der sogenannten labilen Schichtung. Ein Gewitter etwa ist der Extremfall davon. Die labile Schichtung ist somit eine der Bedingungen für gute Thermik, nach den Erfahrungen des Autors sogar die wichtigste, da selbst winzigste Temperaturdifferenzen genügen, um eine Thermik entstehen zu lassen.

Eine letzte Möglichkeit der Schichtung gibt es noch, die sogenannte Inversion. Diese ist allerdings gar nicht erfreulich. Den Städtern besser als Smog und den Modellfliegern als "heute geht gar nix" bekannt. Auch dann nämlich, wenn die Temperatur der Atmosphäre mit der Höhe gleich bleibt oder zunimmt, muß sich die Thermik beim Aufsteigen abkühlen, ob sie will oder nicht. Der Atmospähre ist das völlig egal. Wenn sie darauf besteht, nach oben hin wärmer zu werden, nimmt der Aufstieg unseres Ballons schon nach kurzem ein Ende. Man tut tunlichst gut daran, einen Piloten, der mehrere Stunden lang bei Inversion versucht hat, Thermik zu fliegen, hinterher besonders leise und höflich anzusprechen....

Eine Inversion ist oft abends über einem kleinen Feuer gut zu beobachten. Der Rauch steigt in der Windstille zunächst senkrecht hoch. Klar, so heiß wie im Feuer kann die Atmosphäre nun mal nicht sein. Aber schon nach wenigen Metern knickt der Rauch auf einmal seitlich ab, als stöße er gegen eine Decke. Solche Tage sind geradezu ideal für die Vollversammlung Ihres Vereins, zum Thermikfliegen taugen sie jedenfalls absolut nicht.

Auch bei mittlerer Thermik kann es nervtötend sein, an einer Thermikblase oben ständig "gegen den Deckel" zu stoßen. Man verzweifelt anfangs am ständigen Nachzentrieren und hat das Gefühl, das Modell falle alle paar Sekunden völlig aus der Thermik heraus. Hat man aber beim Suchen einige zehn Meter Höhe verloren, steht an alter Stelle in neuer Frische wieder der Bart und das Spielchen wiederholt sich solange, bis dem Piloten dämmert, daß es nun wirklich nicht mehr höher gehen kann, da oben die Thermik seitlich abfließt.

Und jetzt können wir auch unserem enttäuschten Flächenbrandpiloten wenigstens eine Erklärung statt der erhofften Thermik liefern: Der Vereinsgrill entwickelte sich aufgrund der labilen Luftschichtung mit zunehmender Höhe zum Hammerbart. Er war nicht die Thermik selber, sondern nur deren Auslöser. Dem Feuer aber ging schon nach kurzer Höhe sozusagen die Puste aus, zumal das, was auch immer da verbrannt wurde, noch feucht war, denn verdunstende Feuchtigkeit erzeugt Kälte.

Ein relativ langer Flug gelang uns beispielsweise an einem verhangenen Tag. Eine tiefliegende graue einförmige Wolkendecke, sogenannte Stratuswolken (Abb. 6), bedeckten den Himmel zu mehr als sieben Achteln.

Die Kollegen hatten schon eingepackt, denn Stratuswolken deuten normalerweise auf eine stabile Schichtung hin, außerdem war die Sonne den ganzen Tag über nicht sichtbar.

Die dann doch angetroffenen Bärte waren infolge der geringen Einstrahlung sehr schwach, das effektive Steigen lag im Schnitt unter 0,1 Meter pro Sekunde, es war aber langandauernd und breit. Das Modell blieb über drei Stunden in der Luft und erwartungsgemäß klarte es dann am nächsten Tag

Abb. 6: Geschlossene Wolkendecke (Stratus). An einem solchen Tag fliegt man am besten gar nicht erst, oder wenn, dann darüber...

auch tatsächlich auf, die Luft war also schon am Vortag labil.

Wir haben dieses Kapitel einem erfahrenen Meteorologen vorgelegt, der immer in Dimensionen von tausenden Kilometer zu denken gewohnt ist. Er war entsetzt, sein Kommentar vernichtend ("Mir graust! Sträfliche Vereinfachungen! Würdest du doch wenigstens hier und da ein paar Fachausdrücke einstreuen." "Ja, aber das ist doch alles 'nur' für Modellsegelflieger." "Dann sollen die erst Mal Meteorologie studieren, bevor sie fliegen.") und ich gebe zu, daß alle hier geschilderten Vorgänge in Wirklichkeit wesentlich komplexer sind. Sie stellen aber einen halbwegs brauchbaren Vergleich für die den Modellsegelflieger betreffenden Vorgänge dar.

Bevor wir weitermachen gibt es jetzt erst Mal einen Hinweis, wie denn nun die ganze schöne Theorie der Schichtung in der Praxis zu erkennen sei am Beispiel Rauch. Der Idealfall (Abb. 7):

Bei Windstille streben dicke einzelne weiße Wölkchen gar fleißig senkrecht gen Himmel. Labil, keine Frage. Bei Wind sieht der Rauch etwas unschlüssig aus und hat Zick Zick Form, vielleicht gar mit Auflösungstendenz. Dabei herrscht meist gute Sicht.

Stabile Schichtung dagegen erkennt man an der zusammenhängenden Rauchsäule, sei

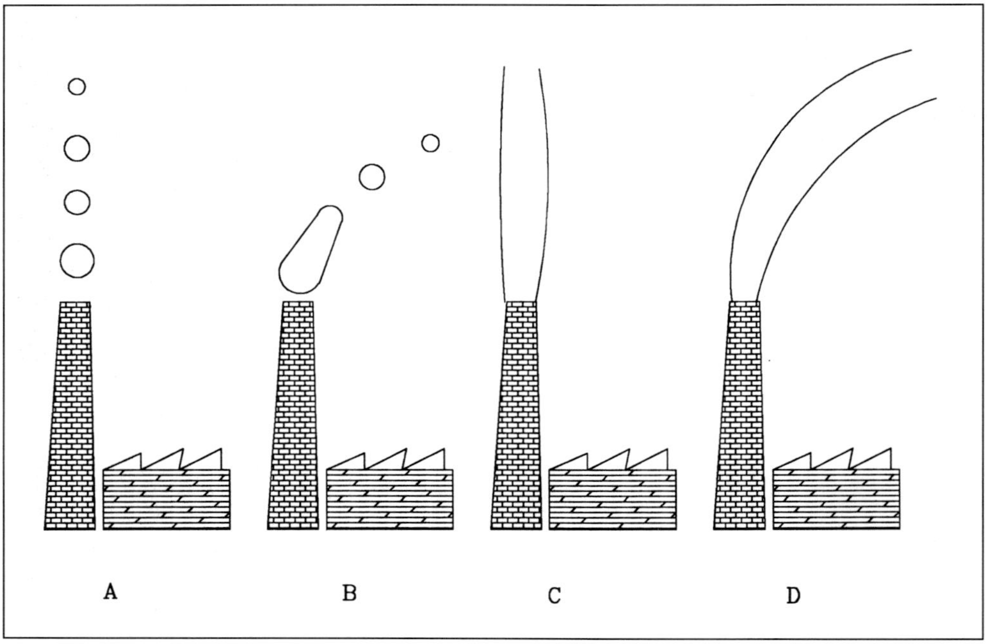

Abb. 7: Verschiedene Schichtungen der Luft. Packen Sie Ihr Modell ein und fahren Sie los, wenn der Rauch wie in Bild A (Windstille) oder B (leichter Wind) aussieht. Das ist eine labile Schichtung; Thermik kann sich bilden. Bei Wind sieht der Rauch etwas unschlüssig aus und hat manchmal auch Zick Zick Form, vielleicht sogar mit Auflösungstendenz. Dabei herrscht meist gute Sicht. Bild C und D (bei Wind) verheißen kaum Thermik. Der Rauch ist zusammenhängend. Stößt er gar irgendwo "oben an" und breitet sich dann waagerecht oder pilzförmig aus, bleiben allenfalls Motormodelle oben. Letzteres aber bitte nicht verwechseln mit den blumenkohlähnlichen Auswüchsen starker Cumuluswolken. Bei stabiler Schichtung ist häufig Dunst.

sie nun gerade, schräg oder sich gar pilzförmig an einer imaginären Decke ausbreitend. Letzteres aber bitte nicht verwechseln mit den blumenkohlähnlichen Auswüchsen starker Cumuluswolken. Bei stabiler Schichtung ist häufig Dunst.

Wolken

Haben Sie sich schon einmal mit einem alten, erfahrenen Piloten unterhalten? Meist erkennbar am wettergegerbten Gesicht und einer gewissen Unruhe, solange er (oder sein Modell) nicht in der Luft ist. Diese besondere Spezies von Mensch ist, bei aller Symphatie, immer ein bißchen abwesend: Alle ein oder zwei gewechselte Sätze kommt der heimliche Blick nach oben.

Die Kinder am Nebentisch fragen dann meist "Mutti, warum guckt der Mann immer nach oben?", worauf die so Adressierte etwas unsicher aber erstaunlich treffend "der guckt, ob die Wolken gut zum Fliegen sind" antwortet.

Cumulus-, beziehungsweise Haufenwolken sind die obere, sichtbare Grenze der ehemaligen oder aktuellen Thermik, die Spitze des Eisberges sozusagen (Abb. 8). Aber wir

Abb. 8: Thermik im (und am) großen Stil: Cumulonimbus. Ungetüme wie dieses in zehn Kilometern Höhe und mit fast dreißig Kilometern Durchmesser gibt es an den berühmten Standardaufwindquellen wie z.B. der afrikanischen, der vietnamesischen und den südamerikanischen Küsten. Jedes Flugzeug macht einen großen Bogen darum. Die maximalen Aufwindgeschwindigkeiten im Inneren eines solchen Cumulus betragen bis zu 150 Kilometer. Ein Modell hat da keine Chance mehr! Ähnliche Kräfte walten bei den im besten Neudeutsch CAT genannten Klare - Luft - Turbulenzen. Auch sie entstehen in großer Höhe aufgrund sich reibender Luftschichten unterschiedlicher Temperatur.

Abb. 9: Oft gibt es einen Zusammenhang zwischen dem die Thermik auslösenden Schatten am Boden und der zugehörigen Wolke. Im Idealfall kann man sich entlang einer gedachten Linie zwischen Schatten und Wolke nach oben hochkurbeln. In der Praxis stehen die Minibärte meist irgendwo daneben. Die Wolke ist häufig die Summe mehrerer Bärte, die sich erst in größerer Höhe vereinigen.

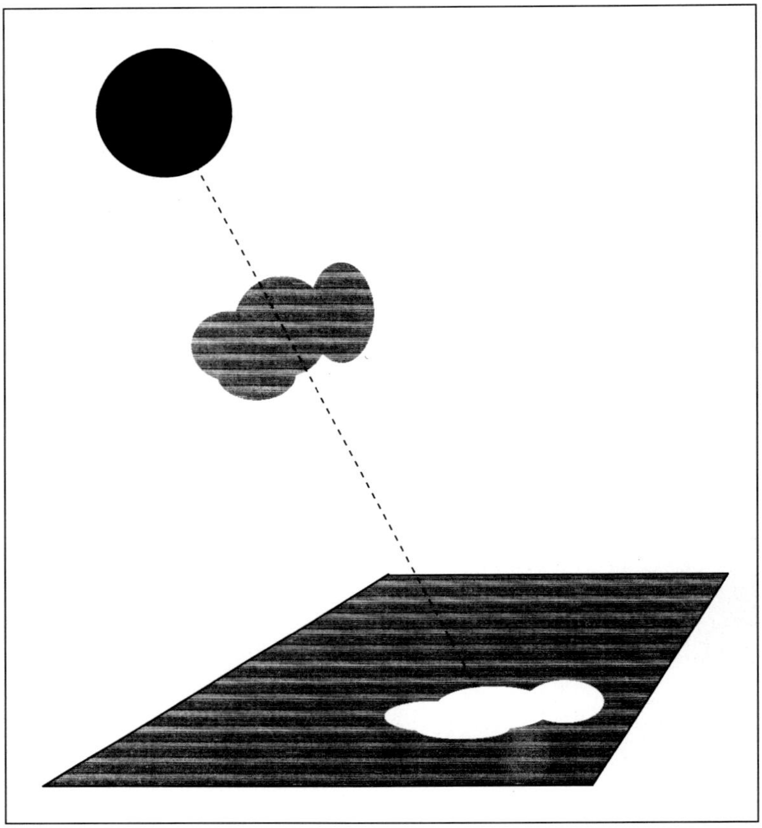

wollen es natürlich mal wieder ganz genau wissen. Wo kommen die Wolken her und welche Rolle spielen sie? Gibt es auch Thermik ohne Wolken? Man hört ja immer wieder von der sagenumwobenen Blauthermik, einer vornehmen Umschreibung von "weiß auch nicht so genau, wo die herkommt".

Was schätzen Sie, wieviel Wasser in einem ein Meter großen Würfel aus Luft drin sein kann? Ein Gramm? Zehn Gramm? Oder gar kein Wasser?

Es sind maximal 30 Gramm bei 30 Grad Celsius. Bei höheren Temperaturen könnte die Luft sogar noch mehr Wasser speichern. Großes "Aber": Bei niedrigeren Temperaturen kann sie nicht so viel Wasser aufnehmen; bei Null Grad sind es nur noch rund fünf Gramm. Lachen Sie nicht, das überschüssige Wasser fällt wirklich einfach aus der Luft heraus. Passiert das am Boden, nennen wir es Nebel.

Wir erinnern uns: Steigt Luft hoch, so kühlt sie sich ab. Dabei kann sie nicht mehr soviel Wasser speichern, wie vorher. Mit zunehmender Höhe ist die Luft dann irgendwann so kalt, daß sie alles Wasser, welches sie nicht mehr speichern kann, freundlich aber bestimmt herauskomplimentiert. So entsteht eine Wolke und markiert für alle sichtbar den Bart.

Die Höhe, in der das passiert, die Wolkenbasis, kann man berechnen. Da wir uns aber ganz fest vorgenommen hatten, Sie nicht mit feucht- und trockenadiabatischen Taupunktvorgängen der Trophosphäre zu behelligen, sei zum Trost angemerkt, daß die genaue Höhe der Basis für uns nicht so interessant ist, da wir fast immer weit darunter bleiben. Allenfalls

Abb. 10 bis 11: Der Lebenslauf einer kleinen Cumuluswolke. Diese und die nachfolgenden Bilder entstanden innerhalb von etwa zehn Minuten. Zunächst zieht sich die entstehende Wolke aus zwei kleinen Dunstschleiern zusammen.

Morgens kommt es hin und wieder vor, daß man beim Kurbeln an der noch niedrigen Basis auf einmal absolut nirgendwo mehr einen Bart findet. Sinkt das Modell dann nur um 100 Meter, so geht es wieder überall hoch.

Wenn die Luft vor dem Aufsteigen schon trocken war, so kann auch kein Wasser ausfallen, der Himmel bleibt blau. Der Thermik ist das egal und dem Modellflieger sollte es das auch sein. Wolkenloser Himmel bedeutet nicht, daß es keine Thermik gibt! Einzige Erschwernis ist dann nur, daß man sich nicht an den Wolken orientieren kann, sondern nach den Thermikindizien am Boden fliegen muß.

Da Sie sicherlich nicht immer mehrere Kilometer Startüberhöhung haben, sind von allen Wolken die Cumuluswolken für uns besonders interessant. Das sind nämlich genau jene abgekühlten Bärte, die die Thermik anzeigen. Sie sehen ein bißchen wie Wattebäusche aus, die größeren wie Blumenkohl (Abb. 8).

Wer beim Thermikfliegen erst einmal genug Höhe getankt hat, braucht meist nur noch von Wolke zu Wolke, genauer von Cumulus zu Cumulus zu fliegen um sich dort wieder ein paar hundert Meter Steigen abzuholen.

Wenn Sie sich nun zwecks Aufstockung der Flughöhe vertrauensvoll in Richtung nächster Wolke wenden kann es sein, daß die schon lange nicht mehr trägt. Thermik sollte daher bei bekannter Position schnell angeflogen werden, denn sie ist leider nicht unsterblich. Erfahrene Thermikflieger können einer Wolke ansehen, wie alt sie ist. (Abb. 10 – 19) Im Anfangsstadium zieht sie sich aus einem Dunstschleier zusammen und ist dann noch ein kleines Knübbelchen.

Manchmal hat sie aber auch dann schon leichte "Löckchen" oder sogar Spiralen am Rand. Diese Wirbel haben ganz extreme Aufwärtsgeschwindigkeiten. Einfliegen sollte hier nur, wer ein stabiles Modell hat, möglichst

Abb. 12: Die beiden Schleier nähern sich.

Abb. 13 und 14: Die Konturen der Wolke werden zum ersten Mal deutlich ausgeprägt.

Abb. 15: Die zwei einzelnen Teile verschmelzen zu einer Wolke.

Abb. 16: Die Wolke zieht auf der linken Seite einen weiteren Schleier an. Man beachte den winzigen, leicht spiralförmigen Finger am äußersten rechten Ende der Wolke. Ein Profi würde jetzt sofort dahin fliegen, statt genau unter die Wolke. Löckchen und Spiralen sind meist extrem starke Aufwinde am Randbereich der eigentlichen Wolke.

Abb. 17: Das hat sich gelohnt! In nur wenigen Sekunden (!) hat sich ein eigener Nebenbart gebildet. Erfahrungsgemäß ist die Aufwindstärke dort zwar enger, aber mindestens doppelt so hoch, wie unter der großen Wolke.

Abb. 18: Die Wolke ist reif, die Unterseite wird grau und der mittlere Teil prägt sich stark aus. Der "Finger" fängt bereits an, zu zerfasern.

Abb. 19: Nur wenige Minuten später ist der ganze Spuk vorbei; eine Wolkenleiche mehr am Himmel. Kaum zu unterscheiden ist das Anfangs- vom Endstadium. Hier hilft eine ständige Beobachtung des gesamten Luftraumes.

einen Kunstflugsegler oder wer die Belastungsgrenzen seines Modells genau kennt.

Im nächsten Stadium "pilzt" der Cumulus schnell auf, er wird schneeweiß und fett. Manche Einzelteile vereinigen sich auch gegen den Wind (!). Auch jetzt können Sie noch getrost den Marsch durch die Turbulenzen antreten, sie werden rechtzeitig kommen. Während die Geburt einer Wolke immer nur einige Minuten dauert, ist dieses Stadium unterschiedlich lang.

Um zu wissen, wieviel "Sprit" noch im Thermiktank ist, sollte man auch den Anfang vom Ende einer Wolke kennen. Zunächst verliert sie ihre kräftigen Konturen und franst an den Rändern wieder aus. Das sieht leider ein bißchen wie eine frische Wolke aus. Könner haben daher immer eine Landkarte der Wolken der letzten Minuten im Kopf, wer sich nicht mehr ganz sicher ist, sollte die Basis, also den unteren Stil des Wolkenpilzes beobachten. Dieser wird unscharf oder ist kaum noch zu erkennen. In der Wolke geht es weiter sozusagen mit der Abspaltung einzelner Republiken, das Gefüge der Wolke hat keine einheitliche Struktur mehr und zerfetzt schließlich in alle Richtungen. Wenn so ein dicker Cumulus das Zeitliche segnet oder gar am Ende eines thermisch aktiven Tages, sieht es am Himmel manchmal recht unaufgeräumt aus. Es gibt viele Menschen, die stundenlang Autos schweißen, die Buchstaben E bis K im Einwohnermeldeamt bearbeiten oder am Fließband stehen können, aber es irgendwie nicht schaffen, eine Wolke auch nur fünf Minuten lang zu beobachten. Schade, denn den Lebenslauf einer Cumulus an einem schönen Sommertag mitzuerleben, ist ein faszinierendes

Schauspiel. Mit einem guten Fernglas werden Sie darunter fast immer Greif- und Raubvögel, manchmal auch Schwalben sehen. Die Wolke ist immer in Bewegung, sie brodelt und dreht sich im Inneren, manchmal sogar in entgegengesetzten Richtungen. Dabei toben hohe Auf- und Abwindgeschwindigkeiten sowie turbulente Windscherungen dicht beieinander. Wer einen leichten Thermiksegler fliegt, nimmt diese wegen des starken Steigens zähneknirschend in Kauf, obwohl der einzige Ruderbefehl, den das Modell dann meist nur noch ausführt, Tiefe ist.

Zusammenfassend sind also drei Faktoren für die Entstehung von Thermik besonders wichtig: Die Sonneneinstrahlung, die Temperaturdifferenz und die Schichtung der Luft.

Hausbärte

Auf fast jedem Platz gibt es, von den älteren Fliegern mit weisem Nicken bedacht, "Hausbärte". Das sind Stellen, an denen sich die warme Luft aufgrund von Geländebesonderheiten, leider aber auch aufgrund von weder logisch noch meteorologisch erklärbaren Phänomenen oder aber einfach nur dem starken Wunsch der versammelten Piloten folgend, leichter ablöst. Hecken zum Beispiel oder Waldränder, Büsche, Hügel und natürlich alle guten Thermikquellen wie die oben aufgeführten.

Diese Hausbärte sind enorm nützlich. Kennt man sie, hat man oft einen sicheren "Zufluchtsort", wenn nichts mehr geht. Der Haken liegt in dem "kennt man sie". Wir erleben es regelmäßig, daß Piloten neu auf dem Platz sind und prombt Hausbärte ausfindig machen, die dort noch nie jemand vermutet hatte. Das gilt besonders für Neulinge und Flieger mit Vario, die ihren Sinneswahrnehmungen ja immer etwas skeptischer gegenüberstehen.

Man sollte ungefähr die Regelmäßigkeit kennen, mit der diese Bärte "werfen". Bei einer sich auflösenden Thermik kann das den Zeitpunkt des sinnvollen Ausstiegs bestimmen, aber auch einen Start in Richtung früher oder später verschieben; ein großer Vorteil gegenüber unseren großen Kollegen, die dann fliegen müssen, wenn sie an der Reihe sind!

Abendthermik

Wir hatten vorhin verschiedene Geländeoberflächen kennengelernt. Die einen erzeugten während der Sonneneinstrahlung Thermik, die anderen danach. Letztere sind die idealen Thermikquellen, wenn die Sonne sinkt. Die Bezeichnung Abendthermik ist etwas irreführend, da über solchen Gebieten ja auch tagsüber Thermik entstehen kann, aber das ist immer noch besser als das vorwiegend benutzte Wort Umkehrthermik, denn die Umkehrung von Thermik ist der Abwind.

Die klassische Abendthermik gibt es über dem Wald. Er gibt die tagsüber gespeicherte Wärme Nachts langsam ab. Bis auf einzelne, zum Teil erstaunliche Ausbrüche ohne erkennbaren Anlaß, ist die dabei entstehende Thermik, um es diplomatisch auszudrücken, etwas ruhiger.

Hier und da munkelt man, daß Seniorpiloten deswegen immer erst nach 17 Uhr von zu Hause aufbrechen, ein Gerücht, dem man nicht energisch genug entgegentreten kann. Ganz im Ernst: Nach einem langen Flugtag mit hektischen Hebern, blitzschnellen Entscheidungen und zähen Kämpfen um jeden Meter bei kurz- oder längerzeitigen "Löchern" ist der Flug zum Ausklang (oder der Ausklang des Fluges...) meist recht harmonisch. Selbst die vereinsintern heftig diskutierte neue Flugordnung (Verbot für Schalldämpfer) verliert dann einen Teil ihres Schreckens.

Abendthermik ist großflächig und unverwirbelt. Leider nutzen die Thermikvögel sie wegen der nachlassenden Helligkeit selten. Man kreist weiter, das Modell liegt sehr ruhig in der Luft, die einzelnen Zentren sind weich und nicht besonders ausgeprägt. Aufgeheizte Täler wie das Zillertal tragen Abends sogar noch mehrere Stunden lang (Abb. 20) mit einem Steigen bis zu zwei Metern pro Sekunde.

Wundern Sie sich aber bitte nicht, wenn es nicht gleich auf 800 Meter hochgeht. Zum einen ist gegen Abend oft eine leichte Inversionstendenz der Atmosphäre zu beobachten, zum anderen ist die Temperaturdifferenz zwischen der Abendthermik und der Umgebungsluft sehr viel geringer als die "normaler" Bärte. Die Blase vermischt sich schnell mit der Umbebungsluft und kann nicht allzu hoch steigen.

Ein typischer Abendflug aus dem Seil bringt die erste halbe Stunde lang vielleicht noch 200 Meter Startüberhöhung, dann nur noch 100 Meter und wenn schließlich die ersten Baumwipfel der Unterseite des Modells häßliche Kratzer beibringen ist zumindest mittelfristig der Gedanke einer Landung nicht mehr mit letztendlicher Sicherheit von der Hand zu weisen. Nur ganz ganz hartgesottene Thermiksüchtige bauen danach noch das Zelt auf und überbrücken die nächtlichen Tiefstwerte bis zur ersten Frühthermik mit Kartenspielen oder einem Verbrauch an Hochprozentigem ("wenn der Morgen kommt"), der den jedes Verbrennermotors übertrifft.

Zu guter Letzt verdanke ich Ulf Gerber in diesem Zusammenhang noch einige praktische Hinweise auf das sogenannte "Buttermilchwetter". Bei Meßflügen waren uns regelmäßig auch ohne Wald oder aufgeheizte Flächen Sinkwerte aufgefallen, die weder rechnerisch noch praktisch glaubhaft waren. Öfters gegen Abend beobachteten wir dieses merkwürdige, von uns "0,2 Meter Wetter" getaufte Phänomen. Da die Luft aber nicht überall aufsteigen kann, fehlt mir bisher jede Erklärung. Bekannt ist dieses Wetter aber schon lange, denn was ein guter (oder, wie ich

Abb. 20: Die kurzen Schatten dürfen nicht täuschen: "Umkehr"-Thermik am späten Nachmittag in 650 Metern Höhe. Man gleitet in der ruhigen Luft langsam die Höhe ab, ringsum wird es Abend. Hier am Äquator ist es schon eine Stunde später völlig dunkel. Vorsicht, in der Höhe ist das Modell noch einigermaßen sichtbar, im Landeanflug kann es arge Probleme geben!

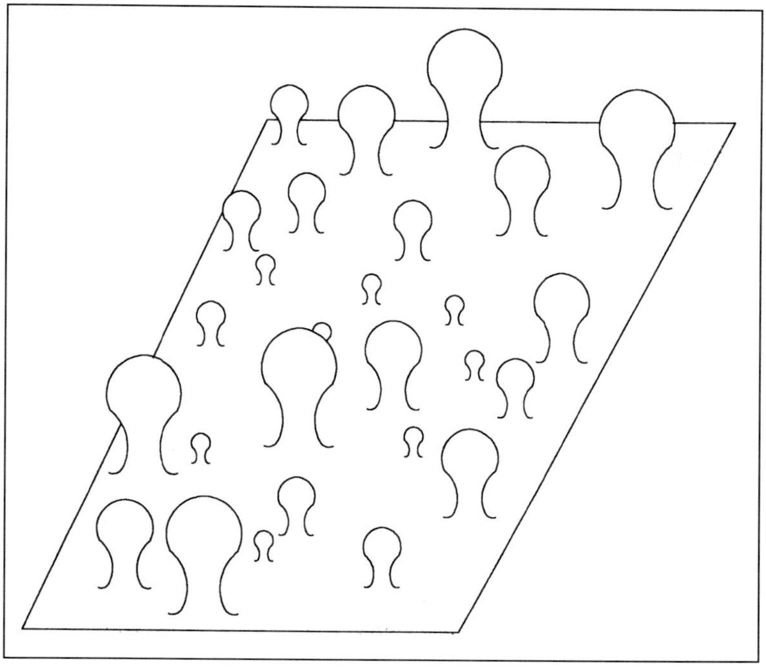

Abb. 21: Beim Durchzug einer Kaltluftfront schießt die Thermik wie Pilze aus dem Boden. Sie scheint geradezu zu "kondensieren" wie heißes Wasser unter einer Glasscheibe. Oft ist allerdings schon kurz danach "der Ofen aus", die Thermik sehr selten.

meine, ein schlechter) Flugzeughersteller ist, gibt die Leistungen seines Flugzeuges natürlich bei Buttermilchwetter an.

Die Luft scheint dann irgendwie dicker zu sein. Ein einfacher Segler von uns flog aus den letzten 100 Metern Höhe 20 Minuten, ohne daß das Vario die geringste Thermik oder Unregelmäßigkeiten in der Fallgeschwindigkeit angezeigt hätte. Auch ein anderer Pilot mit einem älteren zwei Meter Segler hatte an einem dieser Abende seinen, wie er sagte, "längsten Flug überhaupt je" mit stolzen 26 (!) Minuten.

Fronten

Die Bärte, die wir schon nutzen können, sind von der Großwetterlage relativ unabhängig. Die richtigen Segelflieger aber schauen sich am Vorabend eines geplanten Überlandfluges die Wetterkarte an in der Hoffnung auf eine Kaltfront. Da kalte Luft schwerer ist, schiebt sie sich wie ein Keil unter die warme, die somit hochgeht.

Die oft als Wundermittel gepriesene Kaltfront kann bei ihrem Durchzug auch ein Modell eine halbe Stunde lang großflächig steigen lassen (Abb. 21), aber danach ist meist schon Schluß. Das, was wir auskurbeln, sind sozusagen Mikrobärte, die kein Segelflieger je nutzen kann. Dafür können wir deren Frontensysteme aber auch nur bei einem Streckenflug von, sagen wir, mehr als 50 Kilometern nutzen...

Allerdings bekommt man beim Studium der Wetterkarte einen Sinn für die grösseren Zusammenhänge. Nach einiger Zeit werden Sie sogar den Wetterbericht korrigieren, statt sich darauf zu verlassen, denn er zeigt Ihnen unter anderem weder die Hausbärte noch die Abendthermik an. Im Anhang finden Sie Hinweise auf Quellen für den aktuellen Segelflugwetterbericht. Leider sprudeln diese fast alle nur im Sommer, zumindest im Winter dürfen Sie sich also noch selber eine Meinung bilden.

Der Start – hoch hinaus

Wir nehmen natürlich an, daß jemand, der dieses Buch liest, schon starten können sollte. Aber obwohl bis hin zu komplexen mathematischen Modellen schon viel darüber geschrieben wurde, ist das ein Thema, das in der Praxis erstaunlich oft vernachlässigt wird. Denn von einem guten Start, besser gesagt einer hohen Ausgangshöhe hängt beim Thermikfliegen viel ab. Er ist die Vorbedingung, ohne die "nichts geht".

Vor jedem Start, egal ob mit Gummiseil, Elektromotor, Schlepp, am Hang oder sonstwie, gilt es, die berühmte vier Punkte Regel zu beachten. Immer. Selbst wenn Sie heute zum zweiundzwanzigsten Mal auf Ihrem Platz mit Ihrem Lieblingsmodell starten.

Punkt eins: Das Gerät

Vor jedem Start sollte man genau wie in der großen Luftfahrt, eine Runde um das Modell drehen. Waren da nicht eben ein paar neugierige Zuschauer am Modell, während der Pilot einige Meter weiter eifrig Vor- und Nachteile eines Heckspoilers diskutierte? Oder die Kinder, die das Modell nur mal ganz kurz hochgehoben haben (an den Querrudern natürlich, wo sonst?), wie schwer es denn nun ist? Oder der Empfänger, der an war, obwohl der Sender brav ausgeschaltet neuer Einsätze harrte? Es wäre nicht das erste Servo, das dabei ganz lässig den Bowdenzug "aufwickelt" um direkt danach brav und unscheinbar in die Ausgangsposition zurückzukehren. Mit ein bißchen Pech kehrt das Modell dann nach dem nächsten Looping auch in seine Ausgangsposition, dem Baukastenzustand, zurück.

Weiter: Sind alle Halterungen, Zungen, Bügel etc. eingesetzt? Falls Arretierungen an Ihrem Modell sind, was häufig beim Höhenleitwerk vorkommt, sind diese eingerastet? Sind irgendwelche Gummis gerissen oder spröde? Gerade beim Fliegen in starkem ultravioletten Licht, also z.B. im Sommer und in grossen Höhen, altern Gummis sehr schnell. Es kann durchaus vorkommen, daß ein Gummi eine Flugstunde nach der Kontrolle schon rissig wird! Ein Gummi kostet nur Pfennige, ein zerbrochenes Modell Stunden.

Beinahe das Wichtigste danach: Die Ruderprobe. Und zwar alle Ruder, nicht nur mal eben kurz Höhe geben. Ein Gummiseilstart ohne Seitenruder zum Beispiel ist eine echte Delikatesse für alle Zuschauer und eine harte Belastungsprobe für das Seil, vom Piloten und Modell ganz zu schweigen...

Und auch nicht nur alle Ruder kurz antippen, sondern in beide Vollausschläge steuern. Wir hatten schon Servos, die brav arbeiteten, aber ganz kurz vor dem Endanschlag "ausrasteten", weil ein einziger Zahn im Getriebe gebrochen war. Ein solches Servo kehrt leider leider nicht mehr in die Neutralstellung zurück, schade...

Punkt zwei: Der Pilot

Fliegen Sie nie unter Streß, denn Unfälle passieren nicht, sie werden verursacht. Konzentrieren Sie sich vor dem Start. Vergessen Sie den Ärger mit dem Chef, der Wasserpumpe am Auto (wann war der Werkstattermin bloß, Montag oder Dienstag?), ignorieren Sie tapfer das 0:4 Ihrer Fussballmannschaft (ich weiß, der besten, der einzig Wahren) und gehen Sie lieber in Gedanken noch einmal alle Punkte des Startchecks durch. War da nicht etwas mehr Spiel im Seitenruder als normal? Stand die Trimmung nicht ziemlich auf Tiefe? Mehr als sonst? Mag das Schleppflugzeug mit laufendem Motor warten, gute Piloten riskieren nichts.Alkohol vor einem Start rühren in der gesamten Fliegerei nur Piloten an, die großes Interesse an kleinen Problemen haben oder unbedingt ihren Versicherungsschutz verlieren wollen.

Punkt drei: Die Umgebung

Nicht nur in der grossen Fliegerei besonders wichtig. Sind Zuschauer, andere Modelle oder etwa gar "richtige" Flugzeuge in der Nähe der Startzone? Wären rein theorethisch unter äußerster Anstrengung des Piloten und einem plötzlichen Seitenwind von 180 Kilometern Bäume in Reichweite des Seils? Wenn ja, werden Sie diese auch bei völliger Windstille treffen, ich garantiere dafür.

Wie gut kennen Sie den Platz? Wer bei auffrischendem Wind auf einem unbekannten Platz eine besonders gemeine Walze (häufig bei scharfen Kanten im Gelände) erwischt, wird sich wundern. Wir hatten sogar auf einem für seine Walzen bekannten Platz in der Nähe eines Steinbruches mehrmals den Fall, daß das Modell nach einer halben unfreiwilligen Rolle schon auf dem Rücken lag, bevor das (Gegen-)Ruder überhaupt ausschlug!

Punkt vier: Der Zeitpunkt

Lassen Sie sich niemals zum Start drängen. Weder von Anderen, noch vom eigenen Ehrgeiz. Beobachten Sie das ganze "Ringsum" eine Zeitlang vor dem Start. Es bringt überhaupt nichts, kopflos in eine soeben gesichtete Blase hereinzustürzen. Es könnten auch stehende Wirbel sein, meist aufgerührt vom vorherigen Piloten. In der Verkehrsluftfahrt ist es verpönt und bei den Drachenfliegern sogar gefährlich unmittelbar nach einem anderen Piloten zu starten. Für uns sollte gelten, mindestens zehn Sekunden nach einem Segler oder kleineren Motormodell zu warten, mindestens dreißig Sekunden nach einem Hubschrauberstart und einige Minuten nach dem eines manntragenden Flugzeuges.

Das Modell ist startbereit und der Pilot schon ganz aufgeregt. Alles geprüft? Die Flügel sind waagerecht, keine Seite hängt? Nun, dann kann es ja losgehen. Wir empfehlen jedoch: Warten Sie noch ein Minütchen! Weil

A) Warum nicht?
   Das stählt die Nerven, und
B) Der Wind könnte kurzzeitig abflauen.

Klar, bei Seilstarts mit starkem Wind kommt man viel höher. Andererseits kann eine vorübergehende Flaute manchmal ein Indiz für Thermik sein. An windstillen oder nur leicht windigen Tagen ist plötzlicher starker Wind immer gleich Thermik in der Richtung des Windes.

Stellen Sie sich vor, es geht einige Meter vor Ihrer Nase ein Bart los. Der Wind flaut dann oft völlig ab oder weht sogar von hinten. Die Luft am Startplatz hat gar keine andere Wahl, als in die Blase zu strömen. Ein Bart nach oben braucht nun mal Nachschub von unten und in Wirklichkeit hat also der Wind gar nicht aufgehört zu wehen, sondern er weht jetzt nach oben. Und fünfzig Meter Ausklinkhöhe bei Thermik sind allemal besser als hundert ohne Thermik! All das gilt natürlich auch für Elektroflieger.

Besonders gut kann man Ablösungen übrigens auf hohem Gras oder staubigen Böden beobachten, wo sich dann dunklere Wirbel oder Schläuche bilden. Regelrecht gruselig sind Kornfelder, in deren Mitte es auf einmal stark raschelt. Kurz darauf taucht meist ein nur wenige Meter großer Kreis mit plattgedrückten Ähren auf. Zartere Gemüter halten sowas durchaus für eine UFO Landung. Falls Sie mit startbereitem Modell rein zufällig neben dem UFO stehen sollten: Werfen Sie! Jetzt oder nie! Auch Büsche oder Baumreihen können wertvolle Hinweise auf den Verbleib der Thermik geben. Wir hatten da einmal einen netten Busch, der trotz Windstille dem startbereiten Modell und seinem Piloten aufmunternd zunickte.

Hat der Wind gedreht? Daß gegen den Wind gestartet und gelandet wird, weiß hoffentlich mittlerweile jeder; Starts mit dem Wind oder bei Seitenwind sind normalerweise tabu. Die notwendige Minimalfahrt gegenüber der Luft - und nicht dem Boden! - ist meist nicht aus dem Stand erreichbar. Das Ergebnis wäre ein Strömungsabriss, selbst bei vollem Seilzug. Begabte Anfänger ritzen dabei mit dem Modell gern ihre Initialen in die Grasnarbe. Ist ein Start bei Seitenwind nicht zu umgehen, so läßt man den zum Wind zeigenden Flügel etwas hängen. Notwendige Starts mit dem Wind erfolgen mit der größtmöglichen Abwurfgeschwindigkeit und natürlich im vordersten Hochstarthaken.

Bei den Freifliegern ist der Startzeitpunkt entscheidend für die Dauer des Fluges. Die Seillänge beträgt bei Freiflugwettbewerben meist nur 50 Meter, so daß da sofort was kommen muß, sonst ist das Modell schnell wieder unten. Bei den Ferngesteuerten dagegen hat man eine wesentlich größere Ausgangshöhe. Das heißt, daß man durchaus nach dem Ausklinken in Bärte hereinkommt, die man vom Boden aus gar nicht bemerkt hat. Es kommt zum Beispiel gar nicht selten vor, daß am Boden ein zehn Kilometer schneller Südwestwind weht, in zweihundert Metern Höhe aber ein Bart stand, der die Fahrt des Modells in genau die umgekehrte Richtung beschleunigte und es sozusagen gegen den Wind "ansaugte". Besonders gut sieht man das bei langsameren Modellen, da diese dann, oh Wunder, auf einmal die oft so schmerzlich vermißte Fahrt gegenüber dem Boden machen.

In dem Fall hätte Warten tatsächlich nichts genützt. Man braucht auch nicht unbedingt eine halbe Stunde lang auf eine Ablösung zu warten, es reicht schon, nicht in ein Abwindfeld hinein zu starten. Das kommt häufig vor z.B. nach Durchzug einer Thermik. Falls diese nicht mehr erreichbar ist, sollte man mit dem Start mindestens eine Minute warten, denn nach einem starken Bart kommt normalerweise erst mal gar nichts, außer vielleicht Wind. Und einem davonschwebenden Bart nachzufliegen ist recht riskant, wenn Ihr Platz nicht gerade zwei Kilometer groß ist und Sie mit siebzehn Jahren mal Bezirksmeister im 400 Meter Hürdenlauf waren. Bedenken Sie, daß Sie jeden Meter wieder zurückfliegen müssen, und zwar gegen den Wind und, wie sollte es anders sein, mit stärkerem Sinken als normal.

Eine gelegentliche Ausnahme vom Start gegen dem Wind gilt für Profis, wenn die sich ganz sicher sind, daß die momentane Richtungsumkehr des (schwachen!) Windes auch wirklich auf eine thermische Ablösung in unmittelbarer Nähe zurückzuführen ist. Spätestens beim Ausklinken bewahrheitet sich die Annahme dann oder auch nicht. War sie richtig, dann steigt ein Modell beim Start mit Gummiseil und Rückenwind in der Thermik allerdings manchmal tatsächlich besser als gegen den Wind ohne Thermik.

Natürlich sind Sie auch ohne UFO sofort gestartet und haben nicht gewartet, klar. Niemand hat das im Ernst erwartet. Erst Mal in die Luft und ausprobieren, ob der Segler überhaupt fliegt, ob die Fernsteuerung eingeschaltet ist und alle Ruder funktionieren. Ich würde es natürlich niemals öffentlich zugeben, aber so habe ich es früher auch gemacht. Irgendwann jedoch ist man das ständige Modellbauen danach leid und möchte mehr fliegen. Dafür opfert man lieber die eine zusätzliche Minute, macht den Check von Modell, Pilot, Umgebung, Thermik und startet dann erst.

Aber bitte keine Olympiasprints mit Leichtwindseglern und keine Spaziergängergeschwindigkeit mit Großseglern. Nach Möglichkeit wirft der Pilot oder ein erfahrener Kollege das Modell. Auch Zuschauer helfen natürlich gern, haben aber die unangenehme Eigenart, dem Rumpf des Modells im Schwerpunkt ihre tiefste Verbundenheit einzudrükken oder gar das Modell mit einem freudigen "Hei, auf geht's" einfach nur loszulassen.

Die Ausgangshöhe bei einem Gummiseilstart sollte natürlich so groß wie möglich sein. Dazu bleibt man am Seil, solange bis das Modell fast über dem Verankerungspunkt des Seiles steht. Gerade ältere Piloten wenden sich dabei grinsend ab (jüngere wenden sich entsetzt ab!) und murmeln etwas von "der hat gerade glatte zehn Meter Höhe verschenkt durch sein zu spätes Ausklinken", stimmt's? Ist aber so und lässt sich jederzeit beweisen. Ein Sinken am Gummiseil tritt so gut wie nie auf, allenfalls ganz kurz vor dem Ausklinken einige Zentimeter oder bei einem besonders dämlich angebrachten Hochstarthaken (be-

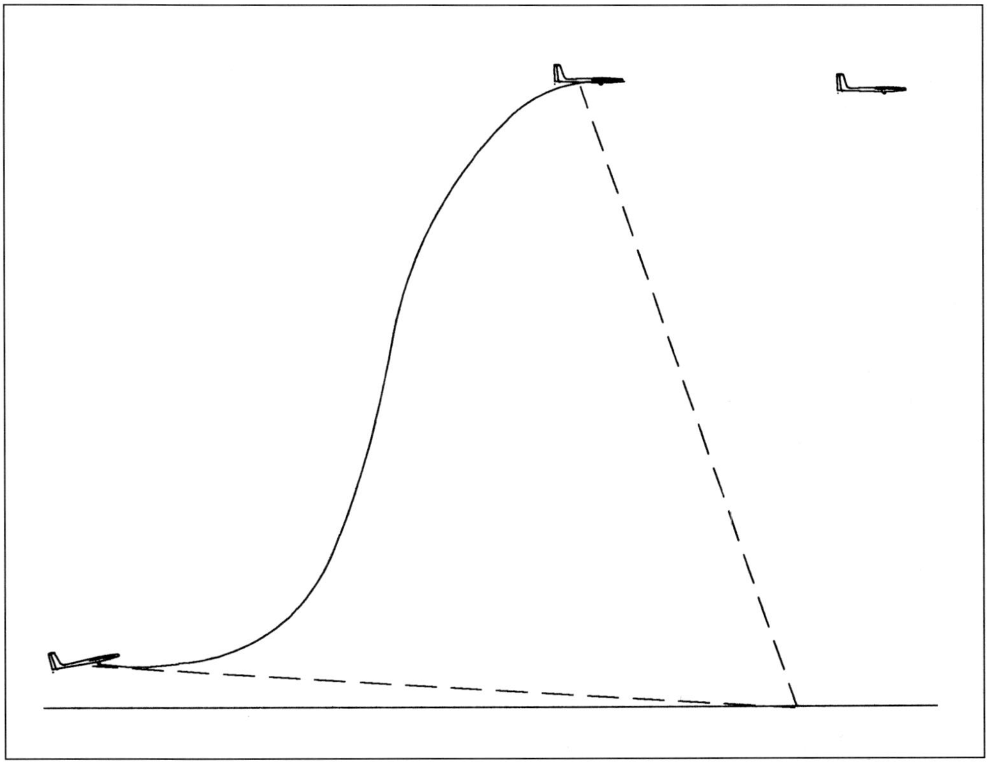

Abb. 22: Ein "klassischer" Gummiseilstart für Thermiksegler. Die ersten Meter läßt man das Modell etwas Fahrt aufholen um genügend Sicherheit (und "Druck auf den Rudern") für Richtungsänderungen zu haben. Danach nutzt man den anfangs noch kräftigen Zug des Gummiseils durch hohen Anstellwinkel aus. Bei abnehmendem Zug wird der Flug wieder flacher und sollte im Idealfall beim Ausklinken waagerecht sein. Wohlgemerkt: Diese Technik hat nichts mit den spektakulären Starts der F3B Maschinen zu tun!

kanntlich sollte dieser in Fluglage waagerecht oder leicht nach unten zeigen).

Falls Sie schon zwanzig Jahre lang fliegen und noch nie so einen Unsinn gehört haben, halten Sie sich fest, es kommt noch schlimmer:

Ein Thermiksegler bleibt solange am Seil, bis er von selber ausklinkt!

Leider praktizieren 90 Prozent der Piloten die umgekehrte Technik und machen gar abenteuerliche Geschwindigkeitsschwankungen am Seil in F3B Manier. Jede Beschleunigung aber kostet Energie, jedes "Abbremsen" mit dem Höhenruder scheint zwar kurzzeitig Höhengewinn zu bringen, aber man sollte bedenken, daß dafür ja auch Fahrt geopfert wird. Die als Produkt von Fahrt und Höhe gespeicherte Energie bleibt immer konstant, denn diese wurde vorher im Gummiseil gespeichert und daran ändern auch die verwegensten Flugmanöver nichts. Wer mit Vario oder Höhenmesser fliegt, findet sehr schnell heraus, daß unsere oben beschriebene Starttechnik vielleicht nicht so gut wie Ihre bisherige ist, aber am meisten Höhe bringt.

Abb. 22 zeigt einen optimalen Gummiseilstart. Die ersten Meter werden aus Sicherheitsgründen (erhöhte Fahrt in Bodennähe ist gleich mehr Richtungsstabilität) mit neutraler Trimmung geflogen, danach zieht man etwas. Das letzte Drittel fliegt man je nach Lage des Hochstarthakens neutral oder etwas gedrückt, um das steigende Seilgewicht mit erhöhter Fahrt auszugleichen.

Die beste Lage des Hochstarthakens ist bei allen Nicht-Enten-Modellen einen daumenbreit, -lang oder -hoch vor dem Schwerpunkt. Da aber nicht alle Daumen der Nicht-Enten-Modellflieger gleich breit, lang oder hoch sind, gibt es jede Menge Literatur mit Berechnungen darüber. Wer verständlicherweise lieber experimentell ermittelt, sollte hinterher mindestens zwei Positionen des Hochstarthakens zur Verfügung haben. Bei schwachem Wind die vordere; das Modell sollte dann in neutraler Höhenruderstellung mit höchstens vierzig bis fünfzig Grad steigen und die hintere "Alltagsposition", in der es die meiste Höhe erreicht, leider aber auch etwas kippeliger wird. Der Haken sollte im normalen Geradeausflug in Richtung Horizont oder leicht nach unten zeigen und reibungsarm sein (keine Grate vom Abschneiden!).

Je stärker der Wind, desto mehr kann man am Seil Höhe ziehen, falls das Modell die erhöhte Belastung verträgt. Es bringt überhaupt nichts, bei schwachem Wind mit Ziehen das Letzte herausholen zu wollen. Falls sich ein Rückenwindstart nicht vermeiden läßt, sollte das Seil im vorderst möglichen Starthaken eingehängt werden, gegebenenfalls muß man zusätzlich während des gesamten Starts nachdrücken, damit die Strömung nicht abreißt.

Jedes Modell hat beim Seilstart und Ausnutzen der Grenzbereiche wie starke Höhentrimmung, schwacher Wind oder zu geringe Fahrt die Tendenz, nach einer Seite auszubrechen. Finden Sie diese Seite bei Ihrem Modell heraus, falls Sie sie noch nicht kennen und trimmen Sie vor dem Start etwas entgegen für den Fall des Falles.

Spätestens nach dem Ausklinken trimmt man dann wieder zurück. Eine ganz leichte Neigung zu der unkritischen Seite hin mag nicht besonders schön aussehen, bringt aber keinen nennenswerten Leistungsverlust und viel mehr Sicherheit.

Bei leichtem Wind oder zu schwachem Gummiseil kann man in Zick-Zack Kurven starten, um eine größere Ausgangshöhe zu erreichen (Abb. 23). Diese Technik ist gefährlich, das Modell bricht dabei leicht aus und wird zusätzlich stark belastet. Heben Sie einmal das aufgewickelte Hochstartseil, um eine Vorstellung davon zu bekommen, was Ihr Modell dann tragen muß!

Zunächst fliegt man bis auf etwa halbe Hochstarthöhe geradeaus. Danach kann man versuchen, durch abwechselndes Kurven links und rechts aus dem Wind das Ausklinken zu verzögern, mehr Höhe zu erreichen oder bei mäßigem Wind gar das Seil wieder zu straffen. Man zieht leicht Höhe und hindert das Modell

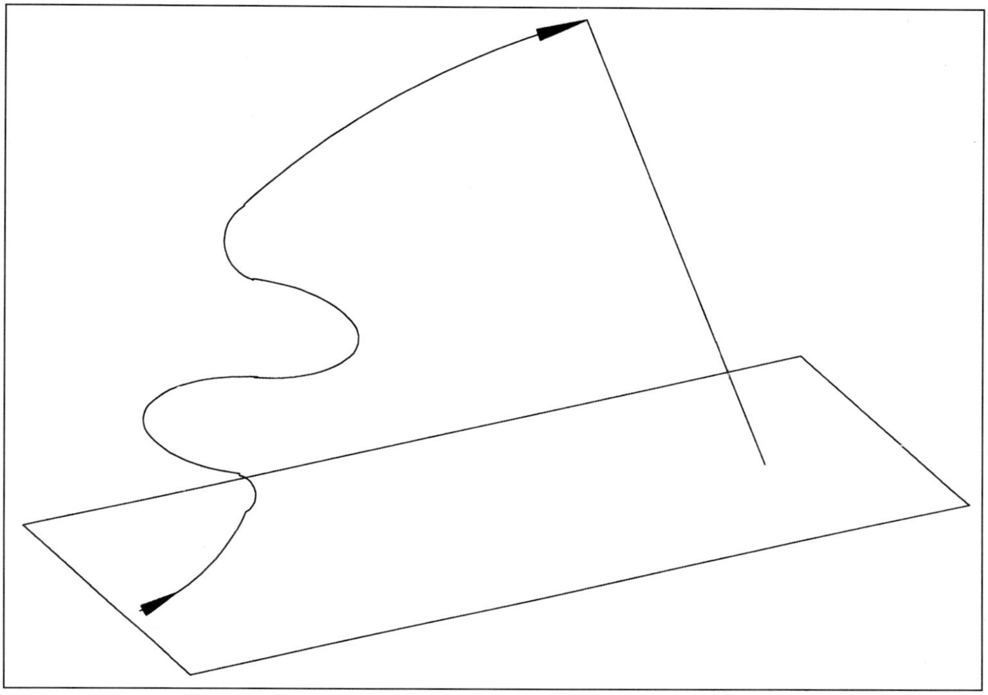

Abb. 23: Bei Gegenwind kann man am Seil Zick Zack Kurven fliegen, um eine größere Ausklinkhöhe zu erzielen. Das Modell wird dabei stark belastet und kann leicht ausbrechen.

durch Gegenruder am selbsttätigen Aufrichten nach oben. Danach nimmt man das Höhenruder heraus, steuert aber nach wie vor mit dem Seiten- und Querruder gegen. Mit der so erhöhten Fahrt dreht man in die entgegengesetzte Richtung und wiederholt das Ganze. Wichtig ist aber, immer beidseitig gleichweit aus der Windrichtung heraus zu zacken; das ist nicht zwangsläufig identisch mit der Startrichtung! Falls man das Seil weiter spannen möchte, zieht man nicht stärker am Höhenruder, sondern fliegt die horizontalen Strecken etwas weiter aus.

Die Zick-Zack-Kurverei am Seil kann man mit leichten Thermikseglern meist beliebig lange praktizieren. Umsteiger von Lenkdrachen zum Modellflug finden möglicherweise erhöhten Gefallen daran; wir benützen diese Technik nur an thermikarmen Tagen, um so lange am Seil zu bleiben, bis eine Ablösung in der Nähe ist, das erspart die ständigen Neustarts (und beschert so manche langweilige halbe Stunde am Seil...)

Falls Sie in den Genuß einer Winde kommen können und ein schwereres Modell haben, dürfen Sie das alles getrost vergessen. Beim Windenschlepp versucht man, meist durch leichtes Ziehen, soviel Höhe zu gewinnen, wie die Festigkeit des Modells hergibt. In der Endphase des Schlepps drückt man leicht an, nimmt das Modell aus dem Seil und setzt die erhöhte Fahrt noch einmal in Höhe um. Leichte Modelle können das allerdings nicht immer und sollten auch langsamer geschleppt werden.

Bei beiden Startmethoden kann sich natürlich der Wind etwas drehen und man muß daher bei Seitenwind entsprechend gegensteuern. Empfehlenswert ist es, wie bei den großen Drachenfliegern, beim Start die dem Wind zugewandte Fläche etwas tiefer zu halten.

Die der Thermik gegenüber hinterhältigste Startart ist der Flugzeugschlepp. Für Anfänger am besten geeignet ist das Huckepackverfahren, bei dem der Segler sich einfach ein Motorflugzeug "umschnallt". Die erreichbaren Ausgangshöhen sind fast beliebig, das Thermikangebot phantastisch. Fast jede Wolke ist erreichbar, in der Thermik trennt sich der Segler freudig von seinem Helfer und braucht dann weder (Elektro-) Motor noch Antriebsakkus zu befördern.

Zum Schluß noch zwei Bemerkungungen unter "Diverses":

Es ist absolut unsinnig, an der Stärke des Seils zu sparen. Schlecht geeignet als Hochstartleine ist Maurerschnur, besser und haltbarer ist das, was im Handel Angel- oder Perlonschnur heißt und je nach Hersteller, sehen wir von Modellbaufirmen ab, unter drei Mark pro hundert Meter (!) kostet.

Falls Sie zwei verschieden schwere Modelle fliegen, verwenden Sie immer das stärkere Seil. Dieses sollte man immer etwas dicker als mindestens notwendig dimensionieren. Der angebliche Höhenverlust durch das schwerere Seil ist vernachlässigbar und wird spätestens beim nächsten Seilriß, natürlich nur, wenn gerade eine prima Blase vorbeizieht, mehr als ausgeglichen. Außerdem altern Seile, insbesondere Gummiseile, den Wünschen der Hersteller und Anfeindungen scharfkantiger Steine entsprechend, schnell. Seile und Gummiseile sollte man daher gelegentlich umdrehen, also Anfang und Ende vertauschen, da die Belastung infolge unterschiedlicher Reibung nie gleich ist.

Gummiseile sollte man nach jedem Flugtag mit Talkum und/oder Glyzerin einreiben, erhältlich in Apotheken oder, zum dreifachen Preis, in Modellbaugeschäften unter dem Namen "Gummiseilpflegemittel". Talkum ist ungiftig, darf aber nicht eingeatmet werden, am besten streut man nach dem Verstauen im Plastikbeutel etwas Talkum über das ganze Knäuel, verschließt den Beutel und "verhaut" ihm kräftig; wo hat man als friedliebender Mensch solche Gelegenheiten sonst schon?

Die Landung

gehört eigentlich nicht zum Thema dieses Buches. Aber da wir ja nicht nur lange sondern auch oft fliegen wollen und felsenfest an ein Leben / das Fliegen nach der nächsten Landung glauben, hier die wichtigsten Regeln:

Erstens: Ausreichend Höhe! Und nicht etwa, wie schon beobachtet, noch zwischen zwei Stacheldrahtreihen durch. Höhe ist in der Fliegerei gleich Sicherheit. Lieber eine unsaubere, aber sichere Landung. Und lieber eine sichere Außenlandung als eine unsichere Landung auf dem Platz.

Bei Außenlandungen schätzt man das Modell meist zu weit entfernt ein. Ist der Segler dagegen schon relativ nah, muß jedoch noch ein Hindernis überfliegen (Büsche, Zaunreihe), so drückt man das Modell bis kurz vor dem Hindernis an und zieht unmittelbar davor. Da die Strömung an einem Flügel nicht schlagartig abreißt, bringt dieses Verfahren mehr, als ein ganz normaler Gleitflug mit Stoßgebet, womöglich sogar noch schön langsam mitten durch Leewirbel und Abwindzonen.

Zweitwichtigste Regel: Erhöhte Fahrt, also etwas auf Tiefe trimmen. Das macht das Modell stabiler gegenüber den gerade in Bodennähe häufigeren Böen, die zum Strömungsabriß an der Fläche führen können.

Das nicht erwünschte bessere Gleiten und die höhere Geschwindigkeit werden teilweise durch stärkeres Sinken kompensiert, ansonsten hat die Tieftrimmung nur Vorteile.

Ein Beispiel: Nehmen wir ein leichtes, langsam fliegendes Anfängermodell wie den Dandy, Panda oder den Filius und kommen zur Landung herein. Wir fliegen mit normaler Höhenrudertrimmung. Eine plötzliche Böe reißt das Modell hoch, und da Höhe ja gleich Sicherheit ist, freuen wir uns erst einmal. Aber jetzt verschwindet die Böe und die Geschwindigkeit unseres Modells gegenüber der Luft ist fast Null, da die Böe fast die gesamte Fahrt in Höhe verwandelt hat. Ohne Fahrt liefert aber die Fläche keinen Auftrieb mehr. Unser Vogel wird also die Nase herunter nehmen um Fahrt zu "tanken". Beten wir, daß ihm der Erdboden nicht zuvor kommt....

Es ist uns schon vorgekommen, daß das Modell mustergültig hereinkam, in fünf Metern Höhe verwundert stehenblieb, voller Verständnis für die Ängste und Nöte eines so unerfahrenen Piloten mit dem Kopf nickte und sich zu dessen Ensetzen und Füßen schamvoll im Boden vergrub!

Daß man sich den Zeitpunkt der Landung nicht aussuchen kann ist ein Nachteil gegenüber den Motorfliegern, wir geben es kleinlaut zu. Daher muß bei der Landung alles stimmen, vor allem sollte man rechtzeitig an die Landung denken. Klingt logisch, aber wer denkt schon logisch, wenn der Vogel in einigen Metern Höhe noch einen Nullschieber erwischt? Aber gerade Anfänger sollten den tollen Bart lieber sausen lassen und an die Landeeinteilung denken (Abb. 24). Wir wiederholen

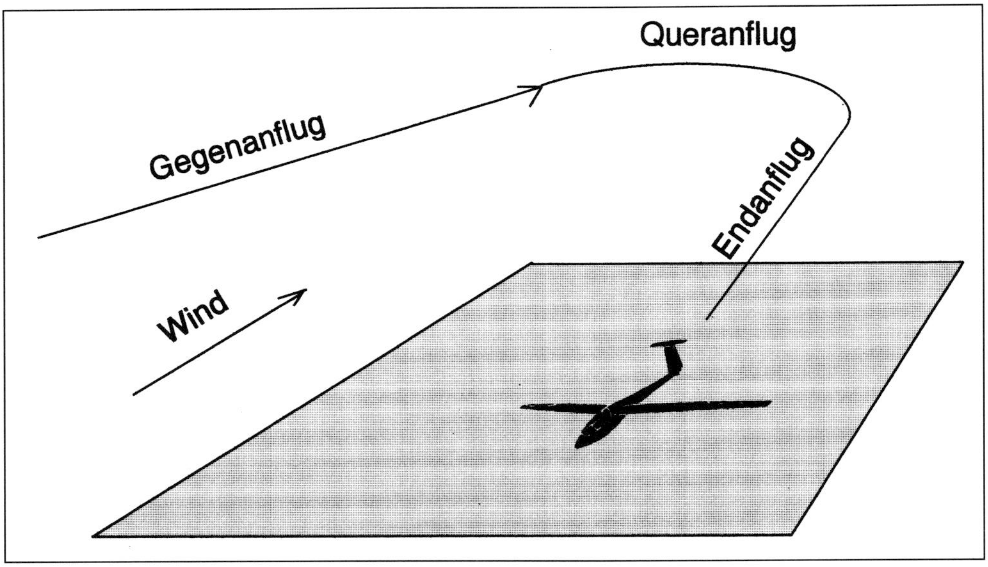

Abb. 24: Der Landeanflug besteht aus Gegenanflug, Queranflug und Endanflug. Das Eindrehen in den Endanflug sollte nicht zu weit weg geschehen. Selbst bei richtiger Landeeinteilung haben sonst Böen, Auf-, Ab- und Gegenwinde genügend Zeit, sich Gemeinheiten auszudenken.

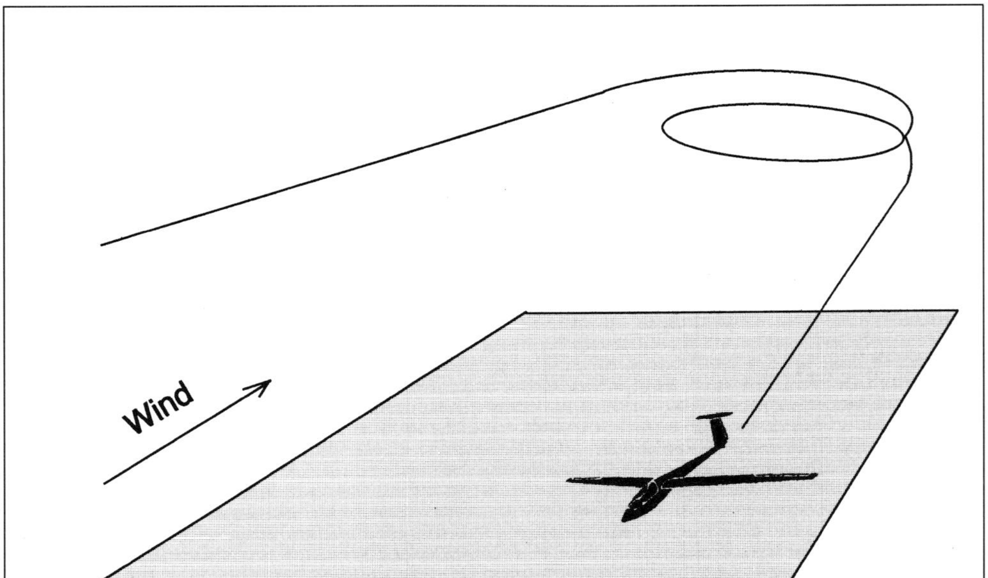

Abb. 25: Ist der Gegenanflug zu hoch, kann man im Queranflug noch einen Verlegenheitskreis hinlegen. Im Endanflug sind normalerweise nur noch Richtungskorrekturen und ggf. Landeklappen erlaubt.

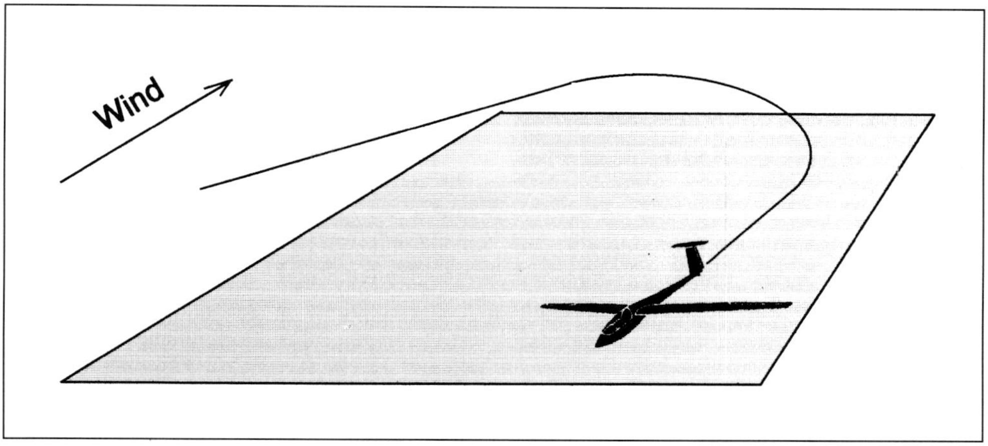

Abb. 26: Leider sehen selbst die Landeanflüge von Profis oft so aus. Bis zum letzten Moment wurde gegeiert, der Queranflug erfolgt in doppelter Höhe des Grases. Eine kurze Böe kann dann viele geruhsame Stunden des Nachdenkens über Fehler in Landeanflügen bescheren.

den Stoff aus der zweiten Stunde eines jeden Fliegers, die klassische Landeeinteilung, gerne noch einmal. Eine Landung besteht aus:

Dem Gegenanflug,

also dem Anflug auf die Landebahn in geeigneter Höhe mit dem Wind bis parallel über den Aufsetzpunkt hinaus, und zwar umso weiter hinaus, je weniger Erfahrung der Pilot hat. Was nun eine geeignete Höhe ist, läßt sich leider nicht allgemein sagen; wir rechnen je nach Können mit der fünf- bis zehnfachen Spannweite des Modells, bei stärkerem Wind immer noch etwas mehr. Bedenken Sie, daß sie im Gegenanflug viel weniger Zeit für die gleiche Strecke brauchen als hinterher gegen den Wind.

Falls sie über den Luxus von Landeklappen verfügen, wären zusätzliche 10 Meter nicht schlecht, um sie dann im Bedarfsfall beim Endanflug genußvoll zu "verbraten".

Bei Flugplätzen, die einen Gegenanflug von beiden Seiten zulassen, sollte man stets die "bessere" Seite nehmen, sei es, daß sie unverwirbelter, menschenleer oder verkehrsmäßig günstiger liegt.

Dem Queranflug,

letzte Chance für kleinere Korrekturen oder gar einem Vollkreis, wenn der Gegenanflug viel zu hoch (Abb. 25) war (Tadel), natürlich immer noch besser als zu tief (Bruch) (Abb. 26) und dem

Endanflug

auf die Piste mit Landung. Im Endanflug sollten nur noch kleine Korrekturen an der Flugbahn vorgenommen werden. Andernfalls kostet eine gelungene weil geplante Außenlandung zwar eine Stunde "freiwillig" Rasen mähen aber wenigstens nicht direkt das Modell. Bei turbulentem Wetter kann man die Landung in allen Teilen verkürzen, um das

Risiko von Auf-, Abwinden und Böen zu verkleinern.

War die Höhe schon im Gegenanflug nicht ausreichend, kann man die gesamte Landung notfalls einfach durch einen einzigen Halbkreis ersetzen.

Das ist erfahrungsgemäß leider die häufigste Landemethode, allerdings nur bei den Modellfliegern. In der großen Luftfahrt hat sich die klassische Landeeinteilung bis heute unverändert gehalten. Sie bietet ein Höchstmaß an Sicherheit.

Je nach Geschmack kann man den Segler während der Landung bei ruhigem Wetter (und nur dann) noch bis zum Strömungsabriß aushungern, damit er mit der geringstmöglichen Fahrt über Grund aufsetzt. Wichtig ist, daß diese Prozedur weich vonstatten geht. Die Höhe wird dabei von neutral bis zum Vollanschlag langsam gezogen. Im Idealfall setzt das Modell just in diesem Moment auf.

Sofort danach gibt es dann allerdings voll Tiefe bis zum völligen Stillstand. Ansonsten könnte eine plötzliche Böe nämlich die Flügel, die dann wesentlich größeren Auftrieb als das Höhenleitwerk liefern, hochreißen. Gibt man aber voll Tiefe, so drückt das Höhenleitwerk das Modell umso mehr ins Gras, je stärker der Wind weht.

Hören Sie bei Ihrer Landung jetzt gedämpftes Klatschen? Wenden sich Ihre Widersacher im Club ab und tun so, als hätten sie nicht zugeguckt? Dann hat wahrscheinlich alles geklappt.

Noch wichtiger als im Flug ist bei der Landung die Windrichtung. Als echter Thermikgeier kennen Sie die Windrichtung natürlich jederzeit, vor, nach und während des Fluges, gell? Also, was ist, gleiche Windrichtung wie beim Start? Wenn nein, bitteschön in Gedanken eine neue Landebahn und -einteilung in den Platz hereindenken. Falls Ihr Platz zu schmal für die neue Windrichtung ist, denken Sie intensiv an eine Mülltonne mit zufällig Ihrem Modell darin; das hilft manchmal, sich besser zu konzentrieren.

Spaß beiseite, bei Querwind versuchen Sie wenigstens, die relativ beste Anflugrichtung festzustellen. Ist der Wind allerdings böig oder dreht er ständig, dann behalten Sie lieber die allgemein vorherrschende Windrichtung bei. Die statistischen Chancen für eine Landung mit Gegenwind sind dann immer noch gut. Auf jeden Fall ist eine konsequente Landung besser als ein Eiertanz mit letzten Korrekturen noch im Moment des Aufsetzens. Eine Freude ist letzteres nur für die Liebhaber von Explosionszeichnungen oder für Zuschauer, die das Innenleben einer bespannten Fläche gerne einmal kennenlernen möchten. Außerdem: Sooo schlimm ist eine Landung mit Rückenwind ja auch nicht. Man muß halt den Aufsetzpunkt genauer anpeilen, da das Modell gegenüber Grund ja mehr Strecke zurücklegt, schneller fliegt.

Wenn die Landeeinteilung wegen starkem Wind zu weit war und die Erkenntnis dessen, wie meist, spät kommt, so fliegt man am besten dicht am Boden entlang, ruhig mit hoher Fahrt. Der Wind ist wegen der Reibung der Luft dicht am Boden viel geringer und Sie werden staunen, wie weit das Modell noch kommt. Selbst aussichtlose Fälle landeten so noch wohlbehalten hinter (!) dem Piloten.

Wegen dieser Abnahme des Windes mit der Höhe, auch Windgradient genannt, sollte man mit Kurven in Bodennähe ausgesprochen vorsichtig sein. Es passiert schnell, daß die bodennahe Fläche ungleich weniger angeströmt wird als die höhere und die Strömung abreißt. Nein lieber Herr Pilot, das war dann keine "plötzliche Böe, verstehe ich auch nicht", das war ein Flugfehler.

So schön die Thermik im Flug ist, so störend ist sie bei der Landung. Bei Anzeichen vom Durchzug einer starken Thermik sollte man versuchen, lieber noch etwas oben zu bleiben, bis sich die zum Teil starken Böen am Boden etwas beruhigt haben.

Eine böse Falle gibt es noch: Wer unbedingt sein Modell "am Mann" landen oder gar fangen möchte, kann unbeabsichtigt in die vom eigenen Körper oder naheliegenden Windhindernissen verursachten Wirbel kommen, nicht nur bei starkem oder böigem Wind. Man sollte dann lieber zwei Meter weiter seitlich anfliegen und erst im letzten Moment leicht korrigieren als einen Strömungsabriß oder ein Abkippen über eine Fläche zu riskieren.

Die ganze Prozedur Start und Landung sollte in Fleisch und Blut übergehen. Wichtig ist allerdings auch für einen Profi, daß er nicht auf die Routine vertraut, sondern, und das gilt besonders für die Landung nach einem langen Flug(-tag), konzentriert landet. Wie nachfolgendes Beispiel zeigt, halten auch wir uns immer und in jedem Fall gewissenhaft an die oben aufgeführten Regeln:

Nach einem mehrstündigen Flug war der einzige noch halbwegs klare Gedanke "aufhören, ich kann nicht mehr" und das hieß Flachtrudeln bis fast zum Boden. Keine Spur von Landeeinteilung; das Modell wurde regelrecht auf die Piste geschmissen, die Gummis der Flügelhalterung einfachheitshalber direkt durchgeschnitten und der Rest flog in den Kofferraum begleitet von dem Schwur, jetzt endgültig die Fliegerei für "einige Zeit" sein zu lassen. Sie wissen selber, was aus solchen Schwüren wird und was "einige Zeit" in der Praxis bedeutet, sonst würden Sie dieses Buch nicht lesen.

Könner teilen sich die Landung bei böigem Wind nicht starr, sondern variabel ein. Das heißt sie vernichten Höhe bis zum Aufsetzen

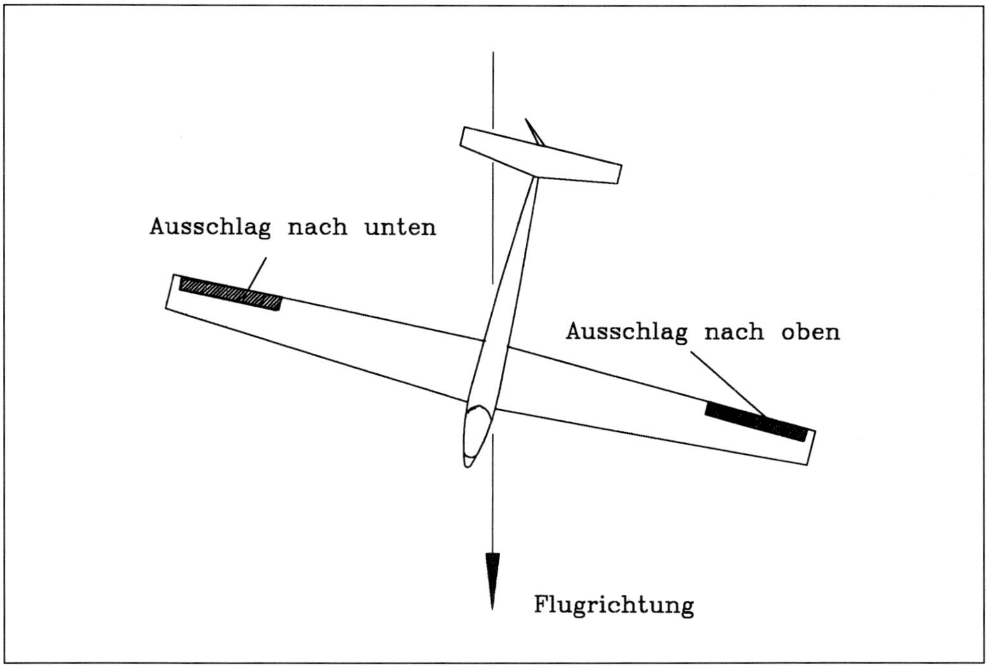

Abb. 27: Slippen, auch unkoordinierter Flugzustand genannt. Der Rumpf des Flugzeuges wird nicht mehr nur von vorne, sondern seitlich von vorne angeströmt. Der Luftwiderstand wächst, die Spannweite, in Flugrichtung gesehen, scheint geringer. Für dreiachsgesteuerte Flugzeuge ist der Slip eine effektive Art, Höhe abzubauen, etwa im Landeanflug. Dabei wird immer voll Seite gegeben, die Richtungsänderung erfolgt nur mit dem entgegengesetzten Querruder und dem Höhenruder.

je nach Bedarf mit kurzfristig eingeleiteten S-Kurven im Quer- und Endanflug, denn bei solchem Wetter kann man einen Landeanflug nicht lang im Voraus planen. Allerdings braucht man dazu Nerven, eine schnelle Reaktion und auch - aber wer gibt das schon zu? - ein bißchen Glück. Das ist nicht jedermanns Sache und deshalb erfand man Landehilfen.

Um das Sinken eines Flugzeuges zu beschleunigen, gibt es drei Möglichkeiten.

1) Man kann die Landeklappen ausfahren. Dabei braucht man meist etwas mehr Fahrt, da die auftriebserzeugende Fläche kleiner geworden ist aber nach wie vor das gesamte Modellgewicht in der Luft halten muß. Außerdem brauchen einige Modelle dann zusätzlich etwas Höhenruder.
2) Man kann slippen (Abb. 27). Normalerweise wird der Rumpf eines Flugzeuges, auch in Kurven, von der Luft längsseitig angeströmt. Ein Flugzeug kann aber auch bis zu einem gewissen Winkel seitlich fliegen. Dann wirkt der Rumpf als Luftbremse und die Spannweite scheint, von vorne gesehen, verringert, es geht rapide runter, was will man mehr?
Zum Slippen gibt man Quer- und entgegengesetzt Seitenruder. Die meisten Modelle (und großen Segelflugzeuge) brauchen dabei noch etwas Unterstützung vom Höhenruder. Kurz gesagt, man hat alle Hände voll zu tun.

Nun werden Sie zu Recht einwenden, was das alles mit dem Thermikfliegen zu tun hat. Ein Thermikmodell hat oft keine Landeklappen, und selbst Querruder fehlen bei Leichtwindmodellen. Preisfrage also, welche dritte Möglichkeit gibt es?

Man könnte ja einfach ganz langsam fliegen. Nun haben aber fast alle Flugzeuge die unangehnehme Eigenschaft, dabei abzukippen. Die Strömung liegt dann nicht mehr an den Flügeln an und reißt ab, das Modell nimmt die Nase herunter und holt sich sozusagen gewaltsam die vorenthaltene Fahrt.

Diesen Zustand nennt man in bestem Neudeutsch Stall. Das hat in dem Fall nichts mit Kühen oder Stroh zu tun, sondern ist eine brutale, aber wirkungsvolle Landehilfe.

Obwohl in der gesamten großen Fliegerei absolut tabu, ist ein absichtlich hervorgerufenes Abreißen der Strömung an den Flügeln ein gutes Mittel, Höhe sozusagen auf der Stelle abzubauen. Jedes Modell sackt dabei konstant (!) einige Meter durch. Wieviel das genau ist, muß man zuvor in sicherer Höhe öfters ausprobieren.

Zwei Bedingungen gibt es aber:

1) Das Modell darf nicht die Tendenz haben, beim Stall über die Fläche abzukippen, und
2) ein Stall in Bodennähe darf nur bei ruhigem Wetter und ohne Seitenwind geflogen werden.

So stümperhaft ein Stall aussehen mag ist er doch auch eine hervorragende Gelegenheit für den Piloten, das Verhalten seiner Maschine in extremen Situationen kennzulernen. In fast jeder Notfallsituation kommen Stalls vor und diese zu kennen und zu beherrschen ist wichtig.

Den folgenden Trick haben wir der Landung unserer gefiederten Kollegen abgeschaut. Diese landen mit allen Mitteln der Kunst, oft hart am Rande der Theorie und ohne Klappen. Je nach Modell erreicht man Gleitzahlen von eins, manche Modelle kann man in ruhiger Luft sogar sehr zum Staunen anderer Piloten auf der Stelle landen. Aber bitte üben Sie das vorher kurz, wir haben einige Jahre dazu gebraucht:

Wer schon einmal einen Blick auf die Polare einer Tragfläche geworden hat, erinnert sich vielleicht, daß die Kurve an zwei Stellen ganz gewaltig in den Keller ging: im Schnellflug und ganz besonders bei hohen Anstellwinkeln gegenüber der anströmenden Luft, also im Langsamflug. Wenn man nach einiger Zeit mit den Stalleigenschaften seines Modells vertraut ist, kann man bei halbwegs ruhigem

Wetter den hohen Luftwiderstand einer stark angestellten Fläche zum Bremsen verwenden: Man zieht soviel Höhe, daß der Segler mit der langsamst möglichen Geschwindigkeit die Piste anfliegt. Nun zieht man kurzzeitig noch etwas mehr (Abb. 28). Würde dieser Flugzustand beibehalten, risse die Strömung ab un das Modell würde nach unten wegtauchen Kurz vor dem Strömungsabriß gibt man voll Tiefe, aber nur solange, bis die Minimalfahrt erreicht ist. Dann wiederholt man das Spielchen von vorne.

Diese Methode bewährt sich besonders bei Leichtwindseglern ohne Landeklappen gut. Zu dem wegen der geringen Fahrt einfacheren Endanflug kommt der hohe Leistungsverlust infolge der ständig wechselnden Beschleunigung um die Querachse hinzu. Interessant ist,

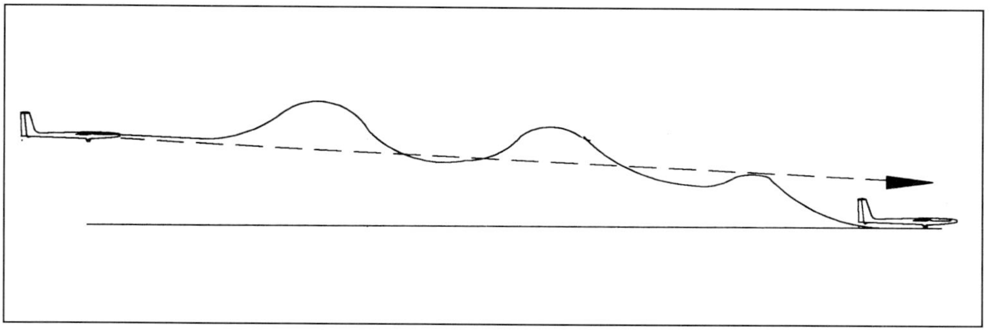

Abb. 28: Wenn man nach einiger Zeit mit den Stalleigenschaften seines Modells vertraut ist, kann man bei halbwegs ruhigem Wetter den hohen Luftwiderstand einer stark angestellten Fläche zum Bremsen verwenden: Man zieht soviel Höhe, daß der Segler mit der langsamst möglichen Geschwindigkeit die Piste anfliegt. Nun zieht man kurzzeitig noch etwas mehr. Würde dieser Flugzustand beibehalten, risse die Strömung ab und das Modell würde nach unten wegtauchen. Kurz vor dem Strömungsabriß gibt man voll Tiefe, aber nur solange, bis die Minimalfahrt erreicht ist. Dann wiederholt man das Spielchen von vorne. Diese Methode bewährt sich besonders bei Leichtwindseglern ohne Landeklappen gut. Die gestrichelte Linie zeigt den Verlauf des Endanfluges ohne diese Taktik.

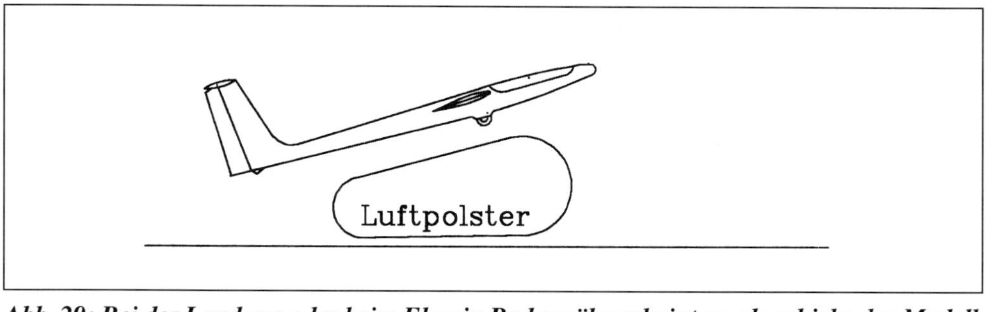

Abb. 29: Bei der Landung oder beim Flug in Bodennähe scheint es, als schiebe das Modell ein Luftpolster zwischen Flügel und Boden vor sich her. Der Auftrieb ist erhöht, die minimale Fluggeschwindigkeit sinkt. Man spricht dabei von dem "Bodeneffekt". Eigentlich ist dieses Luftpolster nur ein Sinnbild, der Bodeneffekt beruht auf einer Änderung der Zirkulationsverteilung.

daß die Trägheit der Luft den Strömungsabriß je nach Profil um Werte von unter einer bis zu sieben (!) Sekunden verzögern kann. In dieser Zeit passiert etwas, das theoretisch (mal wieder) unmöglich ist: Der ca max Wert, also der mit diesem Profil höchstens erreichbare Auftrieb, wird überschritten. Und das ist der eigentliche Trick an dieser Landetechnik, denn sonst könnte man ja genausogut einfach nur so langsam wie möglich fliegen. So aber wird die Fläche kurzzeitig scheinbar vergrößert, eine Art Miniaturwölbklappe. In geringer Flughöhe wirkt ein weiterer Effekt mit, der sogenannte Bodeneffekt (Abb. 29). Die Änderung der Zirkulationsgeschwindigkeit um den Flügel wirkt wie eine Art Luftpolster. Auch dieses braucht eine kurze aber spürbare Zeit, bis es zusammenbricht.

Besonders dann, wenn die Landung nicht zu Füßen des Piloten erfolgte, ist der Rücktransport eine gute Gelegenheit, statt sich in der Bewunderung der Zuschauer zu sonnen, einen gestrengen Blick über das Modell schweifen zu lassen. Je weiter und unübersichtlicher der Segler beim Aufsetzen enfernt war, desto eher können zum Beispiel ungesehen

- Seilzüge abgehen,
- Gummis sich lösen,
- die Befestigungen der Ruderhörner rissig geworden sein,
- Stacheln oder Steine die Bespannung
- von unten aufschlitzen,
- kleine Holzstücke oder Grashalme sich in den Rudern verfangen,
- und tausend andere Gemeinheiten passieren.

Bevor wir nun mit dem Thermikfliegen anfangen, werfen wir noch kurz einen Blick auf eine Spezies, die das bereits kann, ziemlich lange sogar schon. Denn wo und wie soll man Thermik finden, wenn es nicht jemand vormacht?

Ein Bussard, ein Bussard!

Und nun zu den Lieblingen der Landwirte, den Mäusekillern.

Angenommen, Sie kommen gerade eben auf dem Platz an und sehen einen in 15 Meter Höhe kreisenden Bussard. Was tun Sie?

A) Ich rauche erst Mal eine Zigarette.
B) Meine Finger beginnen zu zittern.

Von Typ A) verabschieden wir uns an dieser Stelle und danken für seine Aufmerksamkeit.

Dem Typ B) geht auf einmal nichts mehr schnell genug: Da klemmt dann unerklärlicherweise der Verschluss des Modellkoffers (sonst nie), die Flügelgummis reißen eines nach den anderen und er tritt auf die Sendeantenne, die jetzt irgendwie geknickt aussieht. Egal. Hauptsache schnell hoch.

So ein "Geier" ist nämlich fast ein totsicherer Bart und es wurden schon Wetten auf einige hundert Meter Startüberhöhung trotz Handstartes gewonnen.

In der großen Fliegerei wie auch im Modellflug ist es wohl eines der schönsten Erlebnisse, mit einem Vogel zusammen in der Thermik zu kreisen. Da auch die "Polare" der meisten Geier mit denen der Modellgeier so ungefähr übereinstimmen, braucht man sich nur noch über das Linksrum oder Rechtsrum zu einigen. Dabei gilt natürlich wie immer in der Fliegerei: Der erste im Bart bestimmt die Drehrichtung. Geben Sie das jedem Bussard bitte unmißverständlich, notfalls durch Winkzeichen, zu erkennen...

Im Ernst: Bedenken Sie, daß besonders Vögel in der Nähe von Modellflugplätzen Modelle zwar schon nach kurzer Zeit zu übersehen versuchen, aber nicht gerade erfreut über die Dauerjagd mancher Motorflieger sind. Da Sie als Segelflieger bestimmt nicht dazu gehören, hier einige Tips zum liebevollen Miteinander:

Ein Bussard kennt Ihr Segelflugmodell vielleicht doch noch nicht; eine unverzeihliche Bildungslücke, ist aber so. Er hält es je nach gezeigter Flugkunst für

- einen evolutionären Mißgriff, schüttelt leicht den Kopf (sieht man von unten meist nicht so gut) und ignoriert es,
- weitaus überlegen und dreht betont lässig noch ein Ründchen und dann aber ab durch die Mitte,
- einen Konkurrenten im Revier und greift es an,
- ein Weibchen und greift es nicht an, sieht nur so aus...

Die ersten beiden Fälle sind harmlos und fördern die Völkerverständigung, die letzteren sind leider von ornithologisch unvorbelasteten Normalbürgern nicht voneinander zu unterscheiden und erfordern folgendes Verhalten:

1) Schon vorher die gleiche Drehrichtung wählen (das war kein Witz vorhin) und diese beibehalten, auch wenn der Kollege es sich anders überlegt.
2) Ruhige langsame Flugmanöver vom Vogel weg, selbst wenn schon die Hälfte des Höhenleitwerkes ob einiger Sturzangriffe "ab" ist.
3) Auf gar keinen Fall irgendwelche Attacken, selbst wenn Ihr Modell beplankt ist. Auch dicker Stoff an einem Drachenflieger wurde schon erfolgreich "zerfleischt"!

In einem Satz: Zeigen Sie sich trotz der ausgesprochen deutlichen Argumente uninteressiert. Fliegen Sie niemals im Sturz- oder Schnellflug. Raubvögel benutzen den Schnellflug nicht nur zur Balz oder Jagd, sondern eben auch zum Angriff. Schliesslich haben Sie es ja auch nicht gerne, wenn der Bullterrier von nebenan, Ihr Hosenbeim im Visier, stark beschleunigt...

Mit diesen (Re-) Aktionen zeigen Sie dem Bussard, daß er es hier mit einem unglaublich dummen Wesen zu tun haben scheint, dümmer als alles andere in der Natur. Er wird deshalb völlig richtig annehmen, daß es irgendetwas mit Menschen zu tun haben muß und Sie nach einem weisen Lächeln (Kunststück bei einem feststehenden Schnabel...) in Ruhe lassen.

Falls Sie einmal an einem schönen Sommertag auf einer Wiese die Gelegenheit haben, Geiern beim geiern zuzusehen, nützen Sie sie. Das gilt natürlich auch für den Fall, daß die Fenster Ihres Büros solche Betrachtungen zulassen und Sie den Chef von der vordringlichen Schönheit eines natürlichen Fluges überzeugen können.

Man kann beim Zusehen manchmal mehr lernen als am Stammtisch zu vorgerückter Stunde. Die Kreise der Raubvögel sind harmonisch und fast perfekt. Sie meiden Abwindfelder instinktiv, legen notfalls die Flügel an um schnell durchzukommen. Bei der Balz gibt es wahre Kunstflugeinlagen zu sehen, Rollen, gerissene Rollen, manchmal sogar einen Looping. Manche Flugfiguren sind mit normalen Modellen unmöglich nachzuahmen. Es gibt einige Arten von Vögeln, (z.B.der Schwarzmilan) die ihre Wendigkeit in der Kurve mit einseitigem Abtrieb erhöhen indem sie ihre Flügel gegeneinander verwinden! Es gibt zwar Modelle, die das auch machen, aber nur ganz kurz und nur ein einziges Mal...

Erlauben Sie mir noch eine Bemerkung. Sie lässt sich nicht beweisen. Wenn es unbedingt sein muß dürfen Sie auch anderer Meinung sein.

Nach einem langen Flugtag geht es mir häufig so, daß ich mich auf dem Platz eigentlich nur als Gast fühle. Das ganze Jahr über dient er den Vögeln als Arbeitsplatz und Lebensraum. Sie kennen ihn in- und auswendig bei jedem Wetter. Und nur ganz selten und nur bei schönem Wetter kommt da so ein Mensch und glaubt, er hätte das Fliegen erfunden.

Der farbig markierte Bart

Es ist immer wieder erstaunlich, wie gut Modelle Thermik finden und zentrieren, wenn man nur nicht steuert... Wir kannten da mal einen Modellkapitän, der normalerweise seinen Seenotrettungskreuzer auf dem heimischen Ententümpel steuerte und schon seinen allerersten Modellsegelflug erstklassig absolvierte. Wie kam's?

Unser frischgebackener Pilot kam auf den Platz, packte seinen Segler aus und startete. Prompt bekam er von den etwas beleibteren Piloten im Club herablassend ihr übliches "Junge, mußt fliegen wo die Bussarde sind" zu hören. Der Kapitän a.D. versteht nicht viel von Landvögeln und nahm die ersten besten, einen Schwarm Schwalben. Eigentlich waren es Mauersegler, denn Schwalben gibt es ja nicht nur hierzulande immer weniger.

Aber auch Mauersegler sind wahre Flugkünstler. Das Modell stieg tatsächlich und der Pilot freute sich über den vermeintlich guten Tip. Unsere Senioren schüttelten den Kopf und zitierten das Anfängerglück. Was sie nämlich nicht wußten ist, daß Raubvögel zwar häufig in der Thermik fliegen - spätestens wenn man sie ihnen mit dem Modell zeigt - Schwalben + Co. aber sehr viel genauere Thermikanzeiger sind. Und das kommt so:

Der Raubvogel nimmt sein Gefühl und seine Erfahrung zur Thermiksuche; ein junger Adler braucht etwa eine Woche, bis er es richtig kann. Ein junger Pilot braucht meist geringfügig länger...

Schwalben dagegen sehen Thermik. Präziser gesagt, sie sehen kleine Objekte wie Insekten in der Luft aus einiger Entfernung. Kommt nun eine Ablösung daher, wirbelt sie alles mögliche an Staub, Blättern und sonstigem Kleinkram, Insekten eingeschlossen, mit nach oben. Vielleicht haben sie schon einmal beobachtet, wie bei einer starken Thermik die Luft trübe, manchmal regelrecht dreckig wurde. Genau das sehen die Schwalben und stürzen sich sofort hungrig auf das angerichtete Buffet.

Nun hat auch diese Sache einen Haken. Schwalben zeigen Thermik an, solange sie segeln! Aber das ist auch schon alles. Denn die Insekten sind nicht dumm, sonst wären sie schon lange tot. Sobald sie eine starke Höhenänderung merken, lassen sie sich nämlich fallen. Die Betonung liegt auf Änderung. Strengen wir uns an und versuchen mal das in einen einzigen möglichst kompliziert klingenden Satz zu formulieren:

Viele zusammen kreisende Schwalben markieren tagsüber häufig stärker werdende Thermik.

Das heißt, sie markieren keine Dauerbärte, sondern nur deren Entstehung, meist bodennahe Thermik also. Wenn Sie Schwalben in einen Bart hinein folgen, ist das eine gute Idee, aber Sie werden bald allein da sein. Nicht daß die Lackierung Ihres Modells Mißfallen erregt oder ihr Modell auf Mücken abstossend wirkt, falsch. Ein Dauerbart ist für Schwalben einfach uninteressant, weil er zu schnell "leer" ist.

Wir haben Schwalben + Co. an Tagen mit schwachem, großflächigen Steigen noch nie thermikfliegen gesehen. Sie?

Wenn aber auf einmal wie aus dem Nichts ein Schwarm Schwalben dahergesegelt kommt, fliegen Sie ihnen nach, selbst wenn das Modell schon ziemlich tief ist und Sie an dem Tag schon zwei Zehnerpacks weißer Schokolade mit Knusperreis verwettet haben. Wenn sich die Schwalben dann genauso schnell verdünnisieren, können sie den Klappstuhl holen, es geht aufwärts. Das ist wirklich immer mit schnöder Regelmässigkeit so.

Mit etwas Übung kann man noch einen Schritt weiter gehen: Besonders nach mehreren Minuten Thermikpause taucht oft wie aus dem Nichts ein Schwarm Schwalben auf. Dabei fischt er alle umliegenden Bärte leer und schlängelt sich dabei von Bart zu Bart. Eine solche Schwalbenstraße markiert mehrere Bärte.

Wer als Pilot noch ein paar Meter Reservehöhe und - Zeit hat, tut gut daran, nicht die erst beste Thermik zu nehmen, sondern auf ein gewisses Entgegenkommen der Ablösungen zu vertrauen, besonders dann, wenn ein großer Versatz mit dem Wind droht. Beobachten Sie daher genau, ob die Schwalben eine Thermikentwicklung gegen die Windrichtung markieren. Gerade beim "Treppenfliegen" gegen den Wind zählt jeder Meter nach vorn.

Es gibt hier und da Piloten, die sogar mit einem Uraltsegler einen Bussard auskurbeln. Wer einige Jahre lang fliegt, kann öfters beobachten, daß Raubvögel zwar gut Thermik spüren, aber nur selten in der Lage sind, richtig darin zu zentrieren. Der Autor hat aber noch nie beobachtet, daß es jemand geschafft hätte, besser zu steigen als eine Schwalbe, obwohl diese schneller fliegen muß und mehr Sinken hat als fast jeder Segler oder Raubvogel.

Woher also stammt der schlechte Thermik - Ruf der Schwalben? Eigentlich kann es nur daran liegen, daß die Modellflieger immer noch den Standartspruch "Schwalben, kannste vergessen, eh" beherzigen oder aber glauben, daß die Thermik nur da ist, wo Vögel ständig fliegen.

Wie gesagt, bei größeren Vögeln funktioniert letzteres. Bei kleineren ist diese Taktik verheerend, denn sie führt unweigerlich nach kürzester Zeit dazu, daß Sie den Bart verlassen, obwohl es gerade erst richtig gemütlich wird. Also, auch wenn die Anderen dumme Bemerkungen loslassen werden, versuchen Sie es einmal.

Es ist faszinierend, die verschiedenen Luftströmungen in einem durch Hunderte von Schwalben oder anderen Zugvögeln realisierten Traum, dem "farbig markierten" Bart, zu beobachten. Ableger der Thermik quellen an allen Seiten heraus und die Blase selber scheint sich ständig von innen nach außen zu stülpen. Niemand, der das einmal miterlebt hat, wird mehr behaupten, Thermik sei ein einheitliches Gebilde.

Zum Schluß noch die berühmte Ausnahme von der Regel: Schwalben segeln auch in Leewirbeln. Das ist mit dem Modell auch, allerdings nur schwierig möglich und es ist eine entsprechende Flugtaktig dazu nötig. Wie das geht, zeigen wir Ihnen später.

Thermikpraxis: Für Leute, die noch Spaß am Fliegen haben

Tagtäglich irgendwo auf dieser Welt:
"Du wirst es nie lernen!"
(Fluglehrer zu Flugschüler)
"Doch."
(Flugschüler zu Fluglehrer)

Sind Sie mittlerweile so weit fortgeschritten, daß Sie bei der Landung den Platz und in der Luft das Leitwerk anderer Modelle treffen?

Sieht Ihr Segler am Ende eines Flugtages nicht so aus wie auf der Explosionszeichnung?

Sie möchten länger fliegen, finden aber nur selten Thermik?

Dann gibt es jetzt einige Tips, die wir alten Hasen abgeguckt haben.

Das Prinzip des Thermikfliegens ist ganz einfach: Man kreist in der Thermik um möglichst viel Höhe zu tanken und damit die thermiklose Flugzeit zu überbrücken. Klingt einfach, nicht? Für Anfänger modifizieren wir diesen Satz in: Versuchen, überhaupt ein bißchen Thermik zu finden. Klingt schon realistischer, oder?

Woran erkennt man Thermik? Das mit den Vögeln hatten wir schon und bevor wir zu subtileren Erkenntnisebenen aufsteigen, sollten Sie einmal den Fallschirm des Hochstartseiles beobachten: Kommt dieser erst nach dem Modell zu Boden, ist es entweder zu windig oder Sie sind irgendwie an den falschen Stellen geflogen. Ganz ehrlich, wir haben schon Fallschirme samt Seil senkrecht in der Luft stehen sehen, ohne Modell dran; der Idealfall.

Bei Thermik wird manchmal die Luft plötzlich trübe, winzige Partikel oder Papierfetzen wirbeln auf. Im Flug wird der häufigste Fall aber der sein, daß Sie irgendwie das Gefühl haben, das Modell steigt. Es kann auch sein, daß es so aussieht, als sinke es nur langsamer als normal. Wenn Sie eine solche Situation feststellen, gratulieren wir Ihnen. Das ist der erste, wichtigste und größte Schritt zum guten Thermikflieger, selbst wenn des Modell gar nicht gestiegen oder weniger gefallen ist. Zu solch nebensächlichen Feinheiten kommen wir später. Entscheidend war, daß Sie das Modell genau beobachtet haben.

Ein bißchen kann man der Thermik die Arbeit mit dem Piloten erleichtern, nämlich indem man die Höhentrimmung bei der Thermiksuche etwas zu hoch einstellt, sodaß das Modell leicht pumpt wie bei den Freifliegern. Deren Modelle pumpen nicht etwa zufällig. Jeder Bart (leider aber auch jede Turbulenz) wird den Segler dann nämlich unruhig fliegen lassen. Wir erinnern uns: Je langsamer das Modell fliegt, desto größer ist die Gefahr eines Abreißens der Luftströmung an der Tragfläche. Fliegt man nun mit leicht erhöhter Höhenrudertrimmung, so wird das Modell beim Anschneiden der Blase pumpen und mitten drin erheblich stabiler als vorher fliegen. Der Leistungsverlust in der integrierten Varioanzeige ist vernachlässigbar und steht in keinem Verhältnis zu der Möglichkeit, einen schwachen Bart da zu finden, wo man vorher vielleicht mit zuviel Fahrt durchgerauscht wäre. Wenn man gelegentlich mitbekommt, wie sich das Modell regelrecht in die Thermik hereinpumpt, ist man überzeugt. Allerdings empfiehlt sich diese Methode nicht bei starkem, mässigem oder böigem Wind.

Manchmal reagiert das Modell schon beim Start merkwürdig: Mal schiebt es sich lustlos nach vorn ohne Höhe zu gewinnen, zwei Sekunden später schießt es nach oben und hebt das ganze Gummiseil direkt mit vom Boden ab. Was ist das? Ganz einfach: Das sind die sogenannten schnellen Geschwindigkeitsschwankungen am Seil, kurz auch Thermik genannt.

Unser Luftlehrling ist perplex, alles ging so schnell. Was tun? Soll er versuchen, vorzeitig auszuklinken? Nein! Merken Sie sich die Stelle, an der der Bart stand und fliegen Sie nach dem Ausklinken hin. Das hat den Vorteil, daß Sie nicht den untersten Zipfel der Thermik erwischen, sondern direkt im kräftigeren Mittelstück ankommen.

“Es ist doch bestimmt selten, daß ich direkt schon beim Start Thermik bekomme. Wenn ich so normal vor mich hin fliege, woran erkenne ich denn dann außerdem noch, wo Thermik ist?”.

Stimmt, das ist relativ selten, ebenso selten ist es aber auch, daß ein Segler in der Luft ohne jede Vorwarnung einfach so hochgehoben wird. Wenn das geschieht, um so besser. Normalerweise gibt das Modell selber Hinweise im Flugbild, die Aufwind vermuten lassen. Eine Böe ist daran erkennbar, daß die Flügel zuerst hochgehoben werden, und dann das Leitwerk. Anders ausgedrückt: Der Rumpf zeigt nach oben. Bei Thermik ist das anders:

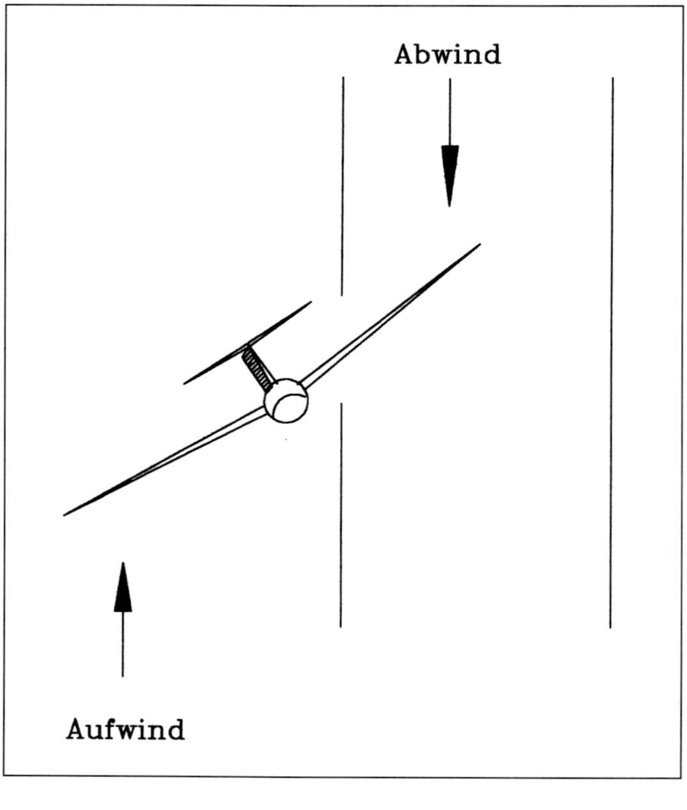

Abb. 30: Das Problem bei Zweiachsern in der Thermik ist, daß zum systembedingten Schieben (da kein Querruder) je nach Position im Bart manchmal noch das aufrichtende Moment des Abwindringes hinzukommt. Bei Schräglage ebenfalls aufrichtend wirkt bei V-Form der kurveninnere Flügel. Zum Beibehalten einer flachen Kurve muß daher ständig Seitenruder gegeben werden.

Eine Blase ist oft nur einige Meter breit und meist trifft das Modell sie irgendwo am Rand (Abb. 30). Die Chance, sie direkt in der Mitte zu treffen ist so klein, daß wir diesen Fall sofort wieder vergessen. Das Modell wird sich beim Streifen der Thermik zur Seite neigen, da ja nur ein Teil des Flugzeuges angehoben wird. Jetzt könnte man erst Mal ein Stückchen wegfliegen, Anlauf nehmen und dann mit Schwung versuchen, die Mitte zu treffen. Das ist nicht so einfach, Anfänger sollten zunächst versuchen, überhaupt in der Nähe dieser "Wackelstellen" zu bleiben, auch um das Verhalten des Seglers dabei kennenzulernen.

Einen totsicheren Hinweis auf Thermik gibt es: Manchmal wird das Modell ohne ersichtlichen Grund schneller. Es nimmt die Nase herunter und fliegt enorm eigenstabil; es scheint schwerer zu werden, irgendwie unelastisch und halsstarrig einer Linie zu folgen.(Abb. 31) Das ist ein idealer Bart. Warten Sie's ab. Spätestens einige Sekunden danach wird das Flugzeug nämlich anfangen, zu steigen. Wetten?

Passsiert sowas in einiger Entfernung, vielleicht sogar verbunden mit vorherigem starkem Höhenverlust, so bekommen (nicht nur) Anfänger oft Panik, drehen ab und holen das Modell schnell wieder auf den Platz zurück. Schade. Denn genau so "fühlt sich" Thermik im Flug an, wenn der Bart das Modell ansaugt. Starke Bärte ähneln von außen einem großen Loch, in das die umgebende Luft hereinstürzt. Das Modell wird nicht seitlich ausbrechen, da der Durchmesser der Thermik zu groß ist.

Wir sind Ihnen eine Erklärung schuldig für so schwammige Wörter wie "halsstarrig" und "unelastisch". Nehmen wir diesen Sachverhalt einmal unter dem Mikroskop auseinander:

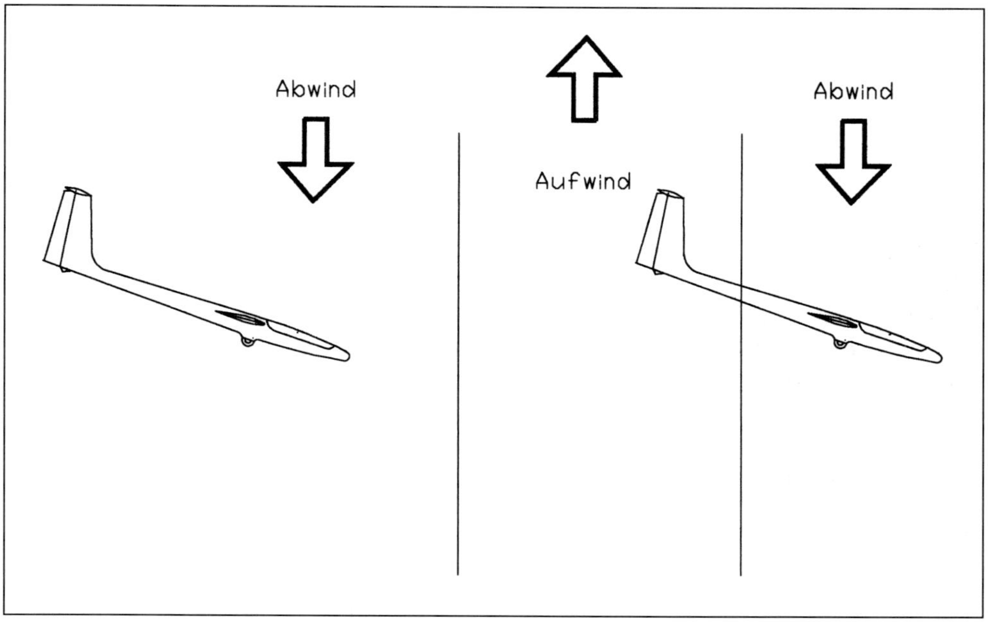

Abb. 31: Das charakteristische "Nase runter" beim Durchfliegen einer Thermik wird auch durch den eingangs und ausgangs durchflogenen Abwindring bewirkt, der die Flügel noch vor dem Leitwerk herunterdrückt. Der Aufwindkern ist zu eng und das Modell zu träge, als daß im Inneren der Blase ein umgekehrter Effekt auftreten könnte. Beim Herausfliegen bekommen wiederum die Flügel das noch vor dem Höhenleitwerk zu spüren.

Jeder Bart besteht aus einem Kern und dem umgebenden Wirbelring. Nähert sich das Flugzeug der Thermik, so berührt es zunächst mit der Nase den Wirbelring und dessen abwärtsgerichtete Luftströmung. Das Höhenleitwerk ist dabei noch draußen und weiß nichts von den Flügeln, die schon fleißig wegtauchen. Das Flugzeug wird schneller; es setzt mehr von der als Höhe gespeicherten Energie in Fahrt um. Das währenddessen erhöhte Sinken ist gar nicht so bedauerlich, denn im stark tragenden Mittelteil der Blase wird die Fahrt wieder in Höhe umgewandelt. Der Segler wechselt vom Sinken zum Steigen, er wird also nach oben beschleunigt. Das muß nicht unbedingt plötzlich gehen, bei breiten, "weichen" Bärten kann dieser Zustand einige Sekunden lang anhalten.

Ein Modell wiegt in dieser Zeit natürlich genausoviel wie vorher, aber die umgebende Luft packt kräftiger zu, um es hochzuheben. Dieser Effekt ist jedoch der gleiche, als wenn man kurzzeitig zusätzlichen Ballast in das Flugzeug packt oder die Trimmung mehr auf Tiefe stellt. Ein schweres, schnellfliegendes Modell liegt immer recht stabil in der Luft, unser Gefühl hat also nicht versagt. Die Beobachtung, so unlogisch sie auch schien, war richtig. Im Unterschied zu einer Windböe, bei der der Segler zwar auch hochgehoben wird, dabei aber anfangs die Nase hochnimmt, drückt die Thermik die Nase herunter, was eine ganz normale Reaktion des Modells darauf ist, daß es vorübergehend mehr von unten angeströmt wird.

Genauso wichtig wie Aufwinde zu erkennen ist der umgekehrte Fall, Abwinde zu meiden. Der Einflug in einen Abwind erzeugt einen unästethischen Flugzustand: Der Segler "pumpt", das heißt, er bleibt fast stehen, nimmt die Nase herunter, wird schneller, bäumt sich sofort wieder auf und wiederholt das Spielchen. Selbst mit leichter Tiefentrimmung bleibt diese Tendenz oft noch erhalten. Übrigens pumpt bei extrem starken Abwinden das Modell selbst mit vollem Tiefenruder!

Da gibt es nur Eins: Voll Tiefe, Fahrt aufholen und damit so schnell wie möglich seitwärts zum Wind wegfliegen. Die Vögel legen oft sogar die Flügel an, um schneller aus solchen Abwindfeldern herauszukommen. Wer dann lieber geradeaus als seitwärts fliegt, darf sich nicht wundern, wenn es lange Zeit nur runter geht. Ein Abwindfeld ist gemeinerweise meist breiter als eine Thermik und die Chance, ihm zu entkommen, ist seitlich besser. Das Ende eines Abwindfeldes erkennt man fast immer daran, daß der Segler stark Fahrt aufnimmt.

Auch beim Pumpen des Modells im Abwind stehen wir jetzt nicht mehr vor einem Mysterium. Denn normalerweise streicht der Fahrtwind ja ungefähr von vorne über die Fläche (Abb. 32). Wenn unser Segler nun zusätzlich zu seiner normalen Sinkgeschwindigkeit plötzlich den Abwind sozusagen "von oben auf den Deckel" bekommt, kann die Fläche nicht mehr soviel Auftrieb erzeugen, da sie ein bißchen von oben statt von vorne angeströmt wird. Trotz der nach wie vor gleichen horizontalen Fluggeschwindigkeit verhält sich das Modell dann so, als flöge es in ruhender Luft langsamer. Es reagiert träge oder kaum auf die Ruder, es pumpt, um sich mehr Fahrt und den alten Auftrieb zurückzuholen. Dieser Zustand hält solange an, bis das Modell im Abwind die gleiche Sinkgeschwindigkeit gegenüber der umgebenden Luft hat, wie vorher in der ruhenden Luft. Irgendwann ist dann der große Moment gekommen. Fünfzig Meter Höhe. Der Segler wird unruhig, nimmt die Nase etwas herunter, wackelt mit den Flügeln. Kein Zweifel, er spricht zu uns. Was will er uns sagen?

Thermik! Diesmal hat es geklappt. Die Spannung steigt mit dem Modell und die Freundin oder Ehefrau (wieso eigentlich nicht "und"?) hört auf zu stricken. Was jetzt? Ach ja, man soll ja dann kreisen. Gut, Sie leiten jetzt also einen Kreis ein. Klappt prima, direkt noch ein paar hinterher. Und schon ist die Thermik zu Ende. Schade. Das ging aber schnell. Und über sowas schreiben die ein ganzes Buch?

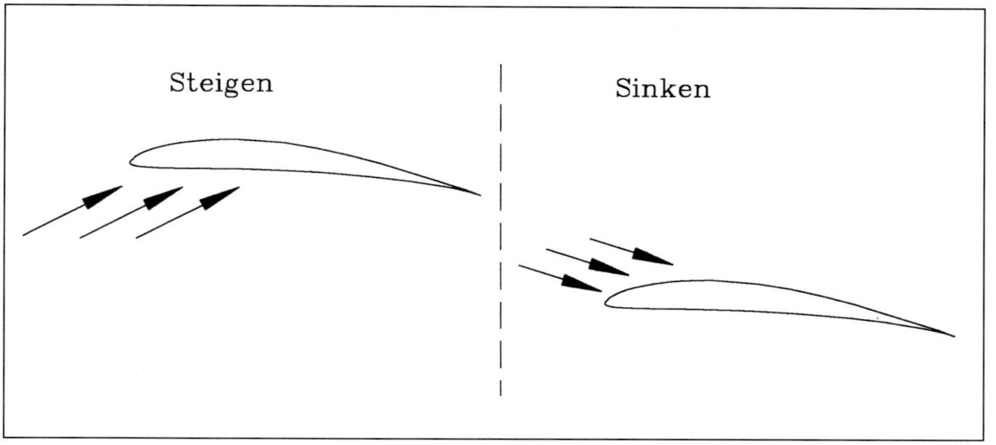

Abb. 32: Normalerweise streicht der Fahrtwind ungefähr von vorne über die Fläche. Im Aufwind packt zusätzliche Hilfe von unten an, im Abwind aber kann die Fläche nicht mehr soviel Auftrieb erzeugen, da sie ein bißchen von oben statt von vorne angeströmt wird. Trotz der nach wie vor gleichen horizontalen Fluggeschwindigkeit verhält sich das Modell dann so, als flöge es in ruhender Luft langsamer. Es reagiert träge oder kaum auf die Ruder, es pumpt, um sich mehr Fahrt und den alten Auftrieb zurückzuholen.

Lieber Herr Pilot! Auf der ganzen Welt gibt es nicht eine Blase, die in fünfzig Metern Höhe so breit ist, daß man einfach einen leichten Kreis fliegt und fertig. Das mag ja auf Seite eins der Bedienungsanleitung des "SOAR-MASTER 2000" Styropor Fertigseglers für neunzehn Mark achtzig so stehen, aber das reicht eben noch lange nicht. Diesen Bart mag es zwar irgendwann und irgendwo geben, aber uns normalen Sterblichen wird es nicht vergönnt sein, ihn je zu erleben.

"Aha. Und was jetzt?" Jetzt klettern wir wieder eine Stufe höher und kommen zum zentralen Thema im wahrsten Sinne des Wortes, dem Kreisflug.

Kreisen – das zentrale Thema

Vorraussetzung für das Thermikfliegen ist, daß man beliebige Kreise, enge, weite, ekkige und eierige an jede gewünschte Stelle am Himmel hinsetzen kann und einen Kreis weiter auf oder zuziehen kann, egal ob der links oder rechtsherum geflogen wird. Üben Sie also in einer freien Minute (Stunde, Monat) Kreise und nochmals Kreise. Kreisen ist der häufigste Flugzustand beim Thermikfliegen.

Versuchen Sie zunächst, eine Acht zu fliegen. Ich weiß, Sie können das schon, aber eben nicht eine moderne Acht, sondern eine in Schreibschrift, mit kleinem Köpfchen und dikkem Bauch. Am Besten erst mal in ruhiger Luft und genügender Höhe. Jedes Modell reagiert dabei unterschiedlich. Anschließend die ganze Prozedur rückwärts. Falls Sie gar im gleichen Aufwasch direkt noch eine stehende Acht geflogen sind, können Sie dieses Buch getrost zuklappen und sich bei den nächsten Kunstflugmeisterschaften anmelden.

Der beste Kreis nützt überhaupt nichts, wenn das Modell dabei zu schnell wird. Wer in der Thermik fliegt versucht natürlich, soviel wie möglich davon mitzubekommen. Logischerweise wird man also nicht schnell durch den Bart durchbrettern, sondern möglichst

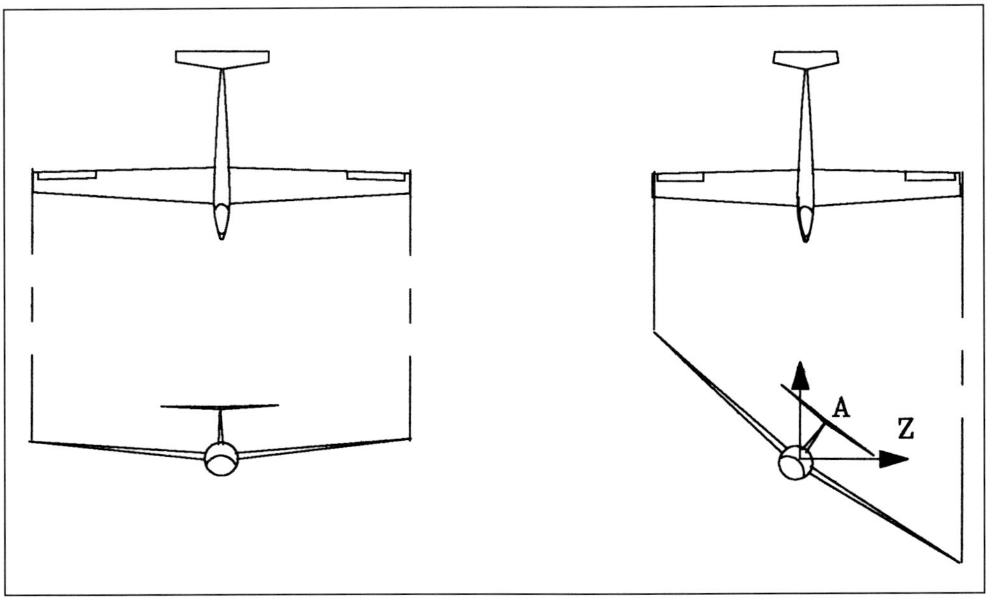

Abb. 33: Modell im Geradeaus und Kreisflug. In der rechten Abbildung sieht man in der Draufsicht die geringere Auftrieb liefernde Fläche, scheinbar ist die Spannweite geringer. Der nicht sichtbare Teil kann die zur Richtungsänderung notwendige Zentripetalkraft erzeugen. Um den gleichen Auftrieb wie im Geradeausflug zu erzielen, muß das Modell also schneller fliegen.

langsam darin zu kreisen, solange bis der Bart "tot" ist oder das Modell hoch genug fliegt. Nun kann man aber beim Kreisen nicht allzu langsam fliegen, denn Kreisen ist ein denkbar ungünstiger Flugzustand. Er kostet nämlich Flugleistung durch die höhere Sinkgeschwindigkeit gegenüber dem Geradeausflug.

Abb. 33 zeigt auf der linken Seite ein Modell im Geradeausflug. Wir sehen die gesamte Oberfläche der Flügel. Der hervorgerufene Auftrieb zeigt in diesem Flugzustand nach oben. Übrigens ist hier endlich mal der Ausdruck "Flächen" anstatt "Flügeln" erlaubt, der normalerweise unter Aerodynamikern (das sind die Leute, denen man erklären muß, wie man ein Modell fliegt, und die einem anschließend erklären, warum es fliegt) eine "freiwillige" Spende für die Kaffeekasse kostet. Denn Flügel sind ein dreidimensionales Gebilde, während eine Fläche zweidimensional ist.

Schlechter sieht der Auftrieb im Kurvenflug aus. Von den Flächen sieht man hier etwa ein Drittel weniger. Entsprechend ist der Auftrieb auch geringer; bei zwanzig Grad Schräglage sind es zwar nur rund drei Prozent, bei siebzig Grad aber schon etwa siebzig Prozent! Um das ja nach wie vor gleiche Gewicht des Flugzeugs zu tragen, müssen die Flächen mehr Auftrieb erzeugen. Was nun?

Keine Bange, das Ganze ist nicht so kompliziert wie es klingt. Wir geben einfach mehr Höhenruder.

Leider hat die Sache aber einen kleinen Haken: Man kann den Anstellwinkel eines Profils im Flug nicht beliebig groß machen, man kann also nicht beliebig viel Höhe geben, sonst reißt die Strömung ab. Daher müssen wir uns auf einen Kompromiß einigen. Wir wollen einerseits so langsam wie möglich fliegen, weil ein Aufwind nicht immer besonders stark oder breit ist und die meisten Modelle im Bereich langsamer Fahrt weniger sinken als im Schnellflug. Andererseits brauchen wir aber mehr Fahrt, als im langsamst möglichen Geradeausflug, da ja die effektiv tragende Fläche scheinbar kleiner geworden ist.

An diese Grenze, die je nach Modell verschieden ist, sollte man sich vorsichtig herantasten. Bei Anfängermodellen ist sie ohnehin verschwommen und das Modell warnt den Piloten manchmal regelrecht durch sein träges Verhalten. Sinn des Unterfangens ist es auch, den Punkt zu finden, bei dem das Modell noch nicht abkippt oder sinnlos viel Sinken produziert, aber die eingeschlagene Kreisbahn noch sauber fliegt.

Quer- und Seitenruder kann man, falls vorhanden, bei den meisten Fernsteuerungen miteinander mischen. Gibt man Querrunder, so wird das Seitenruder automatisch mitbetätigt. Besonders für Anfänger ist das eine große Erleichterung beim Steuern, die Kurven werden sauberer, da das Modell weniger schiebt.

Falls diese Kreise halbwegs klappen, kommen wir zur nächsten Übung. Diesmal sollen die Kreise kompromißlos eng sein. Ohne Rücksicht auf Verluste, sprich sinken, und Schönheit. Was Sie schon immer über Thermik wissen wollten, aber nie zu fragen wagten ist, daß Thermik unter hundert Metern Höhe meist sehr eng ist, oft mit geringerem Durchmesser als die Spannweite des Modells beträgt. Ein sauber geflogener Kreis, bei dem alle zehn Sekunden mal für eine halbe Sekunde die Blase durchquert wird, nützt gar nichts. Daher muß man den engstmöglichen Kreis beherrschen. Das erhöhte Sinken des Flugzeuges spielt in diesem Fall praktisch keine Rolle mehr.

Anfangs kostet es wirklich etwas Mut, das Modell voll in einen engen Bart hineinzu"hauen". In solchen Fällen muß man es aber einfach fast auf die Fläche stellen, um in der Thermik zu bleiben, auch wenn das rein rechnerisch kaum noch Auftrieb bringt. Im Zentrum enger starker Bärte ist meist genug Kraft und unter dem Strich eben entscheidend mehr, als wenn man den Bart "klassisch" angeht. Schräglagen von 45 bis 60 Grad sind keine Seltenheit und stellen so ungefähr das Maximum des erreichbaren Steigens in engen Bärten dar, glauben Sie es ruhig. Wenn Sie einige Male erlebt haben, daß es funktioniert, glauben die Anderen es auch. Darüberhinaus kann es in Einzelfällen noch höhere Schräglagen geben, allerdings dienen die dann nicht mehr dem eigentlichen Steigen, sondern dem Zentrieren in der Thermik und werden daher nur kurzfristig geflogen. Mehr darüber im Kapitel über das Zentrieren.

Natürlich muß man nicht immer eng kreisen. Was den Durchmesser von Thermik angeht, hat jeder seine absolute Wahrheit herausgefunden; der Flugkapitän eines Verkehrsflugzeuges berichtet völlig zu Recht von zehn Kilometern Breite in fünfzehn Kilometern Höhe und Äquatornähe, der Segelflieger nutzt meist Bärte von fünfzig bis dreihundert Metern und wir Modellflieger behaupten, ein Bart in Bodennähe sei nur einige Meter breit.

Alles das stimmt und man ersieht daraus, warum der Thermik angepaßte Kreise so wichtig sind; enge für Bodennähe und weite bei größeren Flughöhen. Wir Modellflieger können zwar immer noch nicht alle vorhandenen Bärte nutzen, aber je nach Modell doch solche von dreißig Zentimern an aufwärts, und davon gibt es natürlich mehr als von dreißig Metern an aufwärts. Außerdem haben Modellsegler mit das geringste Sinken von allen "schwerer als Luft" Flugzeugen. Welcher Gleitschirm oder Segelflieger kann schon einen 0,4 Meter Bart (wohlgemerkt, 0,4 Meter tatsächliches Steigen der Luft gegenüber dem Grund!) zum Steigen nutzen?

Etwas, womit Anfänger keine und Fortgeschrittene große Schwierigkeiten haben ist die sogenannte "Schokoladenseite", die Seite also, zu der hin man Kreise am Liebsten fliegt. Viele Piloten haben sich links als Schokoladenseite zugelegt. Danach befragt, antworten sie meist "ja, aber ich kann rechts herum einfach nicht kreisen". Das können wir gut nachfühlen, es ging uns auch so. Aber es ist wirklich reine Übungssache und sollte so bald wie möglich geändert werden, wenn man Wert auf lange Flüge legt.

Falsch herum zu kreisen kostet oft Leistung und ist ein echtes Manko auch in anderen Flugsituationen. Stellen Sie sich nur einen Autofahrer vor, der Kurven "einfach nicht rechtsrum" zu fahren gewohnt ist.

Als Anfänger sollte man beide Seiten gleich sauber fliegen lernen. Als Profi ist ein ganzer Nachmittag nur andersherum, möglichst, wenn keiner zuschaut, oft schon das Schlüssel- und Ahaerlebnis, auch wenn es ein ungutes Gefühl ist, entgegen seiner Lieblingsseite zu kurbeln. Die geflogenen Kreise mögen zunächst noch eher einem Viereck denn einem Kreis ähneln, aber das gibt sich schnell.

Es will Ihnen niemand Ihre Lieblingsseite nehmen, wichtig ist aber, wenn man es einmal kann, auch später wirklich beide Drehrichtungen zu benutzen, sonst fällt man schnell in den alten Trott zurück oder muß beim Kreisen entgegen der Schokoladenseite immer noch einen Moment (zu) lang überlegen. Ich persönlich kreise immer entgegen der Lieblingsseite; leider ist diese ihrerseits auch nicht dumm und wechselt beim nächsten Flugtag andersherum....

Ein Beispiel: Sie bekommen in zwanzig Metern Höhe noch einen kurzen "Heber" unter die rechte Fläche. Wenn Sie jetzt zu Ihrer Schokoladenseite, nach links wegdrehen um den Bart wiederzufinden, haben Sie einige Meter Höhe verschenkt und müssen zusätzlich noch auf die Suche gehen, ein aussichtloses Unterfangen. Kreisen Sie dagegen rechts ein, wogegen sich der Vogel anfangs wahrscheinlich etwas wehren wird, so ist der Höhenverlust geringer und der Bart noch nah. Kreisen Sie daher so wie der Bart es erfordert und nicht wie Sie es besser können. Daß manche Piloten dies absichtlich nicht tun, liegt an einem gewissen Showeffekt: Durch die Kehre im Abwindring der Thermik sinkt das Modell stark und nimmt hohe Fahrt auf. Wenn es dann frontal die Thermik anschneidet, läßt der abrupte Übergang vom Fallen zum Steigen das Flugzeug fast senkrecht hochschießen. Diesen Effekt kann man übrigens auch erreichen, indem man die Spannweite des Seglers auf die Hälfte reduziert und einen 10-ccm-Motor als kleine Hilfe einbaut...

Wenn Sie sich bis hier tapfer durchgekämpft und mindestens zehn Prozent von all dem behalten haben, dürfen Sie getrost fliegen gehen und ein bißchen Praxis tanken. Im nächsten Kapitel erwarten wir nämlich einige Stunden Flugzeit von Ihnen, Flugzeit in der Luft und nicht etwa Anwesenheit auf dem Flugplatz...

Kreisende Modelle – drehende Bärte

An einem windstillen Tag mit zum Teil recht ruppiger Thermik gaben uns zwei Beobachtungen zu denken, die wahrscheinlich jeder Modellflieger kennt: Schon am Boden wirbelten Sand und Staub in einer Art Windhose auf; die "Geburt" eines starken Thermikschlauches. Dabei wurden auch einige Blätter mitgerissen und zeigten die Drehrichtung des Bartes an.

Drachenflieger, die schon einmal in wüstenartigen Geländen oder auf den kanarischen Inseln geflogen sind, fürchten solche bodennahen Bärte, oder "Dust Devils", wie das ja auf gut neudeutsch so schön heißt, wegen ihrer starken Turbulenzen.

Die zweite ist trivial: Fast jeder hat schon einmal in einem Bart die Drehrichtung gewechselt, manchmal mit Erfolg, manchmal ohne. Klappte es besser, war man offensichtlich genauer im Bart drin.

Ich weiß, daß ich mit dem Folgenden ziemlich allein dastehe, trotzdem gibt es vielleicht noch eine andere Erklärung:

Die "klassische" Thermikschule geht davon aus, daß jeder Bart entgegen seiner Drehrichtung ausgekurbelt werden sollte und begründet das damit, daß die Zentrifugalkraft beim Kurbeln aufgrund der geringeren effektiven Kreisgeschwindigkeit über Boden geringer ist. Ich hielt das darum auch für sinnvoll, bis mir irgendwann die Idee kam, es trotzdem einfach einmal andersrum zu versuchen. Rein gefühlsmäßig klappte es tatsächlich besser, aber die Überraschung kam erst nachträglich bei der Computerauswertung des Fluges, obwohl auch vorher schon ein Indiz ganz eindeutig dafür sprach: Die Vögel!

Alle Landvögel hatten in Bärten mit Drehung – es drehen ja nicht alle Bärte – die gleiche Drehrichtung, und zwar mit der Drehung des Bartes! Ein guter Indikator dafür, daß ein Bart überhaupt dreht, sind die Schwalben. In feststehenden Bärten fliegen sie scheinbar chaotisch, in drehenden aber immer in seiner Richtung.

An einem breiten, gleichmäßigen Bart haben wir dann beide Drehrichtungen gemessen und festgestellt, daß das Modell beim Drehen mit dem Bart praktisch selbst darin zentrierte und trotz der theoretischen Nachteile ein besseres Steigen erzielte. Das gesamte Handling des Seglers wurde spürbar besser und kurvenfreudiger, die übliche Bedenkpause beim Drehen in den Wind fehlt fast völlig.

Zwar waren die Spitzenwerte des Steigens ganz erheblich unter denen der klassischen Richtung, die integrierte Varioanzeige aber zeigte regelmäßig ca. zwanzig Prozent mehr an! Es schien geradezu so, als ob der Rand des Bartes die Fläche des Modells genau in der richtigen Schräglage hielt. Bei "falscher" Drehrichtung dagagen war derselbe Bart, obwohl regelmäßig durchflogen, immer schwer zu "packen" und man fiel ständig aus dem Zentrum heraus und mußte nachzentrieren.

Wenn die Kollegen auf dem Platz den Bart achselzuckend als "zu zerrissen" abtun, kann des Rätsels Lösung tatsächlich in der falschen Drehrichtung liegen. Hätten wir die Drehrichtung nicht geändert, so hätten auch wir den Bart wahrscheinlich nicht ausfliegbar genannt oder zumindest viel mehr Konzentration beim Fliegen investieren müssen.

Nur beim Kreisen in Bodennähe behält man für die ersten gewonnenen fünfzig Meter die zunächst gewählte Drehrichtung bei, denn gerade in engen Bärten besteht ein gewisses Risiko, durch den Wechsel der Drehrichtung und den damit verbundenen Höhenverlust den Bart zu verlieren.

Man könnte einwenden, daß unsere Beobachtungen falsch sein könnten, wenn das Modell sie mit beeinflußt. Was wäre, wenn zum Beispiel die Flügel verzogen sind? Dann würde eine Richtung immer weniger Sinken bringen, als die andere. Stimmt, aber wir haben bei den Messungen zweifelsfrei festgestellt, daß der geschilderte Effekt am selben Modell in beiden Drehrichtungen feststellbar ist, abhängig lediglich von der Drehrichtung des Bartes und das auch bei anderen Modellen bestätigt gefunden. Bekannte Segelflieger verweisen zynisch darauf, daß es keine drehenden Bärte gäbe, denn die Wolken drehten ja auch nicht. Solche Aussprüche sind peinlich, denn jeder, der Wolken im fotografischen Zeitraffer festhält, stellt fast immer eine solche Drehbewegung fest. Ganz besonders an der Außenseite dicker Cumuli ist sie gut als "Löckchen" feststellbar. Vielleicht probieren Sie den richtigen Dreh bei Ihrem nächsten Thermikflug einfach einmal aus?

Das Zentrieren, der Kern der Sache

Als Neuankömmling auf der Thermikszene ist man meist schon froh, überhaupt eine Thermik gefunden zu haben. Und wenn dann einige Kreise hundert Meter Höhengewinn bringen, ist der Tag gerettet. Ich mag solche Piloten ausgesprochen gern, man kann ihnen mit kleinen Sachen Freude machen. Ein hartgesottener Kampfsegler dagegen mit dem ständig pessimistischen Blick nach oben und dem Resultat "es geht heute, aber ein Vierstundenflug wird schon wieder nicht drin sein" muß sein Handwerk verstehen. Und das besteht unter anderem darin, mit dem Flugzeug den Mittelpunkt der Thermik finden zu können. Zentrieren heißt dieser Vorgang, und davon wird nun zu berichten sein.

Zentrieren ist das, was für einen Rennfahrer eine saubere Kurventechnik ist. Falls Sie ein Liebhaber von Frieden und Harmonie sein sollten, überschlagen Sie das Kapitel. Das Zentrieren ist beim Thermikfliegen so ziemlich die einzige Situation, wo es hart zur Sache geht, von speziellen Landetechniken auf Beton vielleicht abgesehen.

Die Aufwärtsbewegung der Luft ist im Kern der Thermik am stärksten. Ich weiß nicht, wie die Behauptung zustande gekommen ist, im Inneren des Bartes sei die Thermik doppelt so stark wie an den Rändern. Bei unseren Messungen bekamen wir immer eine so ungefähr logarithmische Zunahme heraus. (Abb. 34) Es ist nur eine Annahme, aber es scheint, daß auch in der Praxis in Richtung Mitte der Bart überproportional zunehmend stärker trägt.

Wie auch immer, das Modell sollte also im Zentrum der Thermik kreisen, und dazu muß man dieses finden. Der Einstieg in jede Thermik besteht aus einer Änderung der bisherigen Flugrichtung (Abb. 35). Meist kommt man aus dem relativ schnellen Geradeausflug und verspürt einen Heber. Nun muß das Modell langsamer werden und gleichzeitig in die Richtung des zunächst natürlich nur vermuteten Zentrums der Blase einkreisen. Das passiert in einer hochgezogenen Kurve und sieht prima aus. Aber hier schon scheiden sich die Geister gewaltig an der Frage, wie herum ein "normaler Mensch" einkreise; später wird es noch schlimmer. Aber zumindest die ständige Diskussion um die beste Richtung zum Einkreisen in einen Bart ließe sich vermeiden, wenn man mal überlegt, wie die verschiedenen Ansichten zustande kommen; die Vertreter beider Lager sind ja nicht die Dümmsten. Fragen wir einmal die großen Segelflieger:

Hein, der Lokalmatador der Segelfluggruppe "Biegeholm" behauptet:

"Ich kreise immer zu der Seite ein, wo das die Fläche hochgeht!"

Den kleinen grammatikalischen Ausrutscher verzeihen wir ihm gerne, machen direkt einen Sprung ins Lager der verfeindeten Akademischen Luftsportgruppe "Studentflug" und lassen Herrn Prof. Dr. K. Hüttershausen-Wellmar ausführen:

"Wie die Computeraufzeichnungen unseres Institutes, die wir seit dem Jahr 1985 mit einem Zuschuß aus dem Sonderfonds des Bundesforschungsministeriums im Rahmen der Aktion 'Segler 90' betreiben, zweifelsfrei beweisen, wurde mit der Methode, einen Halbkreis in der vom Segelflugzeug zum Zeitpunkt des Anschneidens der Thermik selbsttätig eingeschlagenen Kreisrichtung mit einer sich danach anschließenden Geradeausflugstrecke unmittelbar in das Zentrum der Thermik zu fliegen, eine um 31,8 Prozent höhere Steigleistung als mit der Methode des Hein, ehh, Herrn, jedenfalls, erzielt, nicht wahr."

Hier hakte der Autor nach: "Das heißt, Sie kreisen andersherum als Hein?" und bekam ein säuerliches "Ja, so könnte man es auch sagen" zur Antwort.

Ich bedanke mich und überlege: Beide Jungs sind echte Profis. Hein hat schon einmal sieben Stunden lang in einer KA6 und 2400 Metern Höhe über dem heimischen Platz gegeiert, wobei sämtliche an Bord befindlichen Ausgleichsgefäße zum Ausgleich des sich an Bord befindlichen Piloten zweckentfremdet wurden, ist der beste Mittelfeldspieler seines Fußballclubs und enorm trinkfest. Herr Professor Dr. Hüttershausen-Wellmar ist unter anderem Mitglied im Aufsichtsrat der "Schlepp - Hoch" Flugzeugwerke. Um nicht herunterzufallen, wurde er in früher Jugend mit kräftigen Lederriemen auf einem

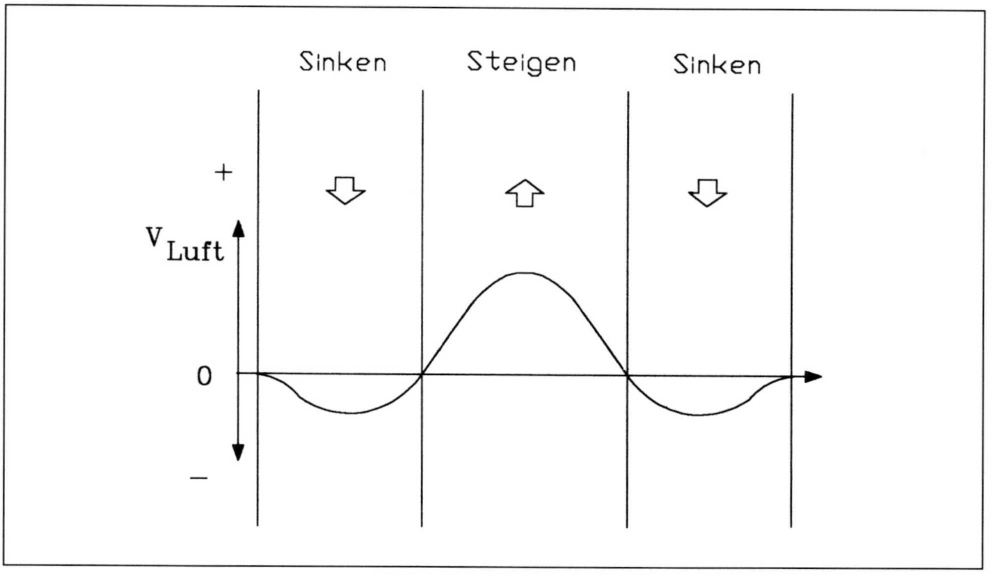

***Abb. 34:** Seitlicher Querschnitt durch einen Bilderbuchbart. Das mit Abstand beste Steigen ist immer genau in der Mitte; gerade bei engen Bärten ist es deshalb so wichtig, genau zu zentrieren. Ich weiß nicht, wie die Behauptung zustande gekommen ist, im Inneren des Bartes sei die Thermik doppelt so stark wie an den Rändern. Bei unseren Messungen bekamen wir immer eine überproportional stark ansteigende Zunahme heraus.*

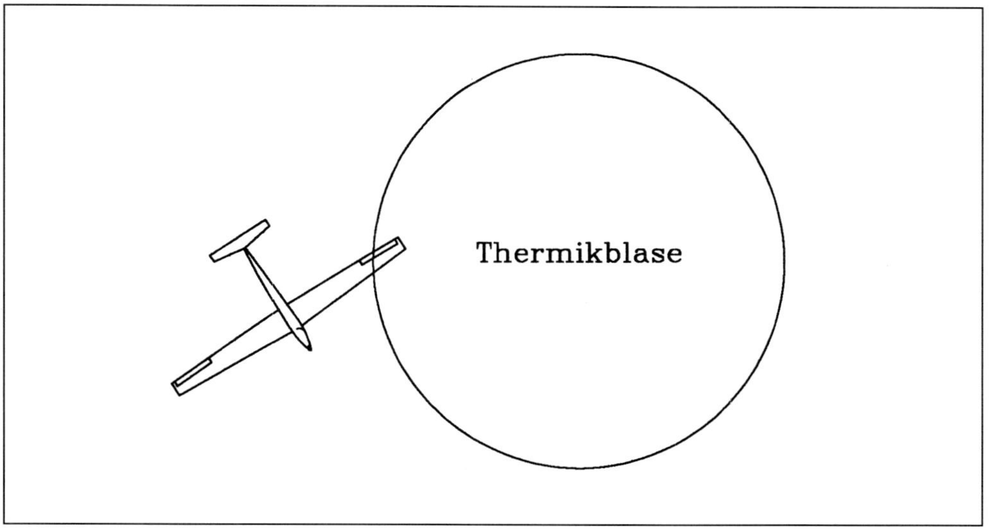

***Abb. 35:** Das Modell schneidet diese Blase schräg an. Wer hier links abdreht, wie sogar bei manchen großen Segelflugzeugpiloten zu beobachten, verliert sofort ganz wichtige zehn Meter Höhe und kann im schlechtesten Fall sogar den Einstieg in den Bart verpaßen. Obwohl ein Blick auf den Höhenmesser einen sofort überzeugen müßte, hat sich diese falsche Technik deswegen so lange gehalten, weil es einfacher ist, abzudrehen, als das meist unwillige Modell andersherum in den Bart hereinzuzwingen.*

Schulgleiter "SG 38" festgeschnallt und entwickelte seitdem eine ausgeprägte Neigung zu Schulgleitern und Schulen im Allgemeinen, über Lederriemen wurde nichts bekannt. Eine letzte Rückfrage bei beiden, nein keiner gibt nach. Ich bin nachdenklich, irgendwie müssen beide recht haben. Hein's Flugplatz liegt inmitten eines ausgedehnten Waldstückes. Die Hausbärte stehen dort, wie sollte es anders sein, pillegrade über dem Platz. Der Platz der Studentflug ist eine von vielen Wiesen ringsum; die Thermik dort ist meist breitflächig.

Mir beginnt etwas zu dämmern. Hein's Hausbärte sind dagegen sehr eng. Folglich wird die dem Bart zugewandte Fläche in der Mitte vielleicht noch den Abwindring der Thermik streifen, am Ende aber schon vom kräftigen, aufwärtsgerichteten Kern der Blase hochgehoben (Abb. 36). Diese Kraft ist aufgrund des längeren Hebelarms die stärkere und Hein vermutet vollkommen richtig, daß der Bart in Richtung der hochgehenden Fläche steht. Bei der akademischen Segelfluggruppe ist das anders. Die Piloten dort streifen beim Durchqueren der viel breiteren Thermik immer nur den Abwindring. Sie haben logischerweise bisher stets die Erfahrung gemacht, daß irgendwo hinter der hängenden Fläche die Blase sein muß. Das Segelflugzeug mag es vielleicht wissen, ein Pilot aber kann nicht unter-

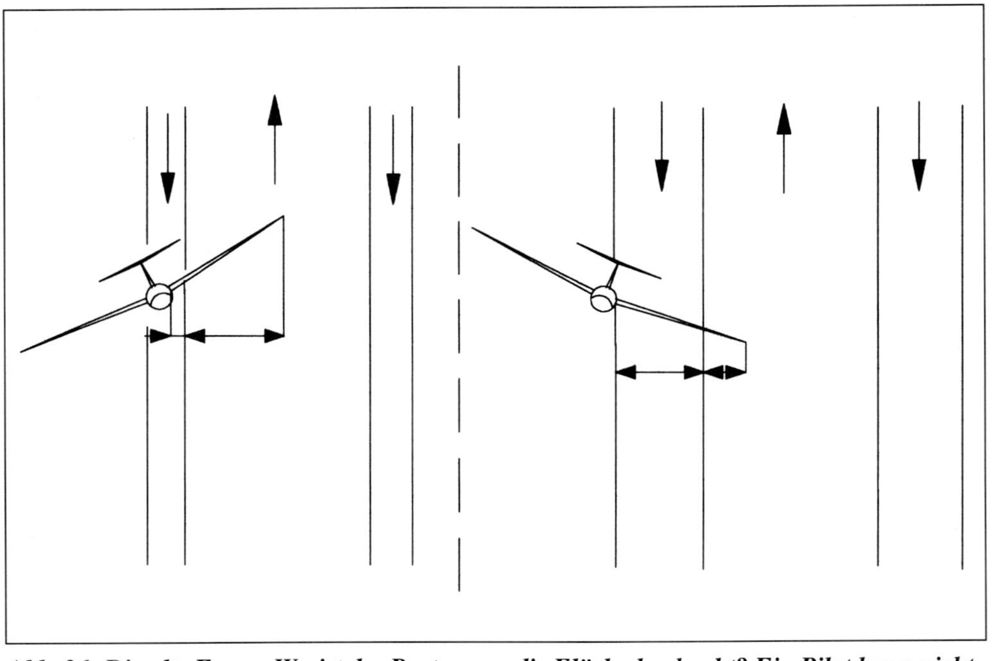

Abb. 36: Die alte Frage: Wo ist der Bart, wenn die Fläche hochgeht? Ein Pilot kann nicht unterscheiden, ob die eine Fläche hochgehoben oder die andere abgesenkt wird. Beides fühlt sich gleich an. Das Flugzeug in der linken Abbildung bekommt gerade einen kräftigen Heber unter die linke Fläche. In der rechten Abbildung streift die dem Bart zugewandte Fläche noch den Abwindring der Thermik. Man erkennt auch, daß die Spannweite des Flugzeuges bzw. die Breite der Thermik eine Rolle spielen. Überlegen Sie einmal, was passieren würde, wenn der Segler in der rechten Abbildung mehr Spannweite hätte? Leider gibt es immer noch Piloten, die pauschal behaupten "wenn die Fläche hochgeht, kreise ich immer nach...".

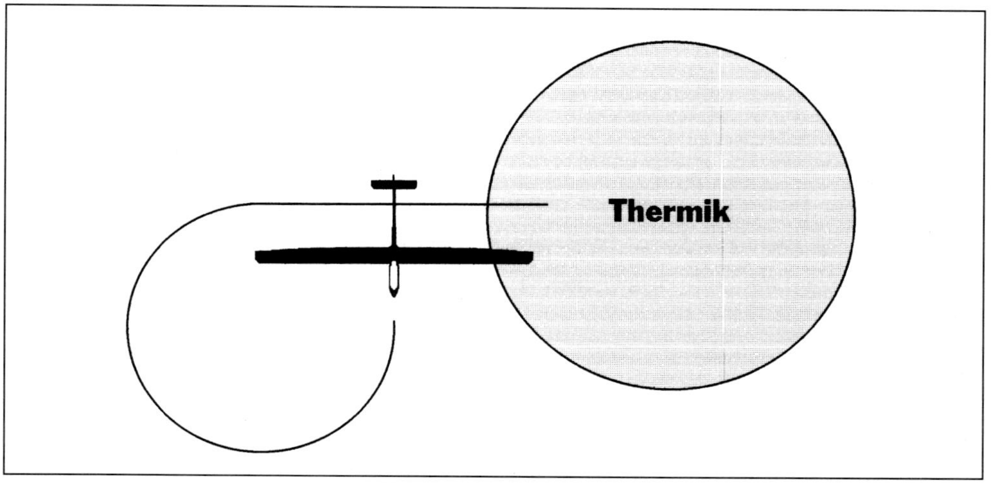

Abb. 37: Falls das Modell selbst mit vollem Gegenruder nicht in Bartrichtung fliegen will, weil die Thermik an der ihr zugewandten Fläche mehr Auftrieb erzeugen kann als das Querruder Abtrieb, nützt es gar nichts, solange auf dem Gegenruder zu bestehen, bis der Bart zu schwach zum Widerstand geworden ist. Man kippt dann besser vom Bart weg über die hängende Fläche ab, zieht eng herum und nutzt die erhöhte Fahrt zum Frontalangriff auf die Blase.

scheiden, ob die eine Fläche hochgehoben oder die andere abgesenkt wird. Beides fühlt sich gleich an. Fassen wir zusammen:

Ausschlaggebend für die Richtung, in die eingekreist werden sollte, ist die Breite des Bartes.

Nach der Erfahrung der Autoren sind auch im Modellflug je nach Thermik beide Prozeduren zum Einkreisen sinnvoll. Zeigte ein Modell vor dem Hochgehen der Fläche keine typischen Anzeichen von starker Thermik, so könnte der Bart mit guter Wahrscheinlichkeit eng sein. In dem Fall also voll dagegen und rein ins Vergnügen. Andernfalls werden Sie vielleicht sogar schon nach dem ersten Viertel- oder Halbkreis, scheinbar "von der Thermik weg", Steigen haben.

Zwei Ausnahmen gibt es: Es ist uns einmal vorgekommen, daß das Modell eine schwache Ablösung zwar ungefähr frontal erwischte, den wesentlich stärkeren Abwindring aber seitlich anflog, die Fläche neigte sich also erst hinter dem Bart. In dem Fall sind Freistil und Erfahrung wichtiger als starre Regeln. Die andere Möglichkeit ist die, daß das Modell selbst mit vollem Gegenruder nicht in Bartrichtung fliegen will, weil die Thermik an der ihr zugewandten Fläche mehr Auftrieb erzeugen kann als das Querruder Abtrieb (Abb. 37). Dann nützt es gar nichts, solange auf dem Gegenruder zu bestehen, bis der Bart zu schwach zum Widerstand geworden ist. Man kippt dann besser vom Bart weg über die hängende Fläche ab, zieht eng herum und nutzt die erhöhte Fahrt zum Frontalangriff auf die Blase.

Nachdem wir uns somit halbwegs diplomatisch aus der Affäre gezogen haben, geht es weiter mit der harmloseren Frage, woran man feststellt, wann das Modell denn nun genau inmitten der Blase kreise. Bei den großen, fortan einfachheitshalber "Segelflieger" genannten Kollegen erntet man damit Verständnislosigkeit, bei mitleidfähigen Exemplaren der Art mit etwas Glück aber immerhin den Hinweis, "am Hosenboden und der Varioanzeige natürlich". Leider nützt uns das aber nichts. Die Meisten von uns besitzen zwar im wahrsten Sinne des Wortes Ersteren außer vielleicht bei sehr hohen Temperaturen, ein Vario aber wird nicht jeder Leser sein eigen nennen.

Daher müssen wir nach Indizien urteilen: Das Modell war zum Beispiel dann am Rand, wenn es mit etwas Höhe einfacher als normalerweise herumkommt. Ist es dagegen im Zentrum, so läßt es sich aus der momentanen Kreisbahn je nach Thermikstärke nur mit Tiefe und voll Seitenruder entgegen der Flugrichtung herausbringen. Die Gegenprobe funktioniert übrigens auch: Ein Steuerbefehl verstärkt in Richtung des eingeschlagenen Kreises wird sozusagen mit freudigem Wiehern quittiert, man versteht sich.

Unter den verschiedenen Zentrierverfahren ist die genialste Methode die des Segelflugweltmeisters Helmut Reichmann (Abb. 38). Wenn man die Höhenänderungen des Modells noch einigermaßen gut beobachten kann oder mit Vario fliegt, funktioniert selbige mit einer Zuverlässigkeitsquote, die sogar eine

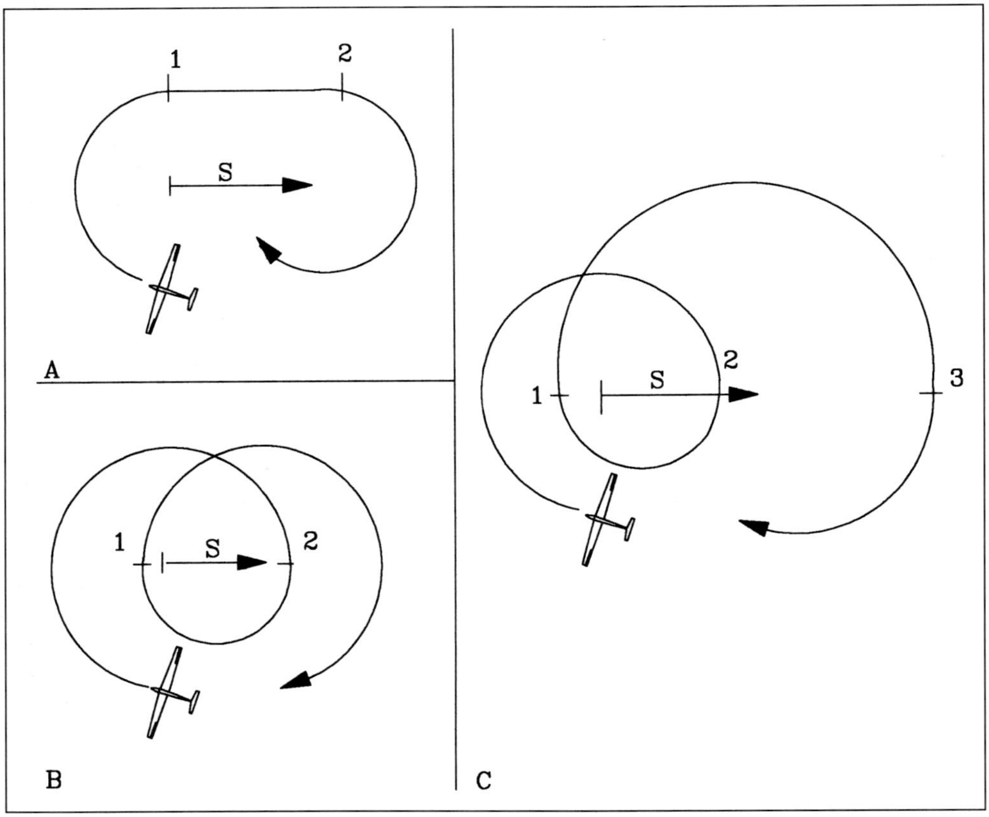

Abb. 38: Die drei Zentrierregeln: Das erste Bild zeigt die Uralt-Methode für Ängstliche, kein Vogel wendet sie an. Das zweite ist die Methode des früheren Weltmeisters Heinz Huth, beim Herausfallen aus dem Bart einen einzigen Halbkreis enger zu fliegen, und die dritte Abbildung ist die Kombination aller drei Methoden nach Reichmann und mit Abstand die beste. Sie hat den Vorteil, daß die Richtung in den Mittelpunkt der Thermik selbst dann noch stimmt, wenn der optimale Zeitpunkt des Flacher- oder Steilerkurvens nicht genau getrofffen wurde. Ferner ist die verlagerbare Strecke S größer als in Abb. B.

harmlose Blinddarmoperationen als selbstmörderisches Risiko erscheinen läßt. Die Regel ist absolut simpel und Sie kennen Sie nur deshalb noch nicht, weil sich jede Faser des gesunden Segelfliegerverstandes gefühlsmäßig dagegen sträubt. Bitteschön, hier ist die Reichmann'sche Regel, zwei kleine Sätze:

Bei starkem Steigen: Flacher kurven.
Bei schwachem Steigen: Enger kurven.

Eigentlich hat Prof. Reichmann es etwas komplizierter formuliert. Er empfiehlt:

- bei erhöhtem Steigen – geringere Drehgeschwindigkeit, geringere Fahrt, geringere Querneigung,
- bei geringerem Steigen – höhere Drehgeschwindigkeit, höhere Fahrt, höhere Querneigung.

Wichtig ist, daß es nur um die Änderung des Steigens geht, nicht um den jeweiligen Absolutwert und daß bei böigem Wetter generell schneller geflogen werden sollte, als bei ruhigem Wetter.

Geben sie es ruhig zu, egal wie lange Sie schon fliegen: das ist immer wieder gegen den Strich, auch für den Autor, sinkt man doch normalerweise in engen Kreisen mehr. Und das ausgerechnet dann, wenn es eh schon runter geht und die Mehrzahl der Piloten das Modell lieber ängstlich mit dem Höhenruder in der Luft festzuhalten versuchen. Man muß sich schon bewußt überwinden, findet aber so nach einigen Jahren, Monaten oder Stunden Training ganz sicher das Zentrum der Blase. Die Thermikvögel machen es übrigens auch so, nur sieht der Vorgang bei denen ein ganzes Stück eleganter aus; sie versuchen einfach, den zweiten Flügel noch mit in den Bart hereinzuziehen und es sich dann darin bequem zu machen.

Nun reicht es leider nicht, fortan einfach stur zu kreisen. Spätestens alle zwei bis drei Kreise wiederholt man dieses Spielchen zweckmäßigerweise solange, wie die Thermik anhält oder bis sie stark und breit genug ist, das Modell ohne Steuerkorrekturen zu tragen.

"Na gut, aber was, wenn ich trotzdem aus der Blase herausfalle und auch nicht mehr mehr weiß, wo deren Zentrum lag?"

Außerhalb der Thermik nützt Ihnen die Reichmannsche Regel natürlich nichts. Fliegen Sie lieber noch ein oder zwei Kreise. Das Modell driftet dann oft entweder zum Bart hin oder davon weg; beides aber macht sich schon nach kurzer Zeit deutlich bemerkbar. Wenn sich trotzdem nichts tut, darf es auch eine Acht sein, also ein Stück mit dem Wind und im schrägen Winkel die Strecke zurück. Bei Tagen mit schwacher Thermik ist das Wiederfinden des Bartes manchmal die einzige Chance, oben zu bleiben. Schon bei mittlerer Thermik oder mäßigem Wind ist von der Suche abzuraten, man sucht dann lieber einen neuen Bart. Das ganze ist ein bißchen Gefühlssache, aber irgendwann kommt der Moment, wo man es sinnvoll anwendet.

Es gibt noch eine andere Methode zum Zentrieren, bei der allerdings Modell und Nerven nicht geschont werden. Wir raten daher Modellfliegern mit labiler Persönlichkeit ab, die nun folgende Flugfigur in Anwesenheit eines Seniorpiloten durchzuführen. Nicht, daß etwas daran falsch wäre, sondern es geht den Fliegern der alten Schule einfach gegen den Strich, scheinbar unsauber zu fliegen:

Es kommt, besonders beim ersten Anschneiden des Bartes oder beim Kurbeln in starkem Wind öfters vor, daß die Kurbelmitte nicht mit dem Zentrum des Bartes übereinstimmmt. Wenn die Thermik eng ist, besonders aber dann, wenn es ein Bart mit stärkeren Abwindfeldern am Rand ist, man aber schon die ungefähre Lage des Zentrums ahnt, ist folgendes Verfahren ebenso häßlich wie wirkungsvoll: am Rand des Bartes, unmittelbar nach Ende des Steigens, voll seitlich abkippen, und zwar mit Strömungsabriss, um schneller herum wieder in den Bart zu kommen. Das sieht furchtbar aus und es glaubt keiner, aber es bringt nachweislich entschieden mehr als die klassische, saubere Kurve, jedoch exakt in das Zentrum des Sinkens gelegt. Mit etwas Erfahrung kennt man die Bärte, die sowas verlangen. Natürlich ist das kein Allzweckmittel, was man bei jedem Zentrieren einsetzt, zumal es Nerven und enorm Höhe kostet.

Vielleicht kannten Sie diesen Trick schon? Wir haben ihm an einem Tag mit relativ schwacher Thermik erstmalig entdeckt. Schon bei den vorherigen Flügen mußten wir jedes greifbare Zipfelchen Thermik ausnützen. Um so größer war die Freude, als sich dann in geringer Höhe ein starker aber enger Bart fand. Normales Kurbeln hätte zunächst soviel Höhe gekostet, daß es kaum noch für zwei weitere Kreise gereicht hätte. Somit war es gerechtfertigt, beim Zentrieren mit allen Mitteln in das Thermikzentrum zu kommen. Da außerdem ein Wind von etwa zwei Metern pro Sekunde wehte, war zu erwarten, daß der Bart seine Lage aufgrund der geringen Höhe noch mehrmals etwas ändern würde. Ein Musterfall also. Der nächste Kreis brachte dann auch schon die Entscheidung: Nach kräftigem aber sehr kurzen Steigen kündigte sich fast ohne Übergang das Abwindfeld an. Aber schon bei Ende der Steiganzeige des Varios, noch bevor man überhaupt Sinken sah, wurde voll Seite und unmittelbar darauf auch voll Höhe gegeben. Das Modell reagierte erwartungsgemäss heftig, und zwar mit Strömungsabriss und seitlichem Abkippen. Dieses Manöver kostete die gesamte restliche Höhenreserve von etwa zehn Metern, brachte das Modell aber in weniger als drei Sekunden wieder in das Zentrum des Bartes zurück. Bei einem normalen Kreis wären es bei diesem Modell je nach Schräglage etwa vier bis sieben Sekunden gewesen, geflogen inmitten eines Abwindfeldes und mit der zusätzlichen Schwierigkeit, den ohnehin kleinen Bart aus der dann ja grösseren Entfernung genau zu treffen. Vorausgesetzt, er hätte seine Lage beibehalten. Das weitere Vorgehen war dann Routine. Wir wußten nun genau, daß es ein starker enger Bart war und setzten das Modell mit sehr hoher Schräglage in das Zentrum der Thermik. Obwohl bei diesem Modell die Sinkwerte in engen Kurven aufgrund eines ungünstigen Profils in der Nähe der Werte für Flachtrudeln liegen, kam unter dem Strich ein schwaches, aber bei geringer Höhe nun mal wichtig, konstantes Steigen heraus. Der Bart wurde dann mit zunehmender Höhe ruhiger und breiter. Nach einigen Minuten konnte er normal ausgeflogen werden. Bevor man solche Manöver zum ersten Mal startet, ist es wichtig, die Reaktion seines Modells ganz genau zu kennen. Also bitteschön vorher an einem ruhigen Tag in ausreichender (!) Höhe ausprobieren. Es nützt nichts, die tollsten Tricks zum Beispiel bei einem Hochgeschwindigkeitssegler mit sieben Kilo Lebendgewicht anzuwenden um dann bei einem Strömungsabriss fünfzig Meter Höhe zu verlieren. Mit einem solchen Modell macht man das ganz einfach nicht. Auch gibt es Segler, die auf Strömungsabriß mit Seite zusammen ausgesprochen giftig reagieren. Es kann dann vorkommen, daß das Modell glatte zwei Spiralkreise fliegt, bis es wieder "ansprechbar" ist. Das gilt insbesondere für Segler, deren Höhenleitwerk zu klein ist oder bei denen die Strömung statt an der Fläche zuerst am Leitwerk abreißt.

Bei der Mehrzahl der Thermikmodelle aber ist die beschriebene Methode mit etwas Erfahrung durchaus anwendbar. Nach einiger Zeit macht es sogar Spaß, den ungläubigen Zuschauern einen solchen vermeintlichen "Patzer" zu präsentieren um dann munter zu steigen statt zu landen.

Bei zweiachsgesteuerten Modellen mit mehr als zwei Metern Spannweite wird dieses Manöver auch für abgehärtete Unästethen grausam anzuschauen sein. Selbst ein völliger Stillstand des Modells in der Luft mit anschließendem Abkippen über die Fläche ist aber besser als ein sauber geflogener Kreis quer durch den Wirbelring und die angrenzenden Abwindfelder, zumal ersterer beim Aufrichten das Modell haargenau in das Zentrum der Blase bringt. Schwer zu glauben, nicht wahr?

Piloten, deren Nerven oder Geldbeutel das Risiko scheuen, können auch mit viel Höhen- und etwas Seitenruder Flachtrudeln. Dabei kommt das Modell allerdings nicht mehr genau in das Zentrum der Blase, sondern schießt meist seitlich etwas darüber hinaus. Somit sollte man das Flachtrudeln auf eineinhalb Kreise beschränken und danach wieder normal zentrieren.

Beim Zentrieren trifft man oft zwei verschiedene Arten von Piloten:

Den Theoretiker,
: der schon nach ein paar Sekunden den Bart in- und auswendig kennt, aber zögert, das Modell mit einem entschiedenen, scharfen Ruderausschlag in das Zentrum zu befördern, und den von uns so genannten

Rennfahrer,
: der unglaublich schnell reagieren kann, aber nur solange der Bart seinen Vorstellungen entspricht.

Thermikfliegen ist immer ein Kompromiß zwischen schnell denken und schnell reagieren. Setzen wir beiden Fliegern einmal einen zwanzig Sekunden lang lebenden Bart in dreißig Metern Höhe hin. Was wird passieren?

Der Rennfahrer wird blitzartig das Modell herumreißen. Da er den Bart aber nicht genauer beobachtet hat, ist seine Chance, das Zentrum zu erwischen ungefähr fünfzig zu fünfzig. Fällt er heraus, hat er keine Chance mehr, den Anschluß zu erwischen. Hat er getroffen, so können schon drei Vollkreise die Starthöhe erbringen.

Der Theoretiker wird den Bart durchaus genauso schnell erkennen, aber zunächst abwarten, ob da nicht noch besseres Steigen kommt. Danach fliegt er eine weiche Kurve und versucht, natürlich vergeblich, den Bart wiederzufinden. Einen Bart in geringer Höhe aber nimmt man sofort dann mit, wenn man die Einkreisrichtung und das Zentrum ungefähr einschätzen kann. Das würde bei unserem Musterbart normalerweise nach etwa einer Sekunde der Fall sein. Ideal ist es also, dann schnell zu reagieren, wenn man weiß, wie der "vorliegende" Bart es erfordert.

Das Zentrieren muß (zum Trost: und wird auch) nach einiger Zeit in Fleisch und Blut übergehen, denn es ist wichtig, ohne großes Nachdenken richtig zu reagieren.

Nun zu der "typischen Handbewegung" beim Kurbeln, dem Nachzentrieren (Abb. 39). Egal, ob sich das Modell oder der Bart versetzt hat, Nachzentrieren ist kein Zeichen für schlechtes Zentrieren vorher, sondern für die Eigenart der Thermik, unregelmäßig geformt zu sein. Jedes Modell hat normalerweise die Tendenz, einen einmal eingeschlagenen Kreisradius beizubehalten oder sich wieder aufzurichten. Das muß man jedoch in den meisten Bärten öfters korrigieren. Ein Beispiel: In einen mäßigen Bart in mitttlerer Höhe haben wir gerade den ersten Kreis hereingelegt, ohne beim Einflug die hintere Grenze auszuloten, wie sich das ja eigentlich gehört. Nun stellen wir fest, daß das typische Saufen am vermuteten Rand des Bartes nicht auftritt. Wir folgern daraus ganz richtig, daß der Bart also größer sein muß, als wir ihn nach der Erfahrung oder relativ zu den vorherigen Bärten eingeschätzt haben.

In solchen Fällen ist die Kurventechnik etwas verschieden vom normalen Kurbeln. Es ist nämlich dann sinnvoll, das Modell beim Kurven aus dem Wind vor dem Einleiten der Kurve erst anzudrücken um für eventuelle Abwindfelder oder Turbulenzen genügend Fahrtreserve zu haben. Die nötige Steuerbewegung dazu ist das kurzzeitige harte Seitenruder entgegen der Kreisrichtung, notfalls solange gegeben, bis das Modell fast waagerecht liegt. Damit das Flugzeug dabei nicht zu langsam wird, drückt man gleichzeitig schon voll Tiefe, um den nötigen Druck für das Aufrichten auf die Ruder zu bekommen und die für die Kehre notwendige Fahrt aufzuholen.

Ich gebe zu, daß insbesondere Zweiachser, also Segler, die nur mit Seiten- und Höhenruder geflogen werden, dabei stark schieben. Der Luftwiderstand erhöht sich, da das Modell

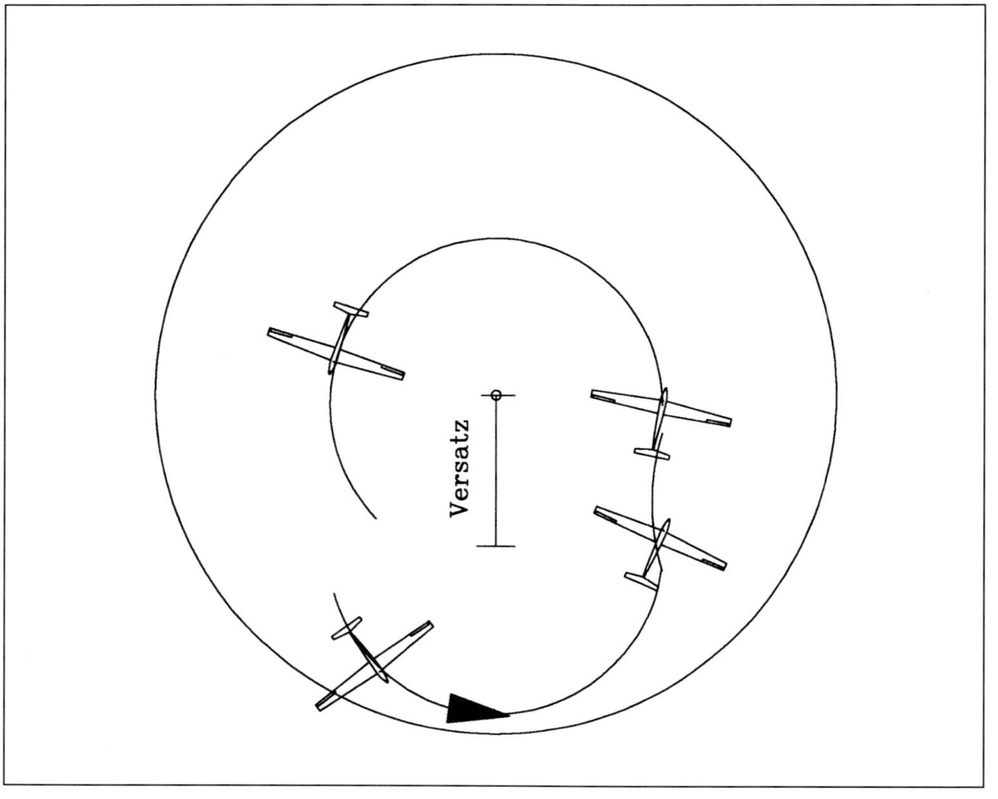

Abb. 39: Nachzentrieren ist auch ohne Wind alle paar Kreise nötig, spätestens aber sobald das Modell den Abwindring streift. Die dazu nötigen Steuerkommandos für den Zweiachser sollte man im Schlaf kennen: Gegenruder und Tiefe, kurz vor Erreichen des Geradeausfluges oder besser beim Durchfliegen des maximalen Steigens die neue Kreisbahn einleiten.

dabei trotz Schräglage entgegengesetzt der Kreisrichtung fliegt und der Rumpf von Wind dann statt von vorne solange seitlich angeströmt wird, bis sich das Modell aufgerichtet hat. Unmittelbar danach muß es aber wieder in die alte Drehrichtung zurück. Wer mit Querrudern fliegt, braucht das Modell erst gar nicht aufzurichten, sondern slippt absichtlich, hält also die Schräglage bei und steuert nur mit dem Seitenruder dagegen, um die Kurve zu erweitern, denn die Rollzeit der meisten größeren Segler um die Längsachse ist viel zu lang, um einen solchen S-Schlenker, der je nach Bart nur eine halbe Sekunde dauern kann, sauber auszufliegen. Auch hier ist das Tiefenruder wichtig, um die Höhenruderwirkung des Seitenruders aufzuheben und den Kreis zu unterbrechen.

Solche Manöver sind wirklich nur in der Thermik erlaubt, denn der Höhenverlust wäre ansonsten beträchtlich. Analog dazu kann man das Modell leicht aushungern bevor es die Nase in den Wind dreht, damit es das erheblich größere Steigen in der Mitte des Bartes voll mitkriegt. Das darf allerdings frühestens am Anfang der Blase erfolgen, sonst sackt das Modell kurz vorher noch durch.

Haben Sie schon einmal jemandem erklärt, wie man eine Schleife in die Schnürsenkel macht? Ist eigentlich ganz einfach, aber wie erklären? Nun, vor dem Problem stehen wir in diesem Kapitel.

Kurbeln

heißt in der Sprache der Segelflieger das Kreisen in der Thermik.

Das Thema ist wichtig, denn der schon erwähnte Segelflieger Horstmann hat nicht Recht behalten mit seiner Annahme, jeder Bart sei zwischen fünfzig und zweihundert Metern breit, sonst könnten wir uns das Kapitel schenken. Ursprünglich bestand dieses Buch nur aus ein paar handgeschriebenen Schmierzetteln über das Kurbeln und Zentrieren, absichtlich ein bißchen voneinander getrennt. Erst in der Praxis sollten die Grenzen zwischen beidem verlaufen, denn die richtige Mischung davon bringt das maximale Steigen. Gehen wir also im Folgenden davon aus, daß Sie schon zentrieren können. Leider reicht das aber noch nicht, um optimal zu Kreisen. Fangen wir an beim Einstieg in die Blase:

Ist die Lage des Bartes schon bekannt, vielleicht, weil jemand so nett war, uns diese Arbeit vorher abzunehmen, indem er bereits da kreist (wenn Sie dieses Buch ausgelesen haben, erwarten wir von Ihnen, daß Sie dieser Jemand sind..), läßt man bis auf den Sender alles stehen und liegen und düst dorthin. Der Einflug in die Thermik sollte wie bei den Raubvögeln in einer Art aufwärts gerichtetem Turn erfolgen (Abb. 40). Das ist aus aerodynamischer Sicht nicht sinnvoll, sichert aber sofort einige, wichtige Meter Höhe. Denn, in Abwandlung des historischen Sprichwortes, "wer den Anschluß verpaßt, den bestraft die Thermik" mußten wir schon einige Male

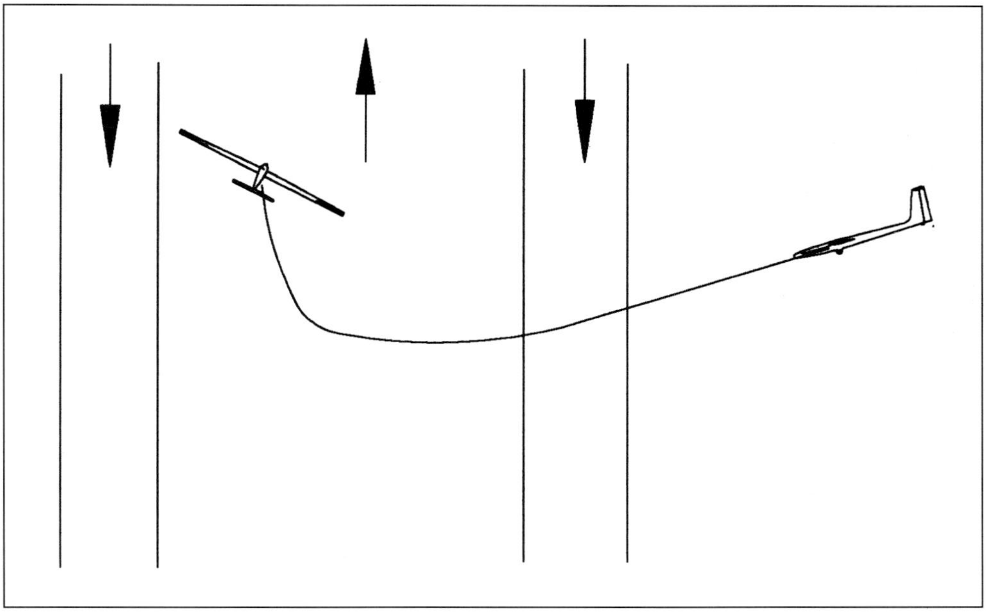

Abb. 40: In einen Bart mit bekannter Position fliegt man immer mit erhöhter Geschwindigkeit hinein. So ist der höhefressende Wirbelring schneller durchquert. Diesen Turn in die Thermik kann man vorher am Hang üben, indem man die Wendepunkte in die Steigmaxima legt.

zähnknirschend mitansehen, wie der nur wenige Meter höhere Segler des Kollegen (in dem Fall ist das ganz klar ein Konkurrent) wegstieg, während unser Modell normales Sinken hatte.

Als der Autor in grauer Vorzeit, der damals hochmodischen kurzen Lederhose und mit einer avantgardistischen zwei Kanal Tippfernsteuerung seinem Amigo I unvermutet durch eine Thermik flog, erschallte aus dem Hintergrund sofort eine Stimme: "Erst mal durchfliegen". (Fluglehrer, Vers 1)

Sie ließ sich unschwer dem im Gras liegenden Fluglehrer zuordnen, der Halme kauend oder versunken vor sich hinstarrend, normalerweise keinen Blick an das Modell verschwendete. Um außergewöhnliche Flugmanöver schon im Ansatz zu bemerken, reichte es ihm offenbar völlig aus, hin und wieder den Piloten zu beobachten. Damals hielt ich das "erst mal durchfliegen" natürlich für reine Schikane, lächerlich für einen Vollprofi wie mich, sah doch jeder, daß da ein Hammerbart stand.

Tatsächlich aber sollte man in einem neuen Bart, dessen Zentrum man zumindest ungefähr getroffen zu haben glaubt, anstatt einzukreisen erst einmal solange weiter geradeaus fliegen, bis das Modell wieder sinkt (Abb. 41). Das dient dazu, den Durchmesser der Thermik zu bestimmen. Auch wenn der Bart schön trägt, könnte es ja immer noch besser kommen und das Modell zunehmend stärker steigen. Wir hatten dadurch schon manches Mal zunächst harmlos scheinende Bärte, deren Steigen später jenseits eines Gummiseilstartes lag! Großes "aber" dabei: Wenn das Modell schon zu tief ist, wäre es Quatsch, durch den Bart zu donnern, nur um ihn zu erforschen, statt erst mal ein paar Meterchen dringend benötigter Höhe zu tanken. Dann nimmt man lieber alles mit, was geht und versucht, die Breite des Bartes nach einigen Kreisen herauszufinden, indem man zunächst die Kreise etwas "eierig",

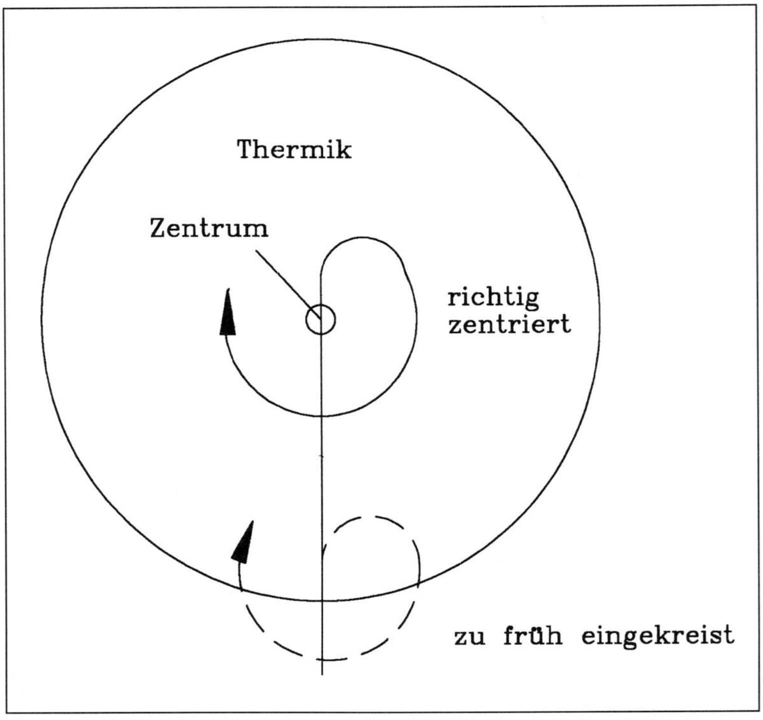

Abb. 41: In eine Thermik kreist man erst ein, wenn das Steigen nicht weiter zunimmt, denn es ist zunächst wichtiger, den Abwindring nicht zu streifen, als das höhere Steigen im Inneren des Bartes mitzunehmen.

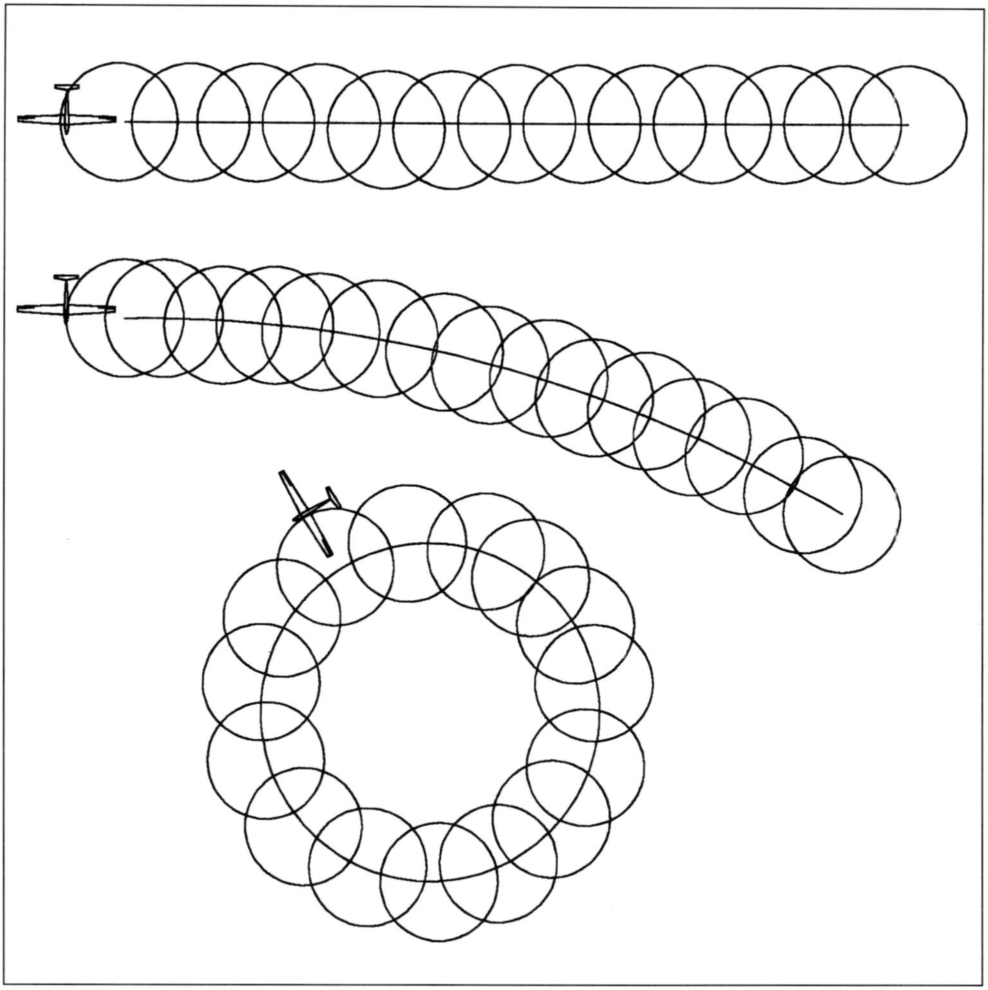

Abb. 42 Beim Versuch, Thermik (wieder-) zu finden, sollten die Mittelpunkte der geflogenen Kreise aneinandergereiht eine Linie, eine Kurve oder einen Kreis beschreiben. Es müssen natürlich nicht immer Kreise sein, aber geometrische Figuren sind in solchen Fällen gute Gedankenstützen, die vermeiden helfen, ein bereits "abgegrastes" Gebiet nochmals zu durchfliegen. Auch die Autoren hätten längere Flüge, wenn sie gelegentlich diesen Ratschlag beherzigen würden. Die Kreise in der Abbildung sind zur besseren Übersicht einzeln gezeichnet.

also absichtlich unrund und später dann leicht gegeneinander versetzt fliegt.

Generell sollten bei solchen Suchaktionen die Mittelpunkte der einzelnen Kreise aneinandergereiht solange eine Linie, eine Gerade, eine Kurve oder einen Kreis beschreiben, (Abb. 42) bis die Thermik wieder das Sagen hat.

Zwei Jahre später folgte eine weitere Lektion aufgrund einer technisch weltbewegenden Neuerung: Dem zweiten Steuerknüppel. Endlich war es möglich, das Höhenruder des Modells im Flug zu verstellen! Welten taten sich auf; man konnte in der Kurve kurz Höhe ziehen. Unnötig zu erwähnen, daß man das Seitenruder dabei natürlich nicht gleichzeitig betätigen konnte, entweder oder. Bedenkend, daß mein Fluglehrer mit durchschnittlich einem Satz pro Stunde nicht besonders gesprächig war, läßt sich an seiner nun folgenden weitausholenden theoretischen Ausführung annähernd die Bedeutung der zwei neuen Kanäle ermessen: "Normalerweise zieht man instinktiv Höhe, wenn das Modell sinkt und drückt, wenn es steigt, eine Eigenschaft, die sich jeder, der einmal einen manntragenden Segler steuern will, baldigst abgewöhne und alle anderen auch. Es ist genau umgekehrt: Man muß die Tendenz des Flugzeuges unterstützen. Steigt es, zieht man, fällt es, drückt man nach." (Fluglehrer, Vers 2)

Das war's schon. Jetzt hatten wir Flugschüler gefälligst selber zu denken. Daß man ein pumpendes Modell mit Höhenruderausschlag längst nicht so gut abfangen konnte, wie mit Tiefenruder, merkten wir bald; das panikartige Ziehen bei ungewöhnlichen Flugzuständen ging schnell weg.

Aber wieso sollte man in der Thermik ziehen? Großes Raten setzte ein, Rückfragen wurden nicht beantwortet. Wir stellten bald fest, daß ein Modell in der Thermik einige Sekunden lang die Nase herunter nahm und zogen einfach mal. Prompt schoß der Segler nach oben. Er pumpte noch nicht einmal. Warum? Weil der tragendste Teil der Blase am langsamsten durchflogen werden kann.

Er hat das im Vergleich zum übrigen Bart höchste Steigen, wird das Modell vertikal stärker beschleunigen und dem Höhenleitwerk zu mehr Auftrieb verhelfen als der Fläche. Ehrfurcht erfüllte uns. Wie konnte ein einzelner Mensch, der ganz normal aussah, soviel wissen? Fazit also:

In der Thermik ziehen!

Bei längerem Kurbeln ist es eine gute Idee, sogar die Trimmung des Höhenruders bis höchstens auf ein Viertel des maximalen Ausschlages zu stellen, das Höhenruder kann je nach Modell und Thermik manchmal sogar bis zum Vollanschlag gezogen werden. Nur in turbulenten Bärten sollte man etwas schneller als beim minimalen Sinken des Seglers fliegen, damit die Strömung in einer Böe nicht abreißt. Machen Sie die Gegenprobe: Im Abwind; die Nase geht hoch, das Flugzeug pumpt. Tiefenruder und siehe da, das Modell ist wieder leicht steuerbar:

Im Abwind drücken!

Bei Entenmodellen ist es, von der Vertauschung der Höhenruderfunktion abgesehen, genau umgekehrt. Da die vorausfliegende Fläche, in dem Fall also das Höhenleitwerk, den höheren Auftrieb erzeugen muß, gibt man im Bart Tiefe!

Alles in einem Satz: Man sollte einfach die Tendenz des Flugzeuges (auf: Ziehen, ab: Drücken) verstärken.

Daher fliegt man im Abwind am besten keine und schon gar keine engen Kreise, die hohe Sinkrate im Kreisflug käme sonst zum Sinken des Modells hinzu! Der zweite Vers: "Normalerweise zieht man instinktiv Höhe, wenn das Modell sinkt.." kam damals genauso zur Anwendung wie heute Nachmittag und wahrscheinlich auch noch in vielen Jahren Nachmittags oder sonstwann oder sonstwo.

Was wir im Kapitel über das Kreisen festgestellt hatten, reichte für Anfänger völlig. Es war sozusagen der erste Gang beim Auto, mit dem man schon fahren, aber noch lange keine Rennen gewinnen kann. Wie also kreist ein Profi in der Thermik?

Stellen wir das Goethe Wort voran: "Wenn ihr's nicht erfühlt, ihr werdet's nicht erjagen".

Ein Bart ist nur in den Abbildungen gewisser Thermikmodellflugbücher rund. In der Praxis ist er es nie. Bei niedrigeren Flughöhen geht es aber meist um jeden Zentimeter. Man

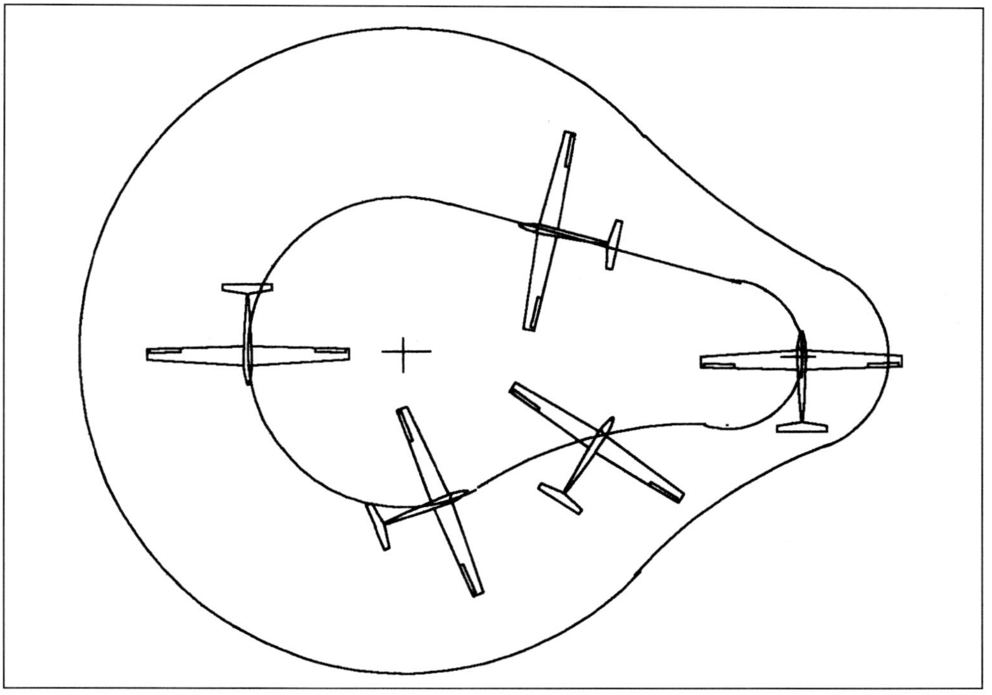

Abb. 43: Kennt man die seitlichen "Dellen" eines Bartes, kann man die starken Teile der Blase zusätzlich ausnützen, wenn man kurz Seitenruder entgegen der Drehrichtung gibt. Dadurch schiebt der Segler trotz Schräglage etwas in deren Richtung und wird langsamer. In der Delle gibt man wieder Seitenruder in Kreisrichtung. Da die Schräglage noch erhalten ist, reagiert das Modell schnell.

kann das Kurbeln daher in mehrfacher Hinsicht optimieren:

Sobald das Modell in der Blase wieder anfängt zu sinken, sollte es sofort die Richtung wechseln. Gefühl kommt bei dem "sofort" ins Spiel. Denn weicher wäre das Flugbild, wenn der Segler schon vor dem Rand des inneren und damit tragenden Teils der Blase die Kurve einleitet. Ideal ist es, wenn der Kreis, den das Modell beschreibt, identisch ist mit dem Durchmesser des Aufwindes.

Kleiner Trost: Selbst die meisten Raubvögel schaffen das nicht hundertprozentig! In der Realität ist es meist eher ein "(G-) Eiern" um den Bart, aber das ist längst nicht so schlimm wie die umgebenden Abwindfelder zu zentrieren. Um das maximale Steigen zu erreichen, muß man in jedem Bart ständig neu einen Kompromiß zwischen Schräglage und Geschwindigkeit suchen.

Mit wendigen Modellen kann man zusätzlich noch den seitlichen Konturen der Thermik nachfliegen. Um diese zu finden, überträgt man die Reichmannsche Regel schon auf Teile des Kreises und fliegt diese je nach Steigen nicht mit starrer, sondern flexibler Schräglage, also absichtlich etwas unrund (Abb. 43).

Nach einigen Kreisen zeichnet sich der Bart sozusagen am Himmel ab (Abb. 44). Die hohe Schule des Thermikfliegens kann beginnen. Wir nützen jetzt nicht mehr die gesamte Thermik, sondern nur noch den stärksten Teil. Um das allerletzte herauszuholen, muß das Modell mit ganz leichten Ruderausschlägen in

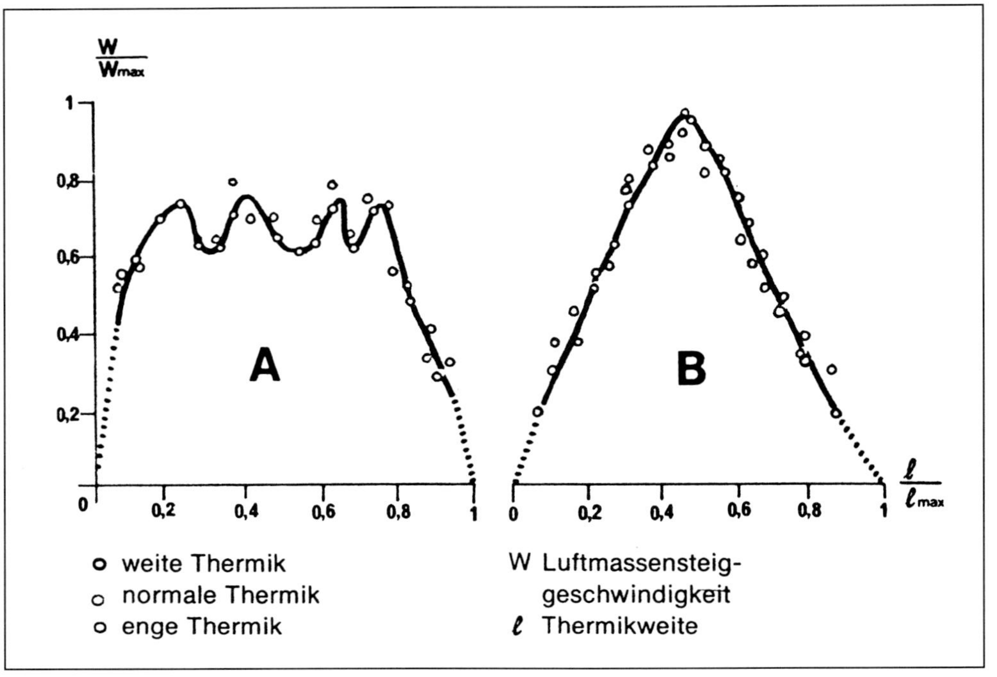

Abb. 44: Aus (4) im Literaturverzeichnis. Verschiedene Thermiktypen. Reichmann schreibt dazu, "wie unrealistisch es ist, irgendwelche allzu gleichmäßigen Thermikprofile als charakteristisch anzunehmen."

eine Art Resonanz mit dem Bart kommen. Dessen am meisten tragende Stelle ist nun bekannt und wird mit Schwung angeflogen. Zu Beginn des inneren Kerns "bremst" man ab und durchfliegt ihn mit Minimalgeschwindigkeit. Gegen Ende des Zentrums wird der Segler quasi von selber den Hügel wieder herunterrutschen, der Bart hebt ja das Leitwerk an. Mit dem neuen Schwung legt man noch innerhalb der Aufwindzone der Thermik eine möglichst weite Kurve und wiederholt das Spielchen.

Bei bestmöglicher Ausnutzung wird das Modell zunehmend immer schneller werden; ein Zeichen, daß alles geklappt hat. Widerstehen Sie der Versuchung, jetzt Turns statt sauberer Kurven zu fliegen, ich weiß, das ist gerade mit hoher Fahrt in einem starken Bart eine Verlockung. Konzentrieren Sie sich aber lieber darauf, die bisherige Flugbahn beizubehalten, denn ein schnelles Modell wird leichter auf die Ruder ansprechen und sich in einer Art Hundekurve immer enger in den Bart hereinziehen (Abb. 45). Wer langsame Servos verwendet, sollte noch weiter vorausdenken.

Je länger man fliegt, desto eher bekommt man ein Gefühl dafür, mit dem Rhythmus des Modells und des jeweiligen Bartes zusammen zu fliegen. Schaffen Sie diese Übung mit Leichtigkeit? Der Autor hat so seine Schwierigkeiten damit; da die Kreise des Modells nicht mehr versetzt werden, stört nämlich spätestens nach einigen Runden der nie so ganz konstante Bart wieder den Frieden.

Dieses Aufschaukeln würde jeden Motorflieger davon überzeugen, daß es auch außerhalb von Pylon Rennen noch Flugdisziplinen gibt, bei denen es auf Sekundenbruchteile ankommt. Es ist nicht jedermanns, -fraus oder -vogels Sache, unbedingt das letzte aus einem

Bart herauszuholen. Modellflieger beim Kurbeln liegen schätzungsweise meist irgendwo zwischen 20 und 80 Prozent der möglichen Steigleistung, Thermikvögel bei 60 Prozent (Falken) bis über 90 Prozent (Adler, Störche, Schwalben).

Ältere erfahrene Modellsegelflieger schaffen hin und wieder die "volle Punktzahl". Wenn das passiert, merkt jeder Zuschauer es deutlich. Selbst fliegerisch völlig unvorbelastete Spaziergänger halten inne, dem Thermikfreund wird je nach Temperament eine Gänsehaut bekommen. Lachen Sie nur, bei solch seltenen Gelegenheiten scheint auf einmal das Gras grüner, die Luft frischer und der Gesang der Vögel irgendwie noch netter. Das Flugbild eines Modells in völliger Übereinstimmung mit der Thermik strahlt eine tiefe Harmonie aus. Die wenigen Piloten, die das können, werden Sie mit der gleichen Wahrscheinlichkeit auf einem Wettbewerb treffen, wie einen Mönch beim Pferderennen....

Kehren wir zum harten, unerbittlichen Thermikalltag zurück und stellen uns einen besonders engen Bart vor, bei dem mit knapper Not noch die Flügel teilweise oder sogar ganz hereinpassen, das Leitwerk aber draußen bleiben muß (Abb. 46). Dann bekämen die Flügel prima zusätzlichen Auftrieb und das Leitwerk würde lustlos draußen herumhängen. Wenn

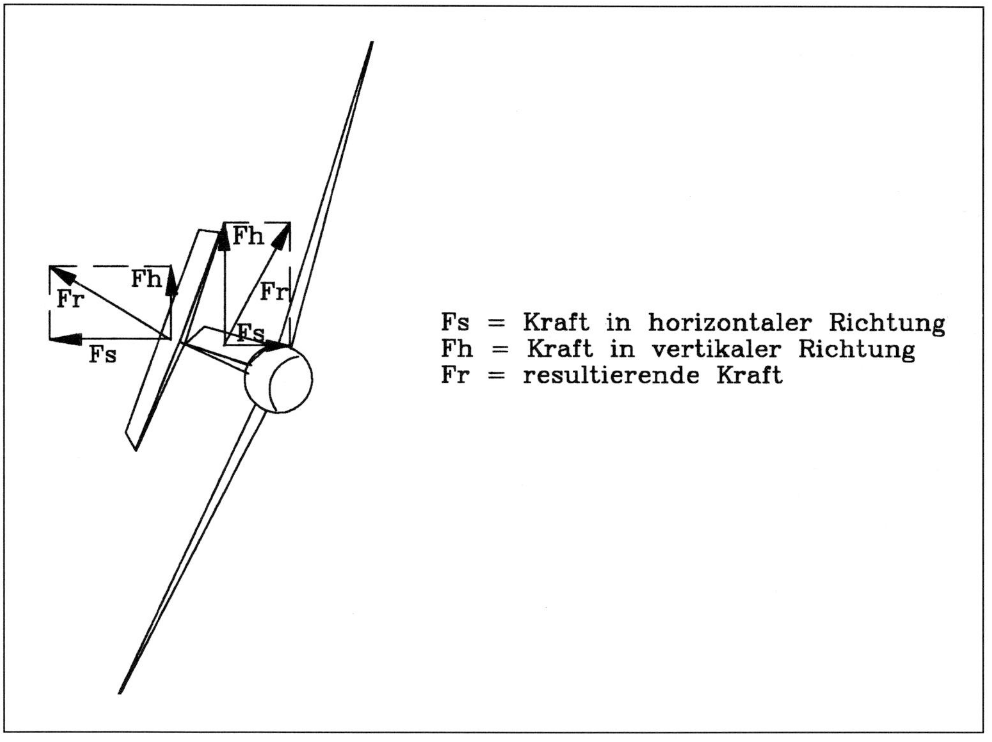

Abb. 45: In besonders starker Thermik ziehen sich manchmal sogar völlig eigenstabile Modelle zu stark in die Kurve. Diese wird immer enger und das Modell sehr schnell. Normalerweise zieht man dann Höhe, in dem Fall ist das aber falsch, da dadurch die Kurve nur noch enger würde. Besser ist es, dann nur mit Seitenruder gegenzusteuern, denn in der Kurve wirkt das Höhenruder fast wie ein Seitenruder und das Seitenruder fast wie ein Höhenruder (siehe resultierende Kraft Fr).

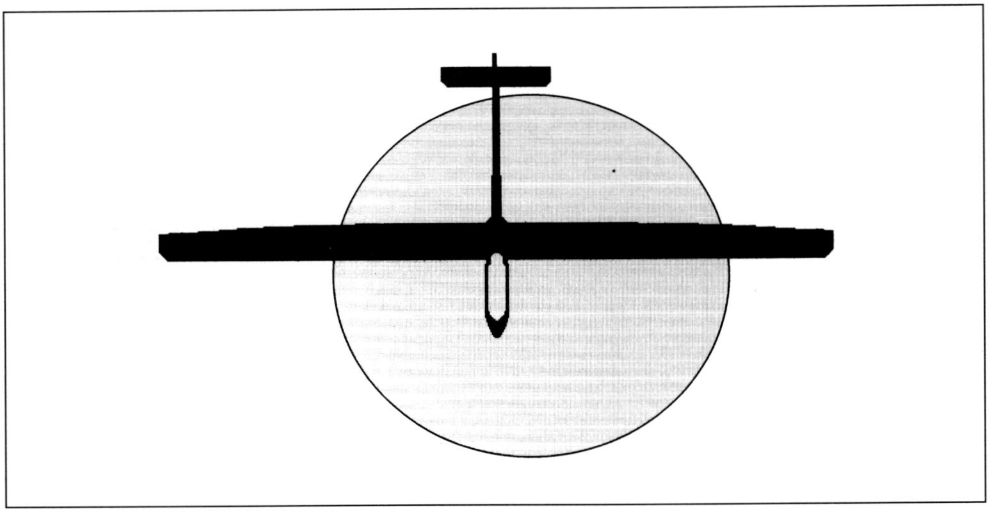

Abb. 46: Bei diesem besonders engen Bart passen mit knapper Not noch die Flächen herein, das Leitwerk aber muß draußen bleiben. Wenn sowas in der Praxis passiert, rutscht das Modell manchmal regelrecht rückwärts aus dem Bart wieder heraus. Die Flächen bekommen zusätzlichen Auftrieb und damit das Höhenleitwerk mithalten kann, muß es ihn durch viel Tiefenruder selbst erzeugen.

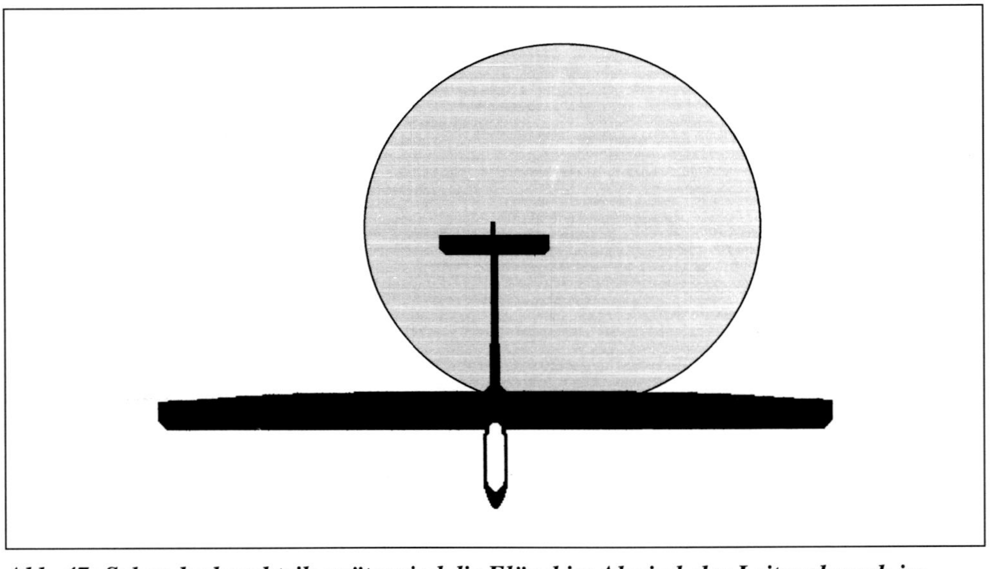

Abb. 47: Sekundenbruchteile später sind die Flügel im Abwind, das Leitwerk noch im Aufwind. Nun kommt die Thermik zur Hilfe, indem sie das Leitwerk anhebt und den Segler zusammen mit dem doch hoffentlich schon die ganze Zeitlang fleißig gegebenen Seitenruder (?) wieder zurück in die Mitte der Blase dreht. Es ist nicht sinnvoll, dabei viel Höhe zu ziehen, denn das Modell muß ja möglichst schnell aus dem Abwindbereich heraus.

sowas in der Praxis passiert, rutscht das Modell manchmal regelrecht rückwärts aus dem Bart wieder heraus, peinlich, peinlich. In dem Fall ist ausnahmsweise voll Tiefenruder erlaubt. Das Höhenleitwerk erzeugt dabei mehr Auftrieb, den es normalerweise ja dazu verwendet, die Nase des Flugzeuges herunterzudrücken. Hier aber reicht der zusätzliche Auftrieb nur, um das Leitwerk auf gleicher Höhe mit den Flügeln zu halten. Sekundenbruchteile später sind die Flügel im Abwind, das Leitwerk noch im Aufwind (Abb. 47). Und nun kommt Ihnen die Thermik zur Hilfe, indem sie das Leitwerk anhebt und den Segler zusammen mit dem doch hoffentlich schon die ganze Zeitlang fleißig gegebenen Seitenruder (?) wieder zurück in die Mitte der Blase dreht. Es ist nicht sinnvoll, dabei Höhe zu ziehen, denn das Modell muß ja möglichst schnell aus dem Abwindbereich heraus.

Einen Vorteil hat dabei der Pilot, dessen Modell mehr als drei Meter Spannweite hat oder mehr als zwei Kilogramm wiegt: Er fliegt einfach rund. Es ist tatsächlich nicht sinnvoll und auch kaum möglich, mit einem solchen Modell irgendwelche schnellen Korrekturen beim Kurbeln vorzunehmen. Selbst wenn der kleinstmögliche Kreisradius dem eines kleineren Seglers entsprechen würde, ist doch die Rollzeit zu groß. Ein großes Modell gleicht nämlich sozusagen einem Mercedes, in dem es ja auch umso weniger holpert, je schneller man fährt. Die theoretische Grenze beginnt da, wo durch rasche Ruderausschläge ein höheres Steigen erzielt werden kann, als ohne. Also sozusagen, der Entenfahrer, der vorsichtig um abwindträchtige "Schlaglöcher" herummanövriert.

Ein großes Modell integriert die in jedem Bart vorhandenen unterschiedlichen Luftströmungen; mit einem kleinen Modell kann man sich manchmal durchaus hochmogeln oder hochangeln, also ein höheres Steigen erzielen als das mittlere Steigen ohne Tricks. Bei einem großen Segler bringt solch hektisches Herumgeiern überhaupt nichts.

Ein leichter Thermiksegler gleicht einem von der Luft aufgewirbeltem Stück Papier. So schlecht dieses auch in aerodynamischer Hinsicht sonst sein mag, so schnell kann es doch steigen. Da Ihr Thermiksegler aber wahrscheinlich kein Autogiro ist und nicht auf der Stelle stehen bleiben kann, gibt es einen Trick, der auch beim Zentrieren ganz nützlich ist. Er gilt vorwiegend für leichtere und / oder wendige Modelle:

Wie in Ulf Gerbers Kapitel über die mathematische Seite des Kreisfluges beschrieben, gibt es einen bestimmten, je nach Modell verschiedenen minimalen Kreisradius, der nicht unterschritten werden kann, da eine Steigerung der Schräglage darüberhinaus nur mehr Sinken bringt.

Aus Gründen, die bis zum heutigen Tag nicht restlos geklärt werden konnten, ist der Thermik dieser Sachverhalt niemals hinreichend zur Kenntnis gebracht worden und es gibt eine Reihe von Bärten, die kleiner sind als der minimale Kreisradius des Seglers. Mit einem schweren Modell hat man dann keine andere Wahl als ständig durch die Blase zu rauschen und inständig zu hoffen, daß dabei unter dem Strich noch etwas Steigen herauskommen möge.

Bei leichten Modellen könnte man die verwegene Forderung aufstellen, daß kein Teil des geflogenen Kreises in das die Blase umgebende Abwindfeld hereinragen darf. Ein frommer Wunsch, aber nicht unerfüllbar. Schauen wir einmal genau hin: Der minimale Kreisradius ist bekanntlich die Strecke, die das Modell in der Luft für einen Vollkreis zurücklegen muß und wir sind bisher stillschweigend davon ausgegangen, daß die Hochachse des Flugzeuges dabei einigermaßen ruhig bleibt. Aber stellen Sie sich vor, Ihr Modell käme in einem Landeendanflug zu hoch an. Als leichter Segler hat es natürlich keine Landeklappen und Sie stehen vor dem Problem, die Strecke, die das Modell aus dieser Höhe noch zurücklegen wird, irgendwie zu "verbraten". Eine wirkungsvolle Gemeinheit ist es dann, Berg-

und Talbahn, abwechselnd schnell und langsam, auf und ab zu fliegen. Die dadurch zurückgelegte Gesamtstrecke ist größer als beim reinen Geradeausflug.

Und genau diese Taktik läßt sich in einer engen Blase auch anwenden. Zunächst heizt man das Modell nach unten an. Im tiefsten Punkt der gedachten Kurve gibt man sofort Seiten- und Höhenruder gleichzeitig, bemessen für den minimalen Kreisradius ohne Strömungsabriß. Durch die erhöhte Fahrt schießt der Segler hoch. Kurz vor dem Abreißen der Strömung fliegt man einen Turn und drückt wieder nach, um Fahrt aufzunehmen.

Dieses Spielchen wiederholt man einige Male so genau wie möglich im Zentrum der Blase, unterbricht kurz zum Zentrieren und setzt es solange fort, bis der Bart breit genug ist.

Wenn Sie diesen Flugstil einmal in fünfzig Metern Höhe ohne Thermik ausprobieren, werden Sie sich wundern, wie eng ein Segler kreisen kann, wenn der Pilot es nur will. Wir haben das Ganze

Kreisdelphin

genannt (Abb. 48). Er erinnert ein bißchen an die Steilwandfahrer beim Zirkus. Deren Autos sind manchmal sogar zu lang, um überhaupt in das Faß hereinzupassen. Man kann damit erst dann darin fahren, wenn man ständig auf und ab lenkt und somit eigentlich unter dem theoretisch möglichen Minimum des normalen Kreises liegt. Nötig ist diese Technik aber meist nur die ersten Minuten in unteren Höhen, danach wird man meist zum normalen Kreisen zurückkehren, allein schon, weil das Nerven schont.

Alle diese kleinen Kniffe mögen nützlich sein, haben aber einen großen Nachteil: Sie kosten hohe Konzentration. Bei einem Wettbewerb wird man sich mit Spurts a la

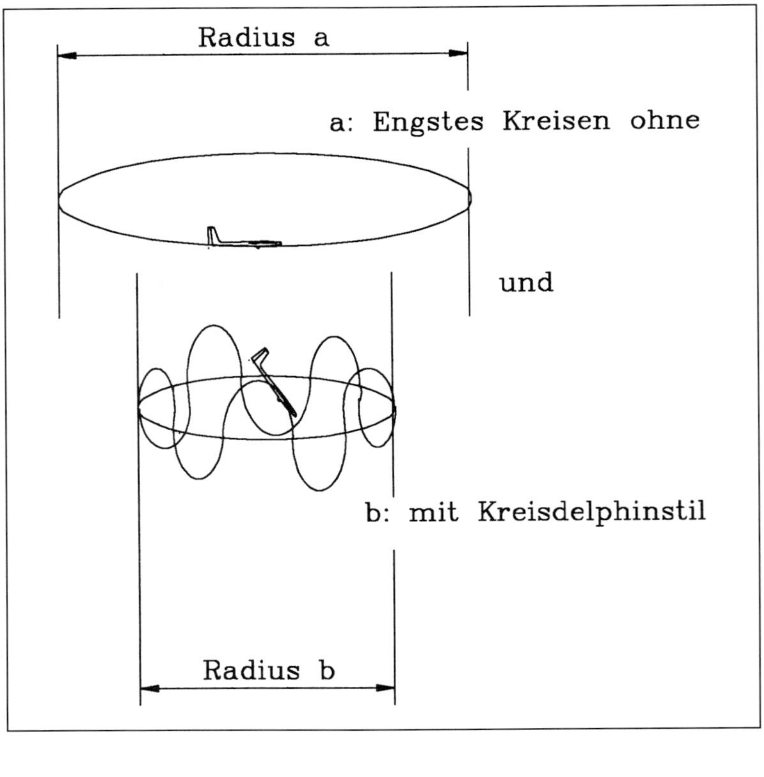

Abb. 48: Kreisdelphinstil zum Verringern des minimal möglichen Kurvenradius'; nötig bei Bärten, in die das Modell sonst nicht "reinpassen" würde.

Kreisdelphin, über die Fläche abkippen oder den Reaktionen bei superengen Bärten sicherlich gerne verausgaben, aber bei einem Sonntagnachmittagflug ist zähes Kämpfen nicht unbedingt der Sinn der Sache.

Falls aber maximales Steigen gewünscht wird, ist Kurbeln nicht geruhsam, sondern ein ständiges Rumrühren. Ein Beispiel: Wir streifen den Wirbelring einer Thermik seitwärts außen. Da das Modell dabei stark sinkt, ist die Position der Blase klar und wir können mit voll Seite und Tiefe eintauchen. Eine Sekunde später steigt der Segler und wir beeilen uns, die Überfahrt schnell abzubauen. Da dieser Bart aber besonders gemein ist, befördert er uns auf der gegenüberliegenden Seite direkt wieder aus sich hinaus, das Modell hat kaum noch Fahrt und kippt ab. Wir lassen es gewähren und machen das Beste daraus, indem wir mit leicht Seitenruder unterstützen. So geschieht das Kippen wenigstens über die Fläche und nicht über die Nase und beim Aufrichten ist dann schon der größte Teil der notwendigen Kehrtwende geschafft. Das ganze Manöver kostet enorm Höhe, aber es ist der kürzeste Weg zurück in den widerspenstigen Bart.

Oft kennt man in einer nicht ganz runden Thermik nach einigen Kreisen die seitlichen "Dellen" mit ihren Steigmaxima. Ein zweiachsgesteuertes Modell ist für schnelle Richtungsänderungen entgegen der Schräglage aber oft zu träge. Trotzdem kann man die starken Teile der Blase zusätzlich ausnützen, wenn man kurz vor dem Erreichen leicht Seitenruder entgegen der Drehrichtung gibt. Dadurch schiebt der Segler trotz Schräglage etwas in Richtung der Ausbuchtung und wird langsamer. In der Delle gibt man wieder Seitenruder in Kreisrichtung. Da die Schräglage noch erhalten ist, reagiert das Modell schnell. Da man umso langsamer fliegen kann, je stärker die Thermik ist, wird das Steigmaximum zweifach ausgenützt: zum einen wird es nicht geradlinig durchflogen sondern in einem leichten Knick und zum anderen wird das Modell beim Erreichen schon langsamer. Nicht zuletzt erfolgt ein Teil der Kurskorrekturen im stark tragenden Teil und nicht im dringend benötigten schwach tragenden. Das hat den Vorteil, daß das mittlere Steigen des Seglers konstanter ist und keine zusätzliche Energie in der Auf- und Abwärtsbewegung verloren geht. Ein solches Manöver sollte man nur als fortgeschrittener Pilot durchführen. Unsauber oder unsicher geflogen bringt es meist mehr Verluste als ein normal geflogener Kreis in der Thermik.

Falls Ihr Modell mit reichlich V-Form und hoher Eigenstabilität aufwarten kann, hatten Sie bei der Anschaffung entweder einen zu Unrecht sogenannten Ladenhüter erworben oder den genialen Hintergedanken, das Modell werde dann schon selber in der Thermik zentrieren. In der Tat gibt es einige Modelle, die das tun. In großer Höhe, mit der richtigen Drehrichtung und leichter Seiten- und Höhentrimmung kann man es oft mehrere Minuten lang allein lassen, eine Zigarette rauchen oder mit Befriedigung die Anzeige des Höhenmessers verfolgen. Nur geht dieses automatische Zentrieren manchmal etwas langsam vonstatten; je nach Bart und dessen Lage kann es bis zu einer Minute dauern. Besonders dumm sieht das aus, wenn der Bart zum Beispiel leicht rechts vom Segler steht und die Seitenrudertrimmung linksherum eingestellt war.

Auch das kürzt das vorhin beschriebene Verfahren stark ab. Man beobachtet zunächst, an welcher Stelle des Kreises das höchste Steigen ist und gibt beim nächsten Kreis kurz vor dieser Stelle Gegenruder und Tiefe (Abb. 49). Das Modell wird zwar bei entsprechender Trimmung auch versuchen, genauer zu zentrieren, kann das aber nur auf großen Umwegen, da es ja die Kreise nur größer oder kleiner machen, aber nicht gegensteuern kann. Das kostet Höhe und Zeit.

Die großen Segelflieger machen ihr "Modell" mit einem einfachen Trick selbstzentrierend: Sie lassen den Wollfaden auf der Kabinenhaube immer etwas nach außen zeigen. Das Flugzeug schiebt also ein kleines bißchen,

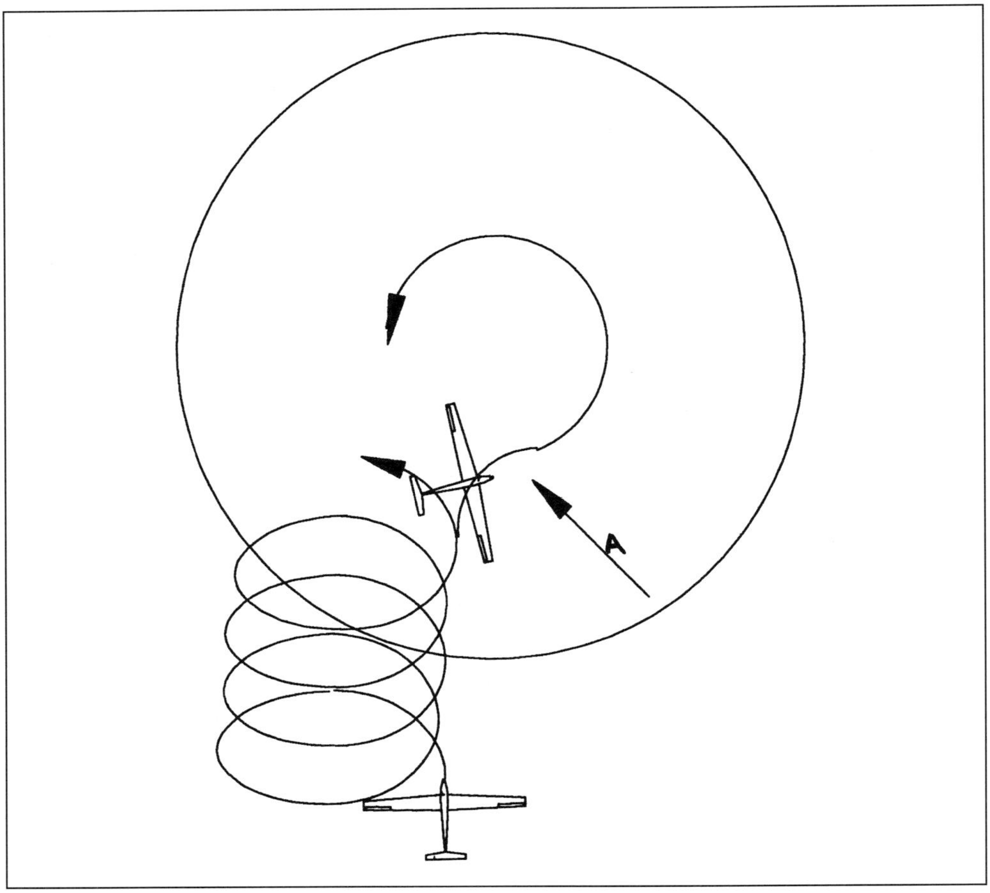

Abb. 49: Beim Zentrieren beobachtet man, an welcher Stelle des Kreises das höchste Steigen ist und gibt beim nächsten Kreis kurz vor dieser Stelle Gegenruder und Tiefe (Pfeil A). Ein eigenstabiles Modell wird zwar bei entsprechender Trimmung auch versuchen, genauer zu zentrieren, kann das aber nur auf großen Umwegen, da es ja die Kreise nur größer oder kleiner fliegen, aber nicht gegensteuern kann. Das kostet Höhe und Zeit. Eine einzige "manuelle" Korrektur verkürzt also das Zentrieren ganz erheblich.

hat dafür aber die Tendenz, in den Bart hineinzurutschen. Auch bei einem zweiachsgesteuerten Modell wird jede Kurve aufgrund der fehlenden Querruder zunächst durch eine Schiebebewegung eingeleitet. In der Schräglage wirkt dann die kurveninnere Fläche aufrichtend; das merkt man sofort, wenn man das Seitenruder in Neutralstellung bringt. Manchmal wird dieser Effekt noch verstärkt durch das ebenfalls aufrichtende Moment des Abwindringes, der die kurvenäußere Fläche nach unten zieht. Je geringer die V-Form der Flügel ist, desto eher ist mit zumehmender Schräglage ein Punkt erreicht, an dem das Modell sich nicht mehr aufrichtet, sondern von selber den Kreis noch enger zuziehen will bis hin zum Spiralsturz. Diese Tendenz ist in enger Thermik sehr unangenehm, denn man muß dann, obwohl der Kreis eigentlich eng sein soll, gegensteuern. Auch dabei schiebt das Modell wieder, diesmal in entgegengesetzter Richtung und wesentlich stärker. In der Mitte zwischen diesen beiden Extremen liegt die optimale Schräglage für den schiebe- und verlustärmsten Kurvenflug. Bei unseren Modellen bleiben wir immer etwas weiter von der kurveninneren Grenze weg, da diese gern abrupt einsetzt und dann viel Höhe kostet.

Irgendwann möchte oder muß man dann aus einem Aufwind aussteigen. Die meisten Piloten lassen sich einfach aus dem Bart herausfallen. Besser ist es, die letzte Kurve etwas enger und dann geradeaus zu fliegen. So schneidet man im Herausfliegen genau das Zentrum der Blase und gibt dort bereits kräftig Tiefe, um genügend Fahrt zum schnellen

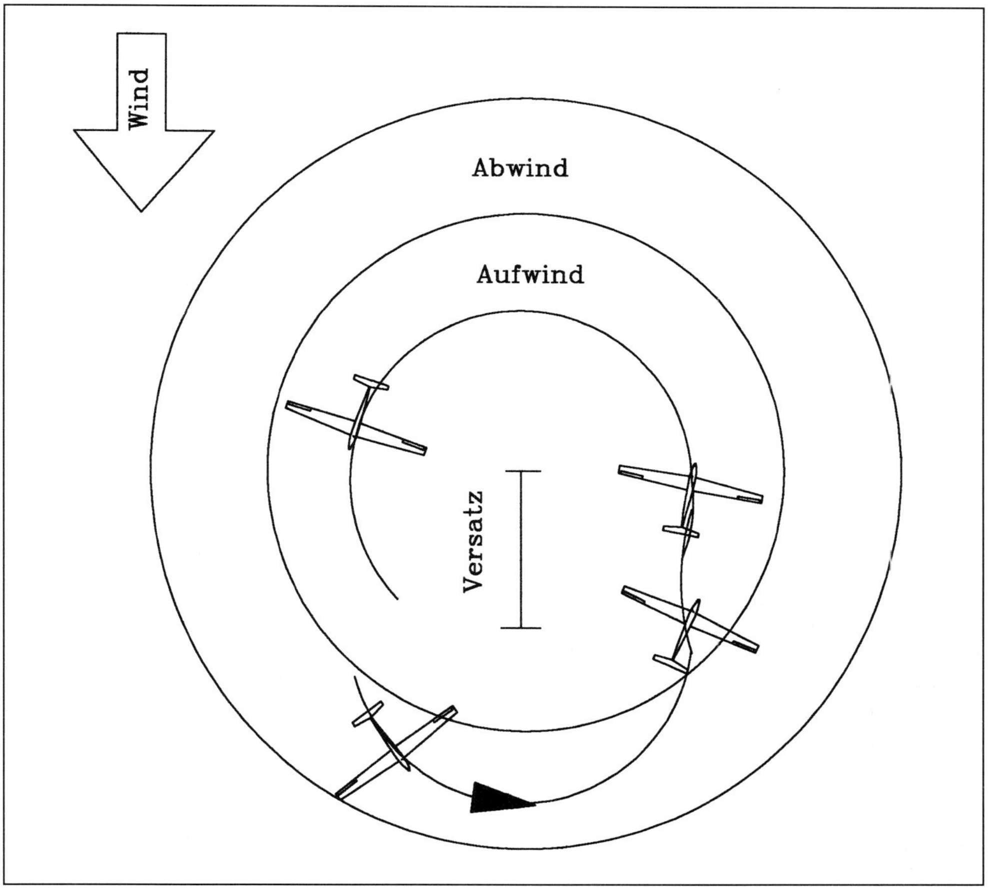

Abb. 50: Bei Wind jeglicher Stärke sollte das Modell jeweils nach einigen Kreisen in der Thermik ein Stück gegen den Wind vorfliegen. Als Anfänger legt man sich faul in der Leeseite des Bartes auf die Lauer und wartet einfach bis dieser einzutreffen geruht. Oder aber man ergreift die Initiative: Fahrt aufnehmen und in einer schönen Steilkurve aufwärts in das Steigmaximum. Aber wehe dem, der sich dabei verschätzt! Einziger Trost: Die Luvseite scheint weniger Abwind zu bringen..... Wer die nötige Abdrift schon vorher einkalkuliert, fliegt einfach die gegen den Wind zeigende Strecke des Kreises etwas langgezogener.

Durchqueren des sich daran anschließenden Abwindringes zu tanken.

Bei Wind jeglicher Stärke sollte das Modell jeweils nach einigen Kreisen in der Thermik ein Stück gegen den Wind vorfliegen. (Abb. 50). Darin waren sich alle befragten großen und Modellflieger ausnahmsweise einig, wenngleich auch niemand so recht wußte, warum eigentlich. Denn da die Bewegung der Luftmasse gegenüber dem Boden ja einigermaßen gleichmäßig geschieht, ist es in der Luft ja sozusagen immer windstill, was jeder Ballonfahrer bestätigen wird.

Wir vermuten, daß die Ursache im Ablösungspunkt der Thermik am Boden liegt, da dieser ja, wie bei Bergkämmen, ortsfest bleibt. Die Blase hängt dann genau wie eine Seifenblase noch eine Zeit lang am Stil, obwohl der Wind sie wegpusten will. Jedenfalls gibt es dafür zwei Möglichkeiten: Als Anfänger legt man sich faul im Geradeausflug in der Leeseite des Bartes auf die Lauer und wartet einfach bis dieser einzutreffen geruht.

Oder aber man ergreift die Initiative: Fahrt aufnehmen und in einer schönen Steilkurve aufwärts in das Steigmaximum. Aber wehe dem, der sich dabei verschätzt! Einziger Trost: Die Luvseite scheint weniger Abwind zu bringen..... Wer die nötige Abdrift schon vorher einkalkuliert, fliegt einfach die gegen den Wind zeigende Strecke des Kreises etwas langgezogener.

Zum Schluß noch der Ausschnitt aus einem Interview mit einem richtigen Segelflieger. Auf die Frage des Autors "aber manchmal gibt es doch Thermik, die trotz aller Tricks einfach zu eng ist. Was machst du dann?" antwortete dieser :"Ja, ich erinnere mich an einen Sommertag, an dem kein einziger Bart breit genug war. Meine Laune sank mit der Höhe. Kurz vor der Landung wollte ich meinem Frust etwas Luft machen und habe die Maschine einfach voll mit 90 Grad in einen solchen Bart reingehängt und siehe da, sie stieg. Ich weiß, theoretisch ist es unmöglich, aber da hatte es wirklich geklappt."

Tips zum Obenbleiben - ein Kapitel für Süchtige.

Süchtig ist, wer Sonntags mindestens fünf Stunden am Stück geflogen hat und montags Abends nach Einbruch der Dämmerung versucht, zwischen zwei Schauern wenigstens noch mal kurz in die Luft zu kommen, selbst wenn bestimmt keine Thermik mehr ist.

Bestimmt haben Sie dieses Kapitel als erstes aufgeschlagen. Klar, als Profi möchten Sie testen, ob dieses Buch etwas taugt. Aber erst testen wir Sie! Es gibt da nämlich einen ganz gemeinen Profi-Test. Er besteht aus zwei Teilen und beweist, ob Sie das Modell beherrschen oder umgekehrt...

Teil Nummer eins: In jeder Flugphase, egal ob bei Start, Landung, beim Zentrieren oder im Kunstflug sollte man zum Beispiel in der Lage sein, eine halbwegs komplizierte Rechenaufgabe zu lösen. Wer psychisch oder physisch verkrampft fliegt, kann nicht optimal reagieren. Keine Schwierigkeiten? Dann

Teil Nummer zwei: Im großen Segelflug muß ein Pilot mit der linken und rechten Hand steuern können. Aber können Sie Ihr Modell auch mit komplett vertauschten Funktionen fliegen? Na klar? Dann halten Sie einmal die Senderantenne nach unten und steuern fünf Minuten so. Die Rechenaufgaben rekrutieren wir während dieser Zeit gnädigerweise vorwiegend aus dem kleinen Einmaleins.

Ich kenne selbsternannte Profi Piloten ("klar, mach' ich dir vor") oder gar F3B Wettbewerbsflieger, die keinen dieser Tests bestehen ("...drei Mal drei! Eh, wie drei Mal drei?"). Meist beendet dann ein ob der ungewohnt starken Belastung abgebrochener Steuerknüppel des Senders sowohl den Flug als auch die bis dahin freundschaftliche Beziehung vom Testkandidaten zum Autor unprogrammgemäß ("sowas ist doch kein echter Test, der spinnt ja!")...

Daß es aber klappen kann, zeigt die Tatsache, daß es viele von diesen Profis als Anfänger bezeichnete Piloten gibt, die es trotz einiger Probleme schaffen. Gerechterweise geben wir aber auch zu, daß wir schon Leute gesehen haben, die zwei Segler gleichzeitig fliegen konnten, Hut ab. Unsere Versuche in dieser Richtung endeten meist schnell mit dem Trudeln beider Modelle. Gerüchte wollen wissen, daß bereits zwei Modelle mit einem Sender geflogen wurden. Wohlgemerkt mit einem Steuerknüppel für beide Seitenruder.

Ihr Segler lebt noch und Sie sind bereit, die höheren Weihen zu empfangen? Sie wollen, sollen oder müssen ständig fliegen?

Damit die Thermik auf Dauer Erfolg mit Ihnen hat gibt es in diesem Kapitel kurze Tips, die wir theorethisch unvorbelasteten Anfängern neidisch abgeguckt haben.

Die Stelle(n) in Gedanken markieren.

Das ist die wichtigste Amtshandlung nach dem Lokalisieren oder den ersten Kreisen in der Thermik. Es mag einige wenige Gründe geben, einen Bart zu verlassen, aber irgendwann kommt garantiert der Punkt, an dem man sich reumütig zu der Stelle des allerersten Hebers der Thermik zurückwünscht.

Machen wir ein einfaches Experiment: Legen Sie einmal irgendwo am Himmel einen halbwegs runden Kreis hin, aber merken Sie sich vorher den Ausgangspunkt. Nun, wie war's? Selbst bei Windstille keine einfache Übung, nicht wahr?

Einen verlorenen Bart wiederzufinden ist oft unmöglich, auch wenn Sie schwören werden, daß "der genau irgendwo da sein muß". Also: Merken Sie sich irgendein Detail am Himmel, das in einer Linie mit oder sogar im Zentrum des Bartes liegt.

Bei Wind versetzen die meisten Bärte nach einigen Kreisen das Modell gegenüber dem Boden. In dem Fall muß die markierte Stelle mitwandern. Das ist in großer Höhe und beispielsweise einem Wolkenzipfel als Merker noch relativ einfach, da dieser meist ein bißchen mitzieht. War der Merker aber feststehend, wie etwa ein Landschaftsmerkmal, ein Zweig oder ein Gebüsch, so muß man den Punkt allmählich mit dem Wind verschieben. Denken Sie aber daran, daß es auch Bärte gibt, die gegen den Wind wandern, dann gilt das Entsprechende natürlich umgekehrt. Ich höre Sie schon stöhnen, aber wie gesagt, dieses Kapitel ist für Fortgeschrittene und solche, die es unbedingt werden wollen.

Eng kreisen.

Wir wiederholen es, denn es ist die wichtigste Regel überhaupt bei bodennahen Bärten. Wer z.B. sein Modell aus der Hand in die Thermik wirft, muß den kleinstmöglichen Kreis kennen und fliegen.

Nun heißt alles das natürlich nicht, daß man immer eng kreisen muß. Die meisten Bärte erlauben ab etwa 50 bis 100 Metern Höhe weitere Kreise und sind dann auch wesentlich ruhiger und stärker. Ansonsten ist es uns schon öfters vorgekommen, daß das Modell in enger Thermik mit voll Höhe und viel Seitenruder einfach hochtrudelte; nicht elegant, aber besser als zu landen.

Geben Sie nicht auf.

Bevor das Modell den Boden berührt ist noch alles drin, sogar danach...

Ein Profi schafft es mit etwas Glück und engem Kreisen durchaus, selbst einen Thermikschleicher nach Bodenberührung wieder in die Lüfte zu befördern!

Die Spitze der Sendeantenne

markiert das Modell am Himmel, wenn man mal weggucken muß. Das ist wichtig in großer Höhe, denn der schlimmste Feind beim Wiederfinden des Modells am Himmel ist die Panik!

Eine Sonnenbrille

bevorzugen die meisten Piloten. Das ergibt tatsächlich einen höhereren Kontrast zwischen Himmel, Wolken und Modell. Speziell mit polarisierten Gläsern wird starke Thermik manchmal sogar eher als Dunst sichtbar, als mit bloßem Auge. Gerade schwache Wolken werden mit Sonnenbrille besser bzw. überhaupt erst sichtbar. Obwohl es also keine Argumente dagegen zu geben scheint und man meist mitleidig belächelt wird, macht es zumindest mehr Spaß, "pur" zu fliegen.

Der Himmel ist dann noch so richtig blau und die Wolken schneeweiß, selbst die Bierbäuche der Piloten schimmern weiß-rosa anstatt einheitlich orange oder grün.

Wie wäre es mit einem Digitalthermometer? Mittlerweile kosten die weniger als den Wochenlohn eines Testpiloten und funktionieren trotzdem auf ein zehntel Grad genau. Einfach auf das Senderpult aufgeklebt sieht man so richtig die Bärte durchrauschen, falls das Modell gerade nicht einsatzfähig ist oder stundenlang auf einem Wert stehenbleibend, falls man dringend etwas Luft unter den Flügeln gebrauchen könnte. Steigt die Temperatur, kündigt das eine Blase an. Sinkt sie wieder auf den alten Wert, so hat die Blase sich meist schon abgelöst.

Alarm ist angesagt, wenn die Temperatur unter den bisherigen Wert fällt: Eine Kaltfront bläst die Thermik ins Lee. Jetzt gilt es zu entscheiden: Ein neuer Weltrekord im Dauerflug auf Kosten eines geplatzten Rendez-Vous ("Laß mich in Ruhe, du liebst doch nur dein Modell!". "Nein, ich kann dir alles erklären..") oder sofort landen und den Enkeln später einmal erzählen, daß man fast den Weltrekord im Dauerflug geholt hätte.

Am Anfang starker Thermik

kann das Modell durchaus schon mal trudeln. Keine Panik und nicht rausfliegen. Es muß nicht immer an der Anlage liegen, wenn scheinbar kein Ruder mehr reagiert. Wir haben an einem windstillen (!) Tag am Boden schon Thermikböen erlebt, die den Ast eines Baumes abrissen.

In besonders starker Thermik

ziehen sich manchmal sogar ansonsten völlig eigenstabile Modelle zu stark in die Kurve. Diese wird immer enger und das Modell sehr schnell. Normalerweise gibt man einfach Höhe, in dem Fall ist das aber falsch, da dadurch die Kurve nur noch enger würde. Besser ist es, in starker Thermik mit dem Quer-, bzw. Seitenruder gegenzusteuern.

In einen Bart mit bekannter Position

fliegt man immer mit erhöhter Geschwindigkeit hinein. So ist der höhefressende Wirbelring schneller durchquert. Diesen Turn in die Thermik kann man vorher am Hang üben, indem man die Wendepunkte in die Steigmaxima legt.

Wer zum ersten Mal auf einen unbekannten Platz kommt,

sollte sich ruhig eine Stunde lang intensiver Beobachtung des ganzen Ringsums widmen. Gerade wenn keine einheimischen Piloten zur Seite stehen, sind heimtückische Leewalzen und Rotoren besonders gerne bereit, Ihnen prägnante Lektionen zu erteilen.

So ganz nebenbei können Sie sich die Änderungen des Windes und deren zeitliche Abstände, besondere Formationen der Landschaft, Abreißkanten im Gelände, geschützte Täler in Sonnenrichtung und viele andere Komponenten merken; Langeweile kommt da nicht auf und nach einer Weile wird aus dem anfänglichen lustigen Thermikraten ein Hellsehen.

Die Höhe zu schätzen

ist ein Ding der Unmöglichkeit. Gerade bei labiler Schichtung ist ein Modell ganz erheblich besser zu sehen, die Konturen wirken "schärfer" am Himmel. Zwischen 100 und 150 Metern beispielsweise oder zwischen 400 und 600 Metern Flughöhe ist wirklich, glauben Sie es uns, kein Unterschied zu sehen. Die Beurteilungsgrenze selbst für Piloten, die ständig mit Höhenmesser fliegen, ist etwa Faktor zwei, und selbst dann folgt hin und wieder ein verstohlener Blick aufs Display.

Je mehr wir mit Meßgeräten wie Variometer oder Höhenmesser flogen, desto eher mißtrauten wir unserem Gefühl, es trügt einfach zu oft.

Der Schnellflug – bei blau über die Kreuzung

Ihr Modell fliegt in vierhundert Metern Höhe, ein prima Bart, aber leider wird das Steigen immer geringer, die Thermik ist "tot". Nun können Sie natürlich einfach warten in der Hoffnung, daß genau da wieder eine neue Ablösung entsteht. Aber das kann etwas dauern oder etwas sehr lange dauern oder auch gar nicht passieren. Die Alternative ist, zu einer anderen vermuteten Aufwindquelle hin zu fliegen.

Wir hatten festgestellt, daß es in der Thermik sinnvoll ist, langsam zu fliegen. Außerhalb der Thermik gibt es eine andere optimale Geschwindigkeit.

Wenn Ihr Segler dreißig Kilometer schnell fliegt und einen Gegenwind von dreißig Kilometern hat, kommt er nicht von der Stelle. Um trotzdem vorwärts zu kommen, müssen Sie also schneller fliegen als der Wind, selbst wenn das einen halben Sturzflug bedeutet. Das ist noch einfach einzusehen.

Schwieriger wird es bei Windstille. Wenn Sie da von Punkt A nach Punkt B fliegen wollen, gibt es vier Geschwindigkeitsklassen:

1) So langsam wie möglich fliegen. Gut, aber wenn Ihr Modell fast auf der Stelle fliegen kann, wird es nie ankommen. War also nicht so gut. Wie wäre es,
2) relativ langsam zu fliegen, damit das Modell möglichst wenig sinkt? Jedes Flugzeug hat eine bestimmte Geschwindigkeit, bei der es pro Sekunde am wenigsten sinkt. Oberhalb und unterhalb dieser Geschwindigkeit sinkt es mehr. Man nennt diese Geschwindigkeit auch etwas lässig einfach nur "bestes Sinken". Nun sollte man meinen, daß damit das Problem der Strecke von A nach B schon optimal gelöst ist, denn wenn das Flugzeug kaum sinkt, kann es länger in der Luft bleiben und somit weiter fliegen. Daß diese Annahme einen Haken hat, zeigt folgende Überlegung: Wenn das Flugzeug sein bestes Sinken bei Null hätte, würde es niemals ankommen, logisch. Läge das beste Sinken bei Schrittgeschwindigkeit, so würde das Modell für eine hundert Meter lange Strekke ganz schön lang brauchen und, je nach Ausgangshöhe, vielleicht schon vorher landen müssen. Nun könnte man ja auf die Idee kommen,
3) so schnell wie möglich zu fliegen, damit das Modell schneller ankommt. Diese Methode ist schon etwas besser. Aber haben Sie schon einmal probiert, wann Ihr Segler am schnellsten ist? Und war das nicht zufällig bei einem langen senkrechten Sturzflug? Selbst wenn wir nur von 45 Grad Neigung nach unten ausgehen, wird das Modell zwar recht schnell, aber es wird auch recht schnell dem Erdboden zustreben, vielleicht schon vor dem Ziel. Das Ideal könnte aber irgendwo in der Mitte zwischen diesen Extrem liegen. Problemlos würde das Ganze doch bestimmt, wenn wir
4) so schnell fliegen, wie das Modell am weitesten kommt. Einfach gesagt, parteiübergreifende Zustimmung, langanhaltender Applaus von links und rechts, aber wie schnell ist das? Nun, Punkt eins und Punkt drei scheiden aus, bleibt der Flug mit dem geringsten Sinken übrig. Das ist auch die Antwort, die die meisten Piloten auf diese Frage geben. In Abbildung 17 im zweiten Teil dieses Buches sehen wir uns einmal an, wie die Kurve des besten Sinkens eigentlich genau aussieht. Vielleicht finden wir ja eine Kleinigkeit, die wir bisher übersehen haben. Bei geringen Geschwindigkeiten geht die Kurve rasch "in den Keller", das Sinken nimmt mit abnehmender Fahrt stark zu. Leuchtet ein, denn wenn das Modell in der Luft stehenbleibt, ist Sinken für das, was dann passiert, eigentlich noch milde ausgedrückt, abstürzen wäre schon treffender. Interessant wird es aber, wenn

man etwas schneller fliegt, als beim besten Sinken. In diesem Diagramm, das übrigens von einem typischem Anfängerflugzeug stammt, heißt das im Klartext, daß, wenn man doppelt so schnell fliegen würde, das Sinken nicht doppelt so hoch ist, sondern nur um ein Drittel steigt. Man käme bei dieser Geschwindigkeit also erheblich weiter. Wie sieht das aus, wenn man dreimal so schnell fliegt, wie beim besten Sinken? Schauen wir doch einfach nach: Bei der dreifachen Geschwindigkeit ist das Sinken auch ziemlich genau dreimal so hoch. Das Resultat wäre ähnlich wie beim Flug im geringsten Sinken und lohnt sich also nicht, zumindest nicht bei Windstille. Bei Wind wäre es schon eher angesagt.

Den Kompromiß zwischen relativ hoher Geschwindigkeit und noch relativ geringen Sinken nennt man das beste Gleiten.

Aber was nützt uns dieses Wissen? Wir kennen in den meisten Fällen noch nicht einmal die Sinkkurve, eigentlich heißt das Ding "die Polarschar", unseres Modells, eigentlich ein Grund, dem Händler, wo das Modell gekauft wurde, einen Rüffel zu geben. In den Abbildungen 17 und 18 im zweiten Teil dieses Buches finden Sie die Leistungsdaten für zwei manntragende Segelflugzeuge.

Das Schulflugzeug geht mit zunehmender Fahrt regelrecht "in den Keller", hat starkes Sinken im Schnellflug. Eine echte "Orchidee", also ein Hochleistungssegler, würde sehr viel flacher und erst bei höheren Geschwindigkeiten abfallen. Aber selbst die großen Segelflieger benutzen ein spezielles Gerät, um das beste Gleiten je nach Wind optimal zu berechnen. Was können wir da noch tun?

Wie wäre es, wenn wir unser spezielles Gerät, den Kopf zur Hilfe nehmen? Jeder Modellflieger kennt nach kurzer Zeit so ungefähr die Geschwindigkeit, bei der sein Segler wenig sinkt, oder etwa nicht?

Na bitte, dann brauchen wir doch nur noch herausfinden, wieviel Tiefenruder das Modell verträgt, bis es nicht mehr schneller wird, sondern nur noch mehr sinkt.

Sie kennen diesen Punkt auch schon? Umso besser! Dann kommt in die Mitte zwischen diesen beiden Steuerknüppelausschlägen oder Trimmstellungen ein kleiner roter Punkt und fertig ist Ihre neue Schnellflugautomatik.

Und wenn Sie dann noch beim nächsten Grillabend im Club so ganz zufällig den Sender an die Wurstperipherie legen, aber so daß man den kleinen roten Punkt noch gut sehen kann, was glauben Sie, was dann los ist? Für eine kurze Zeit wir dieses Thema an Brisanz jedes chronische Bandscheibenleiden, die neuen Keller-Motoren und vielleicht sogar den peinlichen Mittelholmbruch Ihrer Flügel beim Austesten der Maximalfahrt verdrängen. Für den Fall, daß dann noch neugierige Fragen auftauchen, merken Sie sich als Faustregel, daß

das beste Gleiten und das beste Sinken in den aerodynamischen Bereichen, in denen wir uns, beziehungsweise unser Modell sich bewegt, nie identisch sind und daß man je nach Streckenflugplanung und Gegenwind ohne Thermik immer mindestens im besten Gleiten oder schneller fliegt.

Nur bei Rückenwind fliegt man langsamer, um durch das dann geringere Sinken länger die kostenlose Windenergie auszunutzen.

Ist dagegen ein totsicherer Bart innerhalb des Gleitflugbereiches erreichbar, vergessen Sie das alles und fliegen Sie lieber mit Höchstfahrt darauf zu.

Flugtaktik – hier entlang bitte.

An einem Tag stehen die "Hammerbärte" dicht an dicht und es ist oft schon richtig langweilig, weil man kaum noch zu steuern braucht, am nächsten muß man kämpfen wie ein Wilder. Wie man die beiden Steuerknüppel an schlechten Tagen und langen Flügen bedient, soll nun Gegenstand unserer Betrachtungen sein.

Leider nimmt mit zunehmendem fliegerischen Können die Freiheit ab, unbeschwert durch die Gegend zu fliegen. Die Autoren erinnern sich reumütig der Anfängerzeit, wo man schon froh war, einfach munter drauflos ein paar Kurven zu fliegen und dabei sogar noch fünf Minuten Dauerflugzeit zu erreichen oder nicht schon wieder den einzigen Baum weit und breit zu treffen. Je länger man fliegt, desto eher wird klar, daß es zu jeder Situation immer nur noch eine bestimmte optimale Reaktion geben kann. Die einzig verbleibende Freiheit ist dann die, das Notwendige zu tun oder zu landen.

Grundlage aller Taktik: Fliegen Sie nicht planlos. Ein guter Pilot sollte mindestens für die nächsten zwei Minuten im Voraus planen, wo er hinfliegt, solange er keine Thermik antrifft. Wenn man das Gelände kennt, fliegt man dort, wo die Wahrscheinlichkeit, Aufwinde

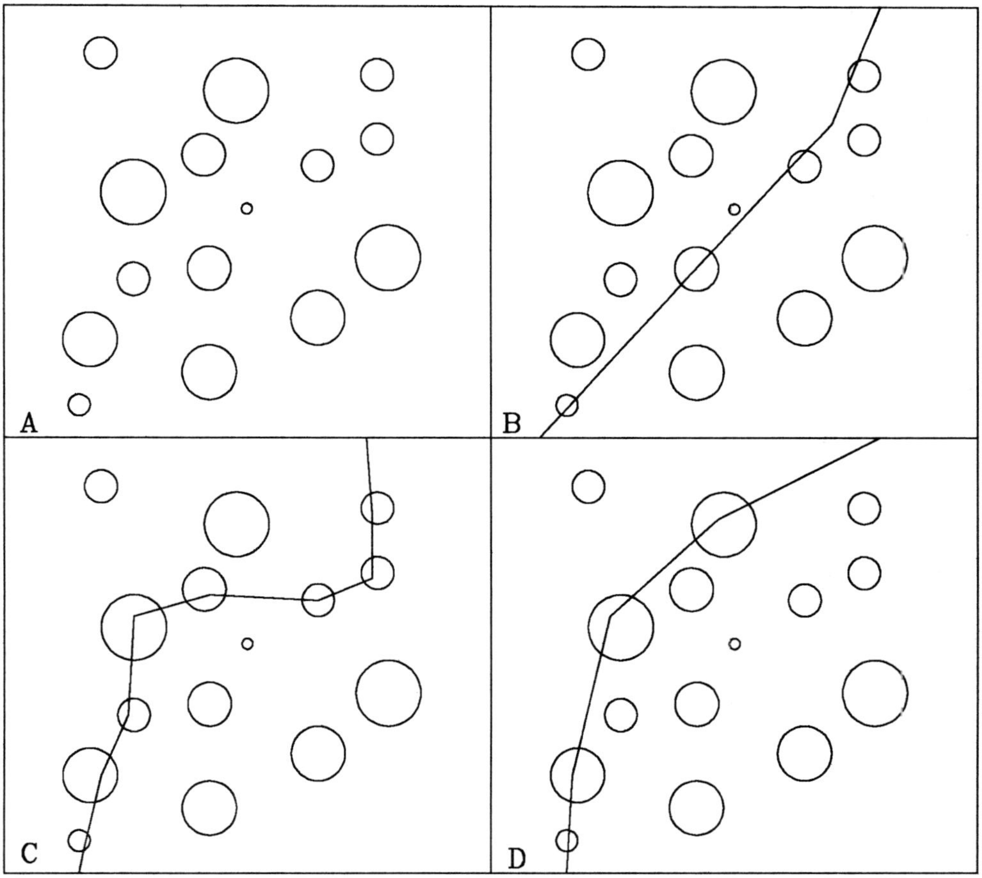

Abb. 51: Die Optimalstrecke durch ein thermikträchtiges Gebiet nimmt eben nicht mehr einige (B, Anfänger) oder viele Bärte mit, wie die des Fortgeschrittenen (C), sondern nur noch die stärksten. Einem Piloten wie dem in (D) wird man nachsagen, er könne Thermik riechen.

Abb. 52

Abb. 53

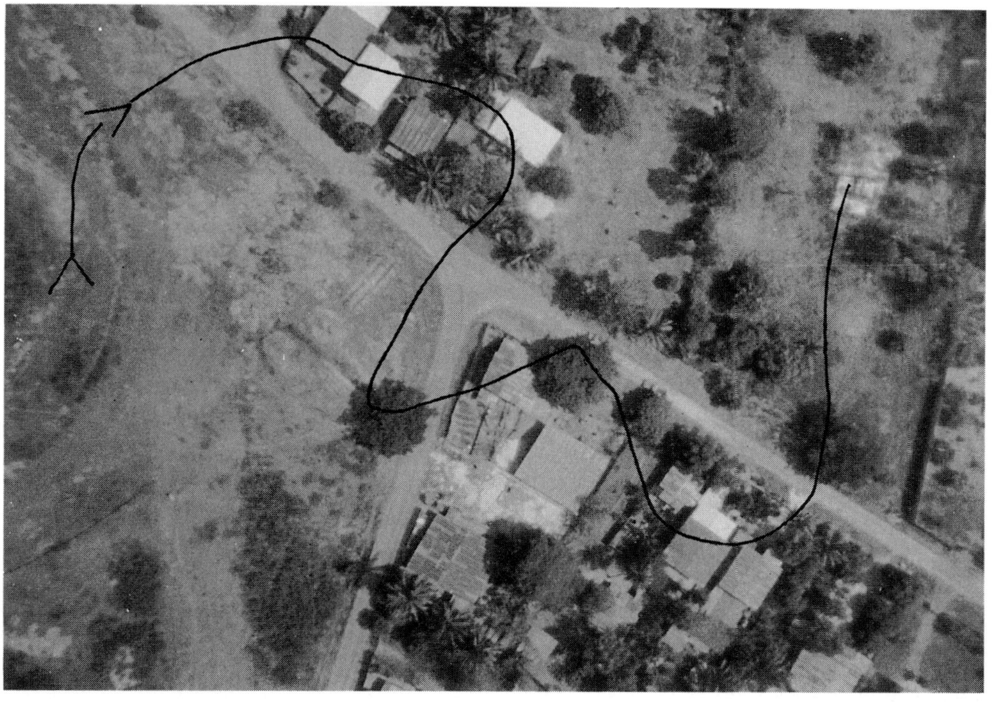

Abb. 54: Profis hätten sofort nach dem Betrachten des Bildes in Gedanken schon einen Optimalstrecke für die Thermiksuche hindurchgelegt, beginnend bei den am meisten erfolgversprechenden Thermikauslösern bis zu den statistisch selteneren.

◀

Abb. 52 und 53: Zwei verschiedene Oberflächenstrukturen. Die Thermik, der wir die Abbildung 52 verdanken, war aufgrund der relativ schwachen hell - dunkel Übergänge selten, aber stark und eng. Der Segelflugweltmeister Helmut Reichmann schreibt, man solle in Gedanken auf dem überflogenen Boden spazierengehen. Auf dem Luftbild kann man schon einige Kriterien für eventuelle Thermikauslöser beobachten. Unerfahrene Piloten sehen vielleicht nur die zwei hellen Häuser, Fortgeschrittene erkennen den wichtigen Übergang Straße - Baumreihe. Mit einem so langweiligen Foto wie dem in der Abbildung 53 würden wir Sie nicht behelligen, wäre dies nicht einer der besten Thermikflächen, die wir je beflogen haben: Große Helligkeitsunterschiede und zusätzliche Düsenwirkung bescherte von 9 Uhr bis 17 Uhr konstante, breitflächige, schwache bis mittlere Thermik. Die Düse entstand durch das Dreieck aus zwei Laubflächen und einer Sandfläche, die die Luft nach oben ableitet. Zusätzlich kam der Wind genau von links. Die erwärmte Luft riß fortwährend an der Waldkante ab, hatte aber auch dahinter noch viele Auslösepunkte und machte das Fliegen hier zu einer langwierigen Angelegenheit.

anzutreffen, erfahrungsgemäß am größten ist (Abb. 51). Wenn gar keine Hinweise auf Thermik im Gelände, an Wolken oder anderen Geiern wie Modellpiloten und deren Maschinen beispielsweise, zu beobachten sind, sollte man mindestens dreißig bis fünfundvierzig Grad Zick-Zack gegen den Wind fliegen. Dabei wird eine relativ große Fläche überstrichen und man hat in einem eventuellen Bart ein bißchen Streckenreserve beim Zurückversetzen ins Lee. Außerdem ist Steigen umso leichter zu erkennen, je flacher der Blickwinkel zum Modell ist.

Wesentlich besser ist es, sich schon vor dem Start die kürzeste Route zum "Abgrasen" der Hausbärte zu überlegen. (Abb. 52, 53 und 54) Wenn da nichts war, kann man immer noch improvisieren. Unlogischerweise wird auf den meisten Flugplätzen nie so geflogen. Aber kann mal jemand erklären, welchen Sinn es hat, erst mal zu starten, und dann zu sehen, was in der Luft so alles passiert? Jeder Profipilot in der großen Fliegerei macht sich einen Flugplan und gibt den vor dem Start ab. Es reicht schon völlig, wenn Sie Ihren Flugplan bei sich selber einreichen zwecks Kenntnisnahme und Genehmigung. Jeder Flugplatz hat über sich eine Art thermischer Landschaft, die man übrigens zusammen mit zeitlichen Einflüssen grafisch sichtbar machen kann. Das klingt nach trockener Theorie und deshalb wurde dieses Thema in der Fachpresse leider etwas vernachlässigt zu Gunsten der Präsentation neuer Antriebssysteme. Zu Unrecht, denn wer einmal die thermische Landschaft seines Flugplatzes gesehen hat, erkennt nicht nur die Hausbärte wieder, sondern auch solche, die an den Stellen bisher keiner vermutet hatte.

Eine solche Karte sollte man sich in Gedanken an jedem Flugtag neu anlegen oder aktualisieren. Man merkt sich die Position jedes vorgefundenen Bartes (und vielleicht sogar die Stärke in verschiedenen Höhen samt Abdrift) möglichst genau. Nach ein bis zwei Flugstunden sammeln sich leicht zehn oder mehr der häufigsten Stellen an und man wird feststellen, daß alle nachfolgenden Bärte immer in eines der früheren Schemen hineinpassen. Da die Motivation, Thermikmodellflug zu betreiben meist nur der Faulheit zu Laufen entspringt, kann wenigstens etwas geistige Anstrengung nicht schaden, oder? Wer beim Thermikfliegen an andere Dinge denkt, fliegt mit Sicherheit nicht optimal. Und verglichen mit der kompletten Demontage eines 10-ccm-Motors einschließlich Zündung während eines Erdbebens ist das noch ein Kinderspiel!

Ganz wichtig bei der Thermiksuche: Nie eine thermiklose Route zweimal fliegen. Besonders peinlich ist es, auf der Suche nach Thermik gar mehrmals das gleiche Abwindfeld zu queren. Diese Höhe ist sinnlos verschenkt; selbst ein Schlenker über einer normalerweise "toten" Fläche ist erfolgversprechender.

Seitdem wir Thermik fliegen behaupten wir immer wieder, den im Folgenden beschriebenen Fehler ab sofort ganz bestimmt nie mehr zu machen:

Im Bart bleiben

Das klingt selbstverständlich. Ist erst einmal ein Bart gefunden und zentriert, so schwört sich jeder Pilot, jetzt erst einmal alles herauszuholen, was drin ist. Er wird auf jeden Fall im Bart bleiben, komme was da wolle. Kaum 200 Meter später keimt dann langsam der unbegründete Verdacht auf, daß es nebenan bestimmt noch besser geht. Das aber ist die Hauptursache für alle "Absaufer". Bei der Erschaffung des Menschen wurde ganz offenbar übersehen, Thermikpiloten vom Streben nach Besserem auszuklammern. Rein logisch betrachtet ist jeder momentane Bart die einzig sichere Art, mehr Höhe zu machen. Trotzdem verleitet die Ungeduld allzu oft dazu, einen lahmen aber eben sicheren Bart zu verlassen, denn an das Sinken gewöhnt man sich nie, an Steigen aber viel zu schnell. Anders sieht das beim Umstieg auf eine gesicherte Thermikquelle aus. Im Bart bleibt man auf jeden Fall solange, wie

- die nächste Thermik noch zu weit weg ist,
- in der nächsten Zeit ein thermisches Loch zu erwarten ist, oder
- die vorhandene Thermik stärker als das durchschnittliche bisherige Steigen ist.

Wir lagen vor einiger Zeit in einem Wettbewerb im wahrsten Sinne des Wortes ziemlich weit hinten, nämlich bei frischem Wind weit im Lee. Unser Bart "zerfaserte" langsam und jeder weitere Kreis hätte bei der zu erwartenden gleichmäßigen Abnahme der Thermik weniger Höhengewinn erbracht, als zum Zurückfliegen an die vorherige Stelle nötig gewesen wäre (Abb. 55). Hier galt es nun zu entscheiden, ob wir weiter in dem Bart Zeit schinden sollten mit dem hohen Risiko einer anschließenden Außenlandung oder alles auf eine Karte setzen und herausfliegen sollten. Anfänger neigen in solchen Fällen vorschnell zum Herausfliegen, alte Hasen bleiben meist zu lange in dem Bart. Wir trafen die Entscheidung, herauszufliegen erst nach einem Blick auf die Uhr und einigen weiteren Kreisen: Wir waren rund drei Minuten lang in dieser Blase. Bei einer vorherigen durchschnittlichen Thermikfrequenz von etwa zehn Minuten stand uns also maximal eine zu erwartende Durststrecke von sieben Minuten bevor. Dafür brauchten wir noch einige zehn Meter Höhe. Als diese erreicht waren, schien es zu verantworten, aus der Thermik herauszufliegen. Die wenigen weiteren noch möglichen Minuten in dem alten Bart standen in keinem sinnvollen Verhältnis zu einer frischen Thermik in geringerem Abstand vom Piloten. Zudem gab der dann auch gefundene neue Bart die Möglichkeit, den Flug erheblich auszudehnen und in größerer Höhe mit entsprechendem "Polster" fortzusetzen.

Trotzdem bergen solche Schachzüge ein gewisses Risiko abzusaufen und man sollte sie nur anwenden, falls man dringend auf die Wertungspunkte angewiesen ist.

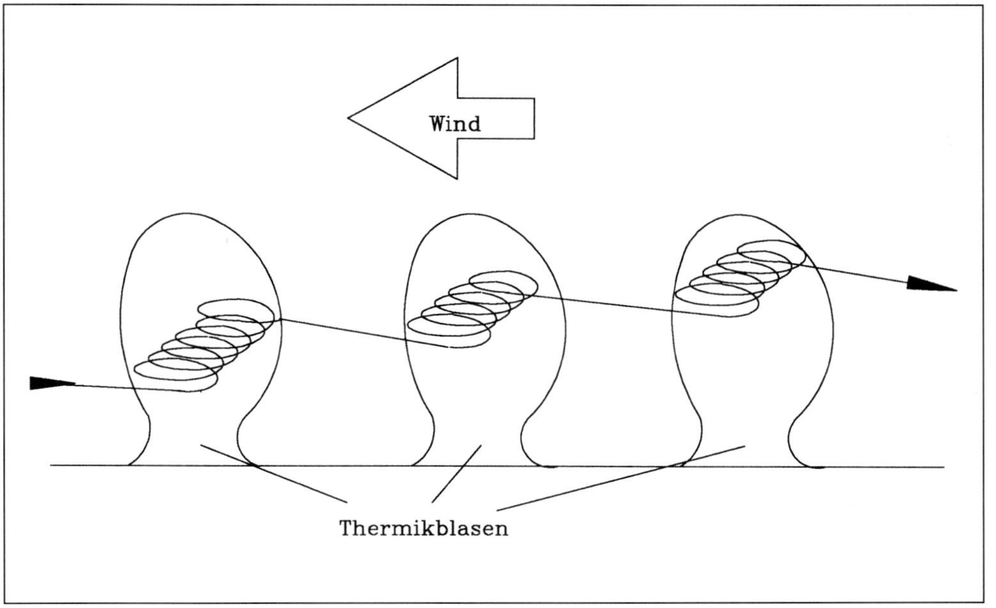

Abb. 55: Wind, der größte Feind beim Thermikfliegen. Ihn überlistet man am besten mit dem "Stufenflug", in dem zwischen den einzelnen Blasen mit erhöhter Fahrt geflogen wird.

Sie haben genug Höhe getankt und freuen sich auf ein Stück unbeschwerten Streckenfluges oder Sie haben den vorhin beschriebenen Fehler auch gemacht, wie auch immer, jedenfalls geht es auf einmal überall nur noch runter. Im Nu ist die schöne Höhe weg. Jetzt ist gut beraten, wer sich die Position der letzten Bärte gemerkt hat und in Gedanken "mitwandern" ließ, um sich notfalls dahin zurück "flüchten" zu können. Größere Bärte kann man mit ein bißchen Glück sogar bei Abdrift noch einige Zeit lang wiederfinden; Regionen kleinerer Bärte helfen zumindest, abwindträchtige Zonen zu vermeiden. Auf keinen Fall aber sollte man zögern, zur vorherigen Blase zurückzukehren (Abb. 56), wenn zwar noch kein erhöhtes Sinken feststellbar ist, aber plötzlich Wind aufkommt oder der Wind stärker wird. Fast immer ist das das momentane Ende aller lokalen Thermik und der Anfang einer zeitlichen Durststrecke. Denn die dem Bart nachfolgende Kaltluft nabelt ihn ab und drückt ihn zusammen. Der Bart wird dabei stärker und in Leerichtung keilförmig. Er wandert schnell nach oben -Anschluß nicht verpassen!-, und "reinigt" die gesamte Fläche von kleineren Blasen. Dieser Bart ist mit ziemlicher Sicherheit die letzte Zuflucht Ihres Seglers für die nächsten Minuten. Bei genügend großen Plätzen verabschieden Sie sich von den Ihren und setzen Sie sich ruhig schon einmal in Bewegung Richtung Lee. Denn leider ist es unvermeidbar, daß der Segler zunächst abdriftet. Wie weit man das zulassen kann, hängt von der

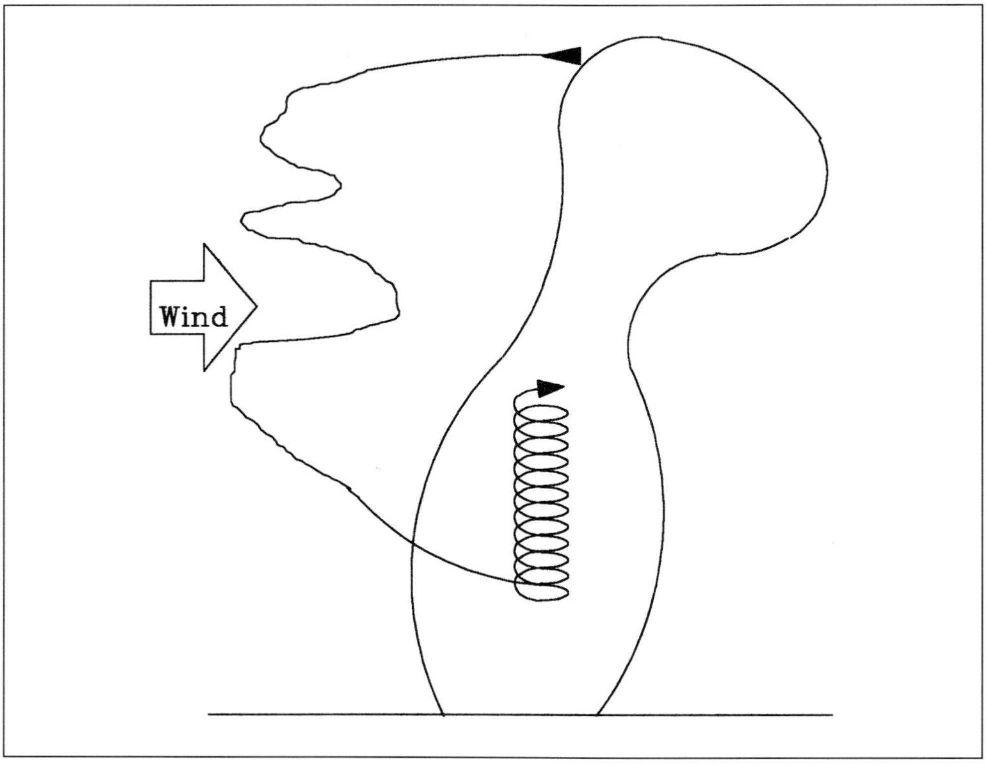

Abb. 56: Manche Bärte sehen wie eine nach oben gerichtete Erdnuß aus. Fällt man aus dem oberen Teil heraus, ist scheinbar alles ringsum tot. Mit dem Wind erreicht man den unteren breiten Teil und kann in einem schmalen Kamin wieder hochklettern.

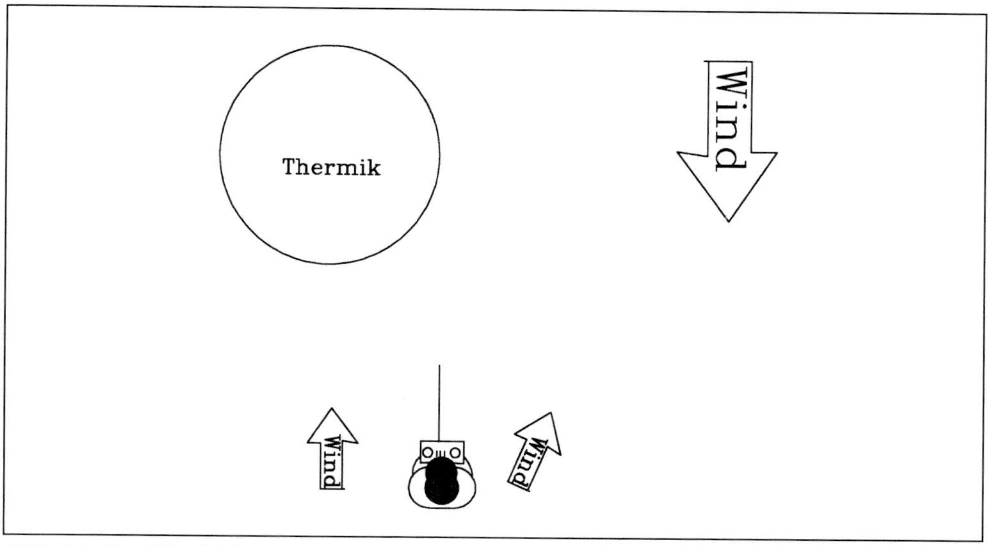

Abb. 57: Bei Windrichtungs- oder Stärkeänderungen ist häufig Thermik im Spiel. Ein wichtiges Indiz sind Bäume, Sträucher und Gräser in etwa 50 bis 200 Metern Entfernung. Meist ist die Windrichtung dort noch die vorherrschende. Ist der Wind am Standort des Piloten entgegengesetzt, so steht eine Thermik fast genau vor seiner Nase.

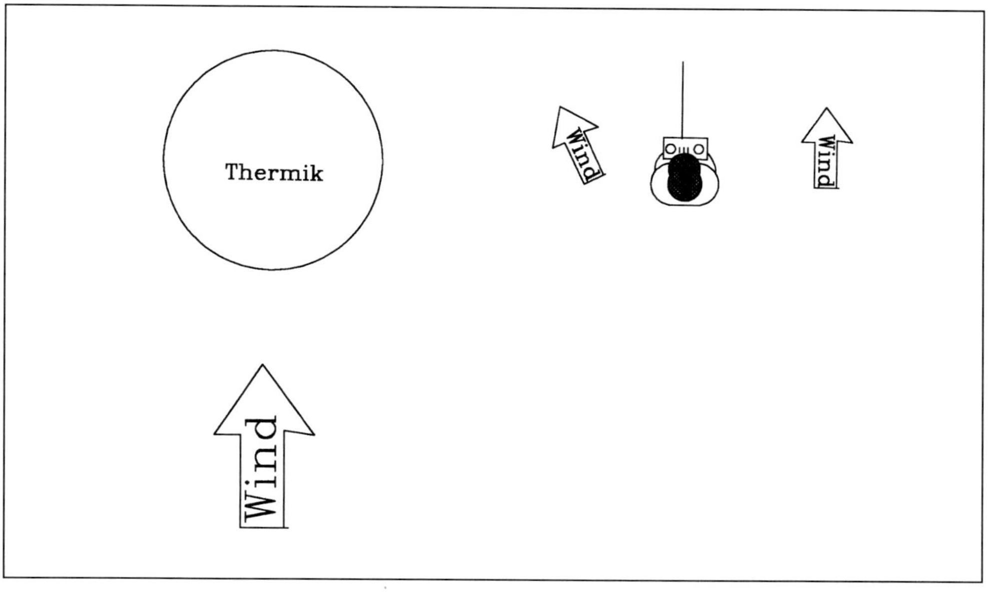

Abb. 58: Dieser Fall ist schon komplizierter. Wenn der Wind seitlich dreht, könnte die neue Thermik irgendwo in einem Winkel von 0 bis 90 Grad zur bisherigen Windrichtung angesiedelt sein, manchmal sogar noch weiter. Kommt der Wind nur leicht aus einer anderen Richtung, könnte das ein schwacher Bart in der Nähe oder ein starker Bart weiter weg sein. Dann ganz besonders auf Hinweise im Gelände achten!

Abb. 59: Dieses Foto aus 851 Metern Höhe zeigt, wie unsinnig es wäre, in dieser Höhe noch bodenorientiert zu fliegen. Zum einen war es, wie auch aus dem Sonnenstand ersichtlich, spät am Nachmittag, zum anderen zeigt die sehr breitflächige Thermik, daß sich die einzelnen Bärte offenbar schon vereinigt hatten und somit ohnehin nicht mehr bestimmten Thermikquellen am Boden zuzuordnen waren.

mittleren Windgeschwindigkeit ab. Ein guter Pilot beobachtet immer nebenbei den Wind und schätzt ständig Abdrift und benötigte Rückflugstrecke. Das spart Außenlandungen.

Wir hatten in der Anfangszeit dieser Taktik die Befürchtung, daß der am Standort des Piloten scheinbar stärker gewordene Wind grundsätzlich zuviel Abdrift des Modells mit dem Wind verursachen könnte. Das hätte den Nachteil, daß das Modell zwar in dem alten Bart noch einmal kräftig Höhe tanken könnte, dann aber die gesamte Strecke, diesmal gegen den Wind und mit entsprechendem Höhenverlust, zurückfliegen müßte. Wir fragten uns, ob es dann nicht besser sein, von Anfang an im Schnellflug auf den nächsten Bart im Luv zu vertrauen. Das ist aber aus zwei Gründen falsch: Erstens bleibt trotz des stärkeren Windes der Bart eine zeitlang fast ortsfest oder wandert sogar gegen den Wind nach vorn, und zweitens dauert es durchschnittlich zwischen zwei und zwanzig Minuten bis "Nachschub" kommt. Eine Flucht nach vorne bringt da ebensowenig wie der Flug mit minimalem Sinken, da das dann im Abwind läge. Selbst bei leichten Modellen sind zwanzig Minuten unter diesen Umständen kaum zu überbrücken. Regional unterschiedlich hält der vorherige Bart etwa ein bis zwei Drittel der thermiklosen Zeit, es lohnt sich also in jedem Fall. Außerdem kann man einen Schnellflug immer noch wagen, sobald der vorige Bart nicht mehr trägt. Ansonsten aber fliegt man bei mäßigem oder starkem Wind hinter den Standort des Piloten

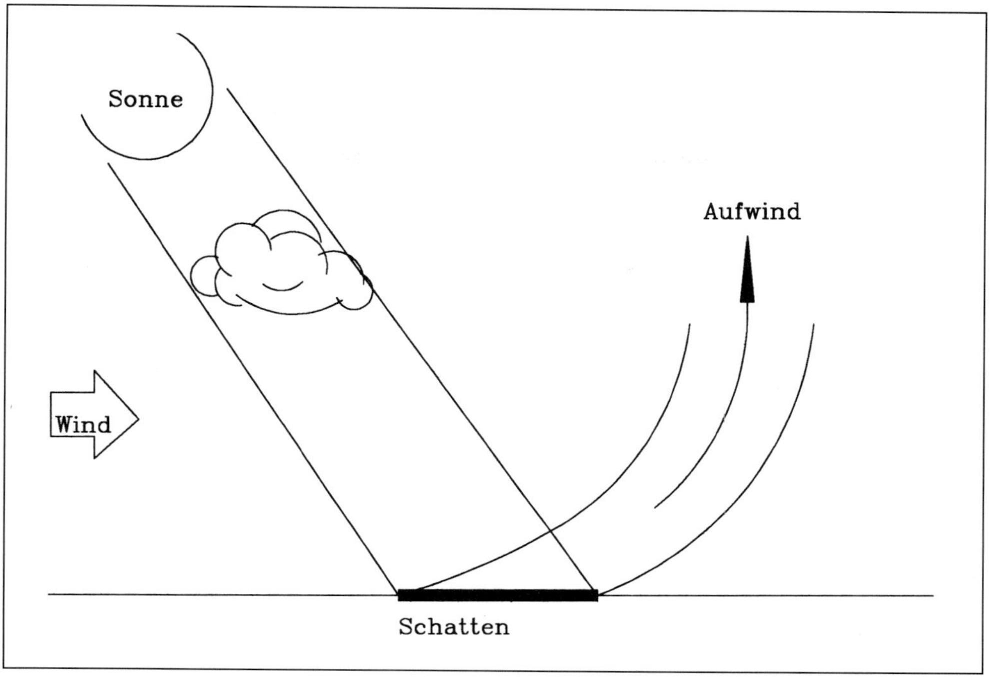

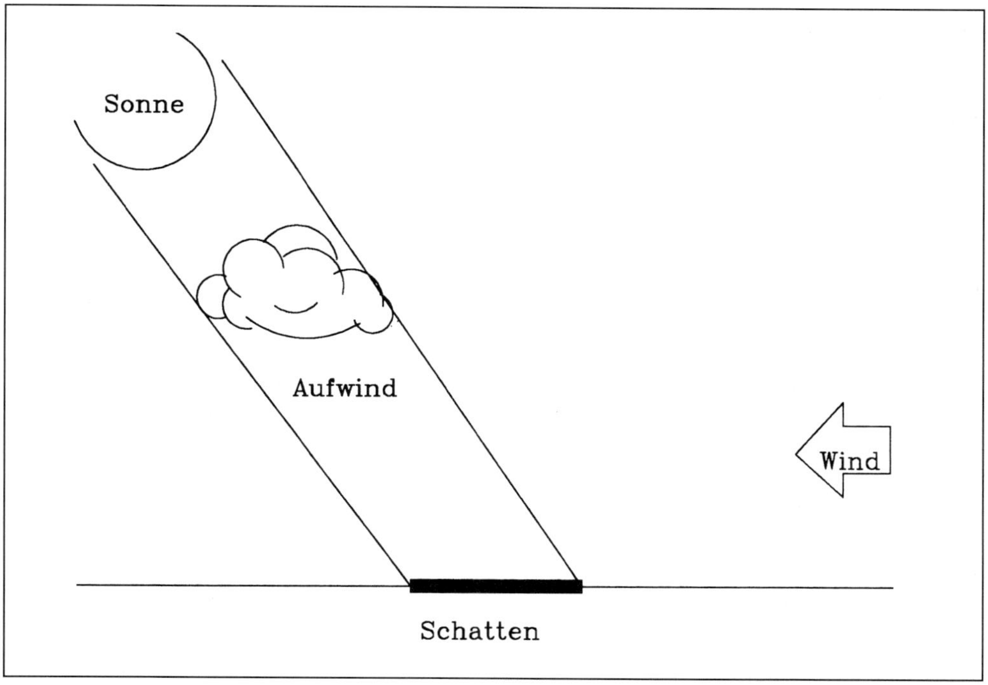

Abb. 60 und 60a: Bei Wind kann der Schatten auf dem Boden trügerisch sein. Nicht immer gehört die Thermik zu der Wolke, obwohl man das natürlich als erstes vermuten würde.

nur dann, wenn man sich bombensicher ist, dort eine Thermik zu finden.

Erinnern wir noch einmal an den Wind, der plötzlich aufhört. Ein solcher Tip der Thermik höchstpersönlich ist fast totsicher und der darauf verwettete Kasten Bier gut investiert, besonders dann, wenn die Bäume in einiger Entfernung sich weiterhin im Winde wiegen (Abb. 57). Wir fliegen dann schnellstens in Richtung der ruhigsten Stelle, selbst wenn wegen zu geringer Höhe keine Rückkehrmöglichkeit mehr besteht. Das gleiche gilt natürlich sinngemäß auch für den Fall, daß in einiger Entfernung der Wind dreht oder einschläft. Bis zu einer Höhe von etwa 400 Metern lassen sich aus der plötzlichen Flaute noch Schlüsse auf neue Bärte ziehen. Darüber ist die Thermik relativ bodenunabhängig, was aber nicht heißt, daß es auch in dieser Höhe noch solche Flauten gibt. Die Fluggeschwindigkeit des Modells daher immer gut beobachten! Bei Windrichtungsänderungen muß man ein bißchen schätzen, denn wenn der Wind seitlich dreht, ist die neue Thermik irgendwo in einem Winkel von 0 bis 90 Grad zur bisherigen Windrichtung angesiedelt, manchmal sogar noch weiter (Abb. 58). Kommt der Wind nur leicht aus einer anderen Richtung, könnte das ein schwacher Bart in der Nähe oder ein starker Bart weiter weg sein. Ein wichtiges Indiz sind Bäume und Sträucher in etwa 50 bis 200 Metern Entfernung. Meist ist die Windrichtung dort noch die alte und man kann dann sicher sein, daß der Bart irgendwo zwischen dem eigenen Standort und den Bäumen ist.

Es kommt häufig vor, daß man in einer Flughöhe von 600 Metern einen kräftigen Rückenwind bei gleichzeitigem starkem Gegenwind am Boden hat. Ab etwa 400 Metern über dem Erdboden ist im Flachland etwa der Übergang zwischen der Bodenthermik und der Höhenthermik. Mit zunehmender Höhe orientiert man sich nach oben, also nicht mehr an den Thermikhinweisen am Boden (Abb. 59), sondern an denen in der Luft, zu allererst natürlich den Wolken. Wo ist der nächste Cumulus? Stimmt er mit dem Schatten am Boden und dem vermuteten Entstehungsort überein (Abb. 60), den Versatz durch den Wind miteingerechnet?

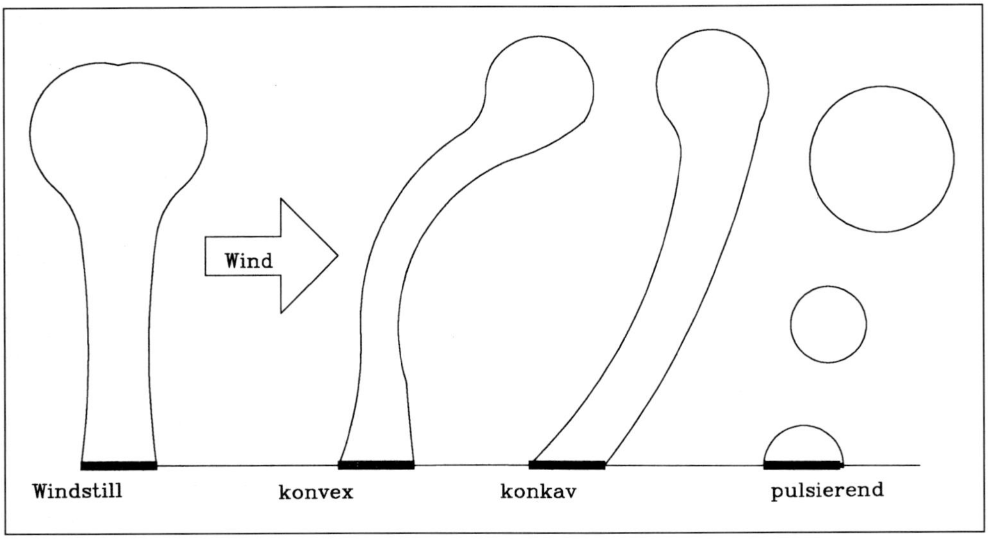

Abb. 61: Schema der drei häufigsten Thermikformen: der ortsfeste Bart, der vom Wind entweder konvex oder konkav nach oben gebogene Bart und der pulsierende Bart.

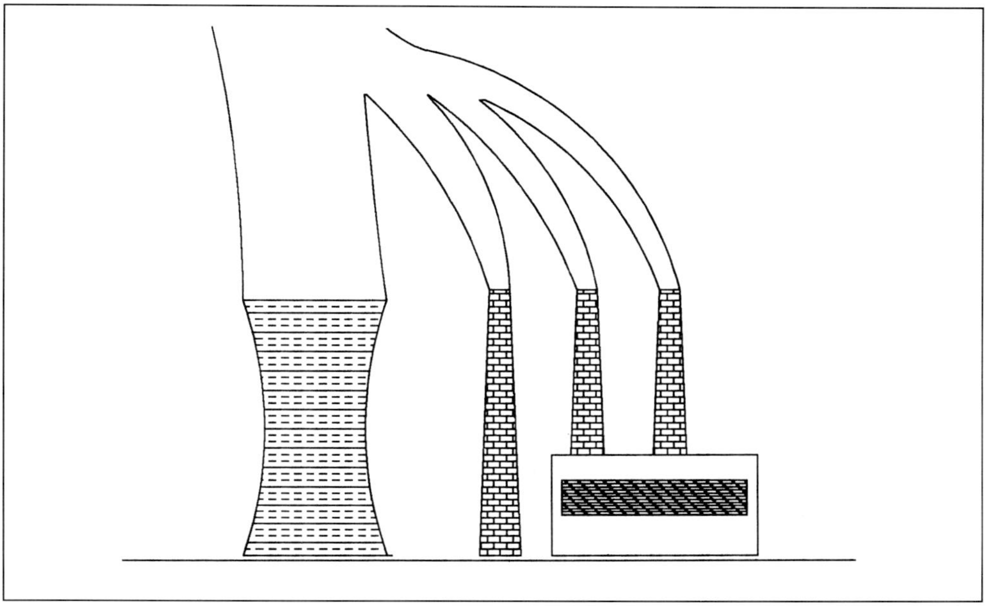

Abb. 62 und 63: Der Rauch aus den schwachen Kaminen ist in Richtung des starken geneigt. So ähnlich geht es den einzelnen Thermikblasen mit zunehmender Höhe auch: Die Thermik wird stärker, aber seltener. In Bild 63 ist die Luftschichtung allerdings stabil (zusammenhängende Rauchsäule) und Thermik somit selten zu erwarten.

Mit zeitlicher Verzögerung wandern die von den Wolkenschatten am Boden ausgelösten Bärte zur Wolke. Theoretisch wandert der Bart irgendwo entlang einer gedachte Linie vom auslösenden Schatten bis zur wahrscheinlich zugehörigen Wolke nach oben,(Abb. 61) praktisch hängt er gern schon mal etwas daneben, denn eine Wolke ist die Summe der Minibärte, die sich mit zunehmender Höhe vereinigt haben. Große Cumuluswolken haben die Eigenschaft, die kleinen zu schlucken (Abb. 62 und 63). Wer gut aufpaßt und sich sicher ist, wechselt schon bei einer Tendenz dazu in den neuen Bart. Daher nimmt mit der Höhe bis zur Wolke Breite und Steigen der Thermik meist zu (Abb. 64). Am kräftigsten ist es ein- bis zweihundert Meter unter der Wolke. Ab da beginnt allerdings eine unsichtbare Barriere, der "sub cloud layer" oder Filterschicht. Sie liegt dicht unterhalb der Wolkenbasis und bietet einen gewissen Schutz vor dem Einflug in Wolken.

Bei mehr als etwa 5/8 Bewölkung verfährt man umgekehrt und meidet die Wolken, sucht die blauen Löcher. Aber auch unter einer völlig dichten Wolkendecke können noch passable thermische Bedingungen herrschen. Dann allerdings nutzt man nur noch die Wolkenkonturen zur Thermiksuche. Der Anblick einer dicken Cumuluswolke reizt Drachenflieger häufig zu der Bemerkung, man könne wunderbar an deren Luvseite "soaren", also segeln. Die großen Segelflieger behaupten, Thermik bilde sich nur an der der Sonne zugewandten Seite. Die beiden Seiten müssen aber durchaus nicht identisch sein und so wundert der Zuhörer sich gelegentlich. Dabei ist beides richtig. Bei der sogenannte Cumuluswelle bildet sich bei genügender Windscherung eine Art Hangaufwind, der von unten über die Wolke drüber bläst.

Unserer Erfahrung nach kümmert sich die Thermik leider ganz und gar nicht um Stammtischgerüchte; wir haben sie bisher vor, nach, neben, unter und sogar über Wolken gefunden. Wenn ein Bart zehn Minuten oder länger unterwegs vom Boden nach oben ist, entwickelt er bisweilen durchaus weibliche Eigenarten und überlegt es sich anders oder biegt auf einmal seitlich ab, weil eine benachbarte Wolke

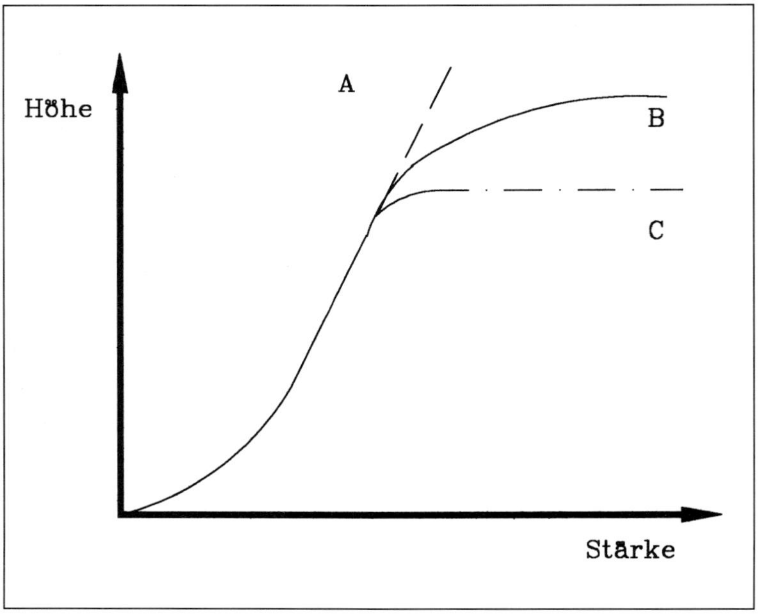

Abb. 64: Die Zunahme der Thermikstärke mit der Höhe. Generell nimmt die Stärke der Thermik mit der Höhe zu, allerdings kann die Kurve je nach Luftschichtung, Wolkenbasis und Luftfeuchtigkeit erheblich anders aussehen (A, C, oder weitere Knicke).

anziehender schien. Daran ist manchmal auch der Wind schuld, denn er verzerrt die Form der Thermik bis hin zu regelrechten Baumstrukturen.

Frische Blasen bei Wind scheinen oft zweigeteilt; ein schwacher, tiefer liegender Vorläufer geht in den stärkeren, dahinterliegenden Kern über. Man kurbelt erst den aktuellen Teil aus bis der schwach wird (unterhalb des Anfangssteigens) und versucht dann, den meist hinter einem Einschnitt liegenden Hauptteil zu zentrieren. Wer viel Flugerfahrung hat und das Risiko nicht scheut, kann schon eher umsteigen. Bei älteren Blasen, die vom Wind abgenabelt werden, ist es manchmal umgekehrt, sie wölben sich keilförmig dem Wind entgegen.

Beim Nahen ausgedehnter Wolkenschatten am Boden beginnt meist eine hektische Aktivität der Thermikflieger. In großer Höhe tankt man kräftig für das erwartete Thermikloch und fliegt dann schnell und weit gegen den Wind an, am Boden sinken die Chancen für's Hochkommen erst mal rapide. Denn während des Überganges sind oft die "weißen" und die "schwarzen" Flächen am Erdboden tot. Erstere bleiben es meist für die ganze Zeit des Schattendurchzuges, letztere brauchen einige Sekunden bis Minuten bevor sie Thermik erzeugen, wenn überhaupt.

Ein guter Vergleich (er stammt ja auch nicht von uns..) für regelmäßig sich ablösende Thermik sind die Luftblasen in kochendem Wasser. Meist löst sich Minuten nach dem Durchzug einer Wolke über thermisch aktiven Stellen schon wieder die nächste Blase ab. In großer Höhe hört die Thermik zwar erst entsprechend später auf, setzt dafür aber auch später wieder ein. Bedingung für solch zyklische Thermik sind neben einer gut reflektierenden Erdoberfläche die labile Schichtung der Atmosphäre, im Idealfall unterstüzt von natürlichen Abrißkanten wie einer Baumreihe beispielsweise.

Es müssen aber nicht immer Erhebungen sein. Wir hatten in Asien einmal einen sehr heißen Sandplatz als Thermikofen und im Lee davon einen kleinen Tümpel (ähnlich Abb. 65). Die heiße Luft traf dabei auf relativ kühlen Untergrund und fand so leicht eine gute Hilfe

***Abb. 65:** Raten Sie mal, aus welchem Material die dunkle "Straßengabelung" in der rechten Bildhälfte besteht? Es ist Wasser! Was am Boden hell glitzert, ist aus der Luft fast schwarz. Der Hausbart an diesem Tag löste sich immer in Ufernähe wahrscheinlich aufgrund der relativ kühlen Oberfläche des Wassers ab.*

zur Beschleunigung ihrer Entscheidungsfindung, aufzusteigen oder nicht.....

Es gibt aber auch Bärte, die nur wenige Sekunden lang leben. Sie gleichen einem wilden Pferd, das versucht, den Reiter abzuwerfen. Wer in solch ruppiger Thermik fliegt, darf nicht zögern. Schnelles, präzises Zentrieren ist dann die einzige Art, einem solchen Bart noch Höhe abzunehmen. Um es mit den Worten eines interessierten Zuschauers auszudrücken, "bo, ei, das is aber'n Bart. Hau rein!"

Je nach Lebensdauer der Thermik ist es oft ein Wettlauf nach oben. Manchmal erwischt man den letzten unteren Zipfel und ein einmaliges Falschkreisen ist dann das sofortige Aus, der Bart ist nach oben entwischt. Im anderen Extrem wabert eine Blase gelegentlich bis zu einer Minute herum, bis sie sich endlich abzulösen geruht. Dann hilft nur Geduld. Mit zunehmender Praxis wird man einen Blick für den Charakter der Thermik entwickeln. Eine öfters Nullschieber produzierende Blase ohne erkennbares Zentrum ist ein Hinweis auf einen größeren starken Bart, der sich in Kürze ablöst; unbedingt dran bleiben! Ein sehr starkes Steigen, beschränkt auf einen engen Schlauch ist oft das unterste Ende einer Blase.

Mit diesem Wissen wird auch eine wichtige Regel des Elektrofluges einleuchtend:

Zu Beginn schwacher Thermik mit Motor fliegen, beim Saufen immer den Motor ausmachen.

In schwacher Thermik muß man so schnell wie möglich vom Boden weg in den stärker tragenden Teil der Thermik, bevor diese sich abnabelt. Ist einmal der Einstieg verpaßt, steigen die Modelle nur wenige Meter darüber oft stark weg und man hat im wahrsten Sinne des Wortes das Nachsehen. In starkem Sinken den Motor laufen zu lassen, ist eine der effektivsten Arten, den Fahrakku schnell und gründlich zu leeren. Erstens sind die meisten E-Segler bei Motorlauf ein ganzes Stück langsamer, und das, obwohl man ja möglichst schnell aus dem Abwindfeld heraus will. Zweitens ist bei Abwinden der Ausweg nie oben, sondern immer unten. Denn die nächste Thermik kann nur von unten kommen, woher sonst? Und falls Sie trotz Abwind unbedingt in der Luft bleiben wollen, dann fliegen Sie doch einfach zwei Meter über dem Boden, denn einen fünf Meter Abwind gibt es häufig, aber nie längere Zeit dicht über dem Boden.

Sterbende, zerfasernde Cumuluswolken fliegt kein großer Segelflieger mehr an. Für uns aber ist die um etwa den Faktor zehn schwächere Thermik dort durchaus noch nutzbar. Waren es vorher zum Beispiel noch fünf Meter in der Sekunde, so kann es selbst nach der Auflösung der Wolke immer noch ein ruhiger halber Meter sein. In großer Höhe ist das so ziemlich genau, was sich der auf- und abwindgeplagte Pilot schon lange gewünscht hat. Die Faustregel der Segelflieger "aus dem Bart dann aussteigen, wenn das Endsteigen gleich dem Anfangssteigen ist" halten wir in den Dimensionen des Modellsegelfluges für falsch. Man sollte nicht sofort nach stärkerer Thermik suchen, sondern ruhig noch eine Zeit auf dem alten Bart herumturnen, bis dieser kein Steigen oder wenigstens einen Nullschieber mehr hergibt. Außerdem kann man die Zeit ja nützen, um nach dem nächsten Bart Ausschau zu halten.

Frage an einen großen Kollegen: "Was machst Du an Tagen, wo nun wirklich gar nichts hochgeht?"."Einfach geradeaus fliegen. Jede Kurve bringt dann nur noch erhöhtes Sinken und sonst gar nichts. Ich wundere mich an solchen Tagen, wie lange der Vogel in der Luft bleibt, wenn man nicht steuert." Ganz so aussichtslos sehen wir das nicht. Denn teils unerforscht, teil unbekannt aber vielleicht erfolgversprechend könnten zwei Gemeinheiten für thermiklose Tage sein:

a) Fliegen auf Walzen und Wirbeln

Nummer eins ist das Fliegen auf einer Walze. Das sind in sich drehende, stark verwirbelte Luftrollen mit Durchmessern zwischen zwei und zwanzig Metern, manchmal mehr. Walzen entstehen gern hinter steil abfallenden

Hängen, Klippen oder Steinbrüchen. Als Anfänger macht man einen großen Bogen darum, die von Walzen verursachten Flugbilder sorgen selbst bei ansonsten gelangweilten Zuschauern für sich sträubende Nackenhaare...

Bei nachlassendem Wind im tragenden Teil kann man es mit sehr viel Geierei auf einen Nullschieber bringen und das dürfte ja auch das Maximum einer Walze sein, große Flughöhen haben wir damit bisher nie erreicht. Die Flugtechnik ist neu und wird etwas ungewohnt für Sie sein, nichts für schwache Nerven jedenfalls. Zunächst fliegt man, wie in der Thermik auch, erst mal durch, allein schon um festzustellen, ob es nicht doch ein Aufwind ist (Abb. 66). So stellt man dann auch manchmal schneller, als einem lieb ist, fest, ab wo die Luftströmung der Walze nach unten zeigt. Nun beginnt der Ritt auf oder kurz hinter dem Kamm der Walze, eine echte Gradwanderung. Die meisten Walzen bewegen sich mit etwa halber oder drittel Windgeschwindigkeit vorwärts. Fliegen auf einer Walze ist ungefähr so wie Wellenreiten in Hawaii mit verbundenen Augen. Falls Sie es einige Minuten lang durchhalten sollten, versuchen Sie, dieses Buch wenigstens zum Zehntel des Kaufpreises zu verschleudern, denn Sie können fliegen!

Nummer eins B) ist wie Nummer eins, jedoch mit dem Unterschied, daß die Walze nicht wandert, sondern feststeht; besser gesagt ein Leewirbel also. Überlegen wir kurz: Daß es vor dem Hang hoch geht, ist bekannt. Daß die Luft hinter dem Hang stark fällt ist auch bekannt. Was folgern wir daraus? Hmm, sie haben es vielleicht noch nie ausprobiert, aber rein theorethisch könnte es noch weiter hinten ja auch wieder hochgehen, oder? Stimmt! Denn wenn Luft zu einer auf- und abwärtsgerichteten Strömung gezwungen wird, schaukelt sie sozusagen nach. Sie "titscht" wie ein Tischtennisball auf den Boden und steigt danach

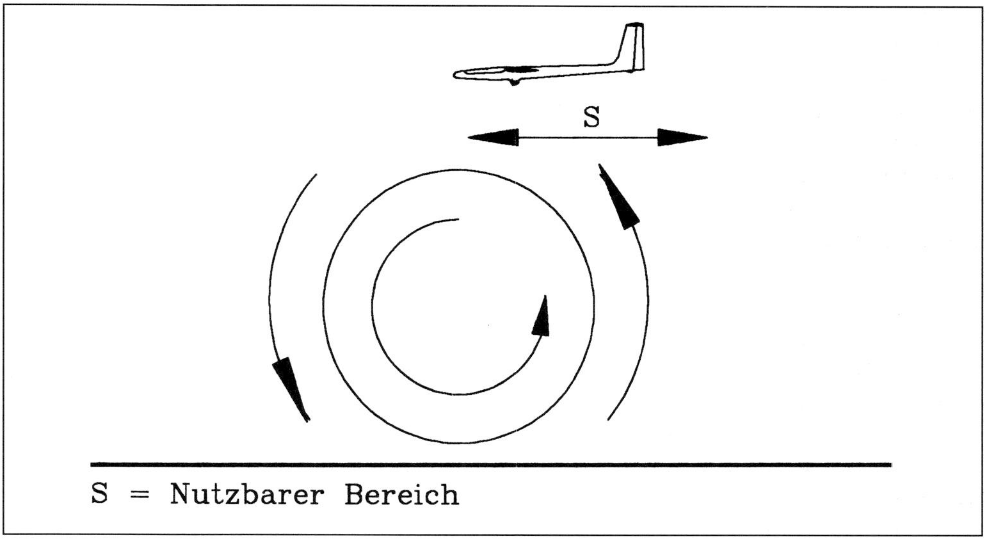

Abb. 66: Das Fliegen auf einer Walze. Auf- und Abwärtsströmungen sind dicht zusammen, der nutzbare Breich ist sehr klein, er kann weniger als eine Modellänge betragen. Am besten sichtbar sind Walzen in alten Western Filmen, wo sie in Gestalt von Heubüscheln durch die leergefegte Dorfstraße rollen. Die meisten Walzen bewegen sich mit etwa halber oder drittel Windgeschwindigkeit vorwärts. Fliegen auf einer Walze ist ungefähr so wie Wellenreiten in Hawaii mit verbundenen Augen.

wieder. Das Fliegen in solchen Leewirbeln ist nicht gerade erquickend, da man dabei den "Hang" natürlich nicht sieht, sondern nur ahnt, ebenfalls ist der Verbrauch an Sekundenkleber enorm (starke bis stärkste Turbulenzen, rechnen Sie mit ca. 5 ccm pro Flugstunde), aber es funktioniert. Die genaue Lage des Aufwindes ist hauptsächlich von der Höhe des Hindernisses, sprich Hang, und der Windstärke abhänging. Ich erspare Ihnen die Formel dazu, denn bis Sie die Hanghöhe, den Wind und die Stabilität der Strömungsluft erkundet haben, ist der Urlaub vorbei. Auf den kanarischen Inseln sind oft mehrere Bergrücken hintereinander angeordnet und verstärken dabei das Auf und Ab des Windes immer mehr. Daraus erklärt sich, daß man hinter den landesinneren Hängen trotz schwächeren Windes die mehrfache Hanghöhe als Startüberhöhung ausfliegen kann.

b) Dynamischer Segelflug

ist die Nummer zwei: eine Theorie des Franzosen Idrac aus den dreißiger Jahren. Er beobachtete Albatrosse auf dem Meer und erforschte ihren Flugstil, mit dem sie sich ohne Thermik stundenlang ohne Flügelschlag in der Luft hielten. Idrac nannte diese Methode den "dynamischen Segelflug". Es ist damit möglich, die Gesamtflugzeit eines Seglers zumindest erheblich zu verlängern. Bedingung ist, daß der Wind ungleichmäßig weht oder am Boden schwächer ist als in der Höhe, was ja theoretisch ohnehin immer der Fall ist. In der Praxis ist diese Windscherung meist nur schwach ausgeprägt, eine wichtige Ausnahme bilden die Böen.

Und so geht's: Bestimmt hatten Sie schon einmal den Fall, daß im Flug der Wind plötzlich auffrischte. Ihr Modell wurde dabei hochgehoben, stimmt's? Auch hat fast jeder im Landeanflug schon einmal erlebt, wenn eine Böe das Modell kurz vor dem Aufsetzen noch einmal steigen ließ. Bleibt der Wind weiterhin so stark, haben Sie diese Höhe geschenkt bekommen. Nähme er immer mehr zu, so würde das Modell sogar immer höher steigen, solange der Wind nur weiter zunimmt. Schwer zu glauben, nicht?

Die Motorenhersteller, unseren bisherigen Ausführungen ohnehin schon mit zunehmendem Unbehagen folgend, runzeln jetzt die Augenbrauen und erwägen, durch ihre Rechtsabteilung dieses Buch verbieten zu lassen ("Wo ist der Haken? Versuchen sie, irgendeinen Schwachpunkt zu finden, sie wissen schon, Vorstrafen, Rauschgift, Frauen..." "Ja, Chef."). Tatsächlich kann der Wind nicht immer weiter auffrischen und sobald er abnimmt, würde das Modell wieder sinken. Ideal wäre es also, wenn bei Steigen des Modells der Wind zunähme und für den kurzen Moment des Fahrtaufholens vorübergehend ganz kurz abflaute. Dicht über dem Erdboden ist aber tatsächlich weniger Wind, als einige Meter darüber. Ahnen Sie schon etwas?

Erklären wir es an einem Beispiel aus der Praxis: Sie fliegen in 20 Metern Höhe und heizen das Modell so richtig an nach dem Motto "tausche Höhe gegen Fahrt". Über dem Erdboden ziehen Sie es wieder hoch (Abb. 67). Theorethisch könnte es jetzt maximal wieder bis auf seine Ausgangshöhe steigen, wenn man jeglichen Energieverlust, z.B. durch Reibung, Widerstände und Wirbel vernachlässigte. Und jetzt kommt der Trick: Wird der Wind während dieses Steigfluges gegen die Windrichtung stärker, so erreichen Sie mehr als die ursprünglichen 20 Meter. Was Sie mit dieser größeren Höhe anstellen, ist Ihre Sache. Wie wäre es zum Beispiel, sie dazu zu verwenden, das ganze Spielchen zu wiederholen?

Immer, wenn sich in Änderungen der Windstärke Rhytmen oder Systeme berechnen, messen oder voraussagen ließen, könnte man mit dem Prinzip des dynamischen Segelfluges oben bleiben. Besser ausgeprägt und berechenbar dagegen ist der Windgradient in Bodennähe. Die Albatrosse nützen ihn aus, indem sie mit dem Wind nach unten abtauchen und gegen den Wind hochziehen. Mit einem schnellen, leichten Segler mit Variometer

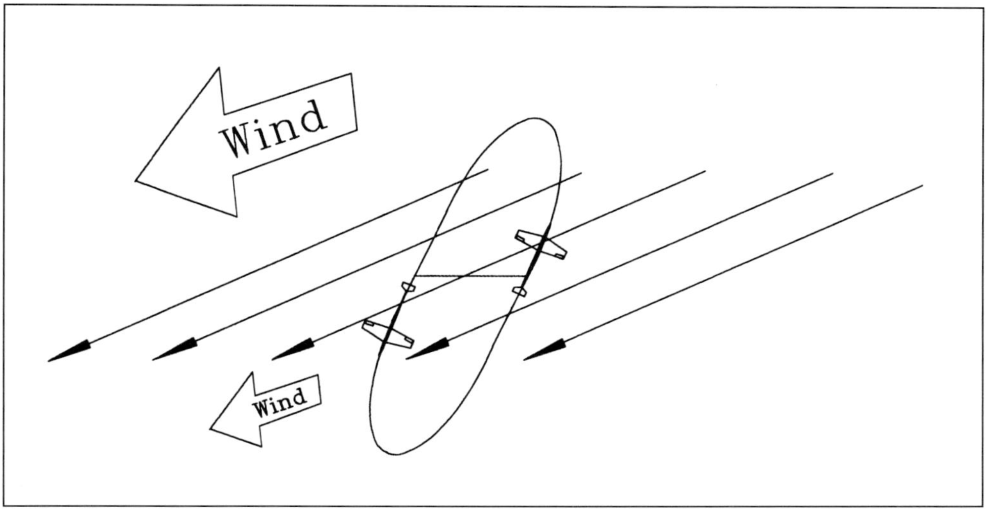

Abb. 67: Dynamischer Segelflug funktioniert auch ohne Thermik: In einer Abwärtskehre mit dem Wind holt das Modell bis kurz vor dem Boden Fahrt auf, dreht eng in den Wind und bekommt im Steigflug durch den in einigen Metern Höhe stärkeren Gegenwind mehr Auftrieb. Mit einem schnellen leichten Segler und Variometer kann man dynamisches Fliegen teilweise jetzt schon realisieren oder zumindest die Gesamtflugzeit erheblich verlängern. Bedingung ist, daß der Wind nicht völlig gleichmäßig weht. Es gibt mittlerweile mehrere Techniken und Figuren zum dynamischen Segelflug, wir haben uns auf diese beschränkt.

kann man das teilweise auch ohne Meereswellen und -Wind schon realisieren. Wir haben mit dieser Methode, einem normalen Segler und rhytmischen Böen bei mäßigem Wind bis zu 30% längere Flugzeit als ohne. Mit etwas Training gewöhnt man sich im Lauf der Zeit ohnehin an, Windböen bis kurz vor den Strömungsabriß auszufliegen und erst im letzten Moment nachzudrücken.

Kennen Sie den

c) Delphinstil?

Er gehört auch zum Thema, ist einfacher und funktioniert immer.

Wenn Sie an einem thermikreichen Tag von Punkt A nach Punkt B fliegen wollen, können Sie natürlich einfach konstant geradeaus fliegen (Abb. 68). Oder aber in der Thermik etwas langsamer und ansonsten etwas schneller fliegen. Im Endeffekt kommen Sie zwar ungefähr genauso schnell an, aber mit dem Delphinstil eben in größerer Höhe. Die Streckenflüge, bei denen es in erster Linie auf Geschwindigkeit ankommt, kann man mit auf- und abtauchen im Delphinstil schnell und mit geringem Höhenverlust bewältigen, manchmal sogar mit Höhengewinn. Gerade bei mittlerem Wind ist der Delphinstil eine große Hilfe, bei starkem Wind ist seine Steigerung das von uns "Treppenfliegen" genannte Vorwärtskommen. Dabei läßt man sich solange in einer Blase mit dem Wind zurückversetzen, wie diese mehr Höhengewinn verspricht, als der anschließende Gleitflug gegen den Wind bis zur nächsten erwarteten Blase an Höhe kostet. Richtig angewandt, überfliegt der Segler den Standort des Piloten dabei mehrmals in immer größerer Höhe.

In der großen Fliegerei gibt es dafür Instrumente wie den Sollfahrtgeber bzw. McCready

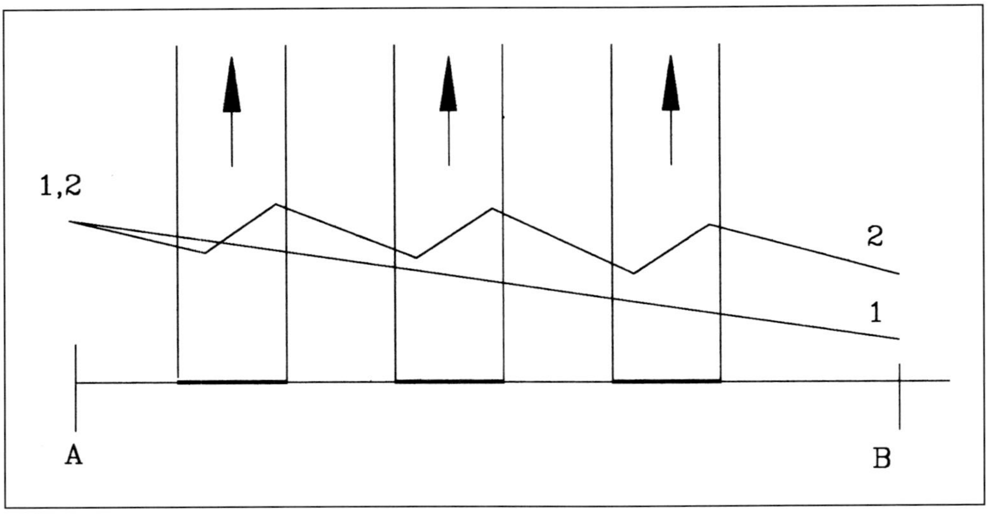

Abb. 68: Delphinstil. Wenn Sie an einem thermikreichen Tag von Punkt A nach Punkt B fliegen wollen, können Sie natürlich einfach konstant geradeaus fliegen (Linie 1), oder aber in der Thermik etwas langsamer und ansonsten etwas schneller fliegen. Im Endeffekt kommen Sie zwar ungefähr genauso schnell an, aber mit dem Delphinstil eben in größerer Höhe (Linie 2).

Ring, die das alles einschließlich der zu fliegenden Geschwindigkeit ausrechnen. In der Modellfliegerei findet man sie hier und da schon, es wird aber wohl noch einige Jahre dauern, bis sie sich durchsetzen. Ausführliche Informationen zu den verschiedenen mathematischen Delphinflug-Modellen finden Sie unter (4) im Literaturverzeichnis im Anhang dieses Buches.

Bei langen Flügen recht häufig sind sogenannte Mini-Fronten. Die meisten Segler scheuen regelrecht, aus einer breiten, mit dem Wind wegziehenden Aufwärtsfront herauszufliegen und wollen seitlich herum zurück. Ursache dürfte die zu geringe Anströmgeschwindigkeit der Flügel im Übergang von Auf- zu Abwind sein, die durch teilweisen Strömungsabriß das Modell empfindlich für Richtungsänderungen macht. Umgekehrt ist es aus Abwindfronten in die Thermik; hier muß man eisern den Kurs halten.

Ebenso wie es großflächige Blasen gibt, gibt es natürlich auch großflächige Abwindfelder, gerade nach solchen Fronten. Viele Piloten resignieren dann und müssen zähneknirschend zusehen, wie all die schöne Höhe im Nu schmilzt. Bei unseren Barogrammen waren in den Tropen zwischen neun und achtzehn Uhr kaum Bereiche zu finden, in denen das Modell mit Eigensinken flog. Entweder war es Steigen oder Sinken, letzteres nie unter 1,5 Metern pro Sekunde, oft über 2 Meter bei einem Eigensinken von ca. 0,5 Metern pro Sekunde.

In solch meist wolkenlos blauen Löchern gibt es nur zwei Möglichkeiten. Entweder mit hoher Fahrt gegen den Wind anfliegen und hoffen, daß das Sinken bald ein Ende nehme. Für solch gewagte Durchquerungen braucht man aber mindestens 600 Meter Höhe und ein schnelles Modell. Wer einen lahmen Thermikschleicher pilotiert weicht auf Möglichkeit zwei aus, nämlich die, einen seitlichen Umweg zu fliegen (Abb. 69). Gerade um starke Abwinde herum sind oft regelrechte Thermikstrassen, an denen man sich prima weiter-

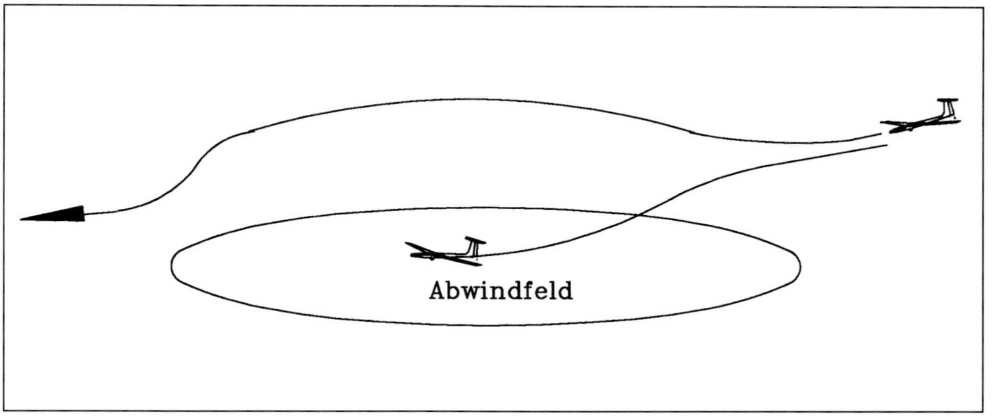

Abb. 69: Große Abwindfelder, z.B. blaue Löcher, sollte man weiträumig umfliegen. Das kostet weniger Höhe, als zu versuchen, mit Gewalt und einem schnellen Modell die Durchquerung zu wagen. Langsame Thermiksegler scheinen in starken Abwindfeldern geradezu auf der Stelle herunterzukommen, auch aus mehreren hundert Metern Höhe, sie fliegen besser einen seitlichen Umweg. Gerade um starke Abwindfelder herum sind oft regelrechte Thermikstrassen, an denen man sich prima weiterhangeln kann, zumindest aber wesentlich weniger Höhe verliert, selbst wenn man den geflogenen Umweg mit einrechnet.

hangeln kann, zumindest aber wesentlich weniger Höhe verliert, selbst wenn man den geflogenen Umweg mit einrechnet. Ist das Abwindfeld zu groß, wird knapp mit der maximalen Geschwindigkeit des Modells, weit oberhalb des besten Gleitens, genau auf einer gedachten Linie entlang gegen den Wind geflogen. Nur eine geringe Fahrtreserve sollte noch bleiben, um in Böen die Belastung der Tragflächen nicht zu überschreiten. Ein häufiger Fehler von Anfängern ist es, bei starkem Sinken ängstlich am Höhenruder zu ziehen, um nur ja keinen Meter kostbarer Höhe zu verlieren. Wir messen bei Abwinden und einer Fahrt im Bereich des besten Sinkens meist so um die zwei bis sechs Meter Sinken. Im Schnellflug werden es etwa sechs bis acht Meter. Dafür ist dann aber schon ein gutes Stück Strecke gegen den Wind zurückgelegt und die Chance auf die nächste Blase ganz entschieden höher. Anfangs geht einem diese Flugtaktik ein bißchen gegen den Strich, aber nach den ersten Erfolgserlebnissen (“ich dachte echt, gleich bin ich unten”) freut man sich als ewig lahmer Thermikschleichender schon regelrecht auf den nächsten “legalen” Speedflug. Wir beobachten bei unseren Modellen immer wieder mit Staunen, wie Flügel manchmal bis zu einer Minute lang flattern können, ohne zu brechen....

Allerdings ist extreme Geschwindigkeit, und das kann je nach Segler schon ab 30 km/h sein, materialermüdend und nur in Notfällen zu empfehlen.

Noch einige Thermiktips:

Früh am Morgen muß man die Thermik manchmal regelrecht aufrühren. Die versammelten Raubvögel scheinen das mit gewisser Belustigung zur Kenntnis zu nehmen, was sie aber nicht daran hindert, sofort zu folgen, wenn sich etwas tut. Dieses Verhalten haben einige Menschen, namentlich Modellsegelflieger, kopiert. Ganz unfaire Piloten täuschen bei Wettbewerben dann schon mal an: Sie kreisen neben der Blase, signalisieren somit starkes Sinken und zentrieren erst dann, wenn die anderen schadenfroh abgezogen und außerhalb der Reichweite der Blase sind. Allerdings kann so ein Pokerspiel ins Auge gehen und überdies wollten wir Ihnen ja Tips geben und nicht Gemeinheiten (natürlich nur der anderen Piloten) verbreiten.

Also: Man sollte seine Flugtaktik immer in Relation zur Häufigkeit der Bärte setzen. Das heißt, in starker Thermik kann man durchaus etwas Kunstflug, als echter Desperado sogar noch "Zwischenlandungen" versuchen oder reinen Delphinstil ohne Kurbeln praktizieren. Später am Tag wechselt man dann vom Delphin auf das Treppenfliegen, verkneift sich Loopings, Turns und vermeidet jeden Strömungsabriß. In großer Höhe und scheinbar guter Thermik sollte man nicht allzu sorglos werden, sondern sich lieber die Stärke und Häufigkeit der letzten Bärte merken.

So kann man ein allmähliches Nachlassen der Thermik schon lange vor dem Durchzug eines Abwindgebietes zum Hamstern der vorerst letzten Höhenmeter nutzen. Gerade abends beim Durchforsten der Barogramme sieht man solche Fehler unbarmherzig genau. Die Kurve zackt immer seltener und flacher, eigentlich ein Alarmsignal, und der Pilot bekommt nichts mit, weil er ob der erreichten Höhe oder der staunenden Zuschauer vollauf zufrieden ist. Bei mehrstündigen Flügen ist Unachtsamkeit die Ursache Nummer eins für unfreiwillige Landungen. In Flughöhen über 600 Metern wähnen sich auch Profis gegen Absaufer oft in völliger Sicherheit. Aber schon bei einem selten kurzen, nur drei Minuten andauernden Abwindfeld mit nur drei Metern Sinken bedeutet das einen Höhenverlust von 540 Metern, das Sinken des Modells noch nicht einmal mitgerechnet! Und das ist erfahrungsgemäß gerade die untere Grenze von Durststrecken. Da die Flughöhe im Sichtflug aber nicht beliebig gesteigert werden kann, hilft die hoffentlich vorhandene Thermik- und Wolkenkarte im Hinterkopf mehr als das brandneue THERM - IK 2/93 Profil. Mag ein damit ausgerüstetes Modell auch auf ein Eigensinken von 0,3 Metern kommen im Gegensatz zum Uraltsegler mit seinen 0,6 Metern; vor einem breitflächigen Sinken von drei Metern pro Sekunde nach unten sind beide gleich!

Bei Thermikwettbewerben ist oft zu beobachten, daß die Piloten so schnell wie möglich so viel Höhe wie möglich tanken. Und das vielleicht sogar auf einem unbekannten Platz oder, bei den ersten Starts, in unbekannter Thermik. Aus taktischer Sicht ist das falsch; ein zerstörtes oder weggeflogenes Modell kann Sieg und Platz kosten. Wenn man schon keinen Schnupperflug machen möchte oder kann, halten wir es für sinnvoller, zunächst nicht über etwa 600 Meter zu steigen und dort solange in "Warteposition" zu bleiben, bis der weitere Verlauf der Thermik einigermaßen vorraussagbar wird. Diese Höhe ist zwar kein besonders dikkes Polster, bietet aber andererseits eine realistische Chance, das Modell in starker Thermik herunter zu bekommen. Wir hatten bei einem Thermikwettbewerb auf einem fremdem Gelände, das zudem noch leicht in Windrichtung abfiel, ausgiebig Gelegenheit, unseren eigenen Ratschlag nicht zu beherzigen: In ständig nur um 400 Meter herum schwankenden Flughöhen mit breitflächigem, schwachen und kaum zentrierbarem Steigen und häufigen Nullschiebern bemerkten wir nicht, wie sich ein Gewitter ganz genau dieser einzigen Geländeerhebung weit und breit "anpaßte". Als nach einer Stunde Flugzeit endlich der lange ersehnte "zweite Gang" einsetzte mit Steigwerten von Anfangs nur etwas mehr als einem Meter pro Sekunde, fiel die Spannung von uns ab und wir legten kräftig Höhe zu. Aber schon nach wenigen Sekunden vervielfachte sich das Steigen und starker Regen setzte ein. Die Sichtverbindung zum Modell wurde schlecht und erste Störungen in der Fernsteuerung deuteten auf einen Wassereinbruch im Vorderschiff hin. Das Tiefenruder reagierte zwar, schaffte es aber wegen des starken Aufwindes nicht, das Modell auf den Kopf zu stellen. Auch mit voll Tiefe plus Trimmung stieg das

Modell noch mit ein bis zwei Metern. Erst mit zusätzlichem Seitenruder und konsequent Tiefe gelang es, wenigstens die Nase des Modells senkrecht nach unten zu stellen um der Thermik weniger Angriffsfläche zu bieten. Probieren Sie diesem Flugzustand mal unter normalen Bedingungen, um sich ein Bild über das mögliche Steigen bei Gewittern zu machen.

Bei solchen Abstiegen ist es wichtig, die Varioanzeige genau zu beobachten. Denn aufgrund der starken Turbulenzen kann der Segler Auf- und Abwindfelder in schneller Reihenfolge durchqueren. Derartige Lastwechsel sind gefährlich und sollten möglichst weich abgefangen werden, auch wenn sie rasches Sinken versprechen.

Extremflüge - K8 statt K2

Dieses Kapitel ist für die Reinhold Messners unter den Modellsegelfliegern, für alle, die auch gerne bei Minus fünfzehn oder plus vierzig Grad fliegen, die einen einstündigen Flug kommentarlos als "Fehlstart" in ihr Flugbuch eintragen und bei denen ein Modell mindestens 1000 Stunden absolviert, pro Jahr natürlich, nicht im Leben.

Viele der Hinweise in diesem Buch mögen für einen Piloten, der hin und wieder am Wochendenende fliegt, etwas übertrieben klingen. Wer aber viel fliegt (oder fliegen muß) denkt schnell anders darüber. Die Autoren kennen einige wenige in Ehren ergraute Piloten, die es immer wieder schaffen, aus der Hand zu starten und einige Stunden oben zu bleiben. Zwei davon, den Platzhirsch Or A. Cover und den Profi Lam I. Nar treffen wir gerade rein zufällig und begleiten sie beim gemeinsamen Vergleichsfliegen.

Or ist wie immer im sportlichen Freizeitanzug mit 100% Polyester, denn wenn man schon schwitzt, dann wenigstens richtig. Lami mit dem obligatorischen Segelfliegermützchen und in einer Hose, die vor vielen hundert Starts vielleicht einmal eine Jeans gewesen sein könnte; jedenfalls verrät nichts daran seine Automarke, den akademischen Titel oder gar das Bankkonto.

Mit eiserner Selbstbeherrschung verkneift sich Or das Jubeln über den seltenen Zufall, direkt beim Start schon Thermik zu erwischen. Auch die gemeinsam schnell erreichten 400 Meter sind ihm angeblich recht geläufig und so fällt in der ersten Flugstunde keine Bemerkung auf beiden Seiten. Business as usual. Thermik und die zweite Stunde gehen dem Ende zu. Kleine Schweißperlchen wischt Or sich verstohlen weg. Mitleidiger Seitenblick des Profis:

"Kann'ste noch?"

Or:"Klar, wieso nicht?" (Sein Segler sinkt unbarmherzig)

Lam:"Na, dann weiter".

Schweigen. Haus- und Platzrekord sind gebrochen, zwei Stunden fünfzig Flugzeit.

Or:"Solange war ich noch nie oben".

Lam:"So?"

Or's Modell ist in Baumhöhe, verzweifelt murmelt er etwas von "ich muß um sieben meine Frau vom Yogakurs abholen..."

Lam, gelangweilt im Campingstuhl, das Modell irgendwo winzig unter den Wolken: "Is klar. Ruf mich an, wenn wir mal richtig fliegen gehen".

Or landet. Pilot und Akkus sind gesund, aber leicht erschöpft. Er überlegt, ins Lager der Motorflieger zu wechseln.

Wir laden Lam anschließend in sein chinesisches Lieblingsrestaurant ein, um ihm einige Tips zu entlocken. Die erste Frage ist die, ab wann man morgens eigentlich fliegen kann. "Thermik", so sagt er kauend, "ist eigentlich immer. Für uns nutzbar ist sie manchmal schon um sieben Uhr morgens, manchmal erst ab zehn Uhr. Je später die Thermik einsetzt, desto länger hält sie abends." Einige Bambussprossen lang denkt er nach und weist dann darauf hin, daß das Thermikende regional sehr verschieden ist. "Denk bei allen Zeitangaben daran, daß es im Osten des Landes ein ganzes Stück eher dunkel wird. Hat man im Westen noch Thermik, kann es im Osten schon Umkehrthermik sein. Allerdings sind die Grenzen zwischen richtiger Thermik und Umkehrthermik fließend." Damit schien er wohl durch die Blume sagen zu wollen, daß einen echten Thermikgeier Umkehrthermik nicht interessiert.

"Wer wirklich stundenlang fliegen will," fährt er fort, "muß sehr hoch bis unter die Wolken fliegen, um auch einmal ein thermisches Loch zu überbrücken oder bis zur nächsten Wolke zu kommen. Hoch heißt, daß man weder den Gartenzwerg in der Pilotenkabine noch das Höhenleitwerk sehen kann. Es reicht, zu wissen, wo das Modell sein könnte."

"Bei Wettbewerben kann man in die Lage kommen, sogar bis zur Sichtgrenze fliegen zu müssen, um mitzuhalten. An diese Grenze sollte man sich in Stufen und so langsam wie möglich herantasten, da sie je nach Wetter schwankt. Bei meinem 2,50 Meter Segler beispielsweise, steige ich normalerweise bis mindestens 800 Meter Höhe, ohne mich darum kümmern zu müssen. Danach sollte man alle 50 Meter halt machen und mindestens einen Vollkreis fliegen oder besser sich das Modell von allen Seiten anschauen. Die Obergrenze liegt bei diesen kleineren Seglern um die 1500 Meter. Alles darüber ist selbst bei scheinbar guter Sicht, russisches Roulette. Bei größeren Seglern stellt sich das Problem selten, da im Flachland außer an Hammertagen Flughöhen über 2000 Meter meist an wetterwirksamen Sperrschichten und der Grenze für den kontrollierten Luftraum (häufig 2400 Meter) scheitern."

Wir schweigen ehrfürchtig, erwägen, uns ebenfalls einen digitalen Funk-Höhenmesser zuzulegen und rechnen im Stillen aus, daß 2000 Meter bei einer Gleitzahl von 30 immerhin eine Strecke von 60 Kilometern ohne jede Thermik ermöglichen könnten.

Weiter geht es mit Sojasprossen, Pilzen und Reis, die ihn an das Fliegen im Winter zu erinnern scheinen. "Das scheitert ganz und gar nicht an fehlender Thermik für das Modell, sondern an der des Piloten. Ein guter alter Muff aus Großmutters Beständen leistet bei Kälte bessere Dienste als jedes neumodische Acrylkästchen um den Sender, bei dem schon nach kurzer Zeit die Finger am Sender festfrieren. Wehe dem Thermikfan, der niemals freiwillig aus einer Blase aussteigt, er muß notfalls mit den Füßen steuern und solche Landungen sind bemerkenswert laut. Bei Minusgraden sind kaum noch 'Salonflieger' unterwegs. Die paar Leutchen, die dann noch fliegen, sind meist interessante Typen und Profis, denen es beim Fliegen vorwiegend um das Fliegen geht."

Der Nachtisch, gebackene Bananen. "Wer lange obenbleiben will, sollte mindestens zu zweit fliegen. So können sich die Piloten jede Stunde abwechseln und man kann auch kurzzeitig einmal risikoärmer bis an die Sichtgrenze fliegen. Nicht zuletzt sehen vier Augen mehr Thermik als zwei."

Der sich anschließende Konsum von Reiswein ließ die weiteren Aufzeichnungen nur noch bruchstückhaft zu. An Folgendes konnten wir uns noch erinnern:

Auch im Sommer ist das Wohlbefinden des Piloten ein wichtiger Faktor bei langen Flügen. Der Campingstuhl ist mittlerweile ja Standard geworden, schont aber Nacken und Rücken nicht besonders. Mehrstündige Flüge sollte man lieber im Liegen angehen, da in großer Flughöhe der Winkel zwischen Modell und Pilot immer um die 90 Grad beträgt. Mit etwas Übung braucht man sich im Liegen nach dem Überfliegen nicht herumzudrehen, sondern kann das Modell scheinbar auf dem Kopf stehend steuern; Himmel und Horizont sind dann vertauscht. Der echte Naturbursche liebt's ganz ohne Decke, wobei ihn fleißig Ameisen, Regenwürmer oder die eigenen Sprößlinge bekrabbeln. Ganz ohne Campingstuhl oder Liegemöglichkeit fliegen nur Leute, die in einer halben Stunde sowieso zu Hause sein wollen und noch nie aus einer Hammerthermik nur wegen Genickstarre aussteigen mußten.

Zweiter Teil des Wohlbefindens sind die Nerven. Sie zu schonen ist ein Faktor, den man auf langen Flügen nicht unterschätzen sollte. So manchen Flug haben wir schon abgebrochen, weil wir einfach nicht mehr konnten. Die Landung nach einem solchen Flug ist kaum noch druckreif; keine Spur mehr von den vornehmen Sonntagsnachmittagsschaulandungen für Frau / Freundin und Kinder artig zu Füßen des Piloten.

Auch im Wettbewerb sollte man sich seine Nerven einteilen. Man kann nicht einen ganzen Nachmittag lang um jeden Zentimeter kämpfen, die Gesamtleistung leidet darunter. So mancher Bart läßt sich ohne weiters nur mit der Trimmung ausfliegen, das spart die Konzentration für kritische Momente. Ein Beispiel: Wir fliegen in zweihundert Metern Höhe in einem guten Bart. Alles klappt, das Zentrieren ist ein Kinderspiel, die Kreise liegen sauber und die Drehrichtung stimmt. Jetzt das Gleiche, aber in dreißig Metern Höhe. Nehmen wir an, alle Faktoren seien identisch, trotzdem bekommt der Pilot Panik. Der Boden ist nah und alle guten Vorsätze, Erfahrungen und Techniken sind auf einmal vergessen. Ein ungenaues Zentrieren, die falsche Drehrichtung oder irgendeine andere Unaufmerksamkeit und schon darf man landen.

Für gute Thermikflüge ist das Zusammenspiel von Pilot, Modell und einer ausgefeilten Flugtechnik ausschlagebend. Das beste Modell nützt nichts, wenn der Pilot verkrampft, rein gefühlsmäßig oder rein wissenschaftlich fliegt.

Wenn sich irgendwo ein Schleier am Himmel bildet und dann noch das Gefühl hinzukommt, "da könnte was abgehen", sollte man ruhig hinfliegen, aber trotzdem noch nach anderen möglichen Bärten Ausschau halten. Eine große Hilfe dabei ist der zweite Pilot, der die Tendenzen und Entwicklungen des Wetters, andere Mitflieger und Thermikvögel besser beobachten kann.

Natürlich bedeutet Fliegen auch etwas Streß. Nach einem zehnminütigen Flug ohne Thermik ist die Laune immer besser als nach einem vier Stunden dauernden Flug in guter Thermik. Es ist eben unschön, nach so langer Meditation auf den Boden der Tatsachen zurückzukehren.

Wer Rekorde brechen möchte, sollte nach Möglichkeit täglich fliegen. Ich weiß, das reizt zu gewissen Kommentaren. Aber das Fingerspitzengefühl für schwache Thermik läßt nach einigen Wochen Regen (oder noch schlimmer, einigen Tagen Arbeit) schnell nach und man darf wieder von vorne anfangen. Natürlich verlernt man das Steuern eines Modells nicht, wohl aber die nötigen Reaktionen, in enger Thermik beispielsweise, beim Strömungsabriß, in Minimalfahrt, beim Landeanflug und in kritischen Situationen. Obwohl wir unsere Modelle jeweils mehrere Jahre lang fliegen, ist es oft unmöglich, wenigstens die genaue Rollzeit im Kopf zu behalten. In der nächsten engen Thermik dann fühlt man sich schon unsicher, ob die paar Zehntelsekunden, in der das Modell eine Ausbuchtung der Thermik durchfliegt, für einen kleinen Schlenker gereicht hätten.

Die ganze schöne Flugkunst nützt gar nichts ohne eine gute Anlage. Wenn man den Versicherungen der Hersteller Glauben schenken sollte, reicht eine Fernsteuerung auf jeden Fall viel viel weiter als Otto Normalverbraucher jemals fliegen wird. Wer aber hat behauptet, daß Thermikflieger normale Menschen sind? Oder welcher pfiffige Konstrukteur

(5600 DM brutto, verheiratet, zwei Töchter, neues Eigenheim) ist zum Spaß mal mit seiner Konstruktion von Fernsteuerung ("wählen Sie nur das Beste") in 1000 Meter Höhe geflogen? Klar, auf dem Papier und am Boden mag das Teil wirklich seine fünf Kilometer Reichweite bringen und in der Luft steigt die Reichweite noch mal um das Doppelte. Was aber um viel mehr als das Doppelte steigt, sind Fremdsignale. Selbst Faktor tausend ist manchmal noch zu niedrig angesetzt. Es braucht nur in fünfzig Kilometern Umkreis eine Radar Anlage, ein Rundfunk- oder ein Fernsehsender zu stehen und schon sitzt Ihr Fernsteuerempfänger in der ersten Reihe und hat die freie Auswahl zwischen zwei oder drei Fernseh- und dreißig oder vierzig Rundfunkprogrammen. Würde er sich auch nur eins der zehn stärksten davon herauspicken, hätte Ihr Fernsteuersender keine Chance mehr.

Schaut man sich die Eingangsstufen der Empfänger genauer an, so wundert man sich, daß nicht noch häufiger Störungen auftreten. Einen High - Level Mischer, selbstverständlich in der gesamten professionellen Kommunikationstechnik, hat unseres Wissens noch nie ein Hersteller verwendet. Das Gegenteil davon, einen einfachen Transistor Mischer oder gar erst mal eine Vorverstärkerstufe (Grauen überläuft den Elektroniker) hat viele Jahre lang einer der größten Hersteller als den letzten Schrei angepriesen. Neuerdings soll man sich ja sogar einen Doppelsuper zulegen, um keinen Störungen durch UKW Sendern anheimzufallen. Klar, das kostet ein bißchen mehr, aber soviel wird Ihnen Ihr Modell doch wert sein, oder? Geflissentlich verschwiegen wird natürlich, daß so ein Doppelsuper in allen anderen Frequenzbereichen mehr Probleme ergibt, nämlich genau das Doppelte, wie der Name schon sagt. Für nur dreißig Pfennig könnte mancher Hobby Bastler ein kleines elektronisches Bauteil auswechseln und wäre damit sämtliche UKW- und Kreuzmodulationsprobleme auf einen Schlag los; auch der Hersteller kann das, aber der wird sich hüten; der neue Dreifachsuper ist ja schließlich schon in Entwicklung....

Bevor wir nun allzuviel meckern oder Sie mit technischen Details langweilen, ein weiterer konstruktiver Vorschlag: Der Autor verwendet seit mehreren Jahren einen sogenannten Direct Conversion Empfänger. Warum die Industrie, doch sonst so auf Profit bedacht, dieses Konzept nicht einsetzt, bleibt schleierhaft. Er kostet den Bruchteil eines normalen Empfängers und hat eine ganze Reihe von Vorteilen, wie etwa die nur halbe Baugröße, eine Vervierfachung der bisher möglichen Kanalanzahl (das heißt, daß zum Beispiel statt 40 dann 80 bis 160 Modellflieger gleichzeitig fliegen könnten) und geringere Störungsanfälligkeit gegenüber Fremdsignalen (keine Spiegelfrequenz) und auch mechanischen Beanspruchungen, da er weniger elektronische Bauelemente enthält. Selbst wenn ein cleverer Geschäftsmann das Ding teurer als einen herkömmlichen Empfänger verkauft, wäre es immer noch sein Geld wert. Die bisher eingeschlagene Richtung, nicht die Qualität der Funkstrecke zu verbessern, sondern möglichst viele Mikroprozessoren in die Fernsteuerung einzubauen, ist unseres Erachtens falsch. Die Praxis hat schon öfters gezeigt, daß die angeblich vollkommen absturzsicheren PCM Anlagen nicht nur träger reagieren, sondern auch störanfälliger sind als manche uralte 27 MHz Anlage.

In großer Höhe sinkt die Temperatur im Inneren des Modells bisweilen unter Null und Reichweitenprobleme sind damit vorprogrammiert. In nicht allzu ferner Zukunft werden wir mit den jetzt schon hier und da entwikkelten Blindfluginstrumenten noch größere Flughöhen erreichen können. Es ist eine Herausforderung an die Industrie, Empfänger zu entwickeln, die auch in mehreren tausend Metern Höhe, etwa im Wellenflug einer Gebirgskette, einwandfrei funktionieren.

Jedesmal, wenn unser Modell etwa 500 Meter übersteigt, schieben wir die Antenne des Fernsteuersenders auf die Hälfte der vollen

Länge ein. Treten dann Störungen oder Reichweiteproblem auf, sollte man nicht weiter aufsteigen. Dieser Trick ist effektiver als die angebotenen Reichweitenwarner, die den eingestellten Kanal auf Störungen überwachen. Denn das tun sie nur am Boden, und nicht in großer Höhe, wie sollte das auch gehen?

Wer Rekordflüge jeglicher Art mit Thermikunterstützung plant, sollte unbedingt vorher einen Probestart machen, um die Thermik "anzufühlen". Wir hatten an einem todsicheren, dringend rekordverdächtigen Tag trotz der vorhergesagten 1000 bis 1200 Meter Basis am Vormittag noch eine Inversion bei 400 Metern. An einen Dauerflug war dann natürlich nicht mehr zu denken. Ein anderes Mal standen die Bärte tatsächlich dicht an dicht. In großer Höhe aber zerfaserten sie regelrecht, statt sich zu vereinigen, wie sich das gehört. An solchen Tagen vermeidet man Frust, indem man lieber die Rolläden streicht, das Kinderzimmer aufräumt, ein Kapitel in Thermikbüchern schreibt oder, falls Sie in den Tropen wohnen, zumindest Ameisen, Käfer und Mükken jagt.

Klappt dann eines schönen Tages doch alles, gibt es noch zwei kleine Fußangeln, über die man sich normalerweise keine Gedanken macht. Die erste ist der Sender. Zu den Zeiten unserer Eltern waren Sender riesengroß und schwer. Dann wurden wir geboren, schon wurden die Sender kleiner und leichter. Jetzt werden sie wieder groß und schwer. Im Liegen oder Sitzen geht das noch, aber beim zähen Ringen mit einem Bart in so geringer Höhe, daß man ganz unprofessionell sogar aufstehen muß, wiegt die Last schwer.

Hauptanteil daran haben die Senderakkus, sodaß es da wenigstens keine Probleme mehr gibt.

Anders sieht das bei Fußangel zwei aus. Wie lange halten Ihre Empfängerakkus? Normalerweise den ganzen Nachmittag? Dann fliegen Sie mal einige Stunden lang Thermik mit häufigen Steuer- und damit Servobewegungen und schwupps, besser gesagt krach, ist der Akku leer. Bei leichten Zweiachsermodellen mit 500 mAh Akkus wird es je nach Rührerei am Steuerknüppel ab der dritten bis vierten Stunde knapp. Wer gar, wie schon beobachtet, einen 4-Meter Segler mit 5 Servos und 200 mAh Akkus ausrüstet, handelt in jedem Fall fahrlässig. Hier sind 1200 mAh Akkus das Minimum. Stößt ein Flug unbeabsichtigt in Guiness Buch verdächtige Dimensionen vor, so kann man wenigstens versuchen, die Anzahl der Steuerbewegungen zu minimieren und soviel wie möglich mit der Trimmung zu fliegen um Strom zu sparen.

Tja, wie gesagt, dieses Kapitel war nur für Sonderlinge....

Fliegen in den Tropen

Teil 1: Ein kleiner Exkurs

Sie haben genug von soviel grauer Theorie? Dann begleiten Sie uns doch einmal auf eine Flugexpedition! Lernen Sie Dauerflieger kennen, die modernere Variante von Wahnsinn, oder eine große, braun-schwarz behaarte Spinne, die seit einigen Tagen dieses Manuskriptpapier bewacht und die ich vor jedem Zugriff darauf jedesmal höflich aber bestimmt um Erlaubnis frage. Sie beugt dem "Feldmühleeffekt" vor, bei dem Tausende von Ameisen ein Papier, so ehedem auch dieses Manuskript sowie sämtliches im Sender befindliches Schaumgummi in einer knappen halben Stunde zu Mehl verarbeiten. Aber wir wollen beim Thema Fliegen bleiben, denn sonst müßte da auch noch von gewissen blutrünstigen Bekanntschaften berichtet werden, die schon nach einer Nacht zur sofortigen Anschaffung eines Moskitonetzes führten.

Asien ist sozusagen das Australien der Modellflieger. Es ist weder besonders schön noch einfach, das Modellfliegen am Äquator, das vorweg. Da aber wahrscheinlich die meisten von uns noch nicht das zweifelhafte Vergnügen hatten und es ja auch wirklich hitzefeste Menschen geben soll, bitteschön, so ist es:

1) Warm. Allerdings nicht so warm wie bei uns im Sommer. Es ist wärmer. Viel wärmer. Teilweise zusammen mit hoher Luftfeuchtigkeit.
2) Es ist "dann doch deutlich, aber hallo" Thermik angesagt. Im Klartext: Zwischen 10 und 16 Uhr muß man schon Nerven *und* ein robustes Modell haben, um auch mal landen zu können.
3) Man muß nicht, sollte aber vorher schon mal geflogen haben. Und zwar unter allen bei uns nur erdenklichen Umständen. Einschließlich und insbesondere bei "Hammerthermik", Turbulenzen und Böen.
4) Alles zusammen in einem Satz: Ausdauer braucht man.

Sie möchten mehr wissen? Sie lieben Strapazen? Nun denn: Wer nämlich glaubt, man legt sich bei herrlich sonnigem Wetter und blauem Himmel einfach unter eine Palme und fliegt, der hat Recht. Jeden Morgen beim Aufwachen hat man besonderes Glück; die Sonne geht über einem strahlend blauen Himmel auf, kein Wölckchen und kein Lufthauch. Noch etwas frisch von der Nacht, alles in allem ein Idealtag zum Thermikfliegen. An 365 Tagen im Jahr. Da hält einen dann nichts mehr, das Frühstück wird auf den Abend verschoben, waschen lohnt gar nicht erst, es wird ja doch sehr bald heiß.

Auf dem Platz kommen dann als erstes die Ameisen. Die großen sehen zwar ecklig aus, tun aber längst nicht so weh wie die ganz kleinen. Danach kommen die Kinder. Die kleinen sehen zwar nett aus, packen die Flügel aber längst nicht so fest an wie die großen. Ob nach deren "Inspektion" das Modell auch noch so nett aussieht...? Die Kinder scheinen aus dem Nichts, aus dem Boden aufzutauchen.

Nicht, daß wir am Rande einer Großstadt fliegen, bewahre! Nach elfstündiger Busfahrt wurde der Rest des Weges mit kleineren "Bussen" zurückgelegt, für deren fachgerechte Beseitigung bei uns zulande aufgrund ihres Zustandes erhebliche Summen fällig wären. Danach geht es mit dem Moped weiter und irgendwann taucht dann das "Hotel" auf. Mein Zimmer scheint schon seit längerem nicht bewohnt gewesen zu sein, denn beim Öffnen der Tür schießt panikartig eine fette Ratte auf dem ihr als kürzest erscheinenden Fluchtweg in das Hosenbein des Autors, um erst nach Zurücklegen der unter diesen Umständen längstmöglichen Strecke sich der Ausweglosigkeit der Situation bewußt zu werden. Mittwochs gibt es fließendes Wasser, aber täglich Strom. Zwei blanke offene Drähte. Ist ja eigentlich ganz praktisch bei Reparaturen. Und beim Duschen kippt man den Eimer nicht in die Richtung. Macht man einfach nicht.

Von da aus zum Flugplatz ist es nicht mehr weit. Noch einige Hütten und dann ist da nichts mehr, nur noch Steppe.

Wohlan denn, das Modell wird ausgepackt, sein Besitzer fängt an zu schwitzen. Dabei sind es doch gerade eben mal schlappe 30 Grad. Als Mitteleuropäer ist man es ja schließlich gewohnt, schon die erste Thermik am frühen Morgen zu nutzen, gell? Noch kein Wölkchen am Himmel, fast windstill. Nur der Fallschirm am Ende des Seils macht manchmal verdächtige Luftsprünge. Nanu??? Wir beschliessen, erst mal einen Handstart zu wagen. Wer weiß, ob das Modell die lange Anreise auch wirklich "in a better shape", wie die Fluggesellschaft es anpreist, überstanden hat? Die alten Kratzer sind offensichtlich immer noch drauf; schade. Ruderprobe.

Spätestens jetzt werden übrigens die Piloten entlarvt, die ihre Fernsteuerung vor Beginn der Reise nicht im Backofen getestet haben. Zu spät. In der Hauptstadt des Landes gibt es allerdings noch alte 200 Watt Lötkolben aus ehemaligen US Beständen, ansonsten...

Aus der Hand in die Luft und - was ist das? Wieso bockt das Modell so? Ahhh, Thermik. Na sowas. Und direkt am Boden. Das ist aber ein ganz seltener Glücksfall. Vor drei Jahren hatten wir mal einen Gastflieger aus Wanne-Eickel, der hatte auch so ein Glück. Kam auf unseren heimischen Platz, schmiß sein Modell und flog sage und schreibe 15 Minuten. Mit Handstart. Hat ihm bisher keiner nachgemacht. Na, mal sehen, noch steigt der Vogel ja prima. Alles paletti, die ersten 200 Meter sind gemacht; aufatmen. Das glaubt zu Hause wieder keiner. Schade, daß ausgerechnet jetzt das Vario spinnt. Weil nämlich, es steht auf Vollanschlag.

Zugegeben, das Modell steigt, aber mit doppelter Geschwindigkeit eines Gummiseils? Das kann ja nun nicht sein. Aber was soll's. Die Höhe reicht jetzt wirklich, wir drehen mal raus aus dem Bart. Geradeausflug. Wunderbar. Schade, das Vario ist immer noch kaputt und zeigt nur maximales Steigen an. Der Akku war doch voll.

Erstaunlich, wie klein das Modell geworden ist. Mir fällt da was ein. Hatte man mich zu Beginn der Expedition nicht gewarnt; was von aufpassen eiih, ist echt Tärmik da, und so? Na, was solls. Dann machen wir eben ein bißchen Kunstflug. Andrücken, der Looping, sehr schön, jawoll, Lob. Und siehe da, beim Abschwung unterbrach das Vario sein Standartprogramm mit einer Sondermeldung: Nullschieber! Nullschieber???? Um Gottes willen! Nullschieber im Sturzflug? Das kann, das darf, wenn wirklich, nein! Mein schönes Modell. Das findet man doch hier nicht mehr wieder. Schweißperlen. Kalte Schauer. Sturzflug. Wieder Nullschieber. Das Vario funktioniert! Horror. Das Modell muß jeden Moment die Flügel anlegen. Ich zwinge mich zur Konzentration. Wie war das? Immer gaaaanz laaaaangsam abfangen: Ich gebe Seite und weniger Tiefe. Das Modell schießt hoch, dreht

Schrauben und Kunstflugfiguren, ich werde es bei den Red Devils anmelden. Also dann, auf den Rücken. Nullschieber. Halleluja! Der Höhenmesser zeigt noch 825 Meter an, wäre doch gelacht, wenn wir die nicht auch noch wegbekämen.
Soviel also zu Punkt 2) siehe oben.

Zeitsprung. Ganz viel vorher. Der Flughafen. Der richtige, große. Am Zoll: "Was haben Sie in dem Kasten?" "Eh, ein ..." "Aufmachen". "Ja, ich bin nämlich Modell...". "Schon gut, na was haben wir denn da??? Charlie dreizehn an Bravo Alfa, (hört offensichtlich) kommen Sie doch mal her, wir haben da was ganz Erstaunliches für Sie".

Die Gedanken des Piloten - jedes Piloten, Sie, ich, der Neue vom letzten Herbst: "Bitte laß es nicht wahr sein, die Maschine geht in 30 Minuten".

Jedesmal. Same procedure as last year. Einziger Vorteil: Ganz auf die Zehenspitzen gestellt mit Blick auf den Röntgenschirm graust es einem, wieviele Risse schon in der Fläche sind. Nie was von außen gesehen. Ob das im Flug gut geht?

Und dann die Ausnahme. Groß im Kalender vermerkt: Nicht gefilzt. Flügel heil, Rumpf geschlossen. Deckel gar nicht aufgemacht. Was war passiert? Ein Superflughafen. Die teuersten Röntgenapparate mit Farbe, Tiefe, 3D, Zoom und überhaupt:

"Ich bin" (ich warte auf die Unterbrechung. Nichts).

"Sie sind?".

"Eh, ja ich bin nämlich, es ist mein Hobby, ich ...".

"Aber ich bitte sie. Halten sie uns doch nicht für dumm! Glauben sie im Ernst, wir könten mit unseren Apparaten nicht in jede Ritze dieses Holzkastens gucken?".

"Ja, ehh, nein vielmehr".

"Na also. Und nun gehen sie weiter. Sieht man doch schon auf den ersten Blick, daß da eine Angel drin ist."

Ich schlage vor, wir sortieren es einfach unter Punkt 4) ein. Einverstanden?

Wir kehren auf den Flugplatz zum Modell zurück. Weiterhin unter besonderer Berücksichtigung des Punkt 4).

Einen Liter Wasser hatten wir uns als gewitzte Wüstenfüchse mitgenommen. Bei der letzten Paris - Dakar Ralley hatte das auch jeder Teilnehmer. Ob pro Stunde oder Tag, ist mir wieder entfallen. Mein Liter ist jedenfalls jetzt, um 11 Uhr morgens, leer. Neuer Start, diesmal am Seil. Bei Wind wird das Gummi 60 Schritte ausgezogen, sonst 85. Ich bin bei siebenundreißig und muß überlegen. Was kommt danach? Neununddreißig oder sechsunddreißig? Ich schaffe es nicht mal mehr, die Schritte beim Ausziehen des Gummis zu zählen..

Start, Thermik. Das Modell, nur noch ein Punkt am Himmel. Schon wieder. Ist das langweilig. Ich fliege zur Abwechslung die Konturen der Palme am Himmel nach. Einmal rum bringt 2 Minuten, wenn man aber jeden Finger von jedem Blatt genau nachfliegt, kommt man schon auf 20 Minuten....

Eine neue Disziplin muß her: Jetzt fliegen wir mal so richtig lange. Im Club hatte ja auch mal einer 'nen 92 Minuten Flug. Müßte dann ja gehen, wenn das wirklich so toll hier ist. Kein Problem, da sind sie schon, die ersten 60 Minuten. Wie schnell das ging. Siebzig Minuten, achtzig, schade, gerade mal keine Thermik, aber bei 905 Metern Startüberhöhung ist das ja nun lächerlich. Die Minuten verrinnen. Immer noch nichts. Komisch. Das Modell ist in Baumhöhe, jetzt aber mal los. Und das war's. Landung. Das gibt's doch nicht. Ans Seil. Und da ist die Thermik wieder. Wo war sie eben?

Wie man lange fliegt (warum eigentlich nicht, ist mal was Neues), warum es aber meist nicht klappt und was man nun dagegen wieder tun kann, können Sie an anderer Stelle in diesem Buch nachlesen. Aber eins schon vorweg: Die Ansprüche steigen. Glauben Sie bloß nicht, daß ein mehrstündiger Traumflug genügt. Für zwei Tage, ja, vielleicht. Und dann kommt die Idee auf, es auch mal nach dem "offiziellen" Thermikende von 16 Uhr zu versuchen. Und wehe, es klappt. Dann fängt die

Sucht an. Winzige Thermikreste, verbissenes Kurbeln, Ringen um jedes Meterchen. Man fühlt sich schon fast wie zu Hause.

Teil 2: Hitze, Thermik, Durst

Wie schon im Vorwort erwähnt, spiegelt das Fliegen in den Tropen unsere bundesrepublikanische Thermikwirklichkeit bis auf einige Bauern mit der Mistgabel recht wirklichkeitsgetreu wieder.

Es gibt zwar häufiger Hammerbärte, aber auch schwache Thermik, zerrissen, schwankend und natürlich das berühmte "auf einmal weg". Alles ist da, aber ausgeprägter, selbst die Absaufer.

Kein Wunder, die Temperaturdifferenz zwischen Tag und Nacht ist größer, aber die Angleichung der Schwankungen geht im Steppen- und Wüstenklima eben auch sehr viel schneller vor sich. Legt bei uns jemand um 20 Uhr noch einen Stundenflug hin, Hut ab. Aber möge doch selbiger Pilot das Gleiche einmal bei gleißender Sonne um 16 Uhr am Äquator probieren, an Stellen, an denen nur eine Stunde vorher noch die 10-Meter-Bärte standen!

Aber wir wollem unseren Saunapiloten wieder zu Wort kommen lassen, etwas später jetzt, er weiß nicht, ob ein paar Minuten oder gar ein Monat später, es ist immer das Selbe: Das Modell - immer noch ein winziger Punkt am Himmel. Durst. Die Flasche Wasser fällt mir ein. Ein kleiner Rest war ja noch drin. Ist mittlerweile p..warm und schmeckt nach Plastik. Egal. Die Klamotten kleben am Leib und die Hände am Sender. Na ja, immer noch besser, als wenn sie am Sender festfrieren, deshalb bin ich ja hier. Sonst könnte ich ja auch an unsere kleine Kohlehalde zu Hause gehen und die trübe Januarsonne am Himmel versuchen ausfindig zu machen.

Hier besteht gar kein Zweifel, der Stern steht genau, ganz genau über mir und bewegt sich seit zwei Stunden scheinbar keinen Millimeter. Wer jetzt den Fehler macht, da durchzufliegen, darf sein Modell lange suchen, es ist nämlich sozusagen relativ hell.

Meine Nase wird rot. Das Sonnenöl "mit besonders hohem Lichtschutzfaktor für extreme Beanspruchung in den Tropen" wurde anscheinend nur an heimischen Sonnenbänken mit TÜV Siegel getestet. Aber wir haben ja zusätzlich noch das gute alte Klebeband bei, denn schon ein briefmarkengroßes Stück Haut, beim Eincremen vergessen, sorgt anschließend für ein paar herrlich flugfreie Tage...

Dieser Flug geht jetzt in seine dritte Stunde. Ich liege auf dem Modellkoffer unter einer Palme aber so ganz leicht neben der eingangs erwähnten Ameisenstraße. Das prickelt dann nämlich nicht so. An den Durst denke ich einfach nicht mehr. Dafür schlafen die Beine ein. Ich will mich hinsetzen, mir wird schwarz vor Augen. Dann eben nicht. War ja nicht so wichtig. Es kam uns ja nur auf das Fliegen an, oder? Das Modell scheint wie ein UFO am Himmel zu tanzen. Ich habe immer mehr Mühe, mich darauf zu konzentrieren, sehe überall kleine Geisterpünktchen und bin froh, wenn es mal für 5 oder 10 Minuten mit der Trimmung allein zu Recht kommt. Aus den Augen lassen kann ich es nicht. Die Silhouette, die einem ein Modell ja grundsätzlich dann zuwendet, wenn man es am Himmel sucht, wäre nicht mehr zu erkennen.

Das ständige Starren auf das Modell und die Hitze nerven. Ab Mittag wird es jeden Tag so um die 40 Grad heiß, erst lange nach Sonnenuntergang kühlt es etwas ab. Bis auf einzelne Ablösungen kein Lufthauch. Ich verstehe allmählich, wieso dieser Teil der Erde rekordverdächtig ist. Er kann einen in Rekordzeit verblöden. Alle 45 Minuten muß die Cassette für die Flugaufzeichnung 'rumgedreht werden, alle 90 Minuten eine neue eingelegt werden. Das reicht dann auch. Rein intellektuell schon.

Es gibt, so dämmert mir langsam, leichtere Arten, sein Geld zu verdienen. Das Fliegen selbst wird zur Routine, der Pilot zum Automat. Ein monotoner Ablauf: Zentrieren, rausfliegen, kurze Pause, wieder Höhe tanken, rausfliegen und von vorne. Oft 10 bis 30 Mal pro Stunde, manchmal noch öfter. Gelegentlich trudeln oder Rückenflug bei zu starker Thermik, nervig und lästig.

Und dazu trotzdem die ständige Sorge, abzusaufen. Einmal nicht aufgepaßt, die Minifront ist vorbei, auf einmal kein Bart mehr weit und breit und dann geht es in den Keller. All die Flugzeit für nichts. Sinkwerte von 10 Metern pro Sekunde. Der Meßbereich des Varios nach unten hin ist schon weit überschritten. Unmöglich zu entkommen. Links und rechts vom Kurs, davor und dahinter geht es runter. Innerhalb von Sekunden wird das Modell am Himmel größer. Eine Landung mit dieser Sinkgeschwindigkeit wäre allenfals noch als Aufprall zu bezeichnen. Höchste Konzentration noch nach einem so langen Flug.

Jetzt muß jedes Anzeichen von Thermik, nein von verringertem Sinken sofort ausgenützt werden. Kommt eine neue Wolke? Baut sich eine auf? Soll ich es in Richtung auf die Buschreihe nochmal probieren? Oder lieber mitten über dem hellen Sand des Platzes? Vieleicht löst sich ja darüber doch noch was ab? Wird die Sonne in den nächsten Minuten von einer Wolke abgeschirmt? Dann ist es sowieso aus. Oder zieht die Wolke weg? Wie lange wird das dauern? Wie lange dauert es dann noch, bis sich neue Thermik bildet? Wann reißt diese ab? Wann hat sie die Höhe des Modells erreicht? Schaffe ich es doch noch bis zur nächsten Wolke? Wie weit kann ich Tiefe trimmen? Wann ist der optimale Gleitwinkel erreicht?

Die Fahrt des Modells ist relativ hoch. War das gerade ein Heber oder nur eine Turbulenz? Bei Normalfahrt wüßte ich es, aber so? Soll ich es ausprobieren? Wenn es klappt, prima, wenn nicht, ist die Chance, die nächste Wolke zu erreichen, endgültig dahin. Lohnt das Risiko?

Jede Menge (achtzehn) Fragen. Und die Eine: Warum das Ganze? Wozu weiterfliegen? Die Klamotten sind völlig durch, reif für den Sondermüll. Das Gesicht voller rötlichem Staub, der Mund ist trocken, die Zunge klebt am Gaumen. Der Rücken tut weh, die Augen brennen, kleine Dornen stecken überall in den Fussohlen und an den Zehen und machen jeden Schritt zur Qual. Der Schatten der Palme ist etwas gewandert aber ich habe noch nicht mal mehr den Antrieb, mich aus der Sonne zu setzen. Für eine Flasche lauwarmes Wasser würde ich "meilenweit" gehen; sagen wir 500 Meter. Bei der Hitze eine Leistung!

Und dann der erste kleine Lupfer! Noch kein Steigen, nur etwas weniger Sinken. Alles andere ist vergessen. Ganz leicht Seite. Bloß jetzt nicht durchsacken. Nur einen Hauch. Immer wieder erstaunlich, daß trotz des Spiels in Zügen und Gelenk überhaupt noch was davon am Ruder ankommt. Und dann langsam an die Minimalfahrt herantasten. Wieviel bringt der Bart? Noch eine Raste mehr an der Trimmung? Was sagt das Vario? Mehr oder weniger Steigen jetzt? Ist der Bart noch am Boden ruhend, könnte ich noch etwas mit der Fahrt runter gehen. Löst er ab, muß ich noch eine winzige Fahrtreserve für die ersten Turbulenzen haben.

Durst? Warum ich fliege? Die Fragestunde ist vorbei. Zum Philosophieren habe ich jetzt keine Zeit. Denn es geht hoch. Langsam. Ganz langsam. Von 40 auf 43 Meter über Start. Die ersten 3 Meter Höhengewinn, das Steigen noch unter einem viertel Meter. Dann verbreitert sich der Bart spürbar, ich kann wieder mit der Fahrt in den sicheren Bereich gehen, den kräftigen Innenteil der nagelneuen Thermik in engen Kreisen nutzen. Ein halber Meter, dann ein Meter Steigen. Ich setze mich wieder. Meine Hände sich naß, aber ich zittere nicht mehr. Nur weiterfliegen, egal wie lange noch, solange nur Thermik ist und noch ein bißchen Strom im Akku. Ich kann gar nicht anders.

Variometer – himmlische Töne

Was für ein Gerät! Wußten Sie eigentlich, daß das erste Modellsegelflugzeug und das erste Variometer beide so um das Jahr 1875 herum erfunden wurden? Und sogar vom gleichen Konstrukteur? Alphonse Pénaud hieß der Mann, und ich hoffe nur, daß es mir in meinem späteren Leben vergönnt sein wird, ihm dafür persönlich zu danken, denn gerade diese Kombination ist göttlich!

Als Robert Kronfeld im Jahr 1928 als erster damit flog, beschloßen alle Beteiligten, über diese Sensation zunächst Stillschweigen zu bewahren, zu unglaublich waren die Resultate. Die Motorenhersteller damals müssen geschlafen haben, sonst hätten sie sofort das Patent gekauft und die Idee für immer in den Schubladen verschwinden lassen...

Aber fangen wir vorne an. Variometer heißt Veränderungsmesser. Ein Variometer in seiner einfachsten Form mißt nicht die Flughöhe, sondern deren Veränderung, Steigen oder Fallen also, die Vertikalgeschwindigkeit. Das ist schon alles. An Bord eines Flugmodells funkt ein kleines Kästchen diesen Wert in Form eines Tones zum Empfänger beim Piloten am Boden. Auf gut deutsch gesagt, wenn Thermik ist, piept es.

Viele der Hinweise in den vorangegangenen Kapiteln erfordern, daß man das Steigen des Modells ganz genau beobachtet. In Höhen über 100 Meter wird das zunehmend schwieriger. Als ich Anfang der achtziger Jahre das erste Mal mit Variometer flog, war ich perplex. Zwar hatte ich schon damit gerechnet, daß das Ding irgendwie reagieren würde, aber was mir an dem Nachmittag passierte, schien purer Zufall zu sein: Das Modell, ein alter "Dandy" mit 1,60 Metern Spannweite und genausovielen Brüchen wie Flugstunden, sollte am Gummiseil einige kurze Meßflüge absolvieren um zu prüfen, ob alles funktionierte. Das Vario hatte damals noch die Größe mehrerer Zigarettenschachteln und war aus Platzgründen einfach oben auf den Flügeln (!) angebunden. Der Start klappte gut. Nach weniger als einer Minute Flugzeit änderte sich der Ton des Varios leicht.

Ich flog zögernd zurück und der Ton änderte sich wieder genauso. Nun kurvte ich ständig an dieser Stelle und der Ton des Varios wurde immer höher, das Modell schien mitten in einer Thermik zu sein.

Natürlich hatte ich in den 18 Flugjahren vorher auch schon Thermik, aber das war selten und daß ein Modell dicht über dem Erdboden mit einigen Metern in der Minute (nicht Sekunde) stieg, hatte ich noch nie gesehen. Mit zunehmender Höhe wurde das Steigen sichtlich stärker und nach fünfzehn Minuten war der "Dandy" ein winziges Pünktchen am Himmel.

Ich brach den Flug ab, um kleinere Justierungen vorzunehmen und startete kurz darauf erneut. Es schien mir völlig ausgeschlossen zu sein, den vorherigen Flug zu wiederholen, da meiner Erfahrung nach eine solche Thermik höchst selten war. Aber auch beim folgenden Start hatte der Segler schon nach Kurzem Thermik und stieg wieder. Es waren nahezu beliebige Flughöhen möglich, selbst nach einem langen Abstieg konnte das Modell trotz Landeanflug wieder auf mehrere hundert Meter gebracht werden.

Da nun keine Arbeiten am Modell mehr zu erledigen waren, kostete ich die gesamte verfügbare Zeit bis in den Abend hinein aus und flog Non-Stop fast vier Stunden lang ununterbrochen hintereinander. Ein solcher Flug war mir in der Ebene noch niemals zuvor geglückt. Zwar hatte hier und da ein Clubkamerad bei gutem Wetter schon Stundenflüge geschafft, aber bei schwacher Thermik waren normalerweise einige Minuten die Grenze. Nach der Landung dämmerte mir langsam, daß dieses Gerät jeden Motor ersetzen konnte. Endlich konnte man auch mit einem Segler praktisch beliebig lang in der Luft bleiben, ohne Knattern, Öl und Luftschraube. Auch in den nächsten Tagen waren jederzeit ausgedehnte Thermikflüge möglich, bis in die größten Höhen, in denen das Modell noch sichtbar war. Gerade dort aber, so fanden wir schnell heraus, war die Thermik sehr stark. Wegen der langen Flugzeit und des größeren Aktionsradius' war die Chance, dort oben Thermik zu finden viel häufiger als am Boden. Und gerade in großen Höhen war man bisher ja thermisch "blind".

Heute klingt die Schilderung dieser Erstflüge lustig. Man gewöhnt sich zwar sehr schnell an die Leistungen, die ein Vario bringt, aber das Gefühl, in der Thermik zu kurbeln, diese geradezu fühlen, hören und sehen zu können, ist nach wie vor faszinierend. Auch wenn Sie (noch) ohne Vario fliegen, lesen Sie dieses Kapitel ruhig. Wir möchten Sie etwas neidisch machen...

In den zwanziger Jahren beschäftigte alle Segelflieger die Frage, wie man die thermischen Aufwinde nachweisen könnte, man ahnte endlich, daß die Vögel uns auch in puncto Thermik weit voraus waren. Zwar hat damals noch niemand behauptet, er könne Thermik sehen, aber die genauso irrige Annahme, ein guter Segelflieger spüre sowas mit seinem Hosenboden, hat sich bis heute hartnäckig gehalten. Ein bißchen stimmt das tatsächlich, denn wenn ein Segelflugzeug Thermik erwischt, wird es nach oben beschleunigt. Das fühlt sich dann ungefähr so an, als wenn man im Auto über einen Hügel fährt; man wird kurzzeitig schwerer. Ganz gewaltig aber hinkt dieser Vergleich dann, wenn das Segelflugzeug aus einem breiten Abwindfeld in ruhigere Luft kommt. Die plötzliche Bremsung der Abwärtsbewegung ruft nämlich das gleiche Gefühl hervor. Die so künstlich erhöhte Erdenschwere wird jeder bestätigen, der einmal in einem schnellen Fahrstuhl bis zum Halt abwärts gefahren ist. Jetzt werden Sie auch verstehen, warum der früher als Wundermaschine angepriesene Beschleunigungsaufnehmer eines bekannten Herstellers reine Augenwischerei ist.

Der schon erwähnte Segelflieger Robert Kronfeld nutzte als erster ein Meßgerät, das das relative Steigen und Fallen eines Flugzeuges direkt anzeigte, ein Variometer. Jetzt war endlich klar, wo man in der Luft Höhe gewann und wo nicht. Als Resultat stiegen die Flugzeiten drastisch an und der Hang wurde für lange Flüge endlich überflüssig. Schon Monate später wurden die frühen Hangrekorde gebrochen, vor allem aber schätzten die Segelflieger die neuen Freiheiten, die ihnen das Vario gab: Man brauchte nicht mehr in Haushöhe hin und her zu fliegen, sondern konnte endlich mitten in die Landschaft hinein fliegen, über Städte und Felder bis hinauf zu den Wolken. Der Flug ohne Propeller war konkurrenzfähig. Auch in der Modellsegelei stiegen die Flugzeiten von einigen Minuten mit zunehmender Erfahrung auf mehrere Stunden an, man konnte höher, länger und weiter fliegen. Die Motorflieger wurden neidisch, sie konnten nicht so lange oben bleiben.

Es ist nun einmal schwer, angesichts der Leistungen eines Varios im Modellsegelflug nicht ins Schwärmen zu geraten. Stundenlange Flüge sind fast das ganze Jahr über möglich, selbst bei Regen oder diesigen Tagen.

Auch mitten im Winter sind oft noch Steigwerte bis zu zwei Metern pro Sekunde möglich. Auffinden, Zentrieren und Auskurbeln selbst schwächster Thermik ist ein Kinderspiel, der Flugzeit wird oft nur noch durch die Kapazität des Empfängerakkus ein Limit gesetzt.

Im Gegensatz zu den großen Segelfliegern, bei denen ein Vario nie fehlt, ist das Lager der Modellflieger noch gespalten. Den einen ist es zu neumodisch, was verständlich ist, denken wir nur einmal daran, wie lange es gedauert hat, bis wir Modellflieger so ziemlich als die Allerletzten weit und breit die Kohlefaser "entdeckt" haben. Die anderen haben den Fehler gemacht, es einmal auszuprobieren und sind prompt süchtig geworden. Enttäuscht davon sind eigentlich nur diejenigen, die versucht haben, ein Vario aus der großen Fliegerei einzusetzen, sowas klappt nicht.

Wie funktioniert so eine Wundermaschine? Leider gibt es kein einfaches Mittel, die Höhenänderung eines Flugzeuges direkt zu messen. Aber sicherlich haben Sie in einem Aufzug schon einmal Druck auf den Ohren verspürt. Das kam von der Änderung des Luftdruckes. Daher stellte man folgende Überlegung an: Die Erde ist mehr oder weniger bekanntlich mit Luft umgeben. Und obwohl sie schwebt ist Luft gar nicht mal so leicht, ein Kubikmeter Luft in Meereshöhe wiegt sage und schreibe 1225 Gramm. Deshalb sinkt die Luft auf den Boden, aber da ist auch schon welche. Es wird also ziemlich eng; auf jedem Quadratzentimeterchen Erde drückt eine Luftsäule von etwa fünfzehn Kilometern Höhe mit einem Kilogramm auf den Boden. In 4000 Metern Höhe aber sieht das schon anders aus. Es ist einfach weniger Luft da oben, etwa die Hälfte des Luftdrucks von Meereshöhe. Für Drachen- und Segelflieger ist das schon die Grenze: Wer noch höher will, muß sich Sauerstoff mitnehmen. Der Luftdruck sinkt also mit zunehmender Höhe. Und das haben sich die Tüftler zu Nutze gemacht. Sie messen den Luftdruck, oder genauer gesagt, dessen Unterschied. Denn beim Steigen oder Fallen eines Flugzeuges ändert sich der umgebende Luft-

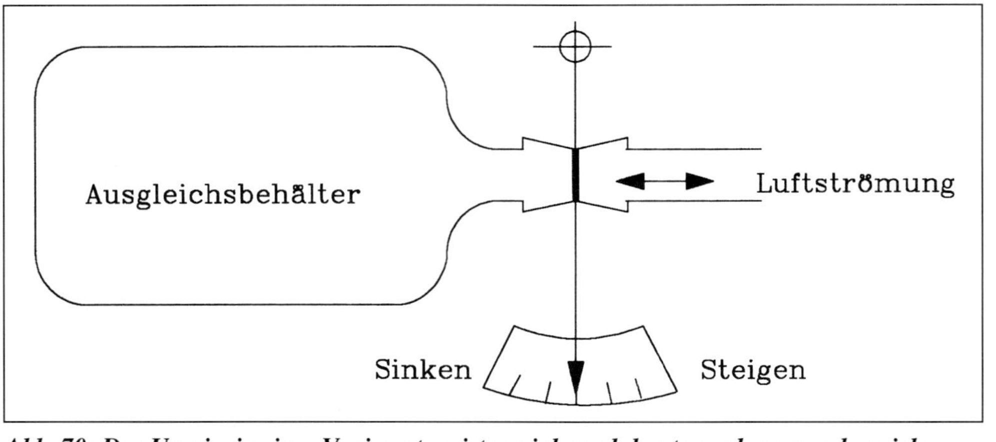

Abb. 70: Das Urprinzip eines Variometers ist genial, auch heute noch verwenden viele Hersteller es: Ein Vario besteht aus einer großen "Thermosflasche", dem sogenannten Ausgleichsbehälter und einem oben drehbar aufgehängten Zeiger. Dieser wird von der Luft, die von draußen in den Ausgleichsbehälter (sinken) oder aus ihm hinaus (steigen) fließt, bewegt. Im Ausgleichsbehälter ist also kurze Zeit nach einer Höhenänderung schon wieder der gleiche Luftdruck, wie draußen.

Abb. 71: Ein handelsübliches Variometer neuerer Bauart. Dank moderner Elektronik sind die Maße auf weniger als die einer Streichholzschachtel geschrumpft, den Strom liefert der Empfängerakku.

druck. Natürlich nicht viel, aber eben doch gerade genug, um es schon messen zu können.

Das Urprinzip ist genial, auch heute noch verwenden viele Hersteller es: Ein Vario besteht aus zwei Teilen, einem Meßgerät und einer großen "Thermosflasche", dem sogenannten Ausgleichsbehälter (Abb. 70). Das Meßgerät mißt nun einfach nur die Luft, die von draußen durch es hindurch in den Ausgleichsbehälter fließt. Im Ausgleichsbehälter ist also kurze Zeit nach einer Höhenänderung schon wieder der gleiche Luftdruck, wie draußen. Bauen wir das ganze einmal in Gedanken auf und fliegen damit durch einen fetten Bart. Was passiert? Wir steigen. Und was ist mit dem Luftdruck? Er fällt. Im Ausgleichsbehälter ist noch der höhere Luftdruck von vorhin vor dem Steigen und die Luft beeilt sich jetzt, endlich aus der muffigen Aluflasche ins Freie zu kommen. Wir stellen der Luft nun ein Beinchen; sie muß nämlich erst noch durch das Meßgerät durch und dessen Zeiger bewegen, dann ist sie endgültig draußen. Und wir haben unseren Ausschlag am Meßgerät; alle sind zufrieden. Weniger zufrieden ist der Pilot, wenn die Luft von draußen in die Flasche zurückwill, dann bewegt sich der Zeiger andersherum, das Flugzeug sinkt nämlich.

Diese kurze Zeitdauer nennt man übrigens die Zeitkonstante. Sie liegt je nach Vario zwischen null und zehn Sekunden. Wenn Sie dieses Wortungetüm bis zum nächste Stammtisch behalten und es dann so nebenbei fallenlassen, ist Ihnen ein sekundenlanges ehrfürchtiges Schweigen schon jetzt gewiß, womöglich werden sie in den Vorstand gewählt.

Von damals bis heute ist das Vario das wichtigste Instrument im Segelflug geblieben. Logisch, daß es gerade im Modellsegelflug am schmerzlichsten vermisst wurde. Man mußte auf Glück und Gefühl, auf Vögel und imaginäre Ablösungen vertrauen. Entsprechend waren Trefferquote und Flugzeiten. Es ging rauf und meist war man wenige Minuten später wieder unten. Erst als das Vario dazukam, machte dann auch das Modellsegelfliegen grossen Spaß, um ehrlich zu sein, es artet schnell zur Sucht aus. Man war bei der Thermiksuche nicht mehr auf Vermutungen und ein gutes Auge angewiesen, sondern es ist, als ob man selber im Flugzeug drinsitzt.

Ein weiterer Vorteil des Varios ist die Möglichkeit, die in großen Flughöhen wesentlich häufigere und stärkere Thermik genau orten zu können. Wenn man einmal hoch genug ist, kann man auch meist beliebig lange oben bleiben. Das ist besonders in der Abenddämmerung schön, wenn alle anderen Piloten mehr oder weniger begeistert einpacken und das eigene Modell nur noch als winziger Punkt weit unter einer möglichst noch rosafarbenen Cirruswolke umhersegelt.

Gegen Varios spricht der leider immer noch recht hohe Preis der modernen Miniatur Drucksonden. Immerhin brauchen Sie dafür aber auch keine zwei Liter Familienflasche als Ausgleichsbehälter mehr (Abb. 71). Kaum ins Gewicht fallen die zusätzlichen etwa 30 Gramm. Auch kleinere Segler unter 1 Meter 50 Spannweite verkraften das noch. Der Leistungsverlust wird in allen Fällen vom Vario mehr als wettgemacht. Zur Zeit der Drucklegung wurden die Varios für Modellflugzeuge in Deutschland gerade legalisiert, mittlerweile ist die Zulassung bei der Post eine reine Formsache geworden. Schön so, hat ja auch nur knapp 40 Jahre gedauert.

Ältere Flieger fürchten gelegentlich, mit Vario das Gefühl für Thermik zu verlieren, aber das Gegenteil ist der Fall. Auch, verzeihen Sie den Vergleich, ein Blinder, der einen Tag lang sehen kann, findet sich hinterher besser zurecht, nicht schlechter. Das Gefühl, an der und der Stelle sei gerade Thermik, kann täuschen, das Vario aber irrt sich da nicht. Umgekehrt kommt es häufig vor, daß beim gemeinsamen Fliegen der Varioflieger an Bärten "stoppt", die andere nicht als Thermik erkennen, weil die typischen Thermikanzeichen wie hängende Nase, höhere Fahrt, hängende Fläche usw. bei manchen Bärten, und nicht nur den schwachen, völlig fehlen.

Anfänger, die direkt mit Vario fliegen lernen, haben es da einfacher. Die Profis, die umsteigen, müssen erst mal das ganze im Lauf der Zeit erworbene Gefühl für Thermik vergessen, und das dauert.

Ein einziges Argument lassen wir gelten: Das "oh je, noch mehr Technik". Es ist kaum etwas darauf zu entgegnen, allenfalls sollte jeder, der es benutzt konsequenterweise auch seine Fernsteuerung abschaffen. Gut, die Fernsteuerung ist ein Muß, denn man will das Modell steuern. Aber dann ist das Vario genausogut ein Muß, denn man will ja obenbleiben. Die Modelle selbst können wieder wie früher einfacher, robuster und unkomplizierter zu fliegen sein, da jeder Einfachsegler mit Vario anderen Seglern haushoch überlegen ist. Übrigens sind andersherum auch reine Kunstflugmaschinen mit Vario einem Thermiksegler ohne überlegen.

Im praktischen Betrieb verliert das Thema ohnehin jegliche Bedeutung, denn schon nach ein paar Wochen nimmt man das Vario nicht mehr bewußt wahr, Ohren und Hände sind dann miteinander gekoppelt und man kann den Bart sozusagen anfühlen.

Nun bleibt man mit Vario aber nicht zwangsläufig oben. Es gehört schon etwas mehr dazu als die Geldausgabe und Vertrauen in die Technik. Genauso wichtig sind Flugtechnik und Erfahrung. Als erstes kann man sich den Trick mit der erhöhten Höhenrudertrimmung zum Thermiksuchen schenken. Er kostet Leistung und ein Vario zeigt selbst im Schnellflug in jedem Falle viel genauer an, als die Reaktionen des Modells auf den Bart.

Auch bei Elektroseglern läßt sich das maximale Steigen im Motorflug ganz einfach einstellen: Man trimmt einfach so, wie das Vario das größte Steigen anzeigt. Das gilt genauso für motorlose Segler in der Thermik. Ferner fällt die oft streßige Beobachtung der Reaktionen des Modells weg. Man kann in

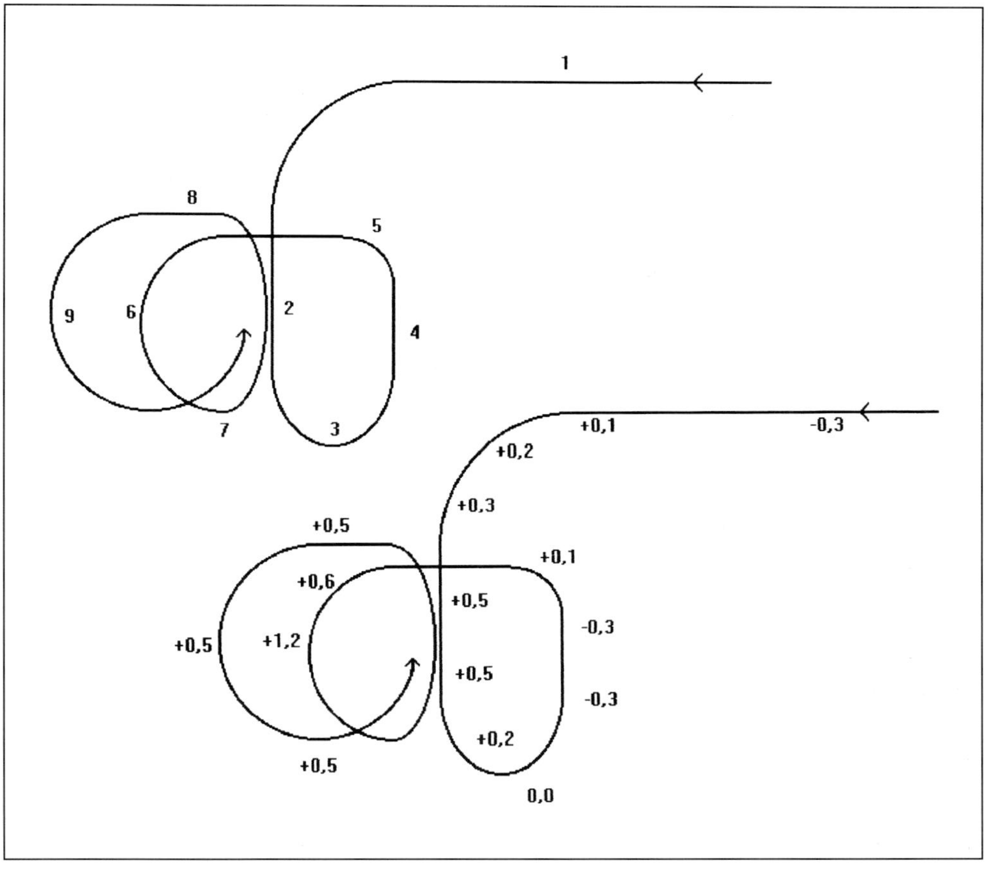

Abb.71a: Fliegen Sie eine Runde mit uns! In der oberen Abbildung fliegen wir, nichts Böses ahnend, vor uns hin. Dann fängt das Vario an zu piepsen (1), ein Nullschieber. Wir kurven links ein. Glück gehabt, war die richtige Seite, das Steigen wird stärker (2). Jetzt loten wir die Tiefe des Bartes auf der "langen Geraden" aus. Sofort, wenn das Steigen schwächer wird, drehen wir ab (3). Pech gehabt, starkes Sinken auf dieser Seite des Bartes, war falsch herum (4). Also sofort wieder links (5) und raus aus dem Saufen, schließlich war ja weiter links das Steigen. Jetzt kreuzen wir es und kreisen links vom ersten Steigmaximum ein (6). Somit haben wir auch schon ungefähr die Breite des Bartes ermittelt: Würde das Vario nun Sinken anzeigen, dann wäre das Zentrum des Bartes irgendwo zwischen den Punkten 6 und 2. Rein theoretisch könnte großflächiges Steigen zwar auch noch links von Punkt 6 sein, dann hätte es aber nicht einen so abrupten Steig-Sinkübergang zwischen 2 und 4 gegeben. Es kam aber ganz anders, denn in Punkt 6 war das bis dahin stärkste Steigen. Um keine endlosen Zentrierexperimente zumal in Bodennähe zu machen, legten wir den Punkt 6 damit als vorläufiges Zentrum der Thermik fest. Eine letzte harte Kurve noch (7), ein kleiner Versatz nach links (8) und dann endlich runde Kreise bis zu sicherer Höhe. Die untere Abbildung wäre die zugehörige Anzeige des Varios in dem Bart, Plus sind Steigwerte, Minus sind Sinkwerte. Zum besseren Verständnis wurde hier ausnahmsweise die Massenträgkeit vernachlässigt und die TEK berücksichtigt. In der Praxis macht man das "über den Daumen".

ruhiger Luft sogar eine zeitlang weggucken oder erst beim Piepsen mal wieder nach dem Modell schauen. Ein Vario gibt oft sogar die großflächige Richtung an, in die man fliegen sollte, bei Fronten etwa, wenn es nach vorne runter geht, oder wenn die Flucht zurück in den vorherigen Bart gelingen soll.

Wir haben uns immer wieder gefragt, was das Geheimnis langer Thermikflüge mit dem Vario ist. Ein Vario kann keine Thermik erzeugen, aber trotzdem blieb man damit fast immer oben. Es bewährte sich schnell, alle Flüge mit Vario aufzuzeichnen, denn die spätere Computerauswertung brachte die Erkenntnis, daß Luft horizontal manchmal, vertikal aber fast nie ruhig ist. Bis auf wenige Tage im Jahr geht es also immer entweder rauf oder runter. Ich höre Sie schon einwenden: “So so, wenn das stimmt, was der da schreibt, dann müßte man ja ewig oben bleiben können, indem man einfach die Abwindfelder meidet und da fliegt, wo es hoch geht. Dann fliege ich wohl immer zur falschen Zeit, oder wie?”

Gegenfrage: Haben Sie schon ein bißchen Thermikerfahrung? Ein typischer Thermiknachmittag sieht oft so aus, daß da ein oder zwei echte Hammerbärte waren, wo es wirklich super hoch ging. Dann gab es vielleicht fünf mittlere Bärte, manche haben sogar fünfzig Meter Höhengewinn gebracht. Und am Ende der Skala ein ganzer Haufen kleinere Dinger, manche zu zerrissen, andere kurz aber heftig, wieder andere vorhanden, aber viel zu schwach.

Erkennen Sie den Trend? Je stärker die Thermik, desto seltener. Je schwächer, desto häufiger. Erst nach längerer Flugpraxis und anschließenden Messungen fiel uns auf, daß es einen mathematischen Zusammenhang gibt. Bei ruhigem Wetter ist normalerweise

die Stärke der Thermik umgekehrt proportional zu ihrer Häufigkeit.

Klingt ganz schön kompliziert, nicht wahr? Aber diese Feststellung ist deshalb so wichtig, weil sie die Grundlage für alle Langzeitthermikflüge mit dem Variometer bildet. Faustregel:

Schwache Thermik ist zehn bis fünfzehn Mal häufiger als starke Thermik.

Von dem Steigen, das man beim Modell schon mit bloßem Auge sehen kann, ganz zu schweigen, denn das ist sehr selten. Ungefähr so selten, wie Sie bisher Thermik hatten. Ebenso verhält es sich leider auch mit der Enge eines Bartes. Die weitaus meisten bodennahen Aufwinde sind viel zu schwach, um sie zum Steigen ausnützen zu können, wenn man nicht ganz genau im Zentrum kurbeln kann. Alle Thermikvögel können fast auf der Stelle drehen.

Bevor wir zu weiteren Bonbons des Variofliegens kommen, hören wir uns die Argumente der Gegner an. Bei uns zu Gast ist der Theoretiker Becell Weich-Thermizki. Er hat noch nie in seinem Leben ein Vario geflogen, ist aber voll im Bilde. Hätte er es jemals versucht, so wäre er, sein

Kritikpunkt Nummer eins. “Vom Variofliegen süchtig geworden”.

Antwort: Stimmt, geht uns auch so. Besser gesagt, abhängig. Wenn wir das Vario zu Hause vergessen haben, packen wir wieder ein. Zum Trost: Das passiert einem nur einmal im Leben.

Kritikpunkt Nummer zwei: “Ich kann Thermik sehen.”

Antwort: Wir auch. Aber haben Sie denn oben das nicht gelesen mit der Häufigkeit und so? Jeden, der 1920 erklärt hätte, ein Dreistundenflug ohne Hang sei möglich, hätte man auch ausgelacht. So ist das heutzutage oft noch; die Modellflieger glauben einfach nicht, daß es ständig Thermik gibt, nur weil sie diese nicht sehen können. Sehen kann man Steigen etwa ab einem Meter pro Sekunde, Profis vielleicht bis 0,7 Meter pro Sekunde. Aber nur, solange das Modell in der Nähe ist, sagen wir 50 – 70 Meter. Darüberhinaus sieht man Thermik erst nach Minuten daran, daß das Modell scheinbar kleiner wird. In der Zeit ist man aber durch eine ganze Reihe von Bärten durchgedonnert. Selbst ein langsames Modell durchfliegt einen schwachen Bart in wenigen Sekunden, meist ohne jedes sichtbare Steigen.

Oft fehlen die typischen Anzeichen des Modells, wie Gieren, Nase runter nehmen usw., völlig. Das Modell steigt dann an Stellen, an denen die Experten sinken "sehen". Thermik ist nun mal nicht sichtbar, sonst könnte man ja auch Sauerstoff sehen. Bei sichtbarem Steigen, und das war doch wohl gemeint, handelt es sich im Vergleich zu der Thermik, die man mit einem Vario schon ausfliegen kann, um Hammerbärte. Manchmal sieht es aber auch nur so aus, als steige das Modell und in Wirklichkeit sinkt es. Beweis: Stellen sie sich mal neben einen Varioflieger und raten sie, was das Vario gerade anzeigt. Jede Wette, daß sie in mindestens der Hälfte starker Thermik falsch liegen und bei der viel häufigeren schwachen Thermik sogar immer daneben tippen? Wir hören gelegentlich Bemerkungen wie "wieso kreist du im Sinken?". Schön daß sich solche Fragen nach einigen Minuten ob des zu einem winzigen Punkt am Himmel geschrumpften Modells von selber erledigen.

Weich-Thermizki: "Alles Humbug."

Antwort: Gut, dann fragen Sie sich selber mal, wie lange ihre Flüge denn im Durchschnitt so sind? Wir haben fast täglich mindestens eine Stunde Dauerflugzeit aus dem Seil in der Ebene.

Weich-Thermizki: "Lassen wir das. Mein Kritikpunkt Nummer drei: Bei Thermikwettbewerben macht jetzt nicht mehr das Können des Piloten oder das Modell den entscheidenden Unterschied aus, sondern nur das Vario. Das ist ein einseitiger Vorteil".

Antwort: Prima, daß sie jetzt doch zugeben, Varios seien ein Vorteil. Es gibt Thermikwettbewerbe, bei denen sogar Elektromotoren zugelassen sind, Varios aber verboten werden. Und es gibt Elektroflugwettbewerbe, bei denen Elektromotoren verboten und Varios erlaubt sind. Raten Sie mal, wer länger oben bleibt? Wir sind schon lange dafür, daß nicht nur Modelle verboten werden, die mit Vario fliegen, sondern auch alle mit Wölbklappen, Kohlefasern, GFK, PCM-Fernsteuerungen, Mischern, Landeklappen und Proportionalfernsteuerung. Wer sowas einsetzt, verschaffte sich früher einen einseitigen Vorteil gegenüber den anderen Piloten, die das nicht hatten. Ganz ohne Zynismus: Auch wir fliegen immer noch gern mit Tippfernsteuerung und dreißig Jahre alten Flugzeugkonstruktionen. Auch das hat Spaß gemacht.

Weich-Thermizki: "Na also!"

Antwort: Aber auch damals gab es schon Modellflugvariometer.

Weich-Thermizki: "Na ja, ganz früher hat mal ein Freund so ein Ding ausprobiert und war enttäuscht."

Antwort: Varios tauchen alle paar Jahre mal auf und verschwinden dann ebenso schnell wieder in der Versenkung. Es gibt eine Reihe von Gründen dafür. Zunächst mal ist ein echtes Drucksondenvario haushoch überlegen gegenüber allen anderen Gerätchen wie Thermikpiepsern, Beschleunigungsmessern und Seitenruderkopplungen. Die sogenannten Thermikfinder mit Blitzlicht oder Piepser sind schlichtweg unbrauchbar, da in unseren Breitengraden die schwache Thermik am häufigsten ist. Aber auch die echten Varios müssen von Empfindlichkeit, Zeitkonstanten und Intervallmodulation her ganz genau auf ein Modellflugzeug abgestimmt sein, sonst eiert man um den Bart herum, wenn man ihn überhaupt findet. Das ist auch der Grund, warum die Segelflugvarios der Großen für unsere Zwecke nichts taugen, obwohl sie viel teurer sind, denn diese müssen gerade die Anzeige der Minibärte unterdrücken, die ein großes Flugzeug nicht ausfliegen kann. Genau diese Bärte aber brauchen wir dringend.

Ein gutes Modell erkennt man nicht nur an einem, sondern an einer ganzen Reihe von Merkmalen. Das ist beim Vario genauso und es dämmert zumindest in Deutschland den Modellsegelfliegern erst langsam, daß zum Obenbleiben beides gleich wichtig ist. Hat aber erst einmal einer im Club ein Vario, dann wollen auf einmal alle eins.

Weich-Thermizki: "So so. Eigentlich ist das gemein, denn wozu die Mühe, ein Modell mit möglichst hoher Flugzeit zu konstruieren, wenn jeder Anfängersegler mit Vario bei schlechter Thermik drei, vier oder mehr Stunden oben bleibt?"

Antwort: Tja....

Dieses Gespräch wurde vor einiger Zeit aufgezeichnet. Mittlerweile ist Weich-Thermizki ein guter Freund geworden und hängt die Autoren regelmäßig ab mit seinem neuen Vario ("das ist das beste seit Erfindung der Baumwollunterwäsche...."). Gelegentlich läßt er uns einen Blick in seine Trickkiste werfen:

"Der größte Feind beim Variofliegen ist der Wind. Bei Wind sind zwar auch mehrere hundert Meter Startüberhöhung drin, aber die sind im Schnellflug sofort wieder verbraten." Oder: "Beim Start am Gummiseil bleibt man solange am Seil, bis das Vario Sinken anzeigt. Das ist viel länger, als ihr Grünschnäbel immer geglaubt habt." Er schimpft gerne, besonders auf Leute, die so sind, wie er selber früher war: "Von wegen 'zu zerrissen, die Thermik' oder 'auf einmal weg' oder 'war was, bin aber wieder rausgefallen'. Selbst ein Nullschieber, eigentlich immer erreichbar, ist doch eine gute Warteposition auf den nächsten Bart. Und einem Thermikfan macht auch oder gerade das mühselige Hochkurbeln viel mehr Spaß, als einfach den Motor aufzudrehen, obwohl ein Vario letztlich ja auch eine Art Hilfsmotor ist. Nur die Anwohner am Platz sehen das anders. Die grüßen jetzt immer ganz freundlich."

Jetzt sind wir aber wieder an der Reihe. Ein Vario ist keine Wundermaschine. Manchmal geht es einfach nicht hoch, an anderen Tagen steigt das Modell gefährlich weit bis an die Sichtgrenze. Auch dann kann man ein Vario gut dazu einsetzten, statt des Steigens das Fallen zu signalisieren. Man zentriert einfach im "Punkt des meisten Saufens". Bei unserem längsten Flug von über sechs Stunden, mußten wir diese Technik öfters praktizieren. Noch besser ist ein Vario in einem Elektrosegler aufgehoben. Denn dessen wesentlich größere Ausgangshöhe erreicht ein Vielfaches der Thermikmöglichkeiten, die man aus Gummiseilhöhe hat.

Ein Flug aus 600 Metern Höhe, mit einer Akkulandung durchaus erreichbar, bis zum Boden ohne jede Thermik ist uns noch nie vorgekommen.

Leider tummeln sich auf dem boomenden Markt für Modellvariometer immer mehr, neuerdings sogar namhafte Anbieter, die den Piloten einfache Billigvarios als Wundermittel anpreisen. Daher einige Hinweise für besonders interessierte Modellsegelflieger: Absolutes Minimum an Ausstattung ist eine doppelte Intervallmodulation auf Steigen. Wie soll man sonst feststellen, ob der Bart nur ein vermindertes Sinken oder unter dem Strich schon Steigen bringt? Eine je nach Thermikstärke unterschiedliche Empfindlichkeit (expo rate) macht das Zentrieren in schwacher Thermik einfacher und zeigt auch in starken Blasen die Höhenunterschiede genauer an ohne zu übersteuern. Wer aus der manntragenden Fliegerei kommt, erwartet ein totalenergiekompensiertes (TEK) Vario. Davon ist besonders bei reinen Thermikmodellen dringend abzuraten, da ein leichtes Modell Überfahrt nicht so gut in Höhe umsetzen kann; dynamischer Segelflug ist mit einer TEK fast unmöglich. Problemlos und für Profis sehr nützlich ist dagegen der Betrieb als Netto Vario, bei dem das Sinken des Flugzeuges automatisch von der Anzeige abgezogen wird. Ferner ist eine unlineare Anzeige sehr empfehlenswert. Denn es ist wichtiger, den Unterschied zwischen 0,1 und 0,2 Metern Steigen festzustellen, als den zwischen drei und vier Metern pro Sekunde. Aber auch letzterer muß ja noch angezeigt werden, bei einem Gummiseilstart beispielsweise. Es dürfte selbstverständlich sein, nur mit Ohrhörer zu fliegen; es ist für die anderen Piloten schon demoralisierend genug, Ihr Modell immer nur steigen zu sehen...

Wenn das Modell einmal wegfliegen sollte, kann man es sogar in dichten Maisfeldern schnell und genau orten. Das ist besser als erst einmal "alle Mann hoch" das Feld plattzuwalzen.

Wir haben unseren Segler vor längerer Zeit in starker Thermik aus den Augen verloren und mit einem einmotorigen Flugzeug aus der Luft in fünfzehn Kilometern Entfernung erst wieder orten können, ohne ihn dabei zu sehen. Als wir nach der Landung bei einem Einfamilienhaus klingelten und dem Hausherren auf den Kopf zu sagten, daß in seiner Garage unser Modellflugzeug liegt, wurde er bleich und murmelte etwas von Versehen.

Varios sind im Aufwind, klarer Fall. Die Flugdauer liegt oft nicht mehr beim Modell oder der Thermik, sondern beim Piloten. Trotzdem sollte man am Anfang der Variofliegerei nur starke Bärte nutzen, das Kämpfen um jeden Zentimeter erfordert einiges Fingerspitzengefühl. Vor lauter Freude ob des neuen Hilfsmotörchens sollte man nicht vergessen, daß ein Vario auch Hinweise auf die generell einzuschlagende Flugrichtung geben kann. Geringeres Sinken als normal ist oft ein Hinweis auf eine großflächig anrückende Front, erhöhtes Sinken sollte ein Alarmsignal sein, sofort diese Stelle zu verlassen.

Wir hatten vor einiger Zeit spätnachmittags einmal einen Musterbart, der alle Zweifel für immer ausräumte. Er begann mit einem Steigen von etwa acht Zentimetern in der Sekunde. Für die ersten einhundert Meter Überhöhung brauchten wir fast zwanzig Minuten. Danach wurde das Steigen dann (endlich) kräftiger, aber gerade solche Situationen beweisen den enormen Vorteil des Fliegens mit Vario. Ohne Rückmeldung wäre das Modell schon nach dem ersten Zentrierversuch, ohnehin nicht einfach in schwacher Thermik, herausgefallen.

Interessant ist übrigens auch das Fliegen mit einem ganz neuartigen Gerät, das wir Ihnen im nächsten Kapitel vorstellen. Eigentlich wollten wir Sie nicht damit langweilen, aber der Verlag war anderer Auffassung...

Der TC1, ein Thermikcomputer

Der Einsatz moderner Elektronik im Modellflug ermöglicht mittlerweile erstaunliche Fortschritte, wie etwa bei den Fernsteuerungen, im Elektro- und Solarflug. Einen vom Verfasser im Labor der Firma Rohles speziell für den Thermikflug entwickelten Computer möchten wir Ihnen kurz vorstellen.

Bekanntlich braucht jede Neuerung von der Wölbklappe bis zum Kohlefaserrohr einige Zeit, bis sie selbst den skeptischsten Seniorpiloten überzeugt. Hätte es früher jemand bei einem Thermikwettbewerb gewagt, ein Modell mit Elektromotor auszurüsten, er wäre sofort disqualifiziert worden. Und genauso werden wir in einigen Jahren über unsere heutigen kurzsichtigen Bemühungen, bei Wettbewerben die Elektronik aus dem Modell möglichst zu verbannen, lächeln.

Ein Beispiel dafür ist die Klausel der F3J Klasse, die jede Datenübertragung aus dem Flugzeug zum Piloten untersagt. Natürlich kann das Modell zu einem Helfer funken der dann "210 Meter Höhe" ruft. Es ist absehbar, daß sowas den Regelmachern zornrote Gesichter und den Piloten das nächste Verbot einbringt. Der der Klausel zugrundeliegende Gedanke der Chancengleichheit wurde damit eher zu einer Art Rundumschlag gegen alles, was außer der Fernsteuerung elektrisch ist.

Gerade beim Thermikflug verschenkt man damit aber ein Menge nützlicher Daten. So könnte man unter anderem während des Fluges Barogramme aufzeichnen oder die Flugleistung messen sowie die Sinkgeschwindigkeit, die Akkuspannung, die Fahrtwindtemperatur und nicht zuletzt die Thermik und deren Häufigkeit.Daher mußten wir bei der Entwicklung unseres Thermikcomputers einen anderen Weg gehen. Gesteht man dem Piloten keinerlei Datenübertragung zu, so muß eben das Modell intelligenter gemacht werden. Grundlage war die Jahrzehnte alte Praxis der Freiflieger, einen Segler durch konstruktive Maßnahmen wie z.B. einseitige Schränkung selber die Thermik suchen zu lassen. Bei der größeren Masse der ferngesteuerten Modelle und der damit verbundenen erhöhten Trägheit wäre das allein aber weniger wirksam, von den Einbußen bei der Flugleistung ganz abgesehen. Außerdem wäre ja auch das Anheben einer Fläche in der Thermik schon eine Datenübertragung.

"Kann man ein Modell mit moderner Elektronik so intelligent machen, daß es sich selber die Thermik sucht?" fragte uns vor einiger Zeit ein Modellflieger. Wir fanden die Idee gut und fingen an zu herumzurechnen. Lötkolben und Computer sowie eine ganze Menge Freunde wurden eingeschaltet, das Bier kaltgestellt und die Herzendsdame(n) in Urlaub geschickt...

Heraus kam ein völlig neuartiger Thermikcomputer, der TC1. Mit fast zwei Mannjahren Arbeit steckt eine Menge Intelligenz darin und Sie dürfen schon erwarten, daß das Teilchen mehr macht als beim Steigen Linksruder zu geben...

Zunächst zur verwendeten Hardware: Der TC1 ist ein 55 Gramm leichtes Kästchen mit den Abmessungen einer Streicholzschachtel, damit es nicht jeder gleich sieht. Er wird aus dem Empfängerakku gespeist.

Herz der Schaltung sind ein Luftdrucksensor zur Höhenmessung sowie ein "Single Chip" Mikroprozessor zur Auswertung der Daten dieses Sensors. Der Prozessor hat Anschlüsse für die Servos sämtlicher (!) Achsen, deren Steuerung er übernimmt, wenn er es für richtig hält und der Pilot keine Einwände hat. Selbstverständlich kann der Pilot aber jederzeit eingreifen. Für zweiachsgesteuerte Modelle kann auf "nur" Seiten- und Höhenruder umgestellt werden. Hauptsächlich macht der Thermikcomputer folgendes:

A) Auffinden von Thermik und vermeiden von Abwinden.
B) Messung der Thermikstärke und -Breite, Entscheidung zum Einkreisen.
C) Optimales Zentrieren in der Thermik.
D) Messen und Begrenzen der Flughöhe, Aufzeichnung des Fluges zur späteren Auswertung.

Zu A): Grundlage aller Funktionen ist, daß sich der Thermikcomputer ständig über die Höhe über Grund "im Klaren" ist. So wird er z.B. nie versuchen, am Boden oder in Bodennähe die Steuerung des Modells zu übernehmen. Ebenso kann er sich "denken", daß, wenn das Modell am Boden lag und dann auf einmal 5 Meter Steigen hat, ein Winden- oder Gummiseilstart vorliegt. Er hält sich dann dezent zurück.

Im Flug errechnet er aus der Höhenänderung unter anderem die Daten des "Varios". Natürlich hat er kein Vario an Bord, sondern das Vario wird im Rechner simuliert und existiert sozusagen nur als Programm. Das bringt gegenüber einem echten Vario eine Reihe von Vorteilen, da es jetzt praktisch frei programmierbar ist. Wir kommen noch darauf zurück.

Fliegt das Modell durch einen Abwind, so übernimmt der TC1 die Steuerung nur solange, bis er das Modell auf der Seite, die das geringere Sinken ergibt, am Abwind vorbeigeflogen hat und das Modell wieder die normale Sinkrate erreicht.

Funktionen wie "am Boden liegen", "normale Sinkrate" und einge andere, wie "geringstes Sinken" usw. errechnet sich der TC1 selber, wobei er auf im Festwertspeicher (ROM) abgelegte Eckdaten zurückgreift. Diese sind universell ausgelegt und wurden dem TC 1 "von Geburt aus" mitgegeben. Unter anderem deswegen ist es auch wichtig, daß das Gerät mindestens 15 Minuten vor dem Start eingeschaltet wird. Es wird damit sozusagen an seine Umwelt gewöhnt.

Das Auffinden von Thermik ist noch eine seiner einfacheren Übungen. Der TC1 bezeichnet einfach alles, was weniger Sinken als normal ergibt, als Thermik und übergibt dann die Kontrolle an Programmschritt B). Zwei Einwände drängen sich natürlich auf:

1) Woher weiß der Computer, daß es keine "Knüppelthermik" war?

Nun, daran mußten auch wir etwas knacken. Eine elektronische Kompensation war des Rätsels Lösung, sie funktioniert im Inneren des TC1 ohne Verbindungen nach außen, somit also sogar ohne die sonst übliche und lästige Düse am Seitenleitwerk.

2) Wie findet das Ding Thermik?

Der TC1 hat kein Navigationssystem an Bord. Wir hätten es ihm liebend gerne spendiert, sei es auf Trägheits- oder Satellitenbasis, denn dann könnte das Modell selbsttätig eine bestimmte, sehr große Fläche abgrasen oder sich viele Kilometer weit mit dem Wind in einer Blase versetzen lassen. Allein, wir haben (gottseidank) keine militärischen Auftraggeber und somit fließen unsere Finanzquellen spärlicher. Also darf der Pilot entweder das volle Gewicht seiner Erfahrung in die Waagschale werfen und thermikverdächtige Hausbärte selber anfliegen, oder er stellt die Trimmung des Seglers auf weites Kreisen vor dem Wind oder Geradeausflug ein.

Gerade letzteres ist entgegen der allgemeinen Meinung gar nicht schlecht. Denn der Thermikcomputer ist nicht dazu da, um Bärte, die man mit bloßem Auge sehen kann, auszukurbeln, obwohl er das natürlich kann. Die meisten älteren Thermikflieger wollen einfach nicht wahrhaben, daß die Stärke einer Thermik umgekehrt proportional zu ihrer Häufigkeit ist. Das heißt: Schwache Thermik ist fast immer da und wir sind im Gegensatz zu früher ausgesprochen dankbar, wenn wir hin und wieder noch ein Exemplar der leider aussterbenden Gattung der "ich fliege seit 30 Jahren und seh' Thermik auch so" finden. Wir bitten es dann, Platz zu nehmen und demonstrieren Vario oder Thermikcomputer an einem besonders schlappen Bart. Wenn das Modell dann nach einer Viertelstunde zwei, drei oder auch zwanzig Meter Höhe gewonnen hat und die Thermik stärker zu werden droht kommt entweder der Kommentar "wär' mir sowieso zu lang, 'ne Viertelstunde am Stück zu fliegen" oder ein kleinlautes "Donnerwetter, das hätte ich nicht geschafft. Geht das immer?" (Ja!) Soviel zu "Thermikguckern".

Zu B) Trifft der TC1 auf eine Thermik, passiert scheinbar erst mal gar nichts. Im Inneren des Prozessors aber rumort es dann schon. Er errechnet die Stärke des Bartes und seinen scheinbaren Durchmesser. Scheinbar deshalb, weil man ja selten eine Thermik genau in der Mitte trifft. Ergäbe das Fliegen in diesem Bart ein mindestens 50% geringeres Sinken, übernimmt der TC1 die Kontrolle über das Modell erstmals im Programmablauf. Alle Steuerausschläge werden dann in Punkt C) erzeugt.

Wir hatten hier zunächst auf Nullschieber programmiert, mußten dann aber die Feststellung machen, daß man meist nach dem Zentrieren durchschnittlich noch einmal ca. 40% mehr Steigen bekam als beim ersten Kontakt mit dem Bart.

Zu C) Optimales Zentrieren besteht aus mehreren Schritten. Zunächst einmal wird kurz vor dem hinteren Ende der Blase durch einen kurzen "Wackler" des Querruders die beste Umkehrrichtung ermittelt. Als Mensch nimmt man erfahrungsgemäß die Seite, an der die Fläche hochgeht, es sei denn, das komische Kitzeln in der Nase ist wieder da, dann natürlich andersrum. Der Thermikcomputer ist aber wegen des fehlenden künstlichen Horizontes dazu nicht direkt in der Lage und muß erst selber die richtige Kurve herausfinden. Zum Trost sei gesagt, daß er das dafür dann aber auch fehlerfrei macht.

Darauf tastet er sich nach der Reichmann'schen Zentrierregel in das Zentrum der Thermik vor, sodaß nach und nach ein komplettes "Bild" der Thermik im RAM des Computers entsteht. Theoretisch könnte man sich durchaus ein farbiges Bild der Thermik nach Flugende an die Wand hängen.

Sind alle Daten über den Bart gesammelt geht der Thermikcomputer an das Optimieren der Steigleistung. Das heißt: Er legt das Modell in einer der Blase angepaßten Schräglage in die Kurve. Dann "zieht" er soweit am Höhenruder, bis das geringste Sinken bzw. beste Steigen erzielt wird. Den Wert für die Minimalfahrt hatten wir erst fest programmiert, haben ihn aber später zugunsten einer dynamischen Änderung aufgegeben, da das Modell in dünnerer Luft etwas schneller fliegen muß.

Die Vorteile eines virtuellen Varios sind beim Zentrieren enorm. Der Prozessor rechnet die gesamte Trägheit des Meßsystems heraus und hält sozusagen immer genau richtig vor. Auf der anderen Seite kann er die gleiche Varioanzeige aber auch so extrem integrieren, daß er die über einen längeren Zeitraum gewonnene (oder auch nicht gewonnene) Höhe zur Entscheidung über die Tauglichkeit des Bartes heranzieht. Das ist zum Beispiel bei Bärten nötig, die zwar ein starkes Steigen liefern, aber so dünn sind, daß das Modell einfach nicht "hineinpaßt" und selbst bei maximaler Schräglage stärker sinkt als im Geradeausflug. Eine solche Höhenbilanz ist wichtig, denn der TC1 kann die Leistung eines Bartes nicht immer vorausahnen, er könnte sonst z.B. auch ein Walze für Thermik halten.

Fällt die Steiggeschwindigkeit ab, so zentriert der TC1 nach, bleibt sie konstant, zentriert er nicht nach.

Das ist ein wesentlicher Unterschied zum "normalen" (?) Piloten. Wir kennen keinen, der nicht hin und wieder schon einmal gegen besseres Wissen probiert, ob es nicht nebenan noch ein bißchen mehr hoch geht? Der Computer aber zeigt eine Engelsgeduld, da er den Bart ja komplett "vor Augen" hat.

Es ist schon ein schönes Schauspiel, wenn man dem Modell bei einem solchen "Geiern" zuschaut. Die Kreise liegen, wie man neidlos zugeben muß, sauberer und ruhiger als mit Pilot, die Steigleistung ist enorm. Obwohl nur nackte Technik am Werk ist, hat man das Gefühl, der Segler hätte Augen und es säße wirklich jemand drin, der steuerte.

Zu D): Bekommt der Thermikcomputer keine Steuerungsanforderung vom Piloten, so bringt er das Modell bis auf 1000 Meter über Start. Dann leitet er ein beliebig programmierbares Abstiegsmannöver bis auf 200 Meter Höhe ein. Wir haben z.B. einen Tiefenruderausschlag gewählt, der 10 M/Sec. Sinken ergibt. Fällt das Modell schneller, zieht der TC1, fällt es langsamer gibt er mehr Tiefe bis hin zum senkrechten Sturz. Das ist zugegebermaßen brutal, aber für einen TC1 kann man sich deutlich eine ganze Menge neuer Flächen kaufen....

Die Aufzeichnungslänge ist bedingt durch den knappen Speicherplatz des gewählten Prozessors kurz; sie ließe sich mit zusätzlichem RAM natürlich erweitern.

Die Flugpraxis:

Der erste Testflug verlief hier und da noch etwas zu logisch. So "begrüßte" das Modell den Piloten, der es nach der Landung aufhob, zum Beispiel mit einem freudigen Wedeln der Ruder.

Beim ersten Thermikflug waren wir natürlich gespannt, was passieren würde. Würde er einen Bart erkennen? Kann ein Computer überhaupt zentrieren? Rein theorethisch war ja alles klar, aber...

Wir erwarteten hektisches Steuern und gelegentliches Funktioniern, aber es kam anders. Hauptursache dafür war offenbar die Fähigkeit des TC1, selber zu lernen.

Den ersten Bart flog er einigermaßen unbeeindruckt bis zum Rand durch, wie man im probeweise mitlaufenden Vario verfolgen konnte. Doch dann übernahm er tatsächlich und kaum spürbar die gesamte Kontrolle über das Modell und kurvte noch etwas "ruckelnd" ein. Anfangs hatten wir etwas Angst, schließlich gibt man sein Modell ja nicht einfach irgendeinem unbekannten Piloten in die Hand, aber kurze Zeit später waren wir baff.

Denn schon nach einigen Kreisen wurde das Flugbild immer harmonischer. Der TC1 setzte die Kreise zunehmend ruhiger und sauberer hin, das Zentrieren schien ihm keine Mühe zu machen, die Kreise lagen offenbar immer im Zentrum der Thermik. Das Flugzeug glich immer mehr einem Vogel und wir kamen uns etwas nutzlos vor.

Erstaunlich auch die außerordentlich weichen Korrekturen mit dem Höhenruder. Versuchsweise haben wir beim Kurbeln kurz übernommen und prompt wesentlich geringeres Steigen erzielt (wobei der TC1 danach erneut den gesamten Bart ausloten mußte). Offensichtlich ist also auch seine Koordination von Seiten- und Querruder präziser. Die Leistungsdaten des Modells erkennt der TC1 im Flug erheblich besser als der Mensch und optimiert sie sofort eigenständig. In engen Bärten gab es sogar ein leichtes Slippen!

Wie schon vom Variofliegen her gewohnt waren auch mit dem TC1 die Flüge "endlos". Gerade in schwacher Thermik, am schönsten Abends, saßen wir einfach da und wunderten uns, wie gut ein Modell fliegt, wenn man es nicht steuert....

Da der TC1 im Gegensatz zu den Autoren nicht gerade wählerisch mit den Bärten ist, waren es meist nur Sekunden bis Minuten bevor der Computer sanft aber bestimmt die Steuerung übernahm um das Modell gen Himmel zu entführen.

Zum Schluß haben wir dann versucht, das Gerät zu narren indem wir am Hang flogen. Eigentlich ist dazu ein spezielles Hangflugprogramm notwendig. Aber da der Aufwind am Hang relativ konstant war, flog der TC1 tatsächlich erst mal die gesamte Hangkante entlang im Glauben, es handle sich offenbar um eine erstaunlich breite Blase. Am Ende drehte er und flog fast die gesamte Strekke zurück.

Natürlich ist der Computer nie dazu konstruiert worden, aber es war doch interessant, wie er sich in diesem Grenzbereich und Neuland wacker schlug. Die erlernten Daten über eine solche "Thermik" haben wir nach Ende des Hangfluges allerdings schleunigst gelöscht... Wir wollten schließlich keinen "verweichlichten" Computer, der Riesenbärte gewöhnt ist und den echten Biß in schwacher Thermik vergißt!

Insgesamt waren die wenigen Flüge, die uns mit dem TC1 vergönnt waren, eine geruhsame Sache. Den größten Teil der "Arbeit" beim Thermikfliegen nimmt er dem Piloten ab. Wir brauchten eigentlich immer nur noch zu entscheiden, was wir mit der gewonnenen Höhe anstellen sollten. Meist turnte man ein bißchen herum, ein paar Rollen, Loopings und dann sollte der Vogel selber sehen, wie er wieder auf Höhe kam. Wir haben ihn dazu einfach gegen den Wind vorfliegen lassen.

Das Ganze klappte besser, als wir es vom normalen Variofliegen her gewohnt waren, denn man brauchte die nach längeren Flügen ohnehin nachlassende Konzentration nicht mehr so sehr wie beim Kurbeln "von Hand". Bei ruhigem Wetter ergibt sich ferner eine Art Autopilot bei den ortsfesten Bärten und ganz besonders bei abendlicher Umkehrtermik, sodaß auch mal eine kleine Pause zum Austreten ohne ängstliche Blicke nach oben (und unten) möglich war. In letzterem Fall (der Umkehrthermik natürlich, was dachten Sie?) waren sogar Flugzeiten bis 20 Minuten über einem kleinen Waldstück drin, bei denen nicht eine Steuerbewegung von uns nötig war.

Geruhsames Fliegen ist eigentlich nur ein "Abfallprodukt", denn der Thermikcomputer ist für den harten Wettbewerbseinsatz konstruiert und schont in ruppiger Thermik durch häufige Korrekturen der Fluglage nicht gerade die Servos. Auch in der Umkehrthermik wird er nach einger gewissen Zeit "nervös" und "nagt" an dem Bart herum. Ursache ist vermutlich die geringe Inversionshöhe der Umkehrthermik, die die Bärte am oberen Ende "zerfasern" läßt.

Aus Platzgründen konnten wir hier nicht alle Funktionen des TC1 darstellen. Besonders im Bereich "Nachzentrieren" und bei den Selbstlernfunktionen sind noch einige "Bonbons" eingebaut, die (hochwillkommenen, wann gibt es endlich welche?) Mitbewerbern einige kleine Kopfnüsse aufgeben dürften.

Eine kritische Bemerkung zum Schluß noch. Es bleibt zu hoffen, daß die Regelungen, die zu einem solchen Gerät führten, möglichst bald abgeschafft werden. Ein einfaches Vario würde den gleichen Zweck auch erfüllen und gäbe dem Piloten sogar hin und wieder mal die Gelegenheit, selber zu steuern....

Würden alle Piloten einen Thermikcomputer einsetzen, so würde genau wieder die Situation entstehen, wie wir sie heute vom Autorennen bis hin zum Elektroflug haben, nämlich die, daß derjenige mit der besseren Hardware und somit der dickeren Geldbörse gewinnt und nicht etwa der bessere Pilot.

Übrigens: Den üblichen Vorwurf "der ganze Artikel ist doch bloß Schleichwerbung für die" lassen wir nicht gelten; das Gerät wurde exclusiv als Einzelstück im Auftrag entworfen. Es steckt die Arbeit von 12 flugbegeisterten Mitarbeitern darin.

Trotz unserem stets unterschwellig vorhandenen Heimweh nach Röhrenpendlern, Sperrholzseglern und Einkanal Schrittschaltwerken hatten wir manchmal das Gefühl, daß das Fliegen mit dem Thermikcomputer letztlich doch ein Schritt weg von der Technik hin zu mehr Übereinstimmung zwischen Modell und Vogel ist.

Das einzig wahre Modell

"Das Segelflugproblem ist wahrscheinlich nicht so sehr ein Problem besserer Flügel, als das besserer Piloten."

Wilbur Wright, 1903

Es gab da mal einen Piloten, der am Sonntag strahlend mit seinem neuen Modell erschien, einem weiblichen. Nun zählen beim Klatsch auf dem Platz ja bekanntlich nicht Tatsachen, sondern Details. Wir können Ihnen aus verständlichen Gründen nicht die hochinteressanten und durchaus nachvollziehbaren Details schildern, die ihn zu der Annahme veranlaßten, dieses Modell sei das einzig wahre. Aber viele Modellbaufirmen werben in ihren Hochglanzprospekten leider tatsächlich mit Argumenten wie "einzigartige Flugleistungen", "rauchglasfarbene Kabinenhaube" oder "hervorragendes Finish", womit wohl der besonders "aerodynamische" Micky Maus Aufkleber gemeint ist.

Obwohl wir uns auf fremde Plätze nur mit tief ins Gesicht gezogenem Hut und hochgekrempeltem Mantelkragen trauen, ist die erste Frage nach der Enttarnung immer die, welches Modell *wir* denn nun zum Thermikfliegen empfehlen. Dann gilt es zu überlegen. Eine falsche Antwort und schon müssen wir zum wiederholten Male hören, was wir ohnehin schon wissen, nämlich daß wir absolut gar keine Ahnung vom Thermikfliegen haben. Die meisten Piloten stimmt es nachdenklich, wenn wir sie fragen, welches Modell sie denn gerade so fliegen. Da heißt es dann meist "ja, die Downwind 2000 mit den Verbundflächen in Stahl - Betonbauweise, aber das ist doch kein richtiges Thermikmodell." Hmm, warum denn nicht? Warum vermuten die meisten Leute die "richtigen" Thermikmodelle immer woanders, nur mal bloß nicht im eigenen Modell? Muß es denn unbedingt ein Einheitsmodell für alle geben? Grundsätzlich ist absolut jedes Segelflugmodell auch zum Thermikfliegen geeignet, selbst manche Motormodelle noch....

Franz Perseke schreibt in seinem Buch "Das Segelflugmodell" (2) treffend: "Oft stellt sich ... heraus, daß ein Profil mit guter Steigleistung (Thermikprofil) gesucht wird, welches man aber auch einigermaßen schnell fliegen und mit dem man nach Möglichkeit auch noch ein wenig Kunstflug machen kann. Es kostet oft einige Mühe und Geduld, bis die Leute überzeugt sind, daß es das gesuchte 'beste Universalprofil' nicht gibt und nie geben wird."

Dies gilt genauso für ein Thermikmodell. Wer Thermik- und hin und wieder ein bißchen Kunstflug machen will, notfalls aber auch einmal flott gegen den Wind marschieren möchte, findet dafür eine ganze Reihe Segler, darf sich aber dann bitte nicht wunderen, wenn andere Segler besseres Sinken haben oder wieder andere eine höhere Maximalgeschwindigkeit. Von der Illusion, daß es ein Allroundmodell doch geben könnte, lebt heutzutage eine ganze Industrie. Wer mehrere Einsatzmöglichkeiten ohne Kompromisse haben möchte, muß sich mehrere verschiedene Modelle bauen. Allerdings gibt es Piloten, die mit einem Hochglanzflitzer und einem cw-Wert verdächtig nahe an Null nur zwei Minuten lang obenbleiben, weil sie einen zehn Meter Bart in Unkenntnis desselben ungenutzt stehenlassen. Andere vergnügen sich mit zwei zusammengenagelten Balsabrettchen in luftiger Höhe Stunde um Stunde und feilschen um jeden Zentimeter Sinken.

Sie werden in diesem Kapitel vergeblich eine Aufzählung der "besten" Thermikmodelle finden, die man als Thermikprofi gefälligst zu fliegen hat. Das liegt nicht etwa daran, daß uns die Hersteller keine kleinen finanziellen Hilfen zur Beschleunigung der Entscheidungsfindung angeboten haben, sondern am Einsatzzweck des Modells. Wer von morgens bis abends nur Meßflüge machen will oder muß, wird ein robustes Zweckmodell bar jeglicher Ästhetik vorziehen. Wer an einem Thermikwettbewerb teilnimmt, möchte ein kompromißloses Thermikmodell haben. Wettbewerbsflieger haben ganz genaue Vorstellungen davon, was ihr Modell können muß. Der größte Teil unserer Leser aber werden Hobbypiloten sein, die hauptsächlich am Wochenende zur Entspannung fliegen. Sie möchten ein unstressiges typisches Thermikmodell haben: Leicht, langsam und mit doppelter V-Form. Gut so, aber lassen wir die Scheuklappen weg; man kann auch mit den nachfolgenden Modellen prima Thermikfliegen. Die möglichen Extreme der Einsatzbereiche sind:

A) Das Anfängermodell

Einfach zu fliegen, keine "Macken", niedrige bis mittelmäßige Gesamtleistungen, gutes Handling. Leider werden diese Flugzeuge oft zu unrecht belächelt, zumal sich auch heute noch mit reinen Anfängermodellen Rekorde holen lassen. Wenn wir uns auf *ein* Modell beschränken müßten, wäre es mit Sicherheit ein Anfängermodell. Käme eine clevere Firma endlich mal auf den Gedanken, das gleiche Modell mit dem Attribut "Auch als Allroundmodell für Semiprofis" anzubieten, wäre der Absatz riesengroß und man könnte sich auch als Profi damit noch sehen lassen. Anfängermodelle nehmen problemlos Thermik an, wenn auch die Sinkgeschwindigkeit für schwache Bärte etwas happig ist.

B) Der Thermikschleicher

Optimiert auf minimales Sinken, Leichtbauweise, fliegt schon beim geringsten Wind rückwärts. Ein Genuß bei Windstille und schwacher Thermik oder bei Leichtwind am Hang. Langsamen Modellen sieht man die Thermik besser an, manchmal schütteln sie sich dann regelrecht. Sie sind aber aufgrund ihrer geringen Masse in der Thermik nicht immer einfach zu fliegen. Gerade bei mittlerer und starker Thermik läßt die Ästethik des Flugbildes Zweifel an den Erfahrungen des Piloten aufkommen. Es ist eine Qual einen Thermiksegler bei Wind zu fliegen.....

C) Kunstflugmodelle und Hangflitzer

...und es ist eine Qual, einen Windsegler bei Thermik zu fliegen. Kurze Rollzeiten, hohe Endgeschwindigkeit. In vielem das Gegenteil vom Thermikschleicher, braucht mindestens mittlere bis gute Thermik zum Obenbleiben.

D) Der originalgetreue Segler

Die KA 6 zum Beispiel. Ein Leckerbissen fürs Auge, wunderschön am Himmel. Es wäre schlichtweg eine Unverschämtheit, ein solches Modell einfach nur nach ein paar Polarzahlen auf dem Papier zu beurteilen. Die Einbußen bei der Flugleistung nimmt man gern in Kauf. Da diese Maschinen aber aus irgendeinem rätselhaften Grund oft enorm wendig sind, kann man damit in der Thermik erfreulich eng kreisen.

E) Der Großsegler

Oft noch mit technischen Feinheiten wie Wölb- und Landeklappen versehen. Ideal für Strecken- und Höhenflüge, nett anzusehen. Großsegler sind bei Höhen über rund 600 Meter die idealen Maschinen. Sie haben einen sehr breiten Geschwindigkeitsbereich und fliegen aufgrund ihrer hohen Masse ruhig. Da sie auch in Höhen über 1000 Meter noch gut zu sehen sind, kann man sich ein schönes Polster von Luft zulegen, sobald man den Einstieg in die Thermik gefunden hat. Den Gedanken an einen Absturz verdrängt man zweckmäßigerweise. Hat ein Großsegler Wasserballast, so war im Nachhinein betrachtet der Zeitpunkt des Abwurfes immer falsch, egal wann er stattfand...

F) Das Wettbewerbsmodell

Bietet große Vorteile bei den Wettbewerben, bei denen es auf das Modell ankommt, und nicht auf den Piloten. Für viele Leser dieses Buches dürften die kleineren F3J Modelle bis 3 Meter Spannweite recht interessant sein. F3J und F3B Modelle sind ausgefeilt und bieten erstaunlich gute Kompromisse zwischen Thermik- und Geschwindigkeitsleistungen. Natürlich wird ein F3J Modell nie so schnell fliegen können, wie ein F3B Teil, aber bei fast gleicher Sinkgeschwindigkeit oft sehr viel schneller als ein Thermikschleicher. Auf der anderen Seite wird ein F3B Segler nie so gut in der Thermik kurbeln können, wie ein F3J Segler, bewältigt dafür aber bei mittlerem oder starkem Wind große Strecken problemlos.

G) Experimentalmodelle

Passen pauschal in keine Schublade. In den ersten 50 bis 100 Meter sind bei engen Bärten Nurflügler oder schwanzlose Modelle ein Hochgenuß. Allerdings wird es in thermisch interessanten Höhen aufgrund der enormen Wendigkeit oder der geringen Spannweite sehr schwierig, die genaue Lage des Modells nach einer Richtungsänderung zu erkennen. "Kippelige" kleine Nurflügler sind für längere Thermikflüge nicht optimal.

Das sind, wie gesagt, nur die unvermischten Extreme, und all das gibt es ja auch noch elektrifiziert.

Wenn man sich nach einiger Zeit vom Anfängermodell bis zur Superorchidee vorgearbeitet hat, vergißt man schnell die Vorteile einfacher Modelle. Wer in der großen Fliegerei vom Gleitschirm über den Drachen auf das Segelflugzeug umsteigt, empfindet jedesmal die Steigerung der Leistungsfähigkeit als ganz enorm, gewöhnt sich jedoch schnell daran. Wer den umgekehrten Weg zurück vom manntragenden Segelflugzeug zum Modell geht, wird der Gleitzahl nachtrauern, aber sich wieder über die enorme Häufigkeit der nutzbaren Thermik freuen.

Bei der Wahl jeglicher Modelle im Leben eines Mannes gibt es ein kleines Problem ganz anderer Natur; das Prestige. Geben Sie es ruhig zu. Es ist schon ein Unterschied, ob Sie auf dem Platz mit dem soeben erstandenen F3B Trainingsmodell des amtierenden Weltmeisters oder dem soeben reparierten Trainingsmodell Ihres amtierenden Sohnes erscheinen. Auch wir mußten erst einen psychologischen Abhärtungskursus ("Sie, sie sind ein, ein....".''Ich weiß"; drei Wochenenden, 520 DM incl. Verpflegung und Unterkunft) belegen, bis wir uns zu unserem ersten Wettbewerb mit einem Modell trauten, das laut Katalogangaben "gutmütig ist, insbesondere für unerfahrene Anfänger und Feierabendpiloten geeignet. Pilotenpuppe bereits fertig bunt bemalt." Finden Sie sich damit ab, daß Zuschauer nur die anderen Piloten fragen, was deren Modelle denn so kosten, um dann zu allerletzt vor Ihrem Modell kopfschüttelnd stehenzubleiben mit der Bemerkung "unglaublich, selbst sowas fliegt noch."

Es gibt einen bekannten, sehr preiswerten Einfachsegler aus den USA, der nur etwa ein Fünftel eines "richtigen" F3J Modells kostet. Seine Flugleistungen sind auch tatsächlich schlechter, als die eines Profimodells, aber wir reden bei "schlechter" von Differenzen unter fünf Prozent. Selbst der kleinste Pilotenfehler in der Thermik kann ganz erheblich mehr zunichte machen, als nur die bessere Leistung.

Wir kurbelten in dem weltberühmten Thermikfliegen um das goldene Scheunentor von Untereschbach zusammen mit unserem härtesten Konkurrenten unter ähnlichen Bedingungen. Er flog eine 2000 DM teure Wölbklappen-Maschine, wir wie immer unser Anfängermodell. Der Bart war sehr schwach und ermöglichte lediglich ein vermindertes Sinken. Als eine Baumreihe immer näher kam, war es nicht nur eine wettbewerbstaktische Entscheidung, wann wer den Bart verlassen mußte, es ging schlichtweg auch um das Risiko des Modellverlustes durch eine Baumlandung. Hier holten wir dann durch weiteres Kreisen mit Abstand wieder den Nachteil des schlechteren Modells auf.

Obwohl im Handel eine reichhaltige Palette von Modellen für jeden Geschmack existiert, hat wohlweislich noch nie ein Hersteller ein Modell herausgebracht, das einfach nur robust ist. Klar, keiner könnte mehr etwas daran verdienen. Im Gegenteil, selbst Anfängermodelle haben möglichst spröde Plastikrümpfe statt vier Balsabrettchen, wer fliegt schon im Winter? Selbst an einem heißen Sommertag mit blauem Himmel und ein paar kleinen weißen Wölkchen darin, - es war schon vorgestern und gestern schön und heute haben Sie sich extra freigenommen- ist ein flugfähiger weil robuster Uraltsegler immer noch besser als eine soeben "gekillte" Traummaschine mit angelegten Ohren.

Was nun? Unentschlossen wälzen Sie zu vorgerückter Stunde einen gewaltigen Haufen bunter Hochglanzprospekte, unterstützt lediglich von einem Glas Bier und zwei Tüten Erdnußchips.

"Der neue <Thermos-Can> Segler hat 0,31098 Meter Sinken" zitiert da zum Beispiel ein Hersteller seinen Computer, wobei in der Werbung leider der zweite Teil des Satzes, "aber wehe, es ist bockiges Wetter", fehlt. Fragte man den gleichen Computer, ob Hummeln fliegen können, würde er verneinen, die Flächenbelastung sei zu hoch. Aber lassen wir das. Zugegeben, wer in der Aerodynamik ernsthaft arbeitet, braucht einen Computer und es ist ja immerhin schon eine tolle Sache, daß überhaupt mal ein Hersteller sowas angibt anstatt "hervorragende Sinkwerte, bestes Gleiten". Das ist ein Hohn auf jeden Versuch, Flugleistung endlich mal nachmessbar zu machen. Bei dem Modell, das die besagten 0,31 Meter hat, stimmt der Wert sogar, nur: Das kann fast jeder mit seinem Elektro Uhu auch. Nehmen wir einen kalten Wintertag bei Hochdruck gegen 15 Uhr als Startzeitpunkt, gegen Mittag gab es etwas Thermik, jetzt ist Ruhe. Kinderspiel. Oder das schon erwähnte Buttermilchwetter. Dann wird jeder Segler, im Bodeneffekt vielleicht sogar noch manches Motormodell dieses Sinken haben. Selbst ein Modell der Autoren mit etwa 0,5 Metern Sinken (nein, so schlecht ist dieser Wert gar nicht, er ist nur ehrlich) bringt unter geschönten Umständen ein nachprüfbares Sinken von 0,1 bis 0,2 Metern. Das ist aber ein Wert, den das Modell schon rein rechnerisch kaum aufweisen kann. Dazu kommt das Problem, daß die Luft mit abnehmender Eigensinkgeschwindigkeit des Seglers immer stärker "nie gleich" scheint.

Ein seriöser Hersteller wird keine errechneten, sondern reale Leistungen angeben und auch, bei

- welcher Tageszeit,
- welcher Temperatur,
- welcher Höhe,
- welchem Wetter und Luftdruck und
- mit welchen Höhenmesser bzw. Vario

gemessen wurde und wann das zuletzt kalibriert wurde. Übrigens sind solche Werte selbst dann noch mit Vorsicht zu genießen. Es gibt durchaus Traumsegler, die auf dem heimatlichen Flugplatz vielleicht tatsächlich zwei Drittel der versprochenen Leistungen erbringen, beim Kreisen in der Thermik aber von jedem Anfängersegler ausgekurbelt werden. Nicht nur wegen des zu großen Kreisradius', sondern weil das Sinken nur im Geradeausflug oder gar im Windkanal gemessen wurde. Das ist ein schwerer Fehler. Es gibt durchaus Modelle, die wunderbar auf Thermik ansprechen, aber dann beim Kreisen grausige Defizite erkennen lassen. Andere Modelle entwickeln im

Geradeausflug annähernd Sturzflugqualitäten, werden in Kurven schon zu zahmen Lämmern um dann in engen Kreisen dem Piloten vor lauter Begeisterung eine Gänsehaut zu entlocken.

Aussagekräftiger sind Vergleichsmessungen zweier Modelle am gleichen Ort zur gleichen Zeit. Denn eine große Fehlerquelle ist selbst bei noch so gut funktionierender Elektronik deren mangelhafte Intelligenz. Stellen wir uns ein Modell im einem Abwind von zwei Metern pro Sekunde und einem Eigensinken von einem halben Meter vor. Ein Variometer würde in dem Fall also 2,5 Meter Sinken des Modells und nicht etwa zwei Meter Sinken der Luft und 0,5 Meter Sinken des Modells vermelden. Daher werden seriöse Meßflüge stets in die thermikruhigeren, aber ach so beliebten frühen Morgenstunden verbannt. Der Autor hat über diese Probleme (aber nicht die des frühen Aufstehens) an anderer Stelle (3) berichtet.

Ein schneller Segler hat bei böigem Wetter deutlich weniger Sinken als ein Thermikschleicher. Die Polare des letzteren rutschen bei erhöhter Fahrt (z.B. kurzer Böe) sofort in den Keller. Ferner kann ein schnelles Modell eine wesentlich längere Strecke in kürzerer Zeit nach Thermik "abgrasen". Im manntragenden Segelflug ist das auch ein Hauptargument gegen die lahmen alten Sperrholzvögel. Im Modellflug sitzen wir aber mehr oder weniger bekanntlich nicht selber im Flugzeug drin. Das ist ein großer taktischer Nachteil, da man sich bei starkem Wind in einer Blase nicht weit übers Land versetzen lassen kann. Die Sichtverbindung zum Modell begrenzt die größte Entfernung, in der geflogen werden kann.

Fliegt nun ein besonders schnelles Modell diese Strecke in einer halben Minute ab, so darf es danach wieder umkehren oder im Kreis fliegen. Was soll das? Wäre es dann nicht besser, eine etwas geringere Strecke abzufliegen, aber doppelt so lange in der Luft zu bleiben? Die Chancen, Thermik zu finden, erhöhen sich ja nicht nur mit der abgeflogenen Fläche, sondern auch mit der in der Luft verbrachten Zeit. Wir plädieren nicht für einen reinen Thermikschleicher, aber mit einem vier Meter Segler in einem zwei Meter breiten Bart zu kurbeln ist sehr frustrierend, und in einem 50 Meter breiten Bart fliegt ohnehin alles was Flügel hat. Ganz anders sieht das in 600 Metern Höhe aus. Hier ist der Großsegler in seinem Element, man kann jede Thermik mitnehmen, auf Strekke gehen oder nochmal 600 Meter drauflegen. Das Fliegen ist längst nicht so hektisch wie bei einem leichten Modell.

Unser vorlauter Computer hat uns in einer ruhigen Minute höflich darauf hingewiesen, daß wir beim Thermikfliegen je nach Wetter, Lust und Laune zwischen 75 und 98 Prozent der Zeit Kreise geflogen sind. Falls wir ihm Glauben schenken sollen, folgert daraus, daß ein reiner Thermiksegler seine Stärke weniger (wir meinen sogar: Gar nicht) im Geradeausflug, sondern im Kurvenflug haben sollte. Klar, bei Abwinden muß man mit äußerster Kraft voraus ("das muß das Boot abkönnen") zur nächsten Wolke. Wer sein Modell auf Schnellflug optimiert hat, wird diese auch ganz bestimmt erreichen, er wird aber auch ganz bestimmt nach einer halben Stunde gelandet sein, weil er zu wenig der Thermik fand, die seinem Modell zusagte.

Bisher wurden Segler auf alle möglichen Eigenschaften hin konstruiert, aber unseres Wissens nach noch nie auf kleinen Kurvenradius bei geringem Sinken. Das lag daran, daß ohne Variometer niemand die Position eines Bartes auf wenige Zentimeter genau bestimmen konnte. Wir hatten aber vorhin festgestellt, daß enge Thermik die häufigste ist. Die Natur hat das schon lange erkannt und konstruiert ganz besondere Modelle mit Streckungen bis hinab zu eins zu fünf, Steinadler zum Beispiel. Das sollte uns zu denken geben.

Ein Experimentalmodell mit geringer Spannweite und Streckung, aber sehr hoher Doppel V-Form (neuerdings nennen einige Hersteller das ja großspurig "dreifache V-

Form", wohlwissend, daß Modelle mit wirklich dreifacher V-Form sehr schwer zu bauen sind und bisher kaum eingesetzt wurden) hatte im Geradeausflug nur mittelmäßiges Sinken, das aber, man staune, im Kurvenflug fast gleich blieb. Das Kurbeln damit in der Thermik war ein nie erlebter Genuß. Man konnte enge Bärte fast beliebig ausfliegen und hatte Steigwerte, die kein Thermikschleicher bei diesen Bedingungen jemals aufweisen konnte. Das zweiachsertypische Schieben war minimal. Leider war die so erreichte Höhe wegen der größeren Sinkgeschwindigkeit auch schneller wieder verbraten. Aber wäre das nicht Anlaß genug, mal ein Modell für das Variofliegen bei schwacher enger Thermik zu entwerfen?

Die meisten Konstrukteure von Seglern scheinen offenbar zu glauben, daß man immer nur geradeaus fliegen möchte und schreiben dann im Prospekt was von optimalem Gleitwinkel. Wie selbiger in der Kurve aussieht, verschweigen sie schamhaft. Ein Modellflugzeug hat aber nicht die gleiche Aufgabe wie ein Großes, seine Passagiere von A nach B zu befördern. Bei allen Modellen, die arglose Piloten uns im guten Glauben, wir seien Profis, vertrauensvoll fliegen ließen, war die V-Form für lange Flüge oder enges Kurbeln zu gering. Wir haben versuchsweise einmal die V-Form eines zweiachsgesteuerten Modelles von drei auf zweiundzwanzig Grad erhöht. Erwartungsgemäß gab es etwa acht Prozent Leistungsabfall im Geradeausflug, aber rund dreißig Prozent Gewinn im Kurvenflug.

Bitte liebe Konstrukteure! Spendiert den kleineren und Anfängermodellen genügend V - Form! Die paar Prozent Leistungseinbuße im Geradeausflug (und nur da!) nehmen wir liebend gerne in Kauf. Ansonsten passiert nämlich Folgendes, wobei der Autor gerade intensiv an einen bekannten Elektrosegler denkt: Fast ein Traummodell, kinderleicht zu fliegen, spricht besser auf Thermik an und hat deutlich weniger Sinken als ein gleichgroßes Modell des Autors ohne Motor (..), aber, wehe dem, der damit eine auch nur halbwegs enge Kurve fliegen möchte (Abb. 72). Ab einem bestimmten Punkt erfüllt das Modell den Kurvenwunsch übereifrig und legt sich mächtig ins Zeug, die kurvenäußere Fläche zur kurveninneren zu befördern und umgekehrt. Einige Grad mehr V-Form und alles wäre palletti.

Es hat sich seit den 50-er Jahren in puncto Aerodynamik viel getan, etwa die Grenzschichtabsaugung der Kriegsflugzeuge oder die mittlerweile bei den Verkehrsmaschinen völlig fehlende Eigenstabilität, die einen Computer zur Steuerung nötig macht. Im Modellflug haben viele nette Leute ihr halbes Leben geopfert, um bessere Profile zu konstruieren oder Modelle zu optimieren. Fliegt man aber dann ein solches, mit knapper Not dem Computer entronnenes Profil, so zeigt es seine angepriesene haushohe Überlegenheit weniger in der Luft als vielmehr in den Verkaufszahlen. Und wenn dann noch die Nasenleiste mit Jagdtrophäen der verschiedenen Stechmükkenarten geschmückt ist, schrumpfen die angeblichen zwanzig Prozent Mehrleistung weiter.

Der Weg, die Flugdauer durch moderne Profile und hochwertige Oberflächen zu verlängern, ist nur ein Weg von mehreren. Aus einhundert Metern Seil mag eine Superorchidee vielleicht vier Minuten lang fliegen und ein Anfängermodell drei. Ein Solar Modell oder ein mit Vario ausgerüstetes bringen es unter den gleichen Umständen manchmal auf eine Stunde oder mehr. Das entspricht einer Steigerung von tausend Prozent gegenüber weniger als dreißig Prozent.

Wenn also mal wieder ein bahnbrechender Segler neu herauskommt, der alles Bisherige auf diesem Gebiet in den Schatten stellen soll, so ist Skepsis angebracht. Es ist nach wie vor unmöglich, ein Modell ohne variable Flügelgeometrie so zu konstruieren, daß es für sämtliche Einsatzbereiche optimal sein soll, von einem entsprechenden Profil ganz zu schweigen. Es gibt ein ganz anderes Argument, das für die Autoren viel wichtiger ist, als alle vor-

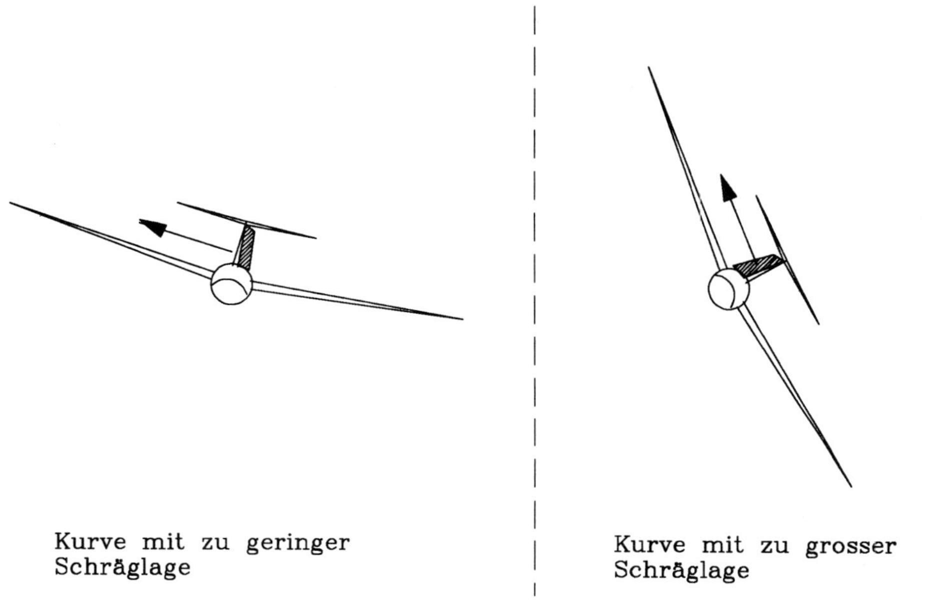

Abb. 72: Zweiachsgesteuerte Modelle mit geringer V-Form haben die Tendenz, mit zumehmender Schräglage von selber den Kreis immer mehr zuzuziehen bis hin zum Spiralsturz. Diese Tendenz ist in enger Thermik sehr unangenehm, denn man muß dann, obwohl der Kreis eigentlich eng sein soll, gegensteuern (rechte Abbildung). Auch dabei schiebt das Modell wieder, genau wie beim Einleiten der Kurve, diesmal in entgegengesetzter Richtung und wesentlich stärker. In der Mitte zwischen diesen beiden Extremen liegt die optimale Schräglage für den schiebefreien (und somit verlustarmen) Kurvenflug. Bei einem guten Thermikmodell muß dieser Mittenbereich groß sein.

herigen zusammen. Nehmen wir ein Beispiel: Heinz-Dieter X. (26), Jungunternehmer, hat sich die sehr vernünftige Auffassung, lieber öfters das Modell zu wechseln, als die Partnerin, zu Herzen genommen und sich die neue ASW 55 als Fertigmodell gekauft. Sie fliegt auch ganz prima, aber trotz aller bewundernden Blicke schleicht sich langsam das unbestimmte Gefühl ein:

"Es ist mir einfach nicht sympathisch. Ich hasse dieses Flugzeug."

Sein Clubkamerad Hein ist, wie immer, gegenteiliger Auffassung und fliegt (außerdem) immer noch sein Modell vom vorletzten Jahr, was ihm einige bissige Bemerkungen einbringt. Die Flugleistungen sind eher bescheiden, aber allein schon die farbigen Spuren auf den Rippen, die eindeutig belegen, daß hier und da eine Finkgerkuppe beim Ausschneiden im Weg war, stellen ein nicht zu verachtendes Nostalgiepotential dar. Falls Sie dieses Gefühl wirklich nicht kennen sollten, erinnern Sie sich an die neue Hose für die zwanglose Gartenparty bei Ihrem Chef. Sie sieht totschick aus, kratzt aber. Im Keller dagegen liegt noch die abgewetzte Jeans aus der Jugendzeit, mit Löchern, aber sehr bequem.

Das beste Modell nützt gar nichts, wenn man nicht dessen Grenzen und Möglichkeiten genauestens kennt. Wenn nächste Woche ein Thermikwettbewerb stattfände und die Firma XY uns dazu ihr allerneuestes Modell kostenlos zur Verfügung stellt, würden wir eher unseren eigenen alten Segler einsetzen. Ich weiß nicht, wie lange Sie brauchen, bis Sie das Flugverhalten Ihres Modells halbwegs kennen? Wir als Immer-noch-Anfänger brauchen irgendwas zwischen zehn und hundert Flugstunden dafür. Es ist nicht immer nachteilig, auf einem Wettbewerb eine Maschine einzusetzen, deren Konstruktion schon ein paar Jahre zurückliegt. Oder meinen Sie, daß der Pilot mit der finanziell besseren Ausstattung auch gewinnen sollte?

In einem Satz: Das Modell gut zu kennen ist genauso wichtig wie ein gutes Modell. Finden wir jedenfalls.

Mit zunehmender Flugpraxis mögen die meisten Thermikpiloten speziell lange Flüge, da diese eine gute Ausgangsbasis für Strecken- und Höhenflüge sind. Wir haben in den letzten Jahren bemerkt, daß ein Modell für solche Zwecke einige zusätzliche Eigenschaften aufweisen sollte.

Zunächst muß es, fliegt man häufig, robust sein. Den Großteil unserer Modelle haben wir ganz unrühmlich durch versehentliches Drauftreten vernichtet, statt in der Luft, wie sich das gehört. Offiziell war natürlich immer nur von herumlaufenden Hunden oder spielenden Kindern die Rede...

Es sollte ferner auch in der Luft robust sein, gegen Brechen und Ausbrechen. Bei starker Thermik ist die absolut einzige wirklich wirkungsvolle Abstiegshilfe der senkrechte Sturzflug. Wer mehrere Stunden lang obenbleiben möchte, dessen Modell muß paradoxerweise genau das können. In großer Höhe hat man etwa alle zehn Flugstunden so starke Thermik, daß man andernfalls das Modell oder zumindest die Flügel opfern müßte. Manche F3J Modelle haben einen fantastisch weiten möglichen Geschwindigkeitsbereich, legen aber nach einigen Sekunden Sturzflug die Ohren an, weil sie keine Landeklappen haben. Früher hießen diese sehr viel richtiger Sturzflugbremsen. Ein Profi braucht Landeklappen nicht nur zum Landen, sondern auch zum schnellen Notabstieg.

Diese Forderung schränkt den Kreis der in Frage kommenden Modelle ein. Achten Sie also auf durchgehende Holme in den Flügeln und elastische Verbindungen. Vollbeplankte Flügel bringen leider Gewicht, aber auch zusätzliche Stabilität und sind nach einer Landung im Stoppelfeld nicht so arbeitsintensiv. Ein festgeleimtes Höhenleitwerk oder mit Schrauben befestigte Flügel sind zwar aerodynamisch toll und manchmal auch notwendig, flattern oder vibrieren sich aber gerne los und scheren bei einer harten Landung im günstigsten Fall einfach nur ab. Bei unseren Modellen sind sogar die Verbindungen linker Flügel - rechter Flügel, Flügel - Rumpf und Rumpf - Leitwerk in alle (!) Richtungen elastisch. Das sieht am Boden nicht besonders schön aus und bringt wahrscheinlich auch Leistungsverlust, gewährleistet aber, daß immer nur eine der vier Komponenten brechen kann und bei einem Aufprall keine Energie an die übrigen abgibt. Im Elektroflug ist es mittlerweile selbstverständlich geworden, dem Fahrakku im Notfall einen schnellen Weg nach draußen anzubieten statt das Modell als Knautschzone zu mißbrauchen.

Die zweite Anforderung ist die Stabilität gegen Ausbrechen, nicht nur beim Start, sondern auch im Kurvenflug, beim Pumpen und allen anderen Flugzuständen. Ein eigenstabiles Modell ist bei Flügen jenseits von drei Stunden ein Muß, obwohl jede Stabilität mit Leistungsverlust erkauft wird. Hut ab vor dem Piloten, der einen nervösen Ein-Meter-Nurflügler eine Stunde lang am Stück in ruppiger Thermik fliegt! Zwar ist die enorme Wendigkeit dieser Modelle beim (Ein-) Kreisen ein großes Plus, sie stellt andererseits die Reaktionsfähigkeit des Piloten auf eine harte Probe. Man muß schon die Nerven eines Rennfahrers haben, um die gebotenen Möglichkeiten voll auszunutzen. Dabei sind rund tausend Ruderausschläge pro Stunde ganz normal. Ein eigenstabiles Modell kann man je nach Wetter Minuten lang sich selber überlassen. Bei unerfahrenen Thermikfliegern rufen solche Modelle nur ein Gähnen hervor. Aber ein Segler, der beispielsweise die Tendenz hat, eine enge Kurve immer weiter nach innen zuzuziehen, ist nach einigen Stunden in der Luft eine enorme Belastung für den Piloten. Er kostet Konzentration, die man anderweitig besser einsetzen könnte, etwa zur Beobachtung von Thermikhinweisen.

Aerodynamische Stabilität um die Querachse haben meist Modelle mit großem Höhenleitwerk oder langem Hebelarm zwischen Leitwerk und Flügel. Wir bevorzugen ein großes Höhenleitwerk mit möglichst kurzem Rumpf. Nimmt man für bessere Thermikeigenschaften einen leichten Leistungsverlust in Kauf, kann man ebenfalls den Schwerpunkt weiter nach vorn verlegen. Gute Eigenschaften beim Kreisen kann man immer von zweiachsgesteuerten Seglern mit hoher V-Form, am besten doppelter, erwarten. In der Fachliteratur gibt es für die Piloten, die ihr Modell optimieren oder selber entwerfen möchten, eine ganze Reihe von weiteren wichtigen Hinweisen, auch zur aerodynamischen Stabilität, wie Schwerpunktlage und Einstellwinkeldifferenz.(2)

Es ist schwer, Tips für ein gutes Thermikmodell zu geben. Ein falsches Wort, und dieses Buch fliegt in die Ecke. Außerdem kann man wirklich keinem Küstenbewohner ein langsam fliegendes Modell empfehlen oder jemandem, der mit dem Gummiseil startet, einen Kunstflugsegler. Jeder Modellflieger hat so seine Vorlieben, so auch wir. Als abschreckendes Beispiel stellen wir Ihnen jetzt unser eigenes Modell vor, das auf eine Konstruktion aus dem Jahr 1956 zurückgeht. Daß die Modelle von damals gar nicht so schlecht sind, zeigen die jedes Jahr als letzter Schrei neu vorgestellten Aufgüsse der 50-er Jahre. Wir haben es nach folgenden, sicherlich sehr subjektiven Überlegungen ausgewählt: Es mußte zunächst natürlich preiswert sein (oder andernfalls bis zur zweiten Auflage des vorliegenden Machwerkes überleben; wir haben uns für preiswert entschieden). Ebenfalls überleben sollte es den häufigen Flugeinsatz in Asien und die täglichen Meßflüge. Daher mußte es in genau der Reihenfolge

mechanisch stabil sein.

Was nützt die leichteste Papierbespannung nach einer Landung im Stoppelfeld? Was nützen Kunststoffrumpf, Kohlefaser und GFK Laminate dann, wenn Sie in einem Land wohnen, pardon, Fliegerurlaub machen, wo es noch nicht einmal simplen Holzleim gibt? Aber auch hierzulande hat auf jedem Wettbewerb ein fliegendes Anfängermodell bessere Chancen auf einem der letzten Plätze zu landen, als ein zerbrochener weil zerbrechlicher Spezialvogel. Außerdem kann man Rümpfe aus Angelruten hervorragend dazu mißbrauchen, um Sachen aus einem Regal zu angeln, für das man normalerweise eine Leiter bräuchte; ein nicht unwesentliches Argument bei der Ordnung, die in den meisten Hobbykellern herrscht....

Unser Tip: Wie wär's zumindest mit einer Beplankung der Fläche?

Langsam fliegen.

Wenn man einen Segler in der Luft bis fast zum Stillstand fliegen kann, hat das in der Thermik und bei der Landung enorme Vorteile. Ein Modell, daß von der Kamera bis zum Goldhamster alles Mögliche transportieren muß und dazu noch unsauber gebaut ist, sollte wenigstens einen hohen Auftrieb haben, damit es überhaupt fliegt. Als sich beispielsweise mitten im Flug die Kabinenhaube senkrecht dem Fahrtwind entgegenstellte, kamen ungeahnt niedrige Sinkgeschwindigkeiten zum

Vorschein; ein Beweis dafür, daß die aerodynamischen Eigenschaften des Modells offenbar noch nicht völlig ausgereizt waren. Die genaue Lage des Schwerpunktes dagegen konnte mittlerweile bereits bis auf wenige Handbreit genau ermittelt werden. Langsam fliegende Modelle bringen besser reproduzierbare Flugleistungen und verzeihen verzogene oder verschmutzte Flügel eher.

Unser Tip: Langsame Profile erkennt man an der geraden oder sogar nach innen gewölbten Unterseite der Fläche und hoher Profildikke.

Einfach zu fliegen sein.

Denken Sie an Ihre eigenen "frühen Jahre". Es gibt immer noch eine ganze Menge Leute, denen es mehr Nervenkitzel bereitet, einen soeben fertiggestellten Primitiv-Segler vier Minuten (neuer Rekord) fliegen zu lassen, als manchem Profi, der dieses Jahr schon mehrere sechs Meter Eigenkonstruktionen erfolgreich bei der Meisterschaft um die goldene Wurzelrippe von Büsbach-Hüllerstadt eingesetzt hat. Außerdem kann ein eigenstabiles Modell selber kurbeln, ein nicht eigenstabiles braucht ständig Ruderausschläge und bleibt oft nicht in der Thermik. Das kostet Strom und Nerven, und fällt man deswegen beim Wettbewerb auch nur einen Halbkreis lang aus dem Bart, ist unter Umständen die Plazierung dahin.

Unser Tip: Siehe aerodynamische Stabilität weiter oben.

Obwohl gelegentlich verlockende Modelle mit erstaunlichen Polaren (oben rum breit, unten rum schmal...) verführerisch winkten, fliegen wir unseren Anfängersegler nach mittlerweile sieben Jahren (vorher flogen wir Modelle für Fortgeschrittene) immer noch ausgesprochen gerne.

Bei so manch anderem Segler mit prima Sinken muß man schmerzlicherweise gut die Hälfte der Bärte stehen lassen, weil der minimale Kreisradius zu groß ist. Andere Modelle lassen sich eng kurbeln, überschreiten aber die berühmte magische Grenze von 0,5 Metern Sinken. Der Segler strebt dann häufig trotz Thermik in einem "so gerade eben kein Nullschieber" langsam gen Boden.

Viele der Überlegungen zur Modellauslegung in Ulf Gerbers Kapitel mögen etwas unbequem sein oder mit Traditionen brechen. Aber ein nach diesen Gesichtspunkten gebautes Modell ist ein Hochgenuß in enger oder schwacher Thermik. Wer gar auf Trophäenjagd gehen möchte, sollte den Bau eines Seglers selber dem gewünschten Einsatzzweck anpassen anstatt sich darauf zu verlassen, daß "das schon immer so gemacht wurde."

Thermiktuning – Frontspoiler vorne

Es geht jetzt tatsächlich um Spoiler und Heckflossen. Um länger zu fliegen, kann man entweder das alte Modell wegwerfen und sich ein neues bauen, sein Modell oder die Thermik besser kennenlernen, sauberer fliegen, oder aber das Modell aufmotzen. Gerade bei braven serienmäßigen Seglern kann man mit geringem Aufwand einige Veränderungen vornehmen, die die Flugeigenschaften in der Thermik erheblich verbessern.

Beispielsweise "entdeckt" mit schnöder Regelmäßigkeit jede Fliegergeneration die Turbulatoren neu. Diese haben die Aufgabe, den Luftstrom um Flügel und Leitwerke zu verwirbeln. Eigentlich sollte man meinen, daß ruhig strömende Luft weniger Widerstand produziert, wo zu deren Verwirbelung doch nur unnötig Energie verbraucht wird. Stimmt auch, zumindest im Schnellflug.

Machen wir ein kleines Experiment in der Badewanne und ziehen an einem Faden eine Kugel langsam durch das Wasser. Befremdliche Fragen Unbeteiligter kann man dabei mit dem Hinweis abblocken, es handle sich um ein wissenschaftliches Experiment. Das Wasser fließt um die Kugel herum, reißt kurz hinter deren größten Durchmesser ab; die Strömung ist verwirbelt.

Zieht man schneller, so bemerkt man ab einer bestimmten, hohen Geschwindigkeit, der sogenannten kritischen Re-Zahl, plötzlich einen wesentlich geringeren Widerstand. Jetzt liegt die Strömung fest um die Kugel an, der Formwiderstand sinkt erheblich, man braucht im Verhältnis zur Geschwindigkeitszunahme weniger fest zu ziehen. Leider sprengt die dazu notwendige Geschwindigkeit den Rahmen von Badewannen in Altbauten oder Einfamilienhäusern, überhaupt den Rahmen sämtlicher Badewannen im allgemeinen. Bei Golfbällen dagegen kann sich jeder selbst davon überzeugen, daß die mit Einbuchtungen versehenen Bälle weiter fliegen als die früher verwendeten glatten.

Wie wir sehen, ist eine sich ablösende Strömung so ziemlich das Schlimmste, was einem Flügel (neben Bruch und Herumliegen in praller Sonne) passieren kann. Da die für eine überkritische, also fest anliegende Strömung notwendige Fluggeschwindigkeit leider den Rahmen (und die Holme) eines Thermikschleichers sprengen würde, sollte man mittels Turbulatoren die Strömung künstlich turbulent machen.

Fliegt man mit einem Flugzeug zu langsam, also mit zu hohem Anstellwinkel, so reißt die Strömung an der Tragfläche ab, da die Luft nicht mehr dem Verlauf des Flügels folgen kann. Dieses Ablösen geschieht in mehreren großen Blöcken entlang der Fläche (Abb. 73). Das kostet viel Energie und vermindert den Auftrieb drastisch. Fliegt man etwas schneller, gibt es immer noch einzelne Inseln, wo die Strömung nicht anliegt. Ver(z-)wirbelt und zerfurcht man aber die Strömung, bevor oder sobald sie an der Fläche angreift, so kann sie

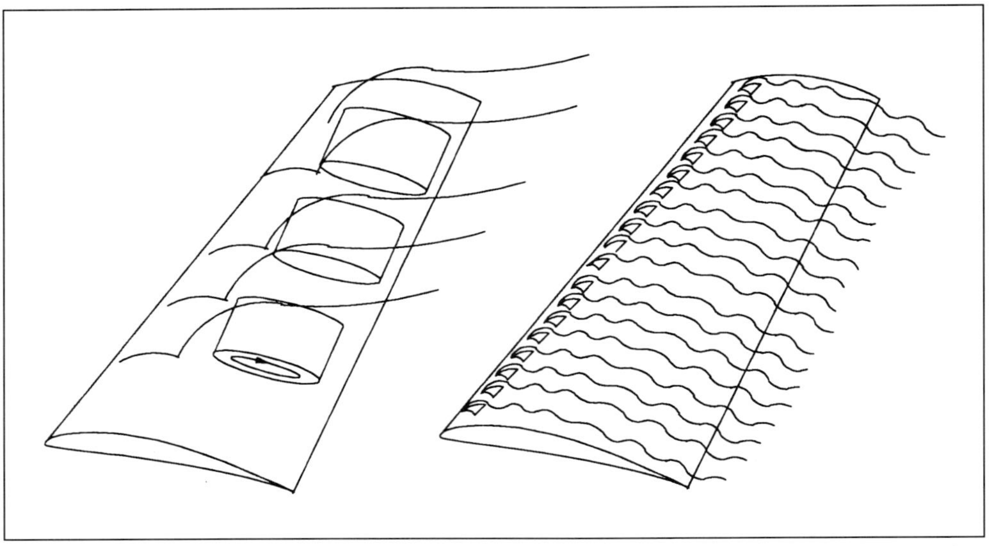

Abb. 73: Diese Zeichnung ist nicht wissenschaftlich genau, sie soll nur verdeutlichen, wie die Strömung an der Tragfläche in mehreren großen Blöcken abreißt, wenn man zu langsam fliegt. Das kostet viel Energie und vermindert den Auftrieb drastisch. Verwirbelt man aber die Luft, bevor oder sobald sie am Flügel angreift, so wird sie gezwungen, daran "kleben" zu bleiben. Die Flugleistungen im Langsamflug und in Kurven werden besser.

sich nicht mehr zu einzelnen großen Knubbeln zusammenschließen und wird durch die Turbulatoren gezwungen, länger an der Fläche anzuliegen. Wir hatten festgestellt, daß der Widerstand der Kugel im Wasser geringer wird, sobald die Strömung nicht mehr abreißt, sondern fest anliegt. Auch beim Flügel in der Luft werden dann der Auftriebseinbruch und der zusätzliche Widerstand verhindert, die Flugleistungen besser, besonders im Langsamflug oder in Kurven, bei denen ja die kurveninnere Fläche immer langsamer angeströmt wird. Und genau das bewirken die Turbulatoren, sie setzen die kritische Re-Zahl, oberhalb derer es zu fliegen gilt, herunter. Die Fläche bekommt also schon im Langsamflug die guten Eigenschaften, die sie normalerweise erst im Schnellflug hätte (Abb. 74). Die kritische Re-Zahl hängt auch von der Tiefe einer umströmten Fläche ab. Beim Höhenleitwerk ist die Tiefe meist geringer als bei der Tragfläche. Außerdem sollte bei geringer Fahrt die Strömung am Höhenleitwerk auch dann noch anliegen, wenn sie sich an der Fläche schon löst, damit das Modell noch halbwegs steuerbar bleibt. All das spricht dafür, als erstes das Höhenleitwerk "turbulent" zu machen.

Wir hatten einmal ein bekanntes Baukastenmodell, das nur innerhalb eines kleinen Geschwindigkeitsbereiches zu fliegen war. Flog man langsam, so nahm das Modell schlagartig und ohne Vorwarnung die Nase herunter; Modell und Pilot wurden nervös. Nach Einbau eines Turbulators am Höhenleitwerk wurde das Modell sofort lammfromm. Der Unterschied war frappierend, auf einmal ging alles. Man konnte solange am Höhenruder ziehen, bis das Modell mißfällig den Kopf hin und her schwenkte und glaubte beinahe, eine dezente Stimme aus der Luft zu vernehmen "bitte fliegen sie doch bei Gelegenheit wenigstens ein kleines bißchen schneller."

Wie kann man das erreichen? Nun, für die Stimme reicht ein billiger Cassettenrecorder

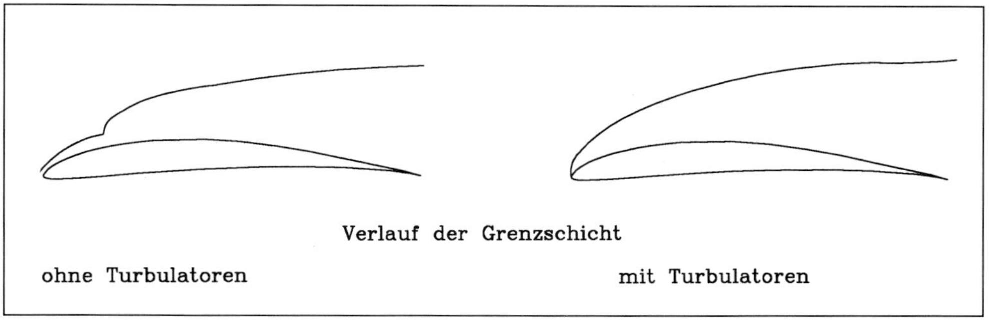

Abb. 74: Übertrieben dick gezeichneter Grenzschichtverlauf bei hohem Anstellwinkel ohne und mit Turbulatoren. Die Grenzschicht ist die Ursache dafür, daß Ihr verstaubtes Modell auch nach einem Schnellflug immer noch verstaubt ist, sie ist eine Grenze zwischen der bewegten und der nah am Flügel immer (!) stillstehenden Luft. Mit Turbulatoren wird die Strömung von Anfang an so turbulent, daß sich die Grenzschicht nicht so schnell ablösen und besser gegen den zunehmenden Druckgradienten ansteigen kann, da ihr durch die turbulenten Geschwindigkeitsschwankungen Energie aus der Außenströmung zugeführt wird.

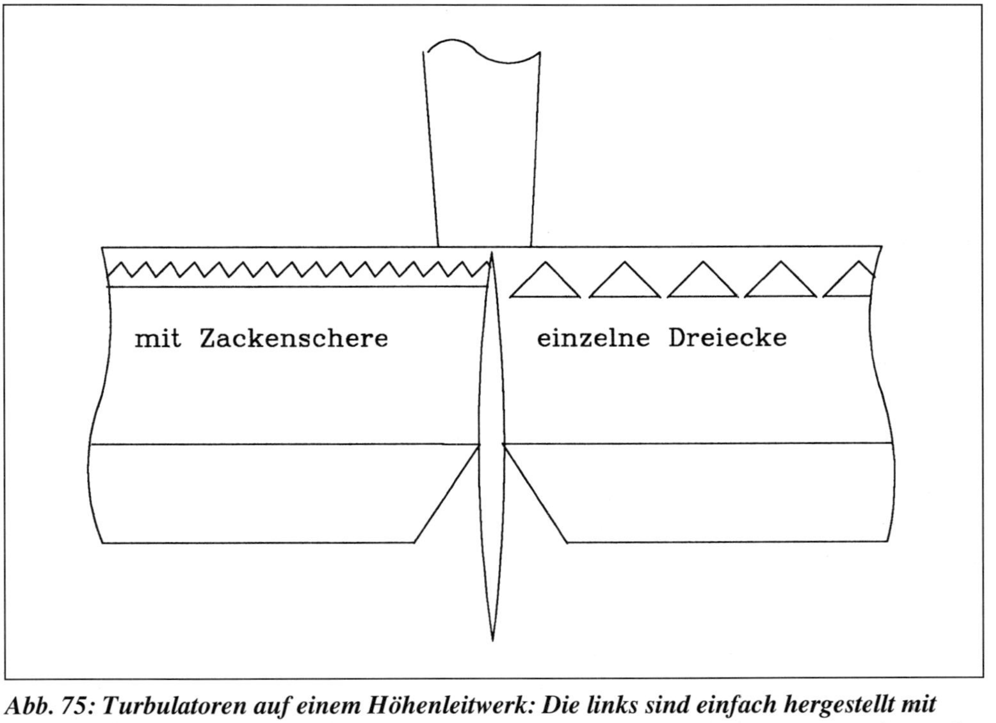

Abb. 75: Turbulatoren auf einem Höhenleitwerk: Die links sind einfach hergestellt mit einer Zackenbandschere. Die rechts bestehen aus einzelnen Dreiecken, etwas größer und nicht am Stück mit je ca. 1 mm Abstand voneinander. Letztere scheinen effektiver und verlustärmer zu sein.

und für die Turbulenzerzeugung spannt man entweder vor die turbulent zu machende Fläche im Abstand von einem Achtel der Flügeltiefe einen dünnen Draht. Das kostet Gewicht, Bauaufwand, mechanische Stabilität und erinnert an den Zaun um eine Kuhwiese. Besser sind viele kleine Dreiecke, aus Pappe oder Balsa an die Vorderkante des jeweiligen Flügels bzw. Leitwerks geklebt. Deren Spitze zeigt in Flugrichtung, die Länge beträgt 5% der Flügeltiefe, die Dicke ca. 0,3 mm, sie werden nah der Nasenleiste nach 3% der Flügeltiefe aufgeklebt (Abb. 75). Einfacher geht das mit sogenanntem Zackenband, das man entweder fertig kaufen oder sich mit einer Zackenbandschere vom Schneider einfach selber herstellen kann. Am allereinfachsten ist eine Stolperleiste, zum Beispiel Tesakrepp kurz hinter der Nasenleiste. Sie glauben nicht, wie wunderschön Modelle trudeln können, bei denen sich dieses Klebeband im Flug langsam einseitig ablöst...

Am effektivsten sind nach unseren Erfahrungen die erwähnten dreiecksförmigen, sogenannten 3-D Turbulatoren. Sie verwirbeln die Luft nicht nur von vorne nach hinten, sondern geben ihr noch einen leichten seitlichen Drall, kosten kaum Leistung und sind enorm effektiv.

Vielleicht haben Sie schon einmal beobachtet, wie bei einem Sturzflug die Flügel des Modells anfangen zu flattern. Das zugehörige Knattern kommt daher, daß sich die Luftströmung periodisch entlang des Flügels ablöst. Auch hier beseitigen Turbulatoren das Flattern ganz oder verzögern es erheblich. Im Langsamflug sind sie geradezu ein Muß und schaden nicht. Turbulatoren sind einfach, schnell und preiswert einzubauen, Nachteil ist ein gewisser "Cowboy look". Gehen wir noch auf das Argument ein, Turbulatoren kosteten Leistung. Es mag rein rechnerisch beweisbar sein, daß ein bestimmtes Modell ab 203,74 km/h einen um fast 0,007692 Prozent höheren Luftwiderstand bekommt. Aber selbst schnelle F3B Modelle haben heutzutage schon Turbulatoren. Die theoretisch errechenbaren Verluste werden mehr als ausgeglichen durch eine oft um 200 Prozent geringere Minimalgeschwindigkeit, stark verminderte Flatterneigung im Schnellflug und vor allem durch die anliegende Strömung auf den Rudern, die sonst ab eines hohen Winkels wirkungslos werden können oder nur sinnlos viel Widerstand produzieren. Die gesamte Außenhaut schnellschwimmender Fische ist mit Turbulatoren gespickt, Segelschiffe verwenden Turbulatoren bei Wettkämpfen, die mit europäischem High Tech neu konstruierte ASW 24 verwendet Turbulatoren, selbst die NASA, die sicherlich nicht in dem Ruf steht, Thermikschleicher zu bauen....

Eine andere Möglichkeit, mit einem Modell besseres Steigen in der Thermik zu erzielen, ist die Vergrößerung der Spannweite. Einige Hersteller bieten zu ihren Modellen verschiedene Flügel oder aufsteckbare Zusatzflügel an.

Wir haben lange gezögert, sowas überhaupt auszuprobieren. Das war ein Fehler. Auf den ersten Blick ist der zu erzielende Leistungsgewinn gering; nach unserer Erfahrung sinken Mindest- und Sinkgeschwindigkeit ganz grob um etwa zehn bis dreißig Prozent, die Höchstgeschwindigkeit leider auch, aber schon nach den ersten Flügen unseres alten Modells mit lediglich vergrößerter Spannweite stiegen die Flugzeiten um ein Vielfaches mehr an, als die Flugleistung.

Nach einigen Nachtsitzungen mit unserem Computer dämmerte uns mit dem Morgen die Erklärung: Nehmen wir ein Modell mit 0,5 Metern Sinken pro Sekunde und versuchen, in einem Bart mit 0,4 Metern Eigensteigen Höhe zu gewinnen. Das Resultat ist niederschmetternd, es sei denn, Sie haben gerade einen einmonatigen Aufenthalt in einem buddhistischen Kloster absolviert ("Herr, ihr Haus brennt!". "So lasse es denn geschehen..."). Anders sieht die Sache schon aus, wenn das Eigensinken dieses Seglers auf, sagen wir, 0,3 Meter verbessert würde. Dann könnte man mit viel Geierei und einem wendigen Hals diesem Bart noch Steigen abnehmen.

Wir hatten nun im Kapitel über die Thermik behauptet, daß schwache Thermik häufiger ist als starke. Wären wir in der Lage, ein Modell mit 0,25 Metern Sinken zu bauen, so hätte man damit ungefähr doppelt so häufig Steigen, wie mit einem Modell, das 0,5 Meter Sinken hat. In der Praxis erzielten wir bei ruhigem Wetter mit einem Leistungszuwachs von etwa zehn Prozent rund dreißig Prozent längere Flugzeiten und bei fünfzehn Prozent Mehrleistung schon die doppelte Flugzeit gegenüber den alten Flügeln. Der Kreisradius vergrößerte sich, zumindest bezogen auf den der kreisinneren Fläche, nur unwesentlich. Das Sinken bei engem Kreisen war erheblich besser, trudeln fast unmöglich.

Ich höre Sie schon stöhnen "ja, ja, das habe ich schon versucht mit größeren Flächen; bringt gar nichts." Stimmt. In starker, ruppiger Thermik fliegen auch wir unser normalerweise etwas über 2,50 Meter spannendes Modell gerne mit 1,80 Meter Flügeln. Wer einmal erfolgreich die Spannweite seines Modells im Landeanflug zwischen zwei Zaunpfählen verringerte, hat vielleicht noch ein paar "Speedflügel" für seinen Segler herumliegen. Damit kann ruppiges Steigen besser ausgenutzt werden, die Festigkeit, Wendigkeit und Endgeschwindigkeit nehmen zu. Das leicht erhöhte Sinken spielt bei böiger Thermik kaum eine Rolle. Nach den Berechnungen von Ulf Gerber haben wir dann noch eine Kombination beider Möglichkeiten probiert: Einen neuen, rechteckigen Flügel mit weniger Spannweite, aber höherer Flächentiefe bei ansonsten fast gleichem Profil. Er erzeugte einen größeren Auftrieb als der alte. Der rechnerische Nachteil sind die größeren induzierten Wirbel, die insgesamt ganz grob normalerweise etwa dreißig Prozent des gesamten Luftwiderstandes ausmachen, sodaß eigentlich eine geringfügig schlechtere Gleitzahl zu erwarten war. In der Praxis war nichts davon zu spüren, die neuen Flügel verhielten sich genau wie die mit der gegenüber dem Original vergrößerten Spannweite, besonders in puncto Sinken. Als größter Vorteil fiel uns die enorme Wendigkeit des Modells auf; die Rollzeit war weniger als halb so lang, Einkreisen ging fast ohne Verzögerung, unsymmetrische Bärte konnte man bedenkenlos "auseiern". Die Landung auf dem Platz und die Lagerung im Kofferraum waren wesentlich einfacher.

Weiter geht es mit einem Tip für die Piloten zweiachsgesteuerter Modelle, besser bekannt als "links/rechts und hoch/tief, der dritte Knopf ist zum Ausschalten vom Sender." Der Effekt, daß ein Modell sozusagen automatisch in die Thermik hereinrutscht, ist bei den Freifliegern schon lange bekannt. Diese bauen oft sogar ihre Modelle absichtlich mit einer winzigen Unsymmetrie, um durch das etwas frühere Abreißen der Strömung an der kurveninneren Fläche das automatische Zentrieren zu begünstigen. Das trifft für einen größeren ferngesteuerten Segler auch zu. Kaum ein Modell dürfte absolut symmetrisch gebaut sein. Wenn Sie es nicht glauben, wiegen Sie mal die Flügel Ihres Seglers einzeln. Nun reicht dieser Gewichtsunterschied allein meist noch nicht. Man kann dem Modell etwas nachhelfen, ihm eine "Schokoladenseite" zu spendieren. Am einfachsten mit einem kleinen, leicht nach oben gebogenen Alublech, aufgeklebt am äußersten Ende einer Fläche. Der Effekt dieses Bleches darf höchstens so stark sein, daß der Segler mit neutralem Seitenruder eine ganz weite Kurve fliegt, mehr nicht. Das ist dann in der Thermik die Schokoladenseite. In dieser Kreisrichtung hat das Modell weniger Schieben und Luftwiderstand, als anders herum. Der Leistungsverlust im Geradeausflug ist viel geringer als der Leistungsgewinn in Kurven, die man ja doch die meiste Zeit fliegt. Das alles ist zugegeben ein Grauen für einen Ästheten, aber wir würden jeden unserer sich in der Luft symmetrisch verhaltenden Zweiachser sofort umrüsten. Probieren Sie es selber aus, der Umbau geht Ruck Zuck, auch auf dem Platz noch.

Falls Sie also ab nächsten Samstag nur noch Rechtskreise fliegen, müssen da nicht unbedingt politische Motive walten....

Kommen wir zum Höhenleitwerk. Es streiten sich die Geister, ob ein Höhenleitwerk im Flug Auf- oder Abtrieb erzeugt. Bringen Sie das Thema nur mal auf einem Segelflugplatz oder in einer Hochschule zur Sprache. Nach einer halben Stunde kann man sich unauffällig entfernen, sowas dauert nämlich. Aber egal ob Auf- oder Abtrieb, bisher hat noch Jeder zugegeben, daß es unter bestimmten Umständen möglich ist, ein Höhenleitwerk mit fast Null Grad Anstellwinkel zu fliegen. Das ist erstrebenswert, denn es ist nicht einzusehen, warum man mit einer aus aerodynamischer Sicht so katastrophalen Fläche wie dem Höhenleitwerk irgendeinen ständigen -trieb erzeugen soll. Denken wir nur an die vor einigen Jahren hoffentlich endgültig beendete Diskussion um das tragende Höhenleitwerk, dessen nur scheinbarer Beitrag zur relativ geringen Gesamtauftriebssteigerung mit drastischer Zunahme des induzierten Widerstandes (geringe Streckung) erkauft wurde.

Optimal und besonders edel sind Pendelhöhenruder mit symmetrischem Profil. Für einfache Thermikmodelle verwenden wir allerdings einfach nur eine ebene Platte, zumal die sich an grauen Wintertagen leicht zum Nurflügler für's heimische Wohnzimmer umbauen läßt. Sie ist kinderleicht herzustellen (z.B. aus 3mm Hartbalsa) und es ist leider kaum bekannt, daß die ebene Platte außer ihren sehr breiten Polaren bei sehr niedrigen Re-Zahlen auch das beste "Profil" hat.

Die Steigerung der Flugleistung war bei unserem Modell schon mit bloßem Auge bemerkbar. Den Nachteil der minimal geringeren Ruderwirkung kann man mit einem vergrössertem Blatt oder höherem Ausschlag auffangen. Der Schwerpunkt rückt bei nicht tragendem Höhenleitwerk zwar etwas nach vorne, aber die, will man kein zusätzliches Blei verwenden, durch die etwas längere Rumpfnase bedingte größere Massenträgheit ist nicht spürbar. Im Elektroflug fällt sie durch das Motorgewicht ja ohnehin praktisch weg.

Nun öffnen wir noch das Nähkörbchen unter dem Fach "verschiedener Krims Krams":

Über den Sinn und Unsinn von Aufklebern auf Modellen oder gar Flügeln kann man streiten. In jedem Fall aber kosten sie außer beim Flicken von Löchern in der Bespannung immer Leistung.

Die Erhöhung der V-Form hatten wir schon im vorigen Kapitel angesprochen. Bei Modellen mit dünnem Flügelrundstahl kann man sie auf dem Platz vornehmen, um die Auswirkungen sofort beobachten zu können.

Die bei Nurflüglern gelegentlich auftretenden Probleme in engen Kurven kann man versuchsweise mit einem Grenzschichtzaun zu Leibe rücken.

Ein Modell sollte zumindest von unten schwarz, notfalls orange gefärbt sein. Sonst ist ein Modell in großer Höhe am Himmel einfach nicht mehr zu erkennen. Besonders ungünstig sind leider die Farben gelb, grün, blau und weiß.

Um der in den letzten Jahren immer ausgefeilteren Windschlüpfrigkeit der Modelle einigermaßen Paroli bieten zu können, werden die Einschalter der Fernsteuerempfänger häufig nach außen herausgeführt. So ein Schalter hat bekanntlich zwei Stellungen, namentlich "Ein" und "Aus". Jahrelange Untersuchungen an Außenlandungen in dichten Kornfeldern haben nun folgende Faustregel ergeben:

Hatte das Modell einen eingebauten Ortungspiepser, so war der Schalter so angeordnet, daß die vorbeihuschenden Ähren alles sofort ausschalteten. Hatte das Modell keinen Ortungspiepser, so blieb der Schalter an, damit die Rudermaschinen Stunden und Tage Zeit hatten, die Bowdenzüge aufzuwickeln oder wenigstens die Akkus tiefentladen wurden.

Ein Schweif aus dem Tonband einer Musikcassette hilft beim Zentrieren (Abb. 76). Mit einem Streifen Tesafilm klebt man mindestens drei Meter Tonband an den obersten

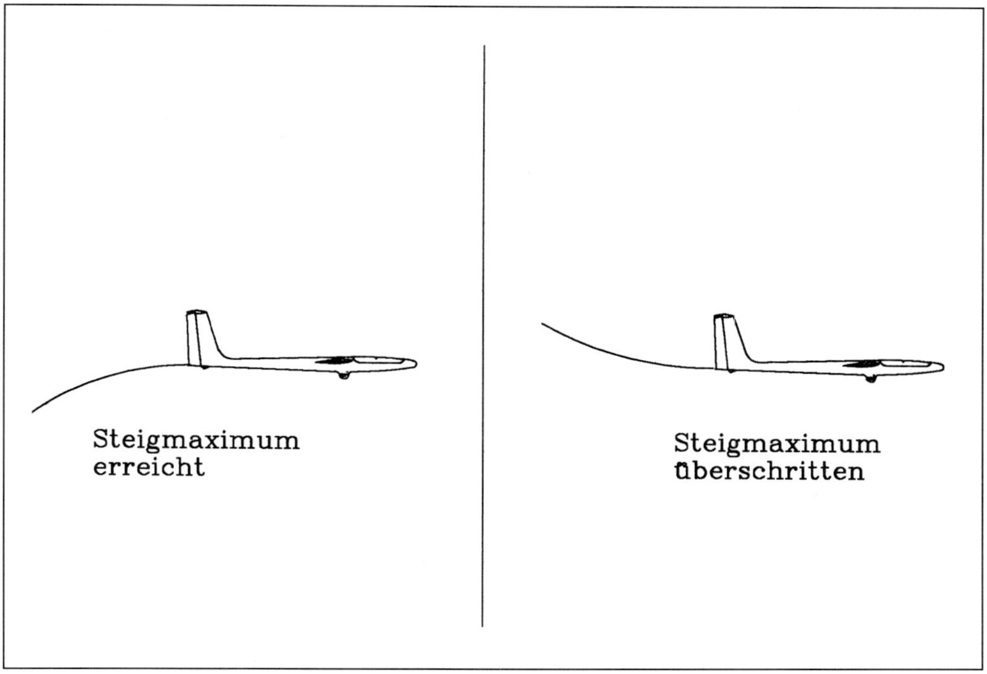

Abb. 76: Einfache Zentrierhilfe. Mit einem Streifen Tesafilm klebt man mindestens drei Meter Tonband an das Heck des Seglers. So lassen sich zwar keine Bärte finden, wohl aber die am besten tragenden Teile in der Blase. Zeigt der Schweif nach unten, wird das Modell stärker nach oben beschleunigt, zeigt er nach oben, sollte man den Kreismittelpunkt verlagern.

Punkt des Seitenleitwerkes. So lassen sich zwar keine Bärte finden, wohl aber die am besten tragenden Teile in der Blase. Zeigt der Schweif nach unten, wird das Modell stärker nach oben beschleunigt, zeigt er nach oben, sollte man den Kreismittelpunkt verlagern.

Wenig beachtet werden die elektrischen Verbesserungen:

Für lange Flüge ist eine Akkuüberwachung anzuraten. Mit den häufig verwendeten 500mA oder 600mA Akkus beginnt nach drei Flugstunden die nagende Ungewißheit über deren Ladezustand die Freude über den langen Flug zu verdrängen. So mancher Pilot hat deswegen vorsichtshalber einen langen Flug vorzeitig abgebrochen. Leider läßt sich die verbleibende Kapazität vom Boden aus nur recht ungenau bestimmen. Sie hängt unter anderen von der Anzahl der Ruderbewegungen und der dabei benötigten Kraft ab. Bei Pendelrudern kann man deren Lagerung so weit zurücklegen, bis maximal etwa dreißig Prozent der Ruderfläche vor dem Drehpunkt liegen. Das ergibt eine Art Servounterstützung vom Fahrtwind und spart Strom.

Wer den Akku mutig bis zum bitteren Ende leerfliegt, wird meist sein Modell verlieren. Akkus werden im Gegensatz zu Batterien nicht allmählich, sondern schlagartig leer. Unnötig zu erwähnen, daß sich Modelle gerade dann immer in einer sehr ungünstigen Position befinden...

Obwohl wir normalerweise vom Pech verfolgt werden, gab uns folgender Vorfall eine wichtige Lehre: Ein Elektrosegler, dessen Fernsteuerempfänger über den Fahrakku mitversorgt wurde, schwebte zur Landung ein. Um überschüssige Höhe abzubauen, stellten wir die kleinste Fahrstufe des Reglers ein, damit die Luftschraube etwas bremste. Daß just in diesem Moment der Fahrakku leer wurde und sich keine Rudermaschine mehr rührte, merkten wir erst an der für unsere Verhältnisse viel zu sauberen Landung. Moderne Regler haben mittlerweile meist eine Spannungsüberwachung, die das verhindern soll. Vorsicht ist aber immer noch dann geboten, wenn an diesem Regler beispielsweise statt sieben Zellen zehn betrieben werden. Der Regler wird nach wie vor brav bei sechs Volt abschalten, aber ein zehnzelliger Akku, dessen Spannung soweit gesunken ist, hat kaum noch Reserven für einen längeren Thermikflug, auch wenn der Motor aus bleibt.

Akkuüberwachungen gibt es in verschiedenen Ausführungen. Ungeeignet sind natürlich die kleinen Party-Lichterketten unter der Kabinenhaube. Aus dem Flug "ablesbar" und wesentlich sinnvoller sind die Melder, die bei fast leerem Akku die Landeklappen ausfahren. Ein Hersteller hat die Akkuüberwachung in sein Variometer integriert. Zehn Minuten vor dem "Ende" gibt es dann einen unmißverständlichen Warnton per Funk. Wir hatten immer geglaubt, zehn Minuten sei eine lange Zeit, aber seit einem Notabstieg aus großer Höhe halten wir das eher für die untere Grenze.

Die Alternative sind Akkus mit sehr hoher Kapazität, deren Gewicht man dann aber die ganze Flugdauer lang mitschleppen muß. Wer leichte Modelle baut, möchte aber möglichst leichte Akkus einsetzen. Da hilft nur, eisern Strom zu sparen:

Alle Ruder sollten leichtgängig und spielfrei sein. Zuviel Spiel kostet im Flug ständige Ruderkorrekturen. Daß man für die Gestänge keinen Stahldraht mehr verwendet, hat sich wohl rumgesprochen, obwohl dieser in manchen Baukästen tatsächlich im luxuriösen Lieferumfang enthalten ist. Bei den Kunststoffbowdenzugrohren gibt es erhebliche Unterschiede im Material. Am besten sind diejenigen mit einer etwas rauhen Oberfläche; direkt im Geschäft ausprobieren!

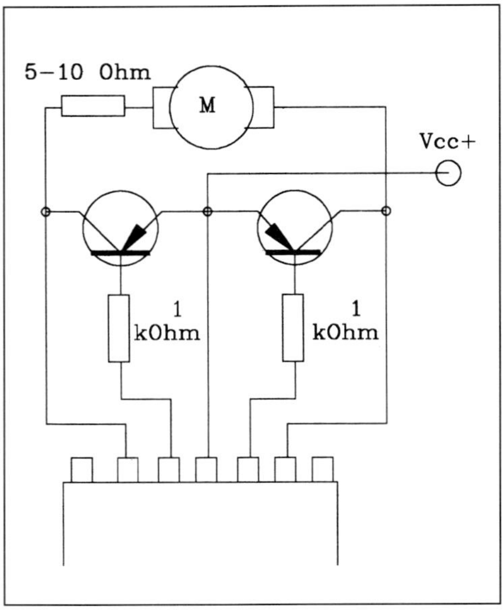

Abb. 77: Beachten Sie diese Abbildung nur, wenn Sie wissen, wo beim Lötkolben vorne ist. Es ist ein Ausschnitt aus der Standardschaltung fast aller Servos. Erweitert man sie um die drei eingezeichneten Widerstände, kann sich die Stromaufnahme bis zu 50% reduzieren. Resultat: Längere Flüge oder kleinere Akkus sind möglich und das Servo hält länger.

Geringe Reibungsverluste auf dem Weg vom Servo zum Ruder können den Stromverbrauch während einer Ruderbewegung ohne weiteres von 500mA auf 250 mA reduzieren, das ergibt eine Verdoppelung der Flugzeit oder fast eine Halbierung des benötigten Akkugewichtes.

Den Strom, den eine Fernsteuerung im Ruhezustand benötigt, kann man als Laie kaum reduzieren. Technisch versierte Bastler können allerdings die Stromfresser Nummer eins, die Servos frisieren. Dazu fügt man in die Basisleitungen der beiden Enstufentransistoren je einen Widerstand von tausend Ohm ein (Abb. 77).

Zusätzlich kann man noch einen Widerstand von fünf bis zehn Ohm in Reihe zu einer Leitung des Servomotors legen. Das spart normalerweise nicht viel Strom, reduziert aber den Anlaufstrom des Motors ganz erheblich und erhöht dessen Lebensdauer. Beim Fliegen an der Grenze der Reichweite flattern die Servos meist und würden ohne diesen Widerstand sehr viel Strom verbrauchen.

Bei den meisten Servos ergeben diese beiden Änderungen eine Reduzierung des Stroms bei Ruderausschlag ohne Last von typisch 250 mA auf typisch 120 bis 140 mA, also fast eine Halbierung der Stromaufnahme. Durch die Umbauten werden die Servos leiser und rein rechnerisch etwas träger und schwächer. Aber für schnelle Motormodelle oder Kunstflugsegler kommt der Umbau wohl ohnehin kaum in Frage.

Alle Energiesparmaßnahmen nützen nichts, wenn der Pilot ständig am Knüppel rührt. Darum noch einmal der Hinweis auf eigenstabile Modelle. Da sie weniger Ruderkorrekturen und meist kein Abstützen im Kurvenflug benötigen, brauchen sie auch weniger Strom. Ist die Stabilität um die Querachse zu gering, kann u.U. die Vorverlegung des Schwerpunktes helfen.

Bei den meisten Sendern ist es möglich, Akkus mit großer Kapazität einzubauen. Die Betriebszeit erhöht sich damit auf Werte, die jenseits des Durchhaltevermögens der Piloten liegen. Anders sieht das bei den kleinen japanischen Zweikanalanlagen aus. Sie sind auf Mignonbatterien oder Akkus gleicher Größe ausgelegt. Kein Problem bei den neuen, umweltfreundlichen Hydrit Akkus, aber durchaus eines bei 600mA Akkus. Hinzu kommt die meist schlecht ablesbare, wenn überhaupt vorhandene Spannungsanzeige. Hier hilft ein Trick: Einen einzigen der Akkus wählt man etwas schwächer, also z.B. sieben mal 600 mA und einmal 500 mA. Ist der 500-er leer, so macht die Spannungsanzeige einen deutlichen Knick (mit Klebeband auf der Skala markieren). Dann ist noch maximal ein Fünftel der Flugzeit möglich, wenngleich sich der entladene Akku sicher nicht über die Umpolung freuen wird; ein zerstörtes oder verlorenes Modell ist schlimmer.

Bei fertigen Anlagen, bis auf eine Ausnahme leider fehlend, und bei Eigenbauanlagen sehr sinnvoll, ist ein Schalter zur Halbierung der Sendeleistung. Das spart nicht nur erheblich Strom, sondern warnt auch rechtzeitig genug vor dem Ende der Reichweite. Außerdem kann man bei Störungen immer noch etwas Dampf zulegen.

Für technisch versierte Leser der Hinweis, daß jeder Sender nachträglich so umgebaut werden kann. Wir verwenden meist einen 47-Ohm-Widerstand in dem Emitter (bei Emitterschaltung), überbrückt mit einem Kondensator (10 nF).

Und da wir gerade beim Löten sind: Elektromotoren stören bekanntlich gerne die Fernsteuerung oder setzen zumindest die Reichweite herab. Ursache ist nicht immer die schlechte Entstörung der Motoren, sondern auch die der Regler. Verschleift man die Schaltflanken der Endtransistoren etwas (je nach Ansteuerung z.B. ca. 47 – 100 nF vom Gate der BUZ 11 gegen Masse), verschwindet dieser Effekt, allerdings auf Kosten einer leicht vergrößerten Verlustleistung im gedrosselten Flug, und nur da.

Notfälle – Nichts kommt mehr

Sie haben zwei Jahre an dem Vogel gebaut und jetzt hat er in 600 Metern Höhe schon eine Hälfte des Höhenleitwerks unwillig abgeworfen. Aber ist das ein Grund zur Panik? Möchten Sie jetzt einen Sturzflug riskieren, damit Sie wenigstens die andere Leitwerkshälfte auch nicht mehr suchen müssen? Ein Freund des Autors ist in einer solchen Situation noch nicht einmal aus dem Campingstuhl aufgestanden, wobei wir allerdings dahingestellt sein lassen wollen, ob er einfach nur keine Sekunde des Schauspiels verpassen wollte oder aber zwischenzeitlich vielleicht doch eingenickt war.

Nachdem er jedenfalls dezent auf die Modifikation seines Modells hingewiesen wurde, folgte einem Blick auf die Uhr der Kommentar "na ja, zwei Stunden, wollte sowieso landen".

Erwähnenswert daran war weniger seine Technik, das Modell zu retten; er legte das Modell auf den Rücken und nützte somit bei annähernd gleicher Belastung das erhöhte Sinken aus. Viel wichtiger war und ist es, auf eine neue Situation, gleich ob Fall oder Notfall, selber und optimal entscheiden zu können.

Notfälle sind bei extremen Thermikflügen leider häufig und eine schweißtreibende Angelegenheit, zugegeben. Wieviele Modelle würden noch leben, wenn der Pilot richtig reagiert hätte? Es ist schwer, im Voraus zu wissen, was in dem Moment richtig ist. *Den* typischen Notfall gibt es nicht, aber schauen wir uns doch einen typischen Notfall in Zeitlupe an, meist sind Teile daraus auch auf andere Situationen übertragbar:

Ein wunderschöner Hochsommertag, ruppige Thermik, eine schon fast F3B Maschine in 400 Meter Höhe. Auf einmal nimmt das Modell die Nase kurz hoch, kippt ab und stürzt in engen Steilspiralen gen Boden / Menschen / Autos.

Testen Sie sich selbst: Was würden Sie nun tun? – Anfänger erstarren meist und bekommen Panik.

Das ist mit weitem Abstand die Unfallursache Nummer eins!

In den guten alten Zeiten stand bei den ersten Flügen neben einem Grünschnabel der erfahrene Pilot, der niemals Ratschläge oder Hinweise gab, sondern nur Rüffel oder Anschnautzer. Das scheint heute barbarisch, aber es holte einen sehr schnell aus der Panik in die Wirklichkeit zurück; es wurde wieder nachgedacht!

Der Fortgeschrittene möchte das Modell möglichst schnell vom Himmel holen. Er versucht es erfolglos mit Gegenruder, wechselt die Richtung des Ruderausschlages und gibt schließlich auf. Die Maschine ist Totalschaden, niemand verletzt, aber dieser Crash hat doch viel Ärger und Geld gekostet. Er hätte aber auch anders reagieren können. Vorraussetzung dafür sind ruhige Nerven. Das ist nicht einfach. Gerade bei längeren Thermikflügen, bei denen man zuvor stundenlang hart um jeden Meter kämpfen mußte.

Wie die spätere "Autopsie" ergab, wäre das Ableben des Modells mit einer guten Chance zu vermeiden gewesen, wenn der Pilot statt aufzugeben einen relativ häufigen Fehler in Betracht gezogen hätte. Wissen Sie, welchen?

Der Profi konzentriert sich einfach nur. Die richtige Entscheidung jetzt kann Gefahren und tagelanges Reparieren abwenden. Er spult den Film noch einmal zurück und versucht, zu analysieren, was da eigentlich passiert: Das Modell nimmt die Nase hoch und kippt ab. Also: Zu welcher Seite kippt das Modell ab?

Da hilft kein Glauben, als Profi muß man so etwas felsenfest wissen. Wer das nicht weiß, holt in der nächsten Saison seinen alten AMIGO raus und fliegt damit. Von Strafe kann dabei noch nicht mal unbedingt die Rede sein.

Gut, die Richtung steht fest, voll Gegenruder. Klar. Das Modell reagiert aber nicht. Höhenruder? Auch nicht. Ab hier reagierte der fortgeschrittene Pilot bereits falsch. Er versuchte es mit einem Ruderausschlag in Trudelrichtung. Er hätte überlegen müssen: Falls jetzt doch etwas beim Modell ankommen sollte, wird die Belastung für das Modell vielleicht noch größer und es bestünde hohe Bruchgefahr. Dann aber hätte er keine Chance mehr, das Modell zu retten. Diese Reaktion war also unnötig und gefährlich.

Das Modell trudelt nach wie vor, es scheint heil zu sein und wir haben also noch eine Galgenfrist, zu erraten, was der Profipilot tun wird. Sein nächster Blick gilt dem Sender: Ist der Akku leer? Wenn ja, dann... zweite Unterrichtsstunde, wissen Sie's noch? Klar, wenn der Akku leer ist, wird der Sender ausgeschaltet. Es ist gegen den Strich und kostet Überwindung, aber es ist nun mal in dem Fall die einzige kleine Chance, die man hat. Kurz vor dem Boden dann bekanntlich erst die Ruder auf leicht Höhe mit Betonung auf leicht, voll Gegenruder und dann erst den Sender einschalten. Wenn die Akkus sich zwischenzeitlich gesammelt haben sollten, so reicht das vielleicht noch für die entscheidenden ein bis zwei Sekunden Sendezeit.

Der Akku ist aber nicht leer, das Modell trudelt weiter und die Zuschauer freuen sich schon. Die wissen wahrscheinlich nicht, was so ein Modell alles durchschlägt, bis es sich zur endgültigen Ruhe begibt!

Während der Profi dickköpfig weiterhin voll Gegenruder gibt, überlegen wir: Es ist ruppige Thermik heute, und da gibt es doch zum Beispiel die theoretische Möglichkeit, daß die Kabinenhaube das Kabel der Empfängerantenne am Übergang zum Rumpf übergeschnitten haben könnte. Das halten Sie für unwahrscheinlich? Ich nicht, aber bitte, dann sagen wir eben ein Kontakt zum Flächenservo abgegangen ist, eine Ruderanlenkung klemmt oder..... reicht das? Gut, bleiben wir aber bei der Antenne, um zu zeigen, daß Denken hin und wieder Erfolg hat. Denn an dem Fast - F3B Modell war tatsächlich genau das passiert.

Ein Fernsteuerempfänger ohne Antenne ist durchaus funktionsfähig. Seine Reichweite ist dann zwar erheblich geringer, aber das Modell wäre in Boden-, und damit Sendernähe wieder steuerbar gewesen. Und dann endlich hätte sich das verbissene Gegensteuern (immer noch entgegen der Drehrichtung - keine Experimente und daß keiner wankend werde von wegen "vielleicht trudelt es ja doch anders herum?" Nein!) gelohnt, es sei denn, Sie sind für solche Fälle hoch versichert und begeisterter Modellbauer, nicht Modellflieger.

Es gibt tausend und eine Möglichkeit, was so alles in der Luft passieren kann. Wir können ganz bestimmt nicht alle Eventualitäten aufzählen, aber das ist auch gar nicht nötig, denn es gibt einen altes, bewährtes Hilfsmittel für *alle* Notfälle und für *alle* Piloten. Es hilft absolut immer. Sofort und unbürokratisch; nicht nur dabei cool zu bleiben, sondern auch richtig zu reagieren. Wir haben es vor langer Zeit bei der Drachenflugausbildung ("um Gottes Willen, der Busch da vorne kommt auf mich zu, der Busch, der aaaaaaahhhhh...") kennen und schätzen gelernt. Es ist das geistige Training, ganz ohne Kopfstand, Atemübungen und Yogasitz:

Stellen Sie sich jede unfreiwillige Flugsituation vor, die Sie sich nur vorstellen können.

Immer wieder.

Solange, bis Sie im Schlaf darauf reagieren können.

Bei Ihren ersten Übungen mit geschlossenen Augen in der Mittagspause werden Sie ein Tuscheln der Kollegen vernehmen ("Wieso zuckt der immer ?" "Ach, das ist so ein Crashtraining."), aber nach einiger Zeit weicht selbst bei trudelnden Nurflüglern die Orientierunglosigkeit einem heiteren "ach ja, das hatte ich letzt im Büro auch schon".

Einige Notfälle kann man in Natura simulieren, etwa den absichtlich zu kurzen oder zu langen Endanflug, ein völliges Abreißen der Strömung im Turn oder das möglichst rasche Abfangen der Maschine, wenn man voll Seite und Höhe gegeben hat, aber erst drei Sekunden später die Augen wieder öffnet.

Der Autor wurde einmal Zeuge der Meisterleistung eines wirklich erfahrenen Piloten. Dessen zweiachsgesteuertes Modell (ja doch, warum nicht?) hatte nach einer Kollision in der Luft die Hälfte der rechten Tragfläche verloren und war trotz Gegenruder nicht mehr zum Geradeausflug zu bewegen. Der Pilot schaffte es aber, die Kreise durch geschicktes Steuern so unrund zu fliegen, daß das Modell sanft und auf dem Platz (!) landete.

Die zwei Hauptursachen für Notfälle sind große Höhe und Leichtsinn. Nehmen wir das letztere zuerst; Leichtsinn bei:

Der Landung.

Muß das Modell denn unbedingt "am Mann" landen? Bei böigem Wetter schadet etwas Überfahrt bei der Landung ganz und gar nicht und schützt nebenbei vor dem beliebten Kopfstand oder Ringelpitz am Boden.

Dem Start.

Was war eigentlich mit dem kurzen Aussetzer vorhin? Egal? Erst mal die Anlage in der Luft testen? Hmmm. Oder das "morsche" Batteriekabel? Aus rätselhaften Gründen sind die PVC Isolierungen der absolute Renner beim Futterangebot für Nagetiere. Wurde die Anlage auch in einem Modell mit Verbrenner eingesetzt, so ist insbesondere bei Verwendung von Nitromethan im Sprit größte Skepsis bei allen elektrischen Verbindungen und Lötstellen angebracht.

Bei Starts mit dem Wind reibt das Seil schneller als normal über den Boden. Man darf frohen Mutes auf einen Seilriß gefaßt sein. Seilrisse entstehen natürlich immer nur in den kritischen ersten Metern der Startphase. Bei den manntragenden Segelfliegern heißt es dann immer "einfach nachdrücken, Fahrt aufnehmen und alles ist in Ordnung." Hätte auch nur eines der gutgläubigen Segelflugküken einmal unsere Seilrisse beim Modell gesehen, würde es wahrscheinlich in gar kein Flugzeug mehr einsteigen. In den ersten Zehntelsekunden eines Seilrisses bäumt sich das Modell leicht auf und der Pilot freut sich ob des in Aussicht stehenden Höhengewinns. Sofort danach verliert der Segler stark an Fahrt und reagiert eben nicht mehr auf die Ruder. Als nächstes folgen der totale Strömungsabriß und das immer wieder gern gesehene "Nase unten" Spiel. Der Autor verhinderte in einem solchen Fall beim Pokalkampf um den abgebrochenen Steuerknüppel von Panneschöpp nur knapp den Verlust des Modelles, indem er sich todesverachtend zwischen Boden und Modell warf, was ihn tief traf und zu einer eindringlichen, blau anlaufenden Erfahrung führte.

Und nun zur mit Abstand größten Gefahr beim Thermikfliegen: Höhe und Leichtsinn zusammen.

Wir fordern nach dem in breiter kultureller Form publik gemachten Tiefenrausch endlich auch die volle Anerkennung des Höhenrausches in den Grenzen vom 14.5.1992: Nach mehreren relativ kalten Nächten vorher mit Temperaturen um 12 Grad stieg das Thermometer am Tag auf Über 25 Grad. Die erwartungsgemäß häufig einsetzende Thermik endete aufgrund der anscheinend sehr stabilen

Schichtung jedesmal in etwa 600 Metern Höhe an einer unsichtbaren Grenze. Frust am ersten hochsommerlichen Tag des Jahres nach bereits drei (!) Tagen fliegerischer Zwangspause vorher... Nach und nach landeten sogar einige "große" Segelflieger, die ebenfalls Pech hatten.

Als dann gegen Mittag endlich aufgrund eines starken thermischen Kamins der kurzzeitige Durchbruch über 600 Meter möglich wurde, machten zwei der mitfliegenden Piloten einen großen Fehler, indem Sie

1) höher flogen, als der Autor, was dieser gar nicht mag, und
2) die neuen, starken Steigwerte falsch interpretierten.

Vorher lag das mittlere Steigen in 100 Metern Höhe bei etwa einem Meter pro Sekunde, in 200 Metern Höhe waren es knapp eineinhalb Meter und ab 500 Metern sanken die Werte wieder auf unter einen halben Meter. Der Aufstieg auf 600 Meter dauerte regelmäßig etwa 20 Minuten. Oberhalb der Sperrschicht ging es in breiten Hammerbärten mit über vier Metern pro Sekunde aufwärts. Die äußerste Sichtgrenze für einen 2,50 Meter Segler lag an dem Tag bei rund 900 Metern. Von 700 auf 900 Meter aber brauchten die Modelle nur noch 50 Sekunden!

Das ist eine immense Gefahr, denn von einem bestimmten Punkt an ist ein Modell am Himmel "auf einmal weg". Wer das einmal erlebt hat, wird es so schnell nicht mehr vergessen!

Es ist ein verhängnisvoller Irrtum, zu glauben, daß ein Modell am Himmel einfach nur immer kleiner werde. Ist das Modell dann doch weg, wird selbst Profis der Schweiß ausbrechen. Bevor man nun in Panik den Himmel absucht, sollte man sich zuerst die bisher geflogene Route anhand der Wolkenbilder in Erinnerung rufen und erst dann gezielt suchen.

Wer mit Funk-Höhenmesser fliegt, sollte sich eine Grenze festsetzen und die geflogenen Höhe, besonders bei starker Thermik etwa alle zwanzig Sekunden kontrollieren. Wer ohne Höhenmesser fliegt, sollte unbedingt eine Reserve lassen, das noch sichtbare Höhenleitwerk zum Beispiel. Denn mit einem Leichtwindsegler aus einem breiten sechs Meter Bart so schnell wie möglich auszusteigen, erfordert kein Können mehr, sondern nur noch Glück.

Es kommt ja auch niemand auf die Idee, diesen Segler bei einer normalen Windstärke von sechs Metern noch zu starten. Hinzu kommt, daß kreisende Modelle recht gut sichtbar sind. Wendet der Segler dem Piloten im Sturzflug aber nur noch die Silhouette zu, sollte man sich die Stelle merken und hoffen, daß das Modell später beim Ziehen am Höhenruder irgendwo da auch wieder auftaucht.

Übrigens sind unter Gewitterwolken noch ganz andere Steigwerte möglich, bis zu 100 km/h. Gehen wir einmal von einem relativ harmlosen, dicken Schönwettercumulus aus. Er saugt am Boden mit braven, ruhigen ein-Meter-Bärten. Prima. Nichts wie drunterhängen. Wie üblich finden wir im ersten Drittel der Basishöhe ein kurzes Steigmaximum mit fünf Metern Steigen, aber als wir in 800 Metern Höhe aussteigen wollen, zeigt das Vario trotz kräftigem Drücken zwischen drei und fünf Metern Steigen im Schnellflug an. Was jetzt?

Es gibt immer noch einige dumme Piloten, die grinsend auf ihren Segler zeigen mit der Bemerkung "tja, mußte dir auch mal Landeklappen einbauen." Wir möchten wirklich das Modell sehen, das mit gesetzten Klappen die für einen solchen Bart mindestens notwendigen 10 Meter Sinken aufbringt. Gäbe es das, so wäre die Landung mit diesen "Landeklappen" gelinde gesagt ein Aufprall. Es ist wirklich völlig unmöglich, nur mit Klappen aus starker Thermik auszusteigen. Genauso ungeeignet ist das als Wundermittel gepriesene Flachtrudeln. Es gibt keinen uns bekannten Thermiksegler, der damit Sinkwerte von über zwei Metern schafft. Etwas besser sind Rückenflug, speziell bei Thermikprofilen, und Steilkurven. Die einzig wirkungsvollen Methoden sind

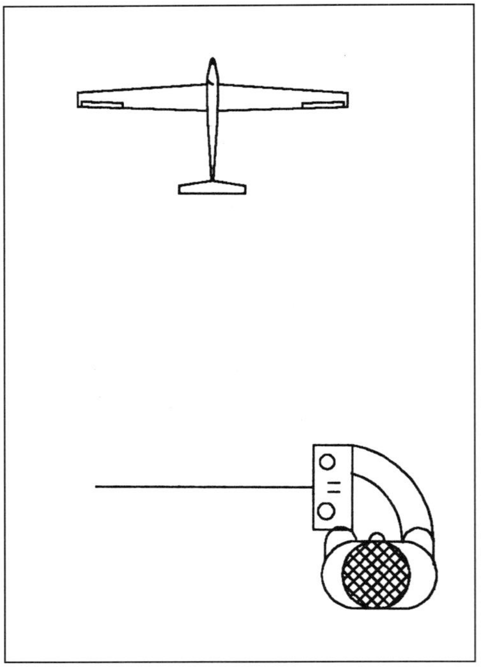

◀
Abb. 78: Ältere Fernsteuerempfänger geraten bei Störungen leicht aus der Sychronisation auf den Sender; die Ruder flattern, bei starken Störungen scheint die Anlage gar nicht mehr zu reagieren. Dies ist besonders häufig in großer Flughöhe. Der Fernsteuersender ist im Modell nur noch schwach "hörbar" und andere Sender sind verlockend stark. Diesen Effekt kann man vermindern, indem man die Sendeantenne in einem Winkel von 90 Grad auf das Modell ausrichtet.

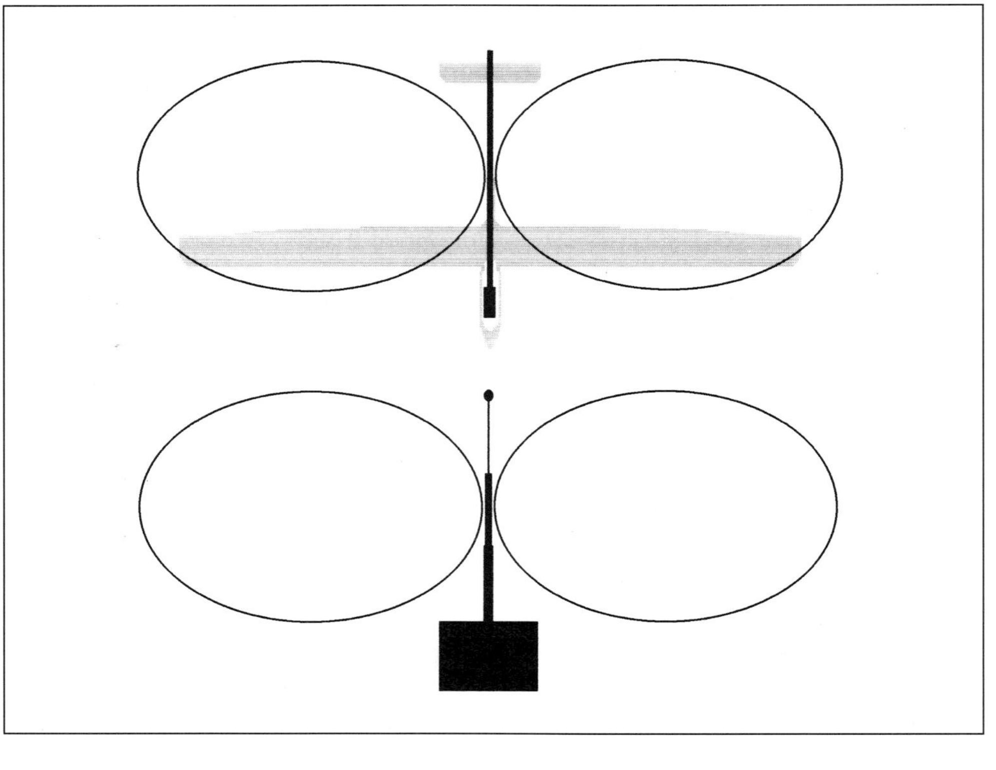

▶

Abb. 78b: Das ist die günstigste Stellung der Antennen von Sender und Empfänger zueinander. Leider kann man aber nicht immer in diese Richting fliegen. Verbesserung schafft ein rechtwinkliger Knick der Empfangsantenne, möglichst auf der Hälfte der Gesamtlänge. Dazu kann man z.B. die Empfangsantenne im Modell zunächst längs des Rumpfes und dann abknickend an der Endleiste des Flügels entlang verlegen oder zumindest in Richtung Außenseite vom Höhenleitwerk abzweigend.

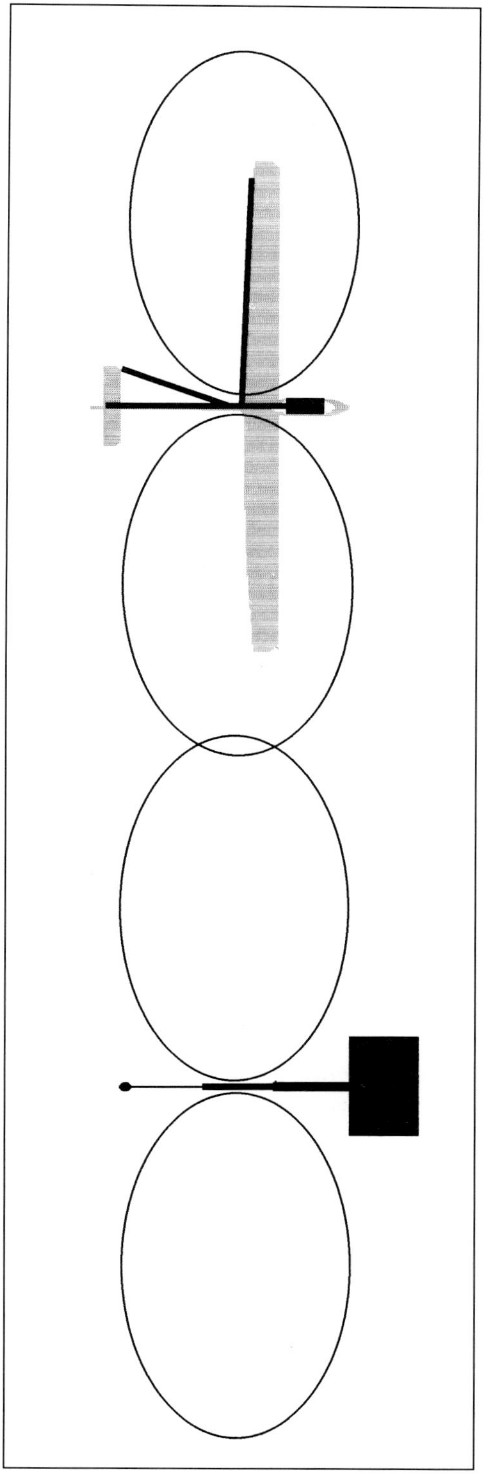

◀

Abb. 78a: Das ist die ungünstigste Stellung der Antennen von Sender und Empfänger zueinander. Wenn dann noch einige Hundert Meter Distanz dazwischen liegen, sind Aussetzer wahrscheinlich. Die Empfindlichkeitsmaxima der Antennen kann man sich ungefähr als Ellipsen vorstellen.

1) Bei nicht allzu breiten Bärten das seitliche Herausfliegen. Die überschüssige Höhe wird also erst hinterher abgebaut!
2) Der senkrechte Sturzflug. Klingt brutal, hilft aber. Hier sind die Modelle von Vorteil, die dauersturzflugtauglich sind, z.B. die mit Sturzflugbremsen, so hießen die Landeklappen nämlich früher sehr viel richtiger. So wenig die Klappen im Horizontalflug zum Abstieg taugen, so sehr schonen sie die Flügel im Sturzflug vor zu hoher Fahrt. Wessen Modell keine Klappen hat, der sollte ungefähr die maximal erreichbare Vertikalgeschwindigkeit kennen. Bei unseren reinen Thermikmodellen liegt sie im senkrechten Sturzflug ziemlich genau bei 10 Metern pro Sekunde, also etwa 35 km/h. Das ist wenig, mancher Bart ist stärker. Bei Modellen, die nicht dauersturzflugtauglich sind, sollte man zumindest die höchste zulässige Geschwindigkeit am Trimmhebel des Tiefenruders markieren, denn das Flattern eines Flügels ist in großer Höhe weder zu hören, noch zu sehen.

Ab hier beginnt fälschlicherweise ein Tabuthema: Hat ein Bart mehr als 35 Kilometer Aufwärtsgeschwindigkeit, so wäre das Modell in dem Fall verloren und es ist dann je nach verbleibender Restzeit bis zur Sichtgrenze zu entscheiden, wann es zu "zerlegen" ist. Ich weiß, das ist brutal, aber es geschieht am einfachsten durch einen zu engen Looping. Versuchen Sie danach, den Rumpf und nicht die Flächen im Auge zu behalten. Wiedergefundene Rumpffragmente mit Teilen der Fernsteuerung sind in ländlichen Gegenden immer noch besser als ein außer Sichtweite und Kontrolle geratenes Modell. In stark besiedelten Gebieten gilt es abzuwägen, ob das Modell bei unbestimmter Landestelle in der herrschenden Windrichtung größeren Schaden anrichten könnte, als bei einem einigermaßen geplanten Absturz in der Nähe. Wir raten daher, ausgedehnte Thermikflüge

- möglichst weit außerhalb von Ortschaften, und
- möglichst in einem Nullschieber oder schwachem Steigen zu machen. Starke und ruppige Thermik sollte man als Anfänger schon im Anfangsstadium meiden. In solchen Flügen kann ein Modell durchaus minutenlang nicht steuerbar sein. Man schimpft dann auf die Anlage, und vor allem treibt das Modell in dieser Zeit weit ins Lee ab, was das Steuern nach Wiedererlangen der Kontrolle zusätzlich erschwert. Starke Thermik kann ein Modell in der Luft zerlegen.
- Lieber ein paar schlaffe Flüge als einen mit Crash. Im Zweifelsfall frühzeitig Höhe abbauen. Das schont Modell und Nerven. An einem ruhigen Tag sollte man verschiedene Möglichkeiten des schnellen Höhenabbaus ausprobieren, anstatt bis zum nächsten Notfall zu warten.

Es ist hoffentlich unnötig, zu erwähnen, daß nicht nur wir, sondern die Piloten aller nicht blindflugtauglichen Flugzeuge sich davor hüten, in eine Wolke einzufliegen. Am größten ist diese Gefahr morgens. Wir hatten bei starker Thermik gegen 10 Uhr öfters eine Basis von nur 800 Metern. Diese Höhe erreicht man sogar mit kleineren Modellen schnell.

Eine weitere Ursache für den unfreiwilligen Kunstflug ist neben starker Thermik die zu geringe Reichweite der Fernsteuerung. Folgende Effekte treten häufig auf:

Der Ausfall des Seitenruders. In jedem vom Fernsteuersender erzeugten Informationszyklus ist das Seiten-, bzw. Querruder normalerweise die erste der übertragenen Funktionen und damit besonders störanfällig. Bei PCM Anlagen kann in seltenen Fällen das kurzzeitige Ausschalten des Senders helfen, einen Rücksetzimpuls des Mikroprozessors zu erzwingen. Die Piloten, die noch die harte Schule der selten ganz richtig funktionierenden Tipp Fernsteuerung durchlaufen mußten, sind beim Ausfall eines Ruders immer im

Vorteil und nutzen, wie gewohnt, die restlichen Ruder, meist das Höhenruder, um den Flug zu retten. Bei starker Schräglage vertauscht sich die Funktion des Seitenruders mit der des Höhenruders. Selbst leichte Kurskorrekturen sind so neben dem Zeitpunkt des Aufschlages noch bestimmbar...

Genau wie Menschen brauchen auch Sender Körperkontakt. Normalerweise muß jeder Sender in die Erde eingegraben werden, die ein elektrisches Gegengewicht zur Sendeantenne bildet. Falls Sie das aus privaten Gründen nicht gutheißen, behilft der Sender sich aber auch mit der Masse Ihres Körpers, selbst wenn Sie unter dem Idealgewicht liegen, aber mit beiden Beinen auf dem Boden stehen. Fehlt diese hochfrequente Masse, wie etwa bei den in Mode gekommenen Umhängepulten, so ist die abgestrahlte Feldstärke nur etwa ein Viertel so groß, wie möglich.

Einen Sender sollte man nie knapp oberhalb der Grasnarbe mit zwei spitzen Fingern steuern, sondern ohne Handschuhe fest in den Händen und möglichst hoch halten, im Notfall sogar über dem Kopf.

Ganz falsch ist es, mit der Sendeantenne auf das Modell zu zielen. Nicht nur ältere Fernsteuerempfänger geraten dann leicht aus der Sychronisation auf den Sender, die Ruder flattern. In großer Flughöhe oder bei starken Störungen scheint die Anlage gar nicht mehr zu reagieren, der Fernsteuersender ist im Modell nur noch schwach und verrauscht "hörbar" und andere Sender sind verlockend stark. Diesen Effekt kann man vermindern, indem man die Sendeantenne in einem Winkel von 90 Grad auf das Modell ausrichtet (Abb. 78) und notfalls zusätzlich voll Tiefe gibt. Spätestens nach einigen hundert Metern Höhenverlust gewinnt Ihr Sender dann wieder die Oberhand, hoffentlich nicht zu spät.

Sturzflüge verursachen oft Risse in Leitwerk und Flügel. Zusätzlich zum normalen Check vor dem Start sollte man nach einem Notabstieg besonders gründlich die am stärksten gefährdeten Stellen prüfen. Das sind meist die Aufnahmen des Flächenstahls sowie die Holme in deren Nähe und die Vorderkante des Höhenleitwerks nahe am Rumpf.

Zum Schluß noch ein Tip für die Elektronikfreaks unter uns Fliegern. Wer einmal versucht hat, sein Modell in einem hochstehenden Feld wiederzufinden, weiß, daß man schon in zwei Metern Abstand daran vorbeiläuft, ohne es zu sehen, von dem Heuschnupfen ganz zu schweigen. Einen Ortungspiepser wollte man eigentlich schon letztes Jahr eingebaut haben. Ein weggeflogenes Modell kann man aber mit manchen Kurzwellenempfängern in einer Entfernung bis zu einigen hundert Metern noch orten, indem man den in jedem Fernsteuerempfänger vorhandenen Oszillator anpeilt.

Dazu sollte man sich vor dem ersten Einsatz die genaue Frequenz des Empfangsquarzes notieren und vielleicht zuvor einige Probepeilungen im Weißkohlfeld hinter dem eigenen Haus üben.

Fotoflüge und Barogramme – alles schwarz auf weiß

Barogramme sind die Aufzeichnungen der geflogenen Höhe. Man kann daran ablesen, wann das Modell wie hoch war. Vermutlich entstanden sie aus dem reinen Neid von uns Segelfliegern auf die Motorflieger, die fasziniert die Drehmomentkurve ihrer Motoren studieren. Auch wir haben jetzt eine Leistungsangabe der Thermik (die innerhalb einer Zeit in einem Bart erreichte Höhe) und eine Drehzahl (die Häufigkeit, mit der Thermik auftritt). Außerdem sind Barogramme und Fotos in der großen Segelfliegerei zur genauen Dokumentation und als Beweis für Rekord- und Wettbewerbsflüge nötig. Im Modellsegelflug ist die Kombination von der Barographaufzeichnung (Cassette) und den Fotos zusammen mit den Höhenangaben fast fälschungssicher.

Das erste abgebildete Barogramm wurde in einer manntragenden Cessna 172 aufgenommen (Abb. 79). Es ist so ungefähr das einfachste aller möglichen Barogramme. Die Zeit ist von links nach rechts, die Höhe von unten nach oben aufgetragen. Die flache Strekke unten links sind die Minuten vor dem Start und die Rollzeit zur Startbahn. Dann ging es die ganze Zeit gleichmäßig hoch bis auf 1600 Meter und fast genauso schnell wieder runter. Zum Schluß noch der Gegen- und Queranflug auf konstanter Höhe (kleines Treppchen kurz vor Ende des Fluges) und die Landung. Man sieht, daß selbst mit 180 PS keine solchen Steigwerte erreicht werden können, wie mit einem einfachen Anfängersegler in mittlerer oder starker Thermik! (Abb. 81) Dafür sehen die Barogramme von uns Modellsegelfliegern auch nicht ganz so glatt aus....(Abb. 80). Die Dauer dieses Fluges betrug 17 Minuten.

Das zweite Barogramm (Abb. 81) kündet von den berauschenden Fähigkeiten des Autors, trotz Hammerthermik hier und da Sinken zu finden. Direkt nach dem Lösen vom Gummiseil geht es ohne Unterbrechung auf etwa 280 Meter hoch, sofort wieder runter und dann auf fast 700 Meter. Man erkennt deutlich, daß es zu jedem Bart sofort wieder ein Abwindfeld auf der Rückseite gibt. Wir hatten an diesem Tag kaum eine Minute, an dem der Segler sein normales Sinken in ruhiger Luft aufwies; entweder ging es stark hoch oder stark runter. Die Aufzeichnungslänge dieses Barogramms betrug zwei Stunden.

Der nächste Flug wurde im Lauf einer Stunde aufgenommen (Abb. 82). Er war trotz schwacher Thermik wesentlich einfacher, als der vorangegangene, da die Thermik fast dreimal so häufig auftrat, wie im vorangegangenen Bild. Die einzelnen Zacken weisen eine Regelmäßigkeit auf. Solche Tage sind ideal zum Streckenflug, da man immer nach einer bestimmten Zeit wieder mit Thermik rechnen kann und in der Zwischenzeit nicht mit dem Tiefenruder zu geizen braucht. Das Zentrieren war zwar schwieriger, aber man konnte die erreichten Höhen ruhig abgleiten und war sich des nächsten Bartes relativ sicher.

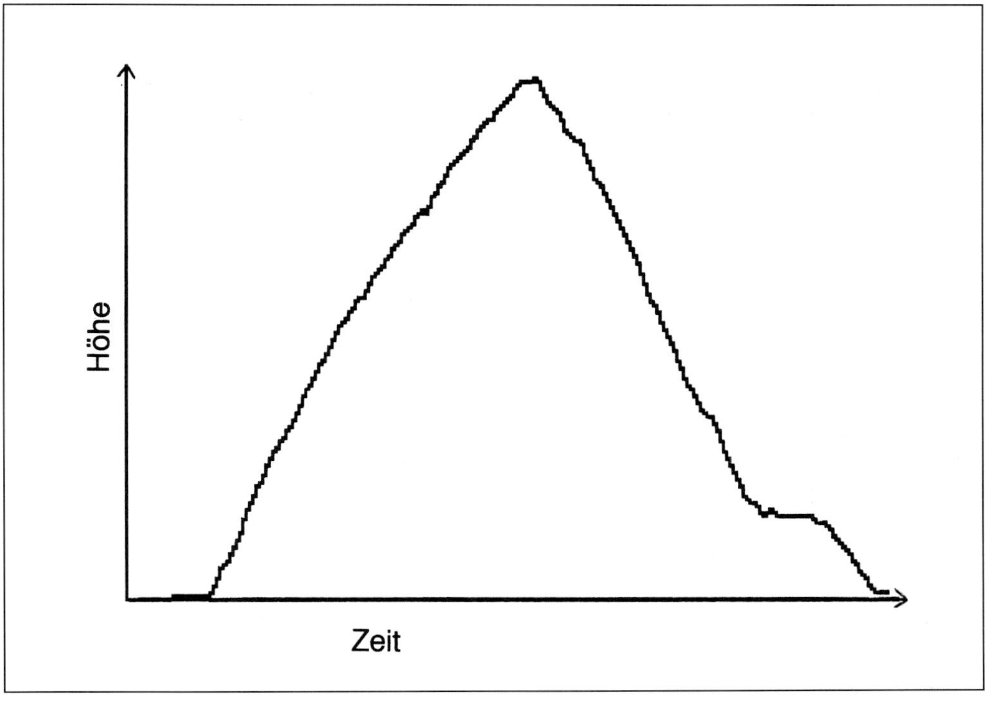

Abb. 79: Dieses Barogramm wurde in einer manntragenden Cessna 172 aufgenommen. Es ist so ungefähr das einfachste aller möglichen Barogramme. Die Zeit ist von links nach rechts, die Höhe von unten nach oben aufgetragen. Die flache Strecke unten links sind die Minuten vor dem Start und die Rollzeit zur Startbahn. Dann ging es die ganze Zeit gleichmäßig hoch bis auf 1600 Meter und fast genauso schnell wieder runter. Zum Schluß noch der Gegen- und Queranflug auf konstanter Höhe (kleines Treppchen kurz vor Ende des Fluges) und die Landung. Die Dauer dieses Fluges betrug 17 Minuten.

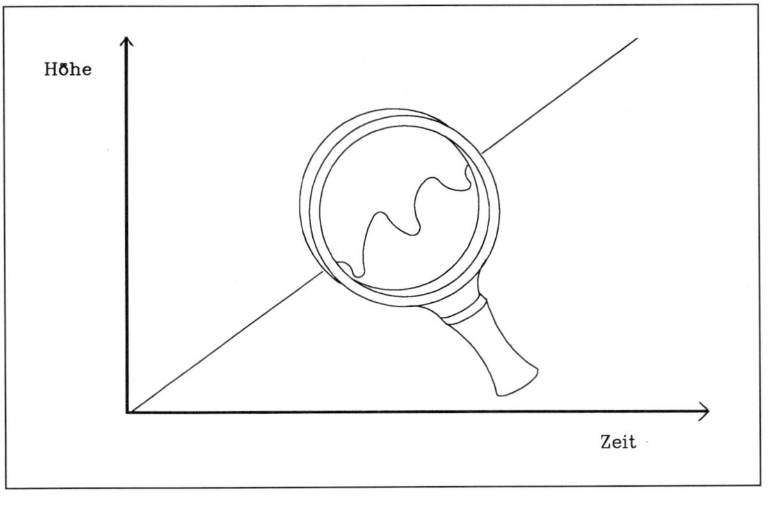

Abb. 80: Barogrammschema des Steigens im Bart. Was auf den ersten Blick wie eine Gerade aussieht, ist eine Aneinanderreihung von vielen einzelnen "Treppenstufen", den Kreisen.

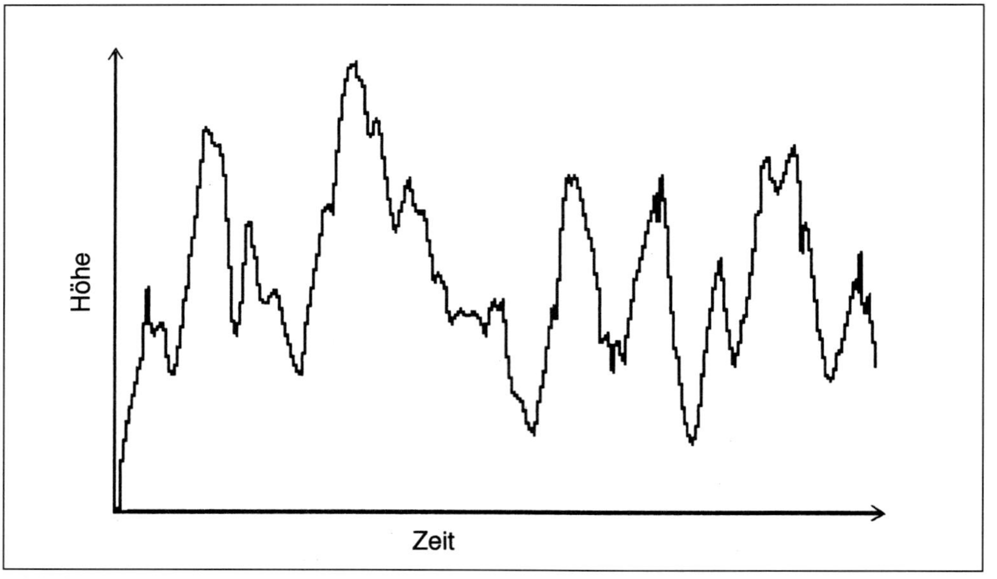

Abb. 81: Barogramm eines Modellsegelfluges. Direkt nach dem Lösen vom Gummiseil ging es ohne Unterbrechung auf etwa 280 Meter hoch, sofort wieder runter und dann auf fast 700 Meter. Man sieht, daß dieser einfache Anfängersegler in ruppiger Thermik mehr Steigen erreicht, als die 180 PS starke Cessna! Dafür sehen die Barogramme von uns Modellsegelfliegern auch nicht ganz so glatt aus....
Man kann erkennen, daß es zu jedem Bart ein Abwindfeld auf der Rückseite gibt. Wir hatten an diesem Tag kaum eine Minute, an dem der Segler sein normales Sinken in ruhiger Luft aufwies; entweder ging es stark hoch oder stark runter. Die Aufzeichnungslänge dieses Barogramms betrug zwei Stunden.

Zwei Besonderheiten sind an der Kurve sichtbar. Zum einen ist die angezeigte Höhe bei der Landung (ganz rechts) höher als die beim Start. Das bei Barographen allgemein angewandte Meßprinzip ist die Messung des Luftdrucks. Beim Start stellt man die Anzeige auf Null. Verringert sich der Luftdruck während des Fluges, so erhöht sich die angezeigte Höhe etwas.

Zum anderen beachte man die mit einem Kreis markierte Kurve am Anfang des Fluges. Sie strebt einige Minuten nach dem Start verdächtig nah gegen Null. Das vierte Barogramm zeigt diesen Ausschnitt in Vergrößerung (Abb. 83). Deutlich zu erkennen ist zunächst der Gummiseilstart, das Ausklinken und anschließende Sinken. Kurz vor dem Einstieg in die Thermik nimmt es stark zu. Die ersten paar Kreise in der Blase waren halbwegs glatt, danach wurde versucht, zu zentrieren, erkennbar an den ganz kurzen, nach unten gerichteten Zacken. Leider erfolglos, nach jedem Zentrieren war nur erhöhtes Sinken feststellbar. Erst nach einigen Minuten kehrte sich die Richtung der Zacken um. Das bedeutet, daß das Zentrieren erst von da an stärkeres Steigen erbrachte. Diese nachträgliche Analyse einer einzelnen Blase zeigt, daß zum Zeitpunkt des Einstieges in die Thermik genau deren "Kuppel" erwischt wurde. Erst nach und nach überholte die Thermik das Modell, und es war ein genaues Zentrieren möglich.

Es ist im Nachhinein immer einfach, Fehler in Flug und Taktik zu erkennen. Wie hätten

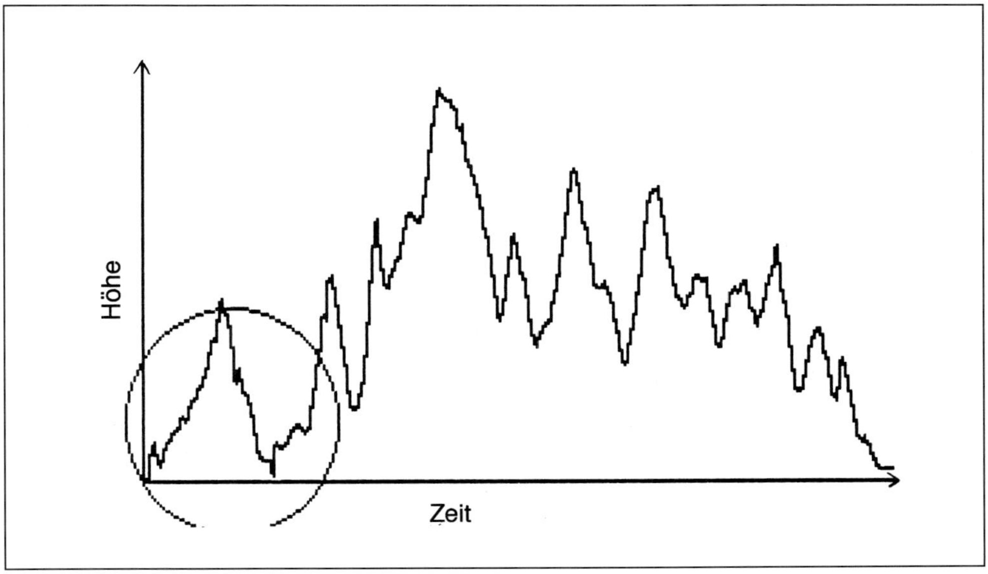

Abb. 82: Dieser Flug wurde im Lauf einer Stunde aufgenommen. Er war trotz schwacher Thermik wesentlich einfacher, als der vorangegangene, da die Thermik fast dreimal so häufig auftrat, wie im vorangegangenen Bild. Die einzelnen Zacken weisen eine Regelmäßigkeit auf. Die Eigensinkgeschwindigkeit des Modells ist hier viel wichtiger als bei der Hammerthermik in der vorherigen Abbildung. Solche Tage sind ideal zum Streckenflug, da man immer nach einer bestimmten Zeit wieder mit Thermik rechnen kann. Man beachte die mit einem Kreis markierte Kurve am Anfang des Fluges. Sie strebt einige Minuten nach dem Start verdächtig nah gegen Null. Abb. 83 zeigt diesen Ausschnitt in Vergrößerung.

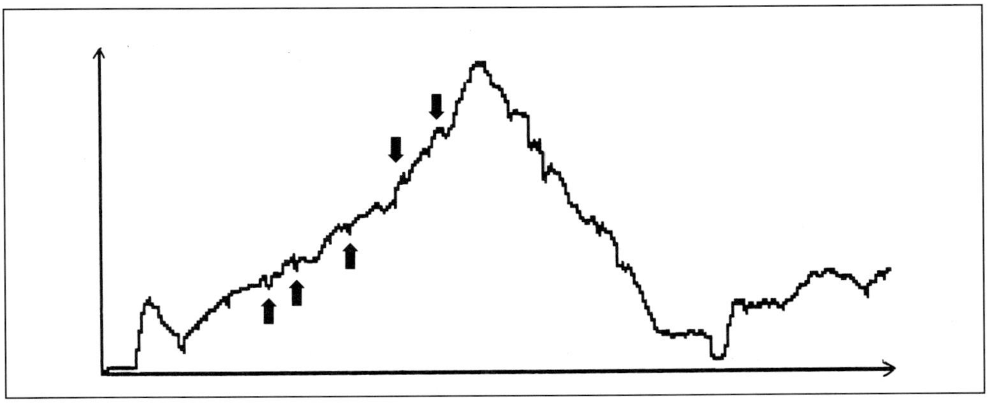

Abb. 83: Deutlich zu erkennen ist zunächst der Gummiseilstart, das Ausklinken und anschließende Sinken. Kurz vor dem Einstieg in die Thermik nimmt es stark zu. Die ersten paar Kreise in der Blase waren halbwegs glatt, danach wurde erfolglos versucht, zu zentrieren, erkennbar an den ganz kurzen, nach unten gerichteten Zacken. Erst nach einigen Minuten kehrte sich die Richtung der Zacken um. Das bedeutet, daß das Zentrieren erst von da an stärkeres Steigen erbrachte, da die Blase das Modell überholte.

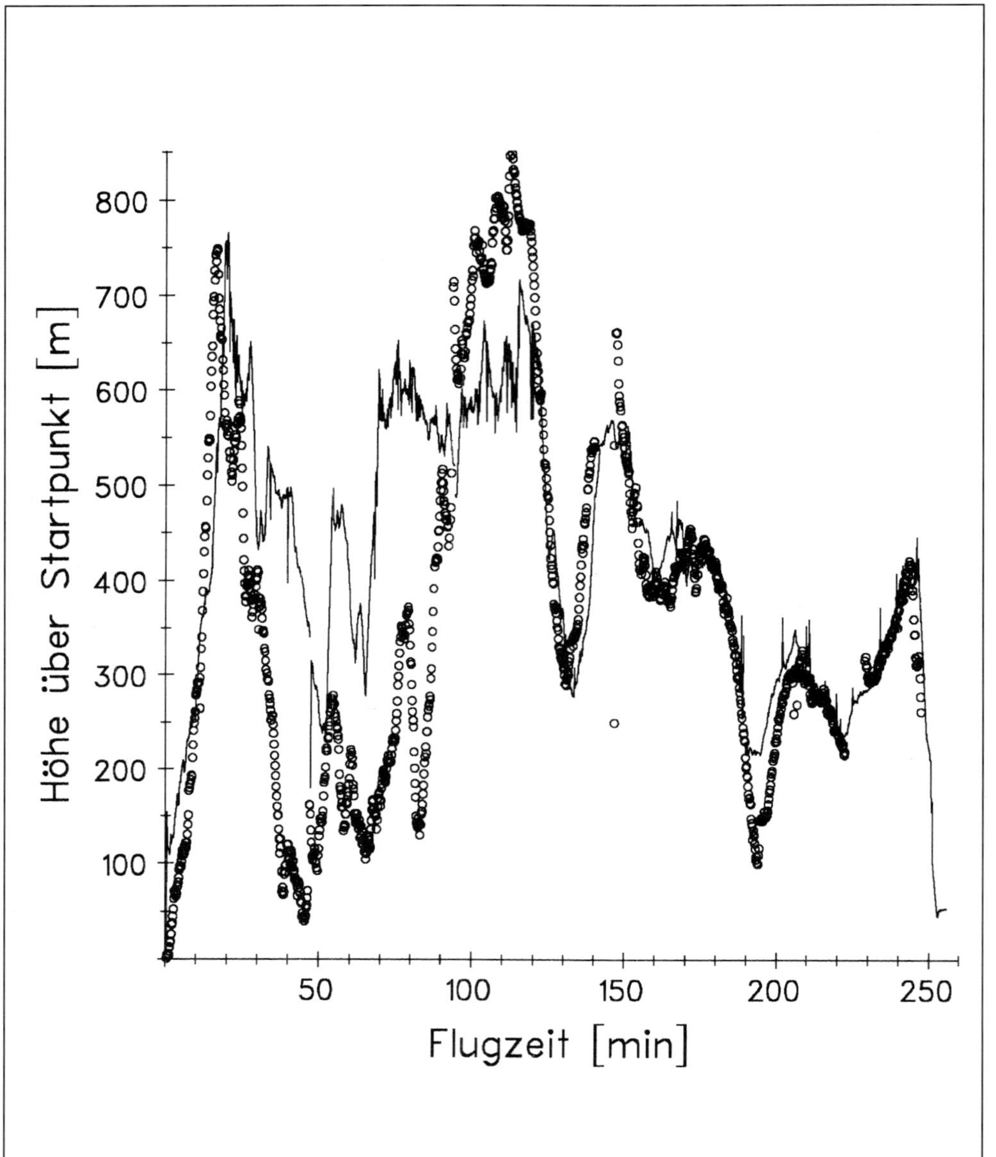

Abb. 83a: Die Autoren bei der Arbeit: Viereinhalb Stunden am Stück und gleichzeitig. Die dünne Linie flog Ulf Gerber. In über 750 Metern Höhe mit manchmal nur 4 Metern Vertikalabstand der Rümpfe (bei 3 Metern Spannweite!) gemeinsam in einer Blase zu kurbeln, geht nur mit hochgenauen Funkhöhenmessern. Trotz unterschiedlicher Modelle laufen die Kurven über weite Teile fast parallel; entscheidend ist die Flugtaktik. Bei nachlassender Thermik sollte man sich sofort trennen, die Chancen, neue Thermik zu finden sind dann erheblich besser. Einzelne Ausreißer im Barogramm künden vom Cassettenwechsel. Wegen der Verwechslungsgefahr der Modelle in großer Höhe wurde hier ausnahmsweise in entgegengesetzter Richtung gekurbelt.

Sie reagiert am Ende der darauf folgenden Sinkphase? Es ist ja ein deutlicher Nullschieber erkennbar, der aber offensichtlich über fast eine Minute kein Steigen erbrachte. Wären Sie trotz Bodennähe auf Nummer Sicher gegangen? Dann hätte das eventuelle Ende dieser Blase die Landung bedeutet. Oder wären Sie auch herausgeflogen, was ein großes Risiko ist? Wir hatten die Zeit in dem Nullschieber genutzt, um wenigstens nach Indizien für die nächste Ablösung zu suchen.

Die nächste, sehr schwache Thermik wurde mit dem Mut der Verzweifelung im Schnellflug (starkes Sinken) mit der letzten Höhenreserve von weniger als fünf Metern über einer ansonsten nie tragenden Stelle angeflogen. Ein einziger, falsch liegender Kreis hätte wahrscheinlich das sofortige Aus für diesen Flug bedeutet. Glück gehabt...

Der Start erfolgte gegen elf Uhr. Im weiteren Verlauf des Gesamtbarogramms ist die berüchtigte Mittagsflaute erkennbar. Die Bärte tragen längst nicht mehr so hoch, die Häufigkeit bleibt dagegen unverändert, gegen Schluß des Fluges nimmt sie sogar zu. Eine solche Flaute wäre, wenn überhaupt, noch am ehesten mit einem Großsegler aus mindestens 1,5 Kilometern Höhe im "Wolkenhüpfen" zu überbrücken.

Beim allabendlichen Durchforsten der Barogramme sieht man taktische Fehler des Piloten unbarmherzig genau, etwa das allmähliche Nachlassen der Thermik schon lange vor dem Durchzug eines Abwindgebietes. Man hätte es zum Hamstern der vorerst letzten Höhenmeter nutzen sollen. Die Kurve zackt immer seltener und flacher, eigentlich ein Alarmsignal, und der Pilot bekommt nichts mit, weil er ob der erreichten Höhe oder der staunenden Zuschauer vollauf zufrieden ist.

Fotos, aufgenommen vom Modell aus der Luft, sind nett und lehrreich. Sie entschädigen für den nicht vorhandenen Blick aus dem Cockpit. Man braucht keine Super-Filmausrüstung, alle Luftbilder dieses Buches wurden zum Beispiel mit einer kleinen Kamera für 2,95 DM aufgenommen, die eigentlich als Schlüsselbundanhänger ihr Leben fristen sollte. Wir haben sie mit ein paar Gummis unter den Rumpf geschnallt und das Modell deshalb bei den Landungen vorsichtshalber gefangen. Dabei entstanden einige Schnappschüsse des Autors, die wir Ihnen lieber nicht zeigen... Es ist mit einem so umgerüsteten 1 Meter 80 Segler schon fast eine "polare Katastrophe", pro Tag 24 Mal (ein Film) aus 50 Metern Seil auf bis zu 800 Meter Höhe zu kommen, besonders wenn die Kamera wie Landeklappen auf den Flächen steht.

Bei Luftbildern sollte die Belichtungszeit höchstens ein 125-tel betragen, in geringer Höhe besser noch kürzer. Daß man nie bei Gegenlicht auf den Auslöser drückt ist wohl klar, daher vor dem Start merken, in welche Richtung die Kamera zeigt. Bei Flugdokumenten muß immer ein charakteristischer Teil des Modelles sichtbar sein, die verzogenen Flächen zum Beispiel....

In enger Thermik hat das Modell eine hohe Fahrt und eine große Richtungsänderung gegenüber dem Boden. Daher nicht zu eng kreisen und möglichst in dem Moment knipsen, in dem das Modell in den Wind dreht.

Flugregeln: Rechts vor Links

Es gehört zu den großen Mysterien unserer Zeit, daß man Hierzulande für Alles und Jedes einen Befähigungsnachweis braucht, nur nicht dafür, ein Kind in die Welt zu setzen oder ein Modell zu fliegen.

Ensprechend sind, wir wollen uns auf den Modellflug beschränken, die Resultate. Man sehe beispielsweise Samstags nachmittags bei mäßigem Wind einmal dem munteren Treiben an einem Hang zu. Gar lustig durchstreifen die Modelle die Luft. Was wollen Sie uns mitteilen? Aufmerksam registrieren wir:

- Hier komme ich.
- Je riskanter, desto stärker kitzelt es.
- Meine Anlage und ich haben nie Störungen, deshalb kann mein Modell gar keinen Schaden anrichten.
- Zuschauer stacheln mich an.
- Wow, das war knapp, der Idiot, soll doch woanders fliegen.
- Da, ein Anfänger. Auf ihn. Dem bringen wir das Fliegen bei.

Hmm. Das ist also Modellflug. Komische Menschen. Der Spaziergänger beschließt, seinem Sohn zu Weihnachten lieber doch ein Schwarzwald-Puzzle zu schenken.

Ich gebe zu, es macht Spaß, mit einem 2 Meter 2 Kg Kunstflugsegler zu brettern. Aber es ist auch gefährlich. Genau wie Autofahren. Und nur deshalb gibt es einige Regeln im Luftverkehr, die für Modellflugzeuge genauso selbstverständlich sein sollten wie für alle anderen Teilnehmer an der Luftfahrt.

Diese Regeln sind Bedingung für jeden Luftfahrerschein, erstaunlicherweise aber den meisten Modellfliegern unbekannt. Möchten Sie sie kennenlernen? Bitteschön, hier eine Kurzfassung für alle Modellflieger:

Paragraph Eins der Luftverkehrsordnung:

"Jeder Teilnehmer am Luftverkehr hat sich so zu verhalten, daß Sicherheit und Ordnung im Luftverkehr gewährleistet sind und kein anderer gefährdet, geschädigt oder mehr als nach den Umständen unvermeidbar behindert oder belästigt wird."

Einige Regeln sind ungeschriebenen Gesetze und werden überall selbstverständlich befolgt, andere sind im Gesetz genau geregelt und werden selten befolgt. Sinnvoll sind folgende (teilweise nach Reichmann):

Bei Begegnung im Gegenflug: Ausweichen nach rechts (Abb. 84).

Bei kreuzenden Flugrichtungen: Das von rechts kommende Flugzeug hat Vorrang. Motorgetriebene Luftfahrzeuge müssen den Segelflugzeugen ausweichen und diese wiederum den Ballonen. Der Grundsatz rechts vor links gilt also nur für gleichrangige Luftfahrzeuge.

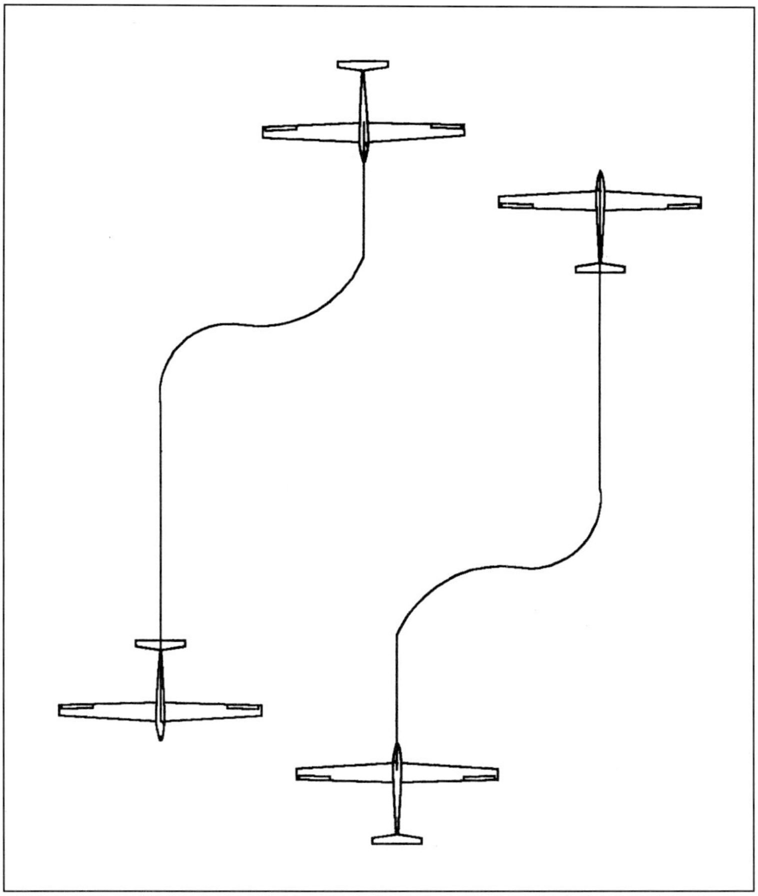

Abb. 84: In der gesamten Luftfahrt wird weltweit nach rechts ausgewichen, bei uns Modellfliegern doch wohl auch, oder?

Überholvorgang: Rechts überholen. Ein Luftfahrzeug überholt ein anderes, wenn es sich diesem von rückwärts aus einem Winkel bis 70 Grad nähert.

Der Schnellere hat dem Langsameren auzuweichen.

Nichtmotorisiert hat Vorfahrt vor Motorisiert.

Das wird auf vielen Plätzen selten beachtet, gibt Ihnen als Seglerpiloten aber keinen Freifahrtschein, sondern regelt die Verhältnisse in Fällen gleicher Priorität, z.B. bei der Landung. Aber auch Segler haben Ballonen auszuweichen. Generell gilt, daß das nicht ausweichpflichtige Modell seinen Kurs währenddessen beibehalten muß.

Alle ferngesteuerten müssen bemannten Flugzeugen ausweichen.

Allerdings scheiterte der Versuch des Autors, einem sich mit annähernd Schallgeschwindigkeit nähernden Tiefflieger durch voll Drücken davonzufliegen, kläglich. Der Düsenpilot zeigte aber Einsicht und flog im Landeanflug des Modells noch schnell unter diesem durch...

Wichtig für Thermikflieger: In der Thermik bestimmt der erste die Drehrichtung für alle eventuell folgenden.

Wer neu hinzukommt muß so steuern, daß die bereits kreisenden Segelflugzeuge keinesfalls behindert werden (spiralförmiges Herantasten an den Kreis).

Wer verlagert, darf die anderen nicht behindern.

Wer besser steigt, darf schlechter steigende nicht behindern.

Nie andere dicht unterfliegen. Wird man unterflogen, kann man im Vario selbst in einem guten Bart kurzzeitige sehr hohe Sinkwerte hören. Ferner besteht die Gefahr des Strömungsabrisses und somit hohe Kollisionsgefahr.

Der oberste in der Thermik muß von unten kommenden, die schneller steigen, ausweichen. Wir meinen zusätzlich: Wenn Sie nun aber beispielsweise in 200 Metern Höhe ohne Thermik geradeausfliegen und 50 Meter vorne unter Ihnen hat ein Kollege einen kräftigen Bart erwischt, so gibt man normalerweise dem Modell in der Thermik die Vorfahrt. Das kann sonst trotz anfangs ungleicher Höhen in wenigen Sekunden schon böse krachen!

Wichtig für Streckenflieger: Für den vorausbestimmten Landeort muß die Genehmigung des Grundstückseigentümers vorliegen. Dabei eventuelle Kontrollzonen um Flughäfen (mindestens 16 km!) beachten!

Keine Menschenansammlungen überfliegen (das wird wohl ein Traum bleiben).

Am Hang hat Vorfahrt, wessen rechter Flügel zum Hang zeigt, der andere muß also vom Hang weg ausweichen.

Wer den Hang links von sich hat muß bei "Gegenverkehr" also vom Hang wegdrehen. Der allergrößte Teil der Unfälle am Hang läßt sich mit dieser Regel vermeiden.

Überholen am Hang immer nur auf der Talseite.

Und selbstverständlich niemals zum Hang hin kurven, möglichst nicht die Leewirbel durchfliegen.

Jeder Pilot muß zur Verhinderung von Zusammenstößen zu allen anderen Luftfahrzeugen oder sonstigen Hindernissen einen ausreichenden Abstand halten. (Anmerkung des Autors: Großes Ausrufezeichen!)

Luftfahrzeuge im Endteil des Landeanfluges haben Vorrang.

Bei gleichzeitigem Landeanflug haben Segelflugzeuge vor Motorflugzeugen Vorrang. Im Endteil der Landung darf kein Luftfahrzeug überholt oder unterflogen werden.

Das höhere Luftahrzeug gibt den Weg für das tiefere frei (weicht aus).

Nach F-Schlepp nach rechts abdrehen, Motorflugzeug nach Links.

Daß solche Regeln dringend verbindlich werden sollten, kann man schon daraus ersehen, daß die Versicherungsprämie für ein manntragendes Flugzeug mittlerweile in der gleichen Größenordnung wie bei einem Modell liegt; das Resultat einiger weniger Luftrowdys für die wir (noch) mitbezahlen müssen. Die kinetische Energie eines Modellflugzeuges wird in allen Fällen unterschätzt. Schon ein federleichter Thermiksegler im Schrittempo kann schwere Kopfverletzungen verursachen. Ein schnelles Motormodell oder ein schwerer Kunstflugsegler mit spitzer Rumpfnase können Autodächer "durchfliegen" und Kühe auf der Stelle töten. Es ist abzusehen, daß nach entsprechenden Unfällen mit Menschen der Modellflug erheblich eingeschränkt oder ganz verboten werden wird.

Anhang

Verzeichnis der Fachausdrücke

Anlage, die,
Kasten mit Hebeln. Hat die A. wenige Hebel, kann das Modell damit im Fluge beeinflußt werden, hat sie viele Hebel, sollen die anderen Piloten damit beeinflußt werden. Die A. wurde vom —> Fachhändler schon vor 6 Wochen eingeschickt und kommt grundsätzlich am ersten Arbeitstag nach den —> Sommerferien aus der Reparatur zurück.

Bart, der,
siehe unter —> Thermik. Fehlt völlig bei Wettbewerben.

Bussard, der,
Raubvogel, der die —> Thermik anzeigt, die man vor 5 Minuten noch erreicht hätte.

Dreiachsgesteuertes Modell, das,
siehe unter zweiachsgesteuertes Modell

Ehefrau, die, des Modellfliegers,
Meist strickendes Wesen; Ursache des neuen —> Modells. Das alte flog viel besser, sah aber nicht so schick aus wie das vom stellvertretenden Vereinsvorsitzenden.

E - Flieger, der,
Modellflieger, der sich alle drei Jahre einen Elektromotor für 9 Mark 80 kauft statt pro Jahr dreier —> Gummiseile für je 50 Mark.

Endanflug, der,
Teil der —> Landung; allerletzte Gelegenheit für einen Looping.

Flugzeugschlepp, der,
Beim F - Schlepp beweisen Segelflieger den Motorfliegern, daß es auch ohne Motor geht.

Fachhändler, der,
Mensch mit beginnender Halbglatze. Hat den Laden geerbt; kommt eigentlich aus der Textilbranche. Führt die brandneuen, beleuchteten Spornräder ("Ein gaaaanz phan - tas - tisches Teil sage ich ihnen. Das müssen Sie einfach haben").

Fertigbausatz, der,
von Experten oftmals zu Unrecht belächelte Materialzusammenstellung der wichtigsten Teile eines Modellflugzeuges. Das Motiv der Verpackung zeigt in der Regel einen glücklichen Piloten vor einem riesigen bunten Flugzeug unter strahlend blauem Himmel. Lediglich Kleinteile wie Flächen und Rumpf müssen noch zusätzlich gekauft werden, die Abziehbilder liegen bereits bei.

Gummiseil, das,
spezielle Mischung aus einer geheimgehaltenen Substanz, deren Aufgabe es ist,

im Fachgeschäft nie, an der Sonne aber sofort spröde zu werden.

Hammerwetter, das,
und Hammerthermik, die,
starke —> Thermik, tritt vorzugsweise die Woche über auf oder an sonstigen flugfreien Tagen.

Hang, der,
ideales Fluggelände bei Westwind falls die Hauptwindrichtung Ost ist. Liegt der H. in Ostrichtung, ist das Gelände schon seit einigen Jahren gesperrt.

Kinder, die,
treten meist in Rudeln auf. K. versuchen, kleine Kieselsteine und bunte Murmeln in den Zwischenräumen der Rippen unterzubringen; ist das —> Modell beplankt, reinigen K. ersatzweise den Sender mit Limonade.

Kunstflug, der,
eine besonders bei Anfängern beliebte Flugform, bei der die Bruchfestigkeit des Modells in der Luft genau geprüft wird. Ein mißlungener K. wird meist von einer —> Ziellandung gekrönt.

Landung, die,
Bei der L. wird der Versuch unternommen, mit dem —> Modell die umliegenden Hindernisse effektvoll und endgültig zu vernichten sowie Stacheldrähte zu glätten und Stromleitungen abzuschalten. Bei freiliegenden —> Plätzen: Psychische Anstrengung, den beim —> Start herrschenden Allgemeinzustand des Modelles zumindest in Etwa zu wahren.

Mitglied, Vereins-, das
Mensch, der ein Zehntel seines Vermögens dafür ausgibt, bei —> Hammerwetter den Rasen des —> Platzes mähen zu dürfen.

Modell, das,
Stolz des —> Piloten. Jedes M. ist das jeweils schönste und beste am —> Platz.

Modellsegelflieger, der,
Ansonsten relativ normaler Mensch. Versucht vergeblich, über einem kleinen Waldstück den letzten Rest abendlicher —> Thermik zu finden während im Fersehen das Endspiel um die Fussballweltmeisterschaft übertragen wird.

Motormodell, das,
erstaunlich wirkungsvoller chemischer Prozess, bei dem ein —> Modell Sprit in Lärm umsetzt.

Nullschieber, der,
schwache Thermik, die das Modell ohne weiteres in der Luft hält, den Piloten aber zur Verzweiflung treibt.

Platz, der,
Ursprünglich Flugplatz genannte Rasenfläche mit erhöhtem Verbrauch an Methylalkohol und normalem Alkohol.

Pilot, neuer, der,
Anfangsstadium; jemand mit Fertigmodell, Fernsteuerung und Graupnersonnenmützchen; später wird daraus ein echter Flieger.

Sommerferien, die,
mittsommerliche Schlechtwetterperiode; je nach Bundesland verschieden.

Start, der,
Versuch, das —> Modell trotz genauester Befolgung des Bauplans ans Fliegen zu bringen.

Störungen, die,
S. in der —> Anlage sind der absolut einzig denkbare Grund für eine schlechte —> Landung.

Trudeln, das,
Hinweis des Modells auf leere Akkus oder defekte —> Anlage. Tritt meist beim absolut letzten Flug vor dem Einpacken auf; war es nicht der letzte Flug, so war er es jetzt doch.

Thermik, die,
gutartige Aufwinde, treten vor oder nach dem eigenen Flug auf.

Variometer, das,
unnützes elektronisches Instrument. Ein —> Modell fliegt auch ohne V., nur nicht ganz so lange.

Vorstand, Vereins-, der,
In den V. gelangt man nach einer gewissen Zeit automatisch aufgrund des Bankkontos, Köperumfanges, oder anderer gewichtiger Argumente; der V. wählt die —> Mitglieder.

Verein, der,
in der vorgefundenen Form eine besonders deutsche Einrichtung, bestehend aus —> Vorstand, —> Mitgliedern, einem betont liberalen Kassierer, hier und da Modellfliegern, in jedem Fall aber drei Kästen Bier, von denen zwei meist leer sind.

Ziellandung, die,
besondere Form der —> Landung. Es gilt, den einzigen Busch in zwei Kilometern Umkreis zu treffen.

Zuschauer,der,
Spaziergänger mit besonderem Interesse an ungewöhnlichen Flugzuständen. Bleibt bis zum —> Endanflug hinter der Absperrung, läuft dann jedoch zum —> Piloten, fragt nach der Uhrzeit und erzählt den Witz "runter kommen sie ja immer, nicht wahr, hahaha".

Zweiachsgesteuertes Modell, das,
hat Höhen und Seitenruder, aber keine Querruder. Z.-Modelle sind für Anfänger entworfen und werden häufig von Profis geflogen, bei dreiachsgesteuerten Modellen ist es umgekehrt.

Literaturverzeichnis

Zunächst natürlich die beiden Standardwerke:

O. Lilienthal
"Der Vogelflug", Berlin 1889

F.W. Schmitz
"Die Aerodynamik des Flugmodells", Teil 1, Volckmann Verlag, Berlin 1942. Vieles was heutzutage an "wissenschaftlichen Erkenntnissen" veröffentlicht wird, kann sich mit diesem Buch nicht messen.

(1) Gerhard Wissmann
"Die Geschichte des Segelfluges", Transpress VEB Verlag für Verkehrswesen, Berlin 1988

(2) Franz Perseke
"Das Segelflugmodell", Teil 1-3, Nekar Verlag Villingen-Schwennigen, 1987

(3) M. Lisken
"Polare - selbstgemessen", Aufwind; Heft 5/ 1990, MIBA Verlag, Nürnberg
Informationen über Variometer im Modellflug gab es in der gleichen Zeitschrift in Heft 3 und 4 / 1989

Für alle Thermikmodellflieger, die Höchstleistungen erfliegen wollen, sei die Literatur über den manntragenden Streckensegelflug empfohlen:

(4) Helmut Reichmann
"Streckensegelflug", Motorbuch Verlag, Stuttgart 1987

Manfred Kreipl
"Das Thermikhandbuch", Motorbuch Verlag, Stuttgart 1989

Ebenfalls interessant:

Alfred Gymnich
"Der Segelflug-Modellbau in Theorie und Praxis", Otto Maier Verlag, Ravensburg

Georg Rüppel
"Vogelflug", Rowohlt, Hamburg 1980

Ekkehard Reiser
"Drachenfliegen nach dem Wetter", Motorbuch Verlag Stuttgart, 1984

Segelflugwetterberichte – Zum Schluß das Wetter:

Das obligatorische Studium des normalen "viertel nach acht" Wetterberichtes braucht hier wohl nicht mehr erwähnt zu werden. Im Gegensatz zu dem der Konkurrenz sind die Angaben genauer, vor allem, was das Wichtigste, die Windstärke und -Richtung betrifft.

Die reinen Flugwetterberichte beziehen sich meist auf Sichtflüge der manntragenden Luftfahrt und erwähnen die für uns hochinteressanten "Turbulenzen" nicht. Wer Frühaufsteher ist oder sich stattdessen lieber einen Videorecorder anschafft, kann zum Beispiel im dritten Fernsehprogramm "Nord 3" morgens um fünf Uhr das Neueste erfahren. Leider ändern sich gerade die für die Thermik zuständigen "Parameter" des Wetters manchmal recht schnell und unvorhersehbar.

Zu Unrecht belächelt ist der ebenfalls morgens von einigen lokalen Rundfunksendern ausgestrahlte Landwirtschaftsfunk mit der Langzeitprognose. Gerade an den Tagen vor Wettbewerben ist es interessant zu wissen, ob man sich noch schnell ein Paar neue Flügel bauen sollte (einfließende Kaltluft) oder den alten Thermikschleicher aus dem Keller holt (stabile Hochdrucklage).

Eine Reihe von Rundfunksendern strahlen, leider nur am Wochenende, einen speziellen Segelflugwetterbericht aus. Allerdings ändern sich deren Programmschemata gelegentlich. Wer aber diesen Wetterbericht einmal gehört hat, wird verstehen, warum ihn weder die großen Segelflieger noch die Autoren beachten. Denn ob Thermik ist oder nicht, kann man selber mit besserer Genauigkeit und eigener Beobachtung voraussagen. Außerdem ist der Bericht zu großflächig und nicht aktuell genug. Aber es gibt ja eine Alternative:

Mit Abstand am besten für uns ist die Segelflugwettervorhersage im Postansagedienst in der Zeit vom Frühling bis Herbst. Diese Vorhersage hat den Vorteil, daß sie etwa alle zwei Stunden aktualisiert wird. Da man beim Anruf meist irgendwo in der Mitte des Tonbandes landet, hier kurz das Schema: Der Kopf besteht aus der zuständigen Flugwetterwarte, dem Vorhersagebereich, dem Datum und der Uhrzeit. Es folgt die allgemeine Wetterlage, die Wolken und der Niederschlag, die Thermik mit der Zeitangabe des Beginns und ab welcher Temperatur sowie der Thermikbeginn im Bergland in 1500 Metern Höhe und der erwartete Zeitpunkt für das Thermikende, den wir als Modellflieger getrost um mindestens eine Stunde zu unseren Gunsten verschieben dürfen; beim Thermikbeginn erfahrungsgemäß sogar um zwei bis drei Stunden. Weitere Punkte sind wetterwirksame Sperrschichten, Bodensicht und Nullgradgrenze, darauf folgen Windgeschwindigkeiten in unterschiedlichen Höhen, insbesondere natürlich in Bodennähe. Nächster Punkt sind besondere Hinweise und der Luftdruck in Hektopascal mit der jeweiligen Tendenz, wichtig für die Modellsegelflieger, die mit Höhenmesser fliegen, denn Änderungen des

Luftdruckes können Fehlanzeigen vortäuschen. Da der Luftdruck für einen Zeitraum von sechs Stunden vorhergesagt wird, sollte man bei längeren Flügen den Höhenmesser etwa jede Stunde auf den neuen Wert einstellen.

Zum Schluß gibt es die Aussichten auf den Folgetag (ggf. Urlaub beantragen!), die Bemerkung, daß sich alle Angaben auf NN, also Meereshöhe beziehen und die Uhrzeit der nächsten neuen Vorhersage. Die Telefonnummern sind

Düsseldorf	(0211)	11506
Frankfurt	(069)	11506
Hamburg	(040)	11506
Hannover	(0511)	11506
München	(089)	11506
Nürnberg	(0911)	11506
Stuttgart	(0711)	11506

Sie sollten immer bei dem für Sie nächsten Dienst anrufen, falls Sie nicht gerade einen Streckenflug von Hamburg nach München planen!

Wer im Westen Deutschlands fliegt, dem sei der vorbildliche Wetterbericht der niederländischen Fernsehstationen sowie deren Videotext-Tafeln auf Seite 707 empfohlen.

Die ausführlichsten Informationen für angehende Profimeteorologen gibt die sogenannte Berliner Wetterkarte. Sie erscheint in gedruckter Form täglich beim Institut für Meteorologie der freien Universität Berlin, Dietrich Schäfer Weg 6-10., 1000 Berlin 41. Abonniert kostet sie 12 DM im Monat. Die Telefonnummer des Versandes ist 030 8383830, die FAX Nummer ist +49 30 7919002. Die Voraussagen sind hervorragend und bieten dem Interessierten vor allem genügend Informationen zur eigenen Beurteilung der Weiterentwicklung, wie etwa die Isobaren in verschiedenen Höhen (!).

Wer stolzer Besitzer eines Heimcomputers samt Modem ist oder BTX Anschluß hat, kann sich Europa samt Wetter fast live per Satelit aus dem Weltraum anschauen. Die Nummer ist (Österreich) 0043 66 2646161, die Seite 2310732

Interessant, aber für uns verboten, ist die automatische Flugwetterberatung der großen Fliegerei per Flugfunk. Mit etwas Glück lassen sich aber hin und wieder die Wetterberatungen kleinerer Flughäfen zu Kommentaren herab. Man sollte natürlich selber vorsprechen und sein Anliegen begründen (z.b. bei geplanten Rekordflügen).

Mathematischer Teil

Mathematische Beschreibung des Fluges im thermischen Aufwind

Von Ulf Gerber

Vorbemerkungen

Die Thermikfliegerei im ferngesteuerten Modellsegelflug hat sich nicht so schnell und umfassend durchgesetzt wie bei den Segelfliegern; die "Thermik-Revolution" des Jahres 1929 scheint mehr oder weniger unbemerkt an den RC-Piloten vorübergegangen zu sein [1]. Immer noch werden mehrstündige Flugzeiten fast nur am Hang oder bei Wetterlagen, an denen selbst "Scheunentore" fliegen, erreicht.

Auch die in den Wettbewerbsklassen für Modellsegelflugzeuge aufgestellten Reglements sind vordergründig nicht immer auf eine gezielte Ausnutzung der thermischen Aufwinde zugeschnitten. Vielmehr entscheidet bei vielen Wettkämpfen die vorhandene Technik über Sieg oder Niederlage, so bei der Klasse F3B die Stärke der Elektrowinden, wobei die Entwicklung derart entartete, daß die Modelle praktisch in den Himmel geschossen wurden und man sich deshalb entschloß, die Leistungen der Elektrowinden durch das Reglement zu begrenzen. Auch die Güte der Modelle ist bereits so ausgefeilt, daß "Normalverbraucher" nicht einmal mehr davon zu träumen wagen. Bei vielen Elektroseglerwettkämpfen haben oft nur noch Modelle mit einem sehr hochwertigen (also teuren) und aufwendig abgestimmten Antrieb eine reale Chance auf eine gute Platzierung. Insgesamt näherte sich das Flugbild und - Verhalten der Segler mangels Alternativen immer mehr an den Motorflug an.

Aber auch auf der "grünen Wiese" ist man weit davon entfernt, stundenlange Thermikflüge als Normalität zu betrachten. Dabei bieten die Witterungsverhältnisse viel öfter die Möglichkeit dazu, als man glauben möchte. Man beobachte nur einmal Bussarde an Feld-Wald-Übergängen, die selbst an völlig bedeckten Tagen (und auch im Winter!) munter kurbeln. Aus eigener Erfahrung kann ich sagen, daß nicht nur dort, wo Vögel in Thermik kurbeln, auch Thermik vorhanden ist. Des öfteren schon kurbelte ich in einem Bart neben einem Bussard, der aus seinem Bart ausflog und in meinen Bart einflog.

Das Problem war und ist vor allem der fehlende unmittelbare Kontakt zwischen Modell und Pilot. Leider besitzen die meisten RC-Segelflieger noch kein Variometer. Das Argument, ein guter Pilot sähe auch so, ob sein Modell steigt oder nicht, soll an dieser Stelle angegriffen werden. Natürlich gibt es begabte und weniger begabte Piloten, aber selbst das ausgefeilteste Beurteilungsvermögen kann ein Vario nicht vollständig ersetzen! Wenn zwischen Modell und Pilot nur Sichtkontakt besteht, so kann der Pilot nur anhand der Lageänderung im Raum relativ zu ihm die Steiggeschwindigkeit beurteilen. Dazu stehen zwei Maße zur Verfügung: die Entfernung Modell-Pilot und die Winkellage des Modells (Bild 1). Entfernungen kann man aber nur sehr grob

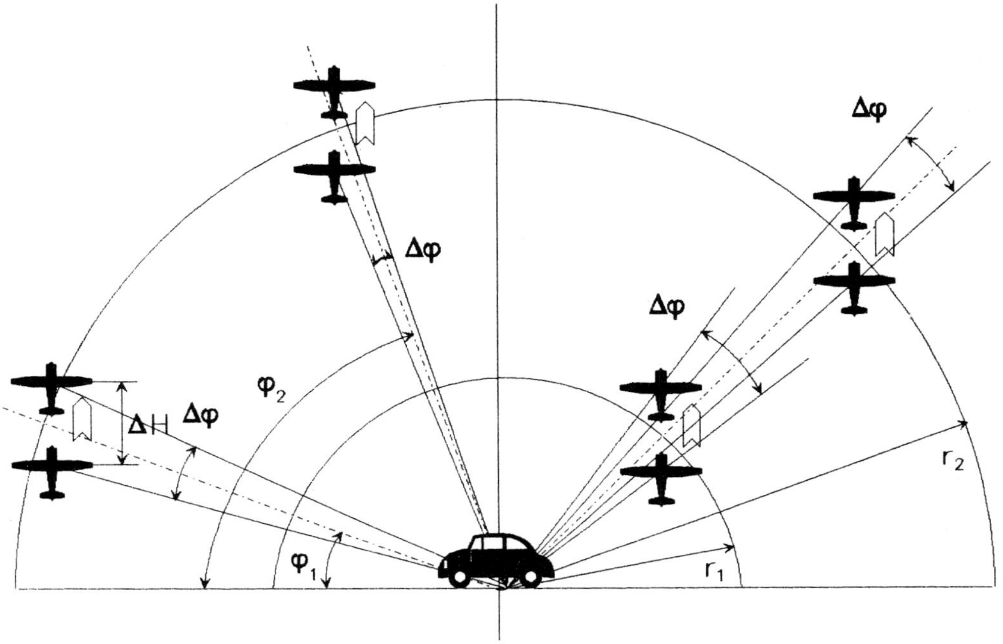

Bild 1: Die Wahrnemung einer Höhenänderung ΔH des Modells infolge einer Winkeländerung $\Delta\varphi$. Die Größe der Winkeländerung $\Delta\varphi$ ist ein Maß für die Beobachtbarkeit der vertikalen Modellbewegung. Die Einschätzung der vertikalen Geschwindigkeit des Modells verschlechtert sich mit
a) zunehmender Entfernung Pilot-Modell (rechte Seite: $r_2 > r_1$),
b) zunehmender "Steilheit" der Position Pilot-Modell (linke Seite: $\varphi_2 > \varphi_1$)

schätzen; wer wird wohl schon von sich behaupten wollen, ob die Entfernung von ihm zum Modell 100 Meter oder 110 Meter beträgt? Fliegt das Modell über dem Piloten in einem Bart mit 0.1 m/s Steigen (man beobachte z.B. Bussarde, die sich manchmal 5 Minuten und länger in scheinbar fast konstanter Höhe kurbelnd halten), so muß dieser auf die kaum abschätzbare Entfernungsvergrößerung (im Beispiel 10 Meter) ganze 100 Sekunden, also fast zwei Minuten warten. Der Pilot hat also in diesem Falle lediglich die Möglichkeit festzustellen, ob sein Modell im Minutenabstand wesentlich gestiegen oder gefallen ist; an das oft in Sekundenabständen nötige Zentrieren braucht er überhaupt nicht zu denken – sein Wahrnehmumgsvermögen reicht dazu einfach nicht aus. Nun mag man einwenden, daß man nicht immer direkt über dem Piloten kreist, sondern in einem Winkel von vielleicht 45° zum Horizont. Die Winkellagenänderung zum Horizont wiederum ist aber nicht nur abhängig von der Vertikalgeschwindigkeit, sondern auch von der Horizontalgeschwindigkeit des Modells. So kennt jeder Modellpilot den Eindruck, daß das Modell steigt, wenn es auf ihn zufliegt und sinkt, wenn es von ihm wegfliegt. Zwar kann man diesen Eindruck durch Erfahrung teilweise ausblenden, jedoch nicht völlig vermeiden. Außerdem nimmt die Winkeländerung zum Horizont umgekehrt proportional zum Abstand Modell-Pilot ab und damit die Beurteilbarkeit des Steigens. Kreist nun ein Modell in einem Bart (z.B. 45° zum Horizont), so überlagern sich die Einflüsse des Steigens mit denen der Horizontalbewegung des Kreisens derart, daß der Pilot in genügender Nähe nur nach "links und rechts", aber nicht nach "vorn und hinten" zentrieren kann (Einfluß der Horizontalbewegung) und sein Beurteilungsvermögen durch die zunehmende Entfernung, z.B. durch Versetzung, abnimmt (Verkleinerung der Winkeländerungen). Kleine Bärte in größeren Entfernungen können dadurch nicht mehr optimal zentriert werden, was natürlich dazu führt, daß der Pilot vielleicht thermisch lukrative Gebiete aufgrund der für ihn zu großen Entfernung nicht anfliegt, um eine Außenlandung mit dem entsprechenden Bruchrisiko zu vermeiden.

Für Modelle nutzbare Thermik ist fast das gesamte Jahr über vorhanden, wie man an den Vögeln sieht. Obwohl die meisten Segler sogar mit weniger Thermikintensität und -Ausdehnung auskommen als ein Vogel mit seiner biologisch bedingten, relativ zum Modell höheren Flächenbelastung, sind die meisten Flüge bei fehlendem Vario viel kürzer als das von der Thermik her möglich wäre. Natürlich hat fast jeder Seglerpilot schon einmal Thermik unter die Flächen bekommen, große Höhen oder eine Stunde Flugzeit erreicht. Doch ich möchte hier bewußt die narrensicheren Wetterlagen und Örtlichkeiten ausklammern, wo das Modell quasi ohne das Zutun des Piloten von allein oben bleibt oder steigt und natürlich nur die klassischen Startmethoden, also Lauf-,Gummi oder Windenstart betrachten; also nicht die Verwendung eines hochgezüchteten Elektroantriebs mit entsprechendem Modell, das völlig ohne Thermikeinfluß schon Flugzeiten von mehr als einer Stunde erlaubt. Auch der scheinbar so umweltfreundliche Solarantrieb ist bei näherer Betrachtung gar nicht so umweltfreundlich, ganz zu schweigen davon, daß es zumindest den Verfassern schon nach kurzer Zeit langweilig wurde, ohne eigenes Zutun (außer dem finanziellen) automatisch und zwangsweise in der Luft zu bleiben. Aber das ist durchaus Geschmackssache und schließt ja auch die zusätzliche Thermikfliegerei nicht aus.

Vergleichbar ist diese Art der Thermikfliegerei mit der Ausnutzung der Industriethermik bei den Segelfliegern. Die über großen Stahl- oder Kraftwerken stets stehenden "Bärte vom Dienst" haben neben der Schmutz- und Geruchsbelästigung im Flugzeug aufgrund ihrer Konstanz nichts mehr mit Sport zu tun und lassen sich besser als eine Art billige Startmethode verstehen. Daß keine riesigen Auskuppelhöhen zur Nutzung "gewöhnlicher" Wetterlagen notwendig sind, kann man sehr schön beim Start von Bussarden sehen, die sich nach wenigen Flügelschlägen die ersten Meter förmlich nach oben kämpfen, meist jedoch schon in 50 – 100 Metern Höhe schnell davonsteigen. Die extrem kleinen Kurvenradien deuten schon auf die geringe Ausdehnung der Blasen von oft unter zwei Metern unmittelbar nach der Ablösung und damit auf die Notwendigkeit von sauberem Zentrieren hin.

Auch mit dem Modell ist es ein wunderbares Gefühl, in derart geringen Höhen einen Bart wirklich auszufliegen und zuzusehen, wie sich das Modell mit vielleicht 45° Kurvenschräglage in 20 Metern über Grund, wie von Geisterhand getragen, Meter für Meter, anfangs kaum merkbar, nach oben bewegt. Das ist wohl die hohe Schule der ferngesteuerten Fliegerei und vergleichbar mit der von den Modellfreifliegern praktizierten Nutzung der bodennächsten Aufwinde. Einschränkend muß jedoch gesagt werden, daß bei stärkerem Wind die Möglichkeiten der Thermikfliegerei – auch bei hohen Steiggeschwindigkeiten – sehr gering sind, wenn man nicht eine Außenlandung riskieren will, die dann aufgrund des Windes noch doppelt so riskant wie bei Windstille ist.

Bei einem schönen Thermikflug hat man die Muße, völlig entspannt dem Werden und Vergehen der Wolken zu folgen. Konzentriertes Fliegen wie in Bodennähe ist nicht mehr nötig, man hat genug Zeit, unter Wolken mit unterschiedlichen Entwicklungsstadien das Steigen auszutesten und wird erstaunt sein, mit wie wenig Steuerauschlägen man auskommt. Die Anspannung des Hochkletterns löst sich und eine Art Träumerei macht sich breit, wie sie manch einen bei der Betrachtung des Abendhimmels oder des brandenden Meeres befällt. Diese Art der Entspannung ist beinahe noch perfekter als die im Segelflugzeug, wo der Pilot ein höheres Maß an Konzentration dem Steuern des Flugzeuges widmen muß und nicht so viel "abschalten" kann wie der Modellpilot.

In diesem Sinne möchte ich von einem vollwertigen fliegerischem Gefühl sprechen, was der RC-Pilot während des Steuerns seines Modells mit Vario hat. Das Variometer gehört bei mir zum unbedingten Muß eines jeden Flugtages. Ich erinnere mich des Tages, als die Batterie im Vario-Empfänger ihren Geist aufgab und ich versuchte, ohne dieses Wunderding zu fliegen – es ging, aber eben so, wie es früher immer ohne Vario ging – nämlich schlecht. Der Kontakt zum Modell ist das A und O, nicht nur um die entsprechenden Aufwindfelder zu finden und ausfliegen zu können sondern auch, um das fliegerische Erlebnis dem Piloten richtig erlebbar zu machen. Selbst in großen Höhen, also Bereichen, wo man das Vario ruhig zeitweise abstellen könnte (wenn man z.B. unter der Basis einer großen Wolke hängt), mache ich das nicht – der Erlebnisverlust ist kollosal! Es ist der entscheidende Sprung vom Gefühl, ein Modell zu steuern zum Gefühl, an diesem Flug wahrhaftig teilzuhaben. Und dieses Gefühl ist es auch, was mich dazu bringt, den Modellsegelflug zu betreiben.

In der gesamten restlichen Fliegerei, im Segelflug, der Ultraleicht- und Drachenfliegerei gehört zur Ausbildung sowohl ein praktischer wie auch theoretischer Teil. Im Modellsegelflug ist dies leider nicht der Fall. Auch die folgenden Ausführungen behandeln nur einen kleinen Teil davon: Den Flug des Modells, vor allem in der Kurve. Der Grund liegt einerseits darin, daß eine ausschweifende, analytische Betrachtung des allgemeinen Fluges nicht Anliegen dieses Buches ist und andererseits die Behandlung des Kurvenfluges in der Literatur bisher nach Ansicht der Autoren relativ zu anderen Gebieten kurz weggekommen ist. Es wird nur auf die Darstellung der wichtigsten Zusammenhänge eingegangen, um die prinzipiellen Besonderheiten des Kreisfluges in der Thermik aufzuzeigen und nicht durch sekundäre Effekte zu verdecken.Die folgenden Formeln sollen nach ihrer Herleitung nicht als solche stehenbleiben, sondern mit "Leben gefüllt" werden. Dazu werden zu Beginn die Leistungen dreier exemplarischer Thermikflugmodelle berechnet. Sämtliche Herleitungen wie Rechnungen sind in elementarer Form mit Hilfe eines gewöhnlichen Taschenrechners nachvollziehbar.

Mathematische Beschreibung des Fluges in der Thermik

Geradeausflug

Verglichen werden sollen drei bis auf die Tragflächenprofilierung identische Modelle mit folgenden Daten:

$\lambda = 10$
$m/A = 30\ g/dm^2$
$c_{ws} = 0.1$

Die Tragfläche soll jeweils durchgehend gleich profiliert sein [2], d.h.

1. Modell: E385 (Thermikmodell)
2. Modell: E387 (Allroundmodell)
3. Modell: E180 (Hangmodell)

Die Profilpolare ($c_{wp} = f(c_a)$) ist bekanntermaßen eine von der Kenngröße Reynoldszahl (welche das Verhältnis von Reibungs - zu Zähigkeitskräften darstellt)

$$Re = \frac{v\, t\, \rho}{\eta} \tag{1}$$

(v...Fluggeschwindigkeit, t...Flügeltiefe, ρ...Dichte, η...dynamische Viskosität) abhängige Funktion. Große Flugzeuge (= große Flügeltiefen und Fluggeschwindigkeiten) besitzen aufgrund der größeren Re-Zahl eine höhere aerodynamische Güte (d.h. ein grösseres Verhältnis zwischen Auftriebs- und Widerstandsbeiwert) als kleine Flugzeuge (= kleine Flügeltiefen und Fluggeschwindigkeiten). Zur Vereinfachung der Rechnung wird in den folgenden Beispielen immer mit einer konstanten Re-Zahl von Re = 100000 gerechnet. Das ist natürlich nicht exakt, da die Geschwindigkeitsabhängigkeit nicht beachtet wird; der Einfluß auf die gesamte Rechnung aber ist gering und für die beabsichtigte Darstellung der grundlegenden Zusammenhänge des Kurvenfluges vernachlässigbar.

Zur Berechnung der Modellleistungen müssen zuallererst die (in diesem Falle theoretischen) Profilpolaren [3] abgerastert werden. Als ausreichend hat es sich erwiesen, vom Auftriebsbeiwert 0.1 beginnend in Schritten von 0.1 bis zum maximalen Auftriebsbeiwert die entsprechenden Widerstandsbeiwerte aus der Polare grafisch zu bestimmen und als Wertepaare (c_a, c_w) für jedes Profil hinzuschreiben.

Die Auftriebsverteilung an einem Tragflügel hat im günstigsten Falle die Form einer Ellipse, man spricht dann auch von einer elliptischen Auftriebsverteilung. Diese soll in allen weiteren Rechnungen angenommen werden, da sie auch technisch durch eine entsprechende Gestaltung der Flügelgeometrie (Grundriß und/oder Schränkungsverteilung) erreichbar ist. Der Auftriebsbeiwert des Flügels ist aufgrund der weniger auftriebsbelasteten Flügelenden (hervorgerufen durch die induzierte Abwärtsgeschwindigkeit am Flügel durch den Randwirbel) natürlich kleiner als der des Profils: [7]

$$c_A = c_{ap} \frac{\lambda}{\lambda + 2} \tag{2}$$

Der Widerstand des Flügels setzt sich zusammen aus dem induzierten Widerstand und dem Reibungswiderstand (Profilwiderstand; ermittelt aus der Polare). Faßt man den Reibungswiderstand sowie den Druckwiderstand zum schädlichen Widerstand zusammen, ergibt sich der Widerstand des Modells:

$$c_w = c_{wi} + c_{wp} + c_{ws} \tag{3}$$

Der induzierte Widerstand wird berechnet zu

$$c_{wi} = \frac{{c_A}^2}{\pi \lambda} \tag{4}$$

Die sich nun ergebenden Wertepaare (c_A, c_W) bilden die Grundlage für sämtliche weitere Rechnungen.

In der Segelfliegerei ist nicht in jedem Falle die Angabe der maximalen Gleitzahl oder der geringsten Sinkgeschwindigkeit ausreichend. Oftmals will man wissen, wie sich diese Leistungen des Flugzeuges bei höheren Geschwindigkeiten verändern und trägt zu diesem Zweck die Sinkgeschwindigkeit über der Fluggeschwindigkeit auf (immer auf den Geradeausflug bezogen). Dies geschieht durch Umrechnung mittels

$$v = \sqrt{\frac{2g\,m\,1}{\rho\,A\,c_A}} \qquad \text{und} \qquad (5)$$

$$w = \sqrt{\frac{2g\,m\,c_W{}^2}{\rho\,A\,c_A{}^3}} \qquad (6)$$

An dieser Stelle soll auf den Einfluß der Luftdichte ρ auf die Flugleistungen eingegangen werden. In der allgemeinen Luftfahrt bezieht man sich auf eine international festgelegte Normatmosphäre, für die in Meereshöhe ein Luftdruck von 1013.25 mbar = 760 Torr, eine Luftdichte mit 1.226 kg/m3 und eine Temperatur von 15°C angenommen werden, ferner eine Temperaturabnahme um 6.5°C je 1000 m Höhe bis 11km Höhe und oberhalb 11km eine konstante Temperatur von -56,5°C bis 20 km Höhe. In der folgenden Tabelle sind die wichtigsten Daten dieser Normatmosphäre aufgelistet:[3]

H [km]	ϑ [°C]	T [°K]	P_H [Torr]	P_0/P_H	ρ_H [kg/m³]	ρ_H/ρ_0
0	15.00	288.0	760.0	1.0000	1.2263	1.0000
0.5	11.75	284.7	716.0	0.9421	1.1684	0.528
1	8.50	281.5	674.0	0.8869	1.1115	0.9074
1.5	5.25	278.2	634.1	0.8344	1.0585	0.8637
2	2.00	275.0	596.2	0.7845	1.0075	0.8215
2.5	-1.25	271.7	560.0	0.7369	0.9574	0.7810
3	-4.50	268.5	525.7	0.6918	0.9094	0.7420

Wenn also die Flug- und Sinkgeschwindigkeit für 0 m (Flachlandfliegerei) und 3000 m (Hochgebirgsfliegerei) anhand der Luftdichteänderung der Normatmosphäre berechnet werden, so ergibt sich: v,w (H = 3000 m) = 1.16 v,w (H = 0 m); d.h. die Fluggeschwindigkeiten haben sich in 3000 m Höhe infolge der geringeren Luftdichte (“dünnere” Luft) um 16% erhöht.

Die Luftdruck- und Dichteabnahme erfolgt logarithmisch mit der Höhe (d.h. der Luftdruck und seine Dichte ändern sich zwischen 0-500 m mehr als zwischen bspw. 5000 – 5500 m). Es hat sich aber für praktische Belange die folgende Faustformel als ausreichend erwiesen:[4]

Bis 3000 m Höhe = Luftdruckabnahme pro 10 m = 1 mm Hg
ab 3000 m Höhe = Luftdruckabnahme pro 12 m = 1 mm Hg

Die Umrechnung von verschiedenen Luftdruckeinheiten geschieht wie folgt:

$$1\ bar = 1E5\ Pa = 1E5\ \frac{N}{m^2} = 750.06\ Torr\ (mm\ Hg)$$

Natürlich herrscht nie genau die Normatmosphäre, zum einen wechseln die Luftdruckverhältnisse ständig zwischen Hoch- und Tief und zum anderen wird die Luftdichte durch die Temperatur der Luft selbst beeinflußt. Allgemein ergibt sich die Dichte eines idealen Gases aus der thermischen Zustandsgleichung:[5]

$$\rho = \frac{p}{R_i\ T} \tag{7}$$

R_i ist eine dem entsprechenden Gas zugeordnete Konstante, T die thermodynamische Temperatur des Gases (in Kelvin angeben! T[K] = ϑ[°C]+273). Vergleicht man nun die Dichteunterschiede der Luft bei bsw. einem Druck von 1013 mbar = 1.013E5 Pa (entspricht Standarddruck in Meeresspiegelhöhe) bei -5 °C (= 268 K; Winterflugbetrieb) und 35 °C (= 308 K; Sommerflugbetrieb), so ergibt sich:

$$\rho_{-5°C} = \frac{1.013 \cdot 10^5}{287 \cdot 268} = 1.32\ \frac{kg}{m^3};$$

$$\rho_{35°C} = \frac{1.013 \cdot 10^5}{287 \cdot 308} = 1.15\ \frac{kg}{m^3}$$

Damit erhöhen sich Flug- und Sinkgeschwindigkeit des Flugzeuges bei 35 °C um 7% gegenüber den winterlichen Werten von -5 °C. Ob jemand diese Werte in seine Leistungsbetrachtungen mit einbezieht, sei ihm freigestellt; die dazu benötigten Formeln bzw. Werte sind ihm dazu gegeben. Speziell bei Berechnung des Temperaturgradienten (= Temperaturabnahme je Höheneinheit) sollen noch folgende nützliche, auf Erfahrungen beruhende, mittlere Werte gegeben werden: [4]

Im Sommer 0.65° Temperaturabnahme pro 100 m
Im Winter 0.45° Temperaturabnahme pro 100 m

Legt man die Normatmosphäre zu Grunde, so ergeben sich schließlich die Berechnungsformeln zur Bereitstellung von Flug- und Sinkgeschwindigkeit zu:

$$\boxed{v = 4\sqrt{\frac{m\ 1}{A\ c_A}}} \tag{8}$$

$$\boxed{w = 4\sqrt{\frac{m\ c_w 2}{A\ c_A 3}}} \tag{9}$$

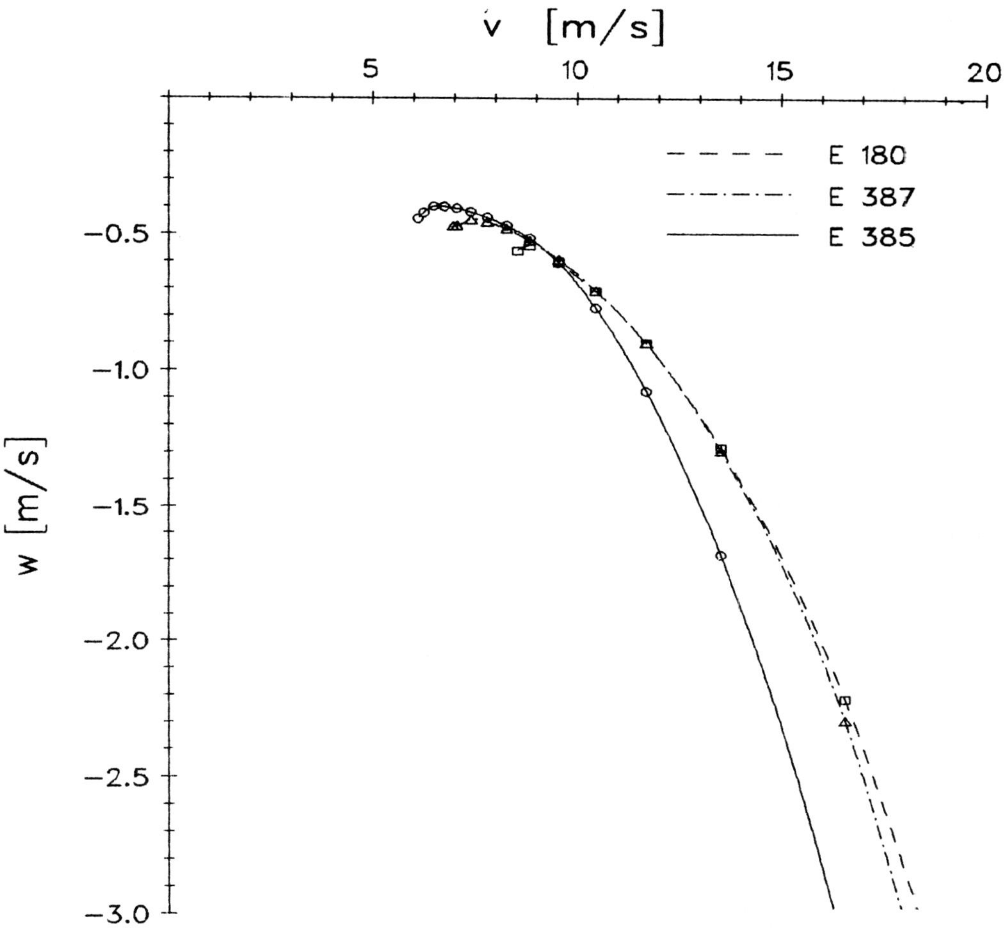

Bild 2: Sinkgeschwindigkeit w in Abhängigkeit von der Fluggeschwindigkeit v im Geradeausflug (= Polare) für das
a) Hangmodell (E 180)
b) Allroundmodell (E 387)
c) Thermikmodell (E 385)

Die nun auftragbare Geschwindigkeitspolare des Flugzeuges w = w(v) ist in Bild (2) dargestellt. Erwartungsgemäß kann das Thermikmodell mit der geringsten Flug- und Sinkgeschwindigkeit fliegen, zwei überaus wichtige Eigenschaften, wie sich bald zeigen wird. Im Schnellflug hingegen kommt es frühzeitig aufgrund der großen Profilwölbung zu Ablösungen an der Flügelunterseite, die mit einem starken Widerstandsanstieg verbunden sind und die Schnellflugleistungen verschlechtern. Diese negative Eigenschaft wird beim Hangmodell durch Profilentwölbung verhindert (fast symmetrisches Profil), allerdings auf Kosten des maximal erreichbaren Auftriebsbeiwertes und damit der minimalen Flug- und Sinkgeschwindigkeit. Bei hohen Anstellwinkeln löst die Strömung an der Flügeloberseite ab, was mit einem starken Widerstandsanstieg und später Auftriebseinbruch verbunden ist.

Im bemannten Segelflug, besonders bei Wettkämpfen, aber auch im Modellsegelflug (Klasse F3B, Modelle am Hang bei starkem Wind) wird zur Verbesserung der Schnellflugleistung Ballast aufgenommen. Die Gleitzahl als Maß für die aerodynamische Güte eines Flugzeuges kann berechnet werden zu

$$K = \frac{\Delta L}{\Delta H} = \frac{v\Delta t}{w\Delta t} = \frac{v}{w} = \frac{c_A}{c_w} \qquad (10)$$

Man kann nun die Geschwindigkeit eines Flugzeuges erhöhen, indem man mit geringerem Auftriebsbeiwert fliegt (drücken) oder indem man die Flächenbelastung erhöht. Im ersten Fall wird der Flügel unter einem kleineren Anstellwinkel angeströmt als dem optimalen, mithin nimmt die aerodynamische Güte des Flugzeuges (seine Gleitzahl) ab. Im zweiten Fall hingegen bleibt der Anstellwinkel und damit der Arbeitspunkt des Profils in unverändertem Zustand - die Gleitzahl ändert sich also mit der Zunahme von Ballast nicht. Allerdings ist diese Methode für Segelflugzeuge, die ihre Antriebsenergie aus der geschickten Nutzung der atmosphärischen Bewegungen beziehenn, nur in Grenzen möglich. Das Extrembeispiel hierfür ist ein Jagdflugzeug mit abgestelltem Triebwek; seine Gleitzahl liegt zwar z.T. noch über der von Rogallo-Drachen, diese wird aber aufgrund der enormen Flächenbelastung erst bei Geschwindigkeiten von mehreren hundert km/h erreicht. Die dabei auftretenden Sinkgeschwindigkeiten liegen ein mehrfaches über den in der Atmosphäre überhaupt möglichen Aufwindstärken. Es wird damit deutlich, daß die Charakterisierung eines Flugzeuges nur nach seiner Gleitzahl (also dem Verhältnis von Flug- und Sinkgeschwindigkeit) nicht ausreichend ist, vielmehr kommt es auf die erreichbaren Absolutwerte von Vorwärts- und Sinkgeschwindigkeit an, um eine Aussage über die Ausnutzbarkeit von Thermik machen zu können. Legt man die für die in zumindest geringeren Höhen übliche Methode des Höhengewinns durch Kurbeln im Bart zu Grunde, wird man nicht an der Behandlung des kreisenden Flugzeuges vorbeikommen.

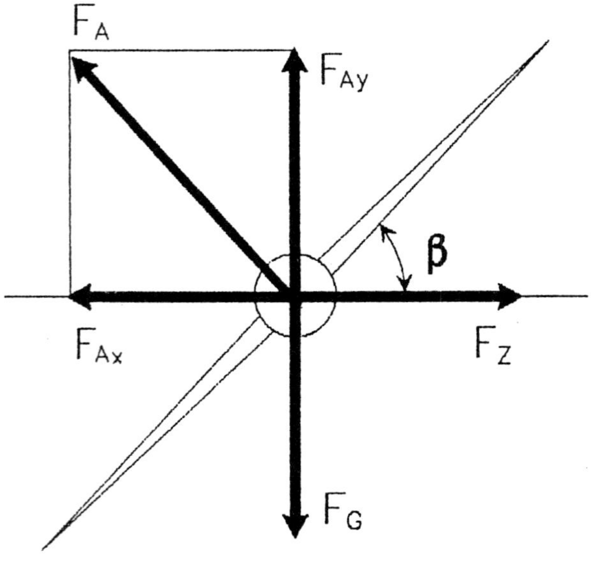

Bild 3: Kräftegleichgewicht im stationären Kurvenflug bei Betrachtung des Flugzeuges als Punktmasse
- F_A...Auftriebskraft
- F_Z...Zentrifugalkraft
- F_G...Gewichtskraft

Kurvenflug

Die an einem im stationären Kurvenflug befindlichen Flugzeug angreifenden Kräfte (Betrachtung als Punktmasse) sind in Bild(3) dargestellt. Die immer senkrecht auf der Flügeloberfläche stehende Auftriebskraft F_A muß zum einen die nach unten gerichtete Gewichtskraft des Flugzeuges und zum anderen die durch die Kreisbewegung entstehende Zentrifugalkraft $F_z = mv^2/r$ zu Null kompensieren:

$$F_A \cos\beta = mg \qquad (11)$$

(vertikale Gleichgewichtsbedingung)

$$\frac{mv^2}{r} \qquad (12)$$

(horizontale Gleichgewichtsbedingung)

Aus der letzteren Gleichung ergibt sich der Kurvenradius zu

$$r = \frac{mv^2}{F_A \sin\beta} \qquad (13)$$

Die Größe der Auftriebskraft berechnet sich zu

$$F_A = A \frac{\rho}{2} v^2 c_A \qquad (14)$$

Damit ergibt sich der Kurvenradius in Abhängigkeit vom Kurvenschräglagewinkel zu

$$r = \frac{2}{\rho} \frac{m}{A} \frac{1}{c_A} \frac{1}{\sin\beta} \qquad (15)$$

bzw. bei Einsetzen der Luftdichte unter Normbedingungen in Meeresspiegelhöhe

$$\boxed{r = 1.63 \frac{m}{A} \frac{1}{c_A} \frac{1}{\sin\beta}} \qquad (16)$$

Der Kurvenradius soll in der Thermikfliegerei möglichst klein sein. Gleichung(16) erreicht (bei vorgegebener Flächenbelastung und Auftriebsbeiwert als konstruktionsbedingte Eigenschaften) genau dann ihr Minimum, wenn der Ausdruck $1/\sin\beta$ sein Maximum erreicht. Die Sinusfunktion kann maximal den Wert 1 erreichen, und zwar genau dann, wenn β (also der Kurvenschräglagewinkel) gleich 90° wird. Natürlich ist ein Kurvenschräglagewinkel von 90° niemals erreichbar, da nur endliche Geschwindigkeiten zur Auftriebserzeugung möglich sind. Jedoch stellt dieser Fall einen Grenzwert bereit: Ein kleinerer Kurvenradius ist nicht möglich, man spricht deshalb auch vom minimalen Kurvenradius:

$$r_{min} = 1.63 \frac{m}{A} \frac{1}{c_A} \tag{17}$$

Interessanterweise haben die geometrischen Abmessungen eines Flugzeuges keinen Einfluß auf den Kurvenradius im Kreisflug. Die Tatsache, daß bemannte Flugzeuge nicht so eng kreisen können wie Flugmodelle und Vögel, liegt nicht an ihrer Größe, sondern einzig und allein an ihrer vergleichsweise höheren Flächenbelastung! Mit anderen Worten: Ob ich einen 5-m-Großsegler oder ein 1.5-m-Modell fliege – die Kurvenradien beider Modelle sind (gleiche Flächenbelastung und Auftriebsbeiwert vorausgesetzt) identisch, ändern sich also durch eine maßstäbliche Vergrößerung/ Verkleinerung des Modells nicht.

Es ist nun natürlich interessant zu wissen, bei welchem Kurvenradius welche Sinkgeschwindigkeit auftritt. Das läßt sich folgendermaßen plausibel machen: im Geradeausflug wird die Auftriebskraft des Flügels nur zur Kompensation der zur Erde gerichteten Gewichtskraft benötigt. Im Kurvenflug hingegen wird ein Teil der Auftriebskraft zusätzlich zur Kompensation der Zentrifugalkraft benötigt. Bei konstanter Gewichtskraft muß die Auftriebskraft mit zunehmender Kurvenschräglage, also abnehmenden Kurvenradius, die wachsende Zentrifugalkraft kompensieren, also auch größer werden. Höhere Auftriebskräfte bedeuten aber (konstante Auftriebsbeiwerte vorausgesetzt) größere Fluggeschwindigkeiten und damit verbunden, größere Sinkgeschwindigkeiten. Damit läßt sich feststellen: jeder Kurvenflug erhöht die Sinkgeschwindigkeit.

Mathematisch kann dieser Sachverhalt durch Umstellung von Gleichung(10) folgendermaßen ausgedrückt werden:

$$w_K = v_K \frac{c_w}{c_A} \tag{18}$$

Die Geschwindigkeit im Kreisflug beträgt:

$$v_K^2 = \frac{2}{\rho} \frac{m}{A} \frac{1}{c_A} \frac{1}{\cos\beta} \tag{19}$$

Mit Einsetzen der Gleichung(19) in Gleichung(18) erhält man schließlich

$$w_K = \sqrt{\frac{2}{\rho} \frac{m}{A} \frac{1}{c_A} \frac{1}{\cos\beta}} \frac{c_w}{c_A} = \sqrt{\frac{2}{\rho} \frac{m}{A} \frac{c_w^2}{c_A^3} \frac{1}{\cos\beta}} \tag{20}$$

bzw. nach Einsetzen der atmosphärischen Standardbedingungen

$$\boxed{w_K = 4 \sqrt{\frac{m}{A} \frac{c_w^2}{c_A^3} \frac{1}{\cos\beta}} = w \sqrt{\frac{1}{\cos\beta}}} \tag{21}$$

Auch diese Formel ist unmittelbar einleuchtend: Die Sinkgeschwindigkeit in der Kurve ist genau minimal, wenn der cosβ eins wird, d.h. bei $\beta = 0°$. Damit ist in Gleichung(21) der Geradeausflug als ein Spezialfall des Kurvenfluges mit enthalten. Bei 90° Kurvenschräglage wird der cosβ Null und damit der gesamte Ausdruck unendlich.

Gelegentlich wird mit der sog. Steigzahl S

$$s = \frac{c_A^{\,3}}{c_w^{\,2}} \tag{22}$$

operiert. Sie steht als reziproker Wert in Gleichung(21). Wenn die Steigzahl maximal wird, hat die Sinkgeschwindigkeit ein Minimum. Sie wird deshalb auch zur Beurteilung der Sinkflugleistung von Flugzeugen herangezogen. Jedoch gilt auch hier das schon für die Gleitzahl gesagte: Die Größe der Steigzahl als ein weiteres Beurteilungskriterium für die aerodynamische Güte

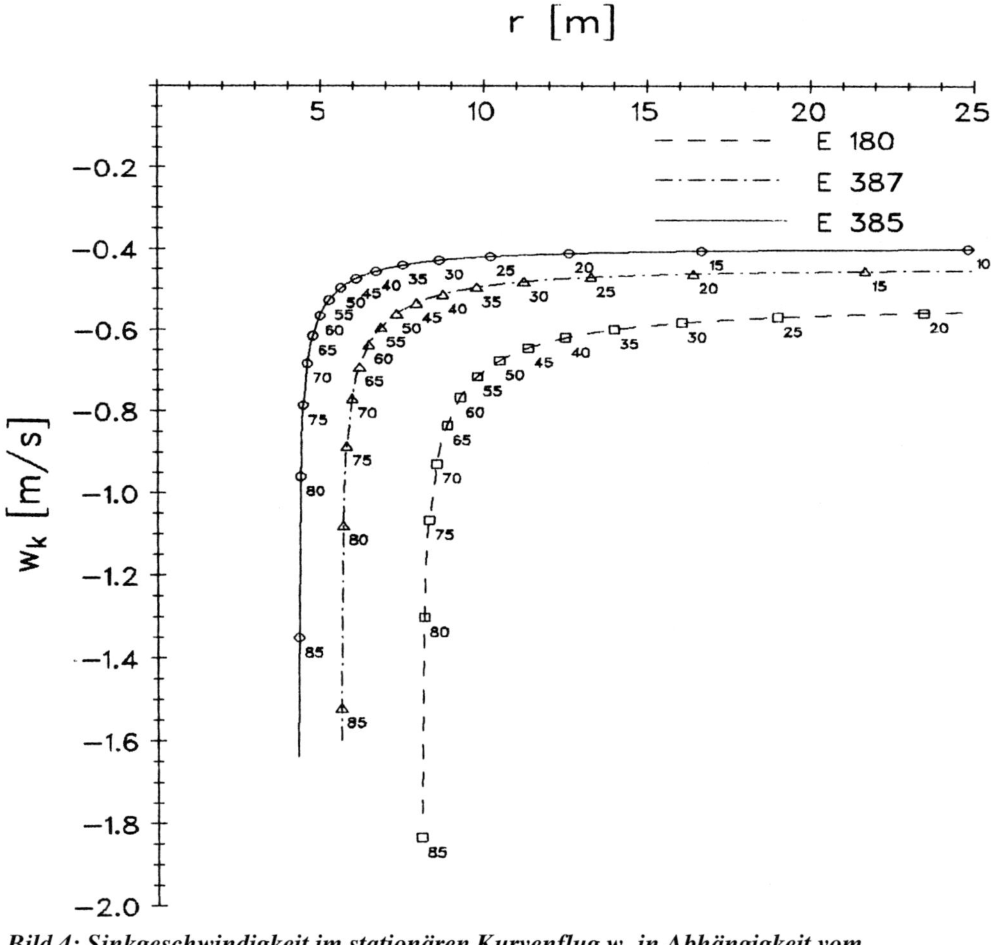

Bild 4: Sinkgeschwindigkeit im stationären Kurvenflug w_k in Abhängigkeit vom Kurvenradius r (Kurvenpolare) für das
a) Hangmodell (E 180)
b) Allroundmodell (E 387)
c) Thermikmodell (E 385)
Eingetragen sind außerdem die entsprechenden Kurvenschräglagewinkel in Grad.

eines Flugzeuges (die Flugzeuge mit den höchsten Leistungen, die Leistungssegelflugzeuge, besitzen sowohl die größten Gleit- als auch Steigzahlen) besagt noch nichts über die Verwendungsmöglichkeit des betrachteten Modells für Thermikflüge. Vielmehr ist dafür der Absolutbetrag der Sinkgeschwindigkeit, also die Steigzahl in Verbindung mit der Flächenbelastung maßgebend!

In Bild 4 ist nun die Sinkgeschwindigkeit in Abhängigkeit vom Kurvenradius als sog. Kurvenflugpolare für die drei Beispielmodelle aufgetragen. Die kleinen Zahlen zeigen die Kurvenschräglagewinkel an, bei denen die entsprechend berechneten Werte erreicht werden. Eine Auftragung der Sinkgeschwindigkeit über dem Kurvenschräglagewinkel wäre für unsere Zwecke unsinnig, da es in der Thermikfliegerei allein auf die Einhaltung gewisser maximaler Kurvenradien ankommt – die dazu erforderlichen Schräglagen sind nur Mittel zum Zweck. Es zeigt sich,

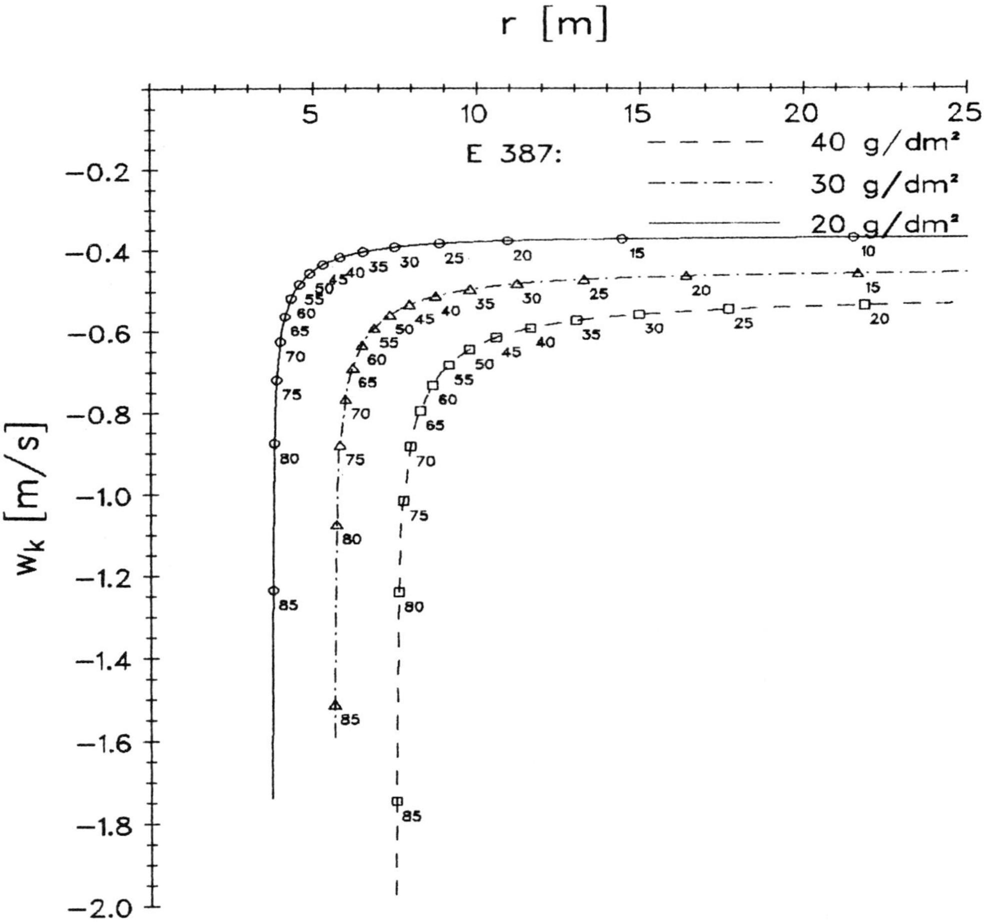

Bild 5: Sinkgeschwindigkeit im stationären Kurvenflug w_k in Abhängigkeit vom Kurvenradius r (Kurvenpolare) des Allroundmodelles (E 387) für verschiedene Flächenbelastungen. Eingetragen sind außerdem die entsprechenden Kurvenschräglagewinkel in Grad.

daß der maximal erreichbare Auftriebsbeiwert einen immensen Einfluß auf die Kurvenflugleistungen hat. So hat das Hangmodell bei einem Kurvenradius von 9 m bereits die doppelte Sinkgeschwindigkeit gegenüber dem Thermikmodell. Im Geradeausflug beträgt dieser Unterschied immer noch 14% (bei gleicher Flächenbelastung wohlgemerkt!). Deshalb an dieser Stelle die Bemerkung: Ob ein Modell für den Thermikflug geeignet ist oder nicht, läßt sich sofort mit einem Blick auf die Flügelprofilierung beurteilen. Entwölbte Profile sollten unbedingt vermieden werden! Anders herum heißt das auch, daß Auftriebshilfen zur Erhöhung von c_{Amax} sehr empfohlen werden können.

Um den Einfluß der Flächenbelastung abschätzen zu können, sind für den Allroundsegler die Kurvenflugleistungen in Bild 5 aufgetragen. Grob gesagt kann man feststellen, daß der Allroundsegler mit einer Flächenbelastung von 20g/dm² zum Thermiksegler, mit 40 g/dm² zum Hangmodell wird, also Unterschiede in der Flächenbelastung von 10 g/dm² den Profilunterschieden entsprechen. Dies ist eine durchaus wichtige Erkenntnis, da die daraus resultierenden Leistungsunterschiede bei den in der Thermik üblichen Kurvenschräglagen gut 50% betragen, also durch andere konstruktive Eigenarten der Modelle (Flügelstreckung, Güte der baulichen Ausführung) glatt überdeckt werden! In diesem Sinne sei auch auf die von vielen Herstellern angegebene Eignung ihrer Modelle für den Thermikflug hingewiesen: bei Flächenbelastungen von 40 g/dm² und mehr sowie relativ schnellen Profilen kann nur noch auf das berühmte Wetter, an dem selbst Scheunentore fliegen, gewartet werden. Mit Thermikfliegerei freilich hat das dann nicht mehr viel zu tun.

Auffallend an den Bildern 4 und 5 ist, daß die Sinkgeschwindigkeit ziemlich aprupt bei 55°-60° Kurvenschräglage zunimmt. 30°-Kurven erhöhen die Sinkgeschwindigkeit unmerklich, obwohl auch das in besonders schwacher Thermik schon zuviel sein kann. 45°-Kurven erhöhen die Sinkgeschwindigkeit um ca. 12% und 60°-Kurven bereits um ca. 70%. Man kann mit dem Modell die Kurvenschräglage natürlich weiter nach oben treiben und wird feststellen, daß es "wie im Fahrstuhl" abwärts geht. Das hat nichts, wie man vielleicht annehmen könnte, mit einem Strömungsabriß zu tun, obwohl es wirklich so aussieht, sondern mit der progressiv wachsenden Sinkgeschwindigkeit im Kurvenflug.

Den Bildern 4 und 5 ist weiterhin zu entnehmen, daß eine Erhöhung der Kurvenschräglage von 30° auf 45° den Kurvenradius um 40% verringert, von 30° auf 60° um 70% und von 30° auf 85° um fast 100%. Als Anhaltspunkt kann also gelten: der zur 30°-Kurve gehörige Kurvenradius ist etwa doppelt so groß wie der minimale Kurvenradius, unabhängig von der verwendeten Profilierung und/oder Flächenbelastung.

Thermikschlauch (Bart)

Bis jetzt ging es nur um die Flugleistung des Modells bzw. Flugzeuges an sich. An dieser Stelle noch eine Bemerkung: Modell bzw. Flugzeug – beide Synonyme sollen gleichberechtigt nebeneinanderstehen, die Formeln zur Beschreibung ihres Verhaltens sind prinzipiell die selben und der wesentliche Unterschied zwischen einem bemannten Segelflugzeug und einem ferngesteuerten Modellsegler ist nur die Flächenbelastung!

Ziel der weiteren Betrachtungen ist die Beschreibung der Bewegung des Modells in seinem natürlichen Element, der bewegten Luft. Die bis jetzt erfolgte Beschreibung der Modellbewegung in der ruhenden Luft stellt einen ersten Schritt dar. Die Beschreibung der bewegten Luft muß in einem zweiten Schritt erfolgen. Die Synthese aus erstem und zweiten Schritt schließlich, die Beschreibung der Modellbewegung in der bewegten Luft, stellt den dritten Schritt dar.

Die mathematische Beschreibung der atmosphärischen Bedingungen kann natürlich immer nur näherungsweise erfolgen. In einem ersten Schritt wird festgestellt, daß für den Segelflieger in erster Linie die Luftströmung, d.h., die zeitlich und örtliche Verteilung des Windes von ausschlaggebender Wichtigkeit ist. Dabei ist zu unterscheiden zwischen der horizontalen (Abdriften, Versatz) und vertikalen (meist Thermik) Windkomponente.

Die horizontale Windkomponente kann in erster Näherung als konstant in Stärke und Richtung angesehen werden, also unabhängig von Zeit und Ort. Damit läßt sie sich einfach additiv der Vertikalbewegung überlagern.

Die vertikale Windkomponente, also Aufwind, tritt in den Formen Hangaufwind, Leewellenaufwind und thermischer Aufwind auf. In den folgenden Betrachtungen wird nur der letztere betrachtet – entsprechend dem Thema dieses Buches. Allerdings kann von einer örtlichen und/oder zeitlichen Konstanz des Aufwindes keine Rede mehr sein. Ist dies an manchen Tagen näherungsweise auch der Fall (das berühmte Hammerwetter; auch Industriethermik), so doch nicht typisch. Vielmehr ist die Thermikbewegung schon durch ihren physikalischen Charakter extrem ort- und zeitabhängig: Die Luft erwärmt sich über dem unterschiedlich Wärme reflektierendem Untergrund (Betonflächen und reife Felder = gute Reflexion; Wald und Seen = schlechte Reflexion) auch unterschiedlich. Dadurch bilden sich sog. Warmluftblasen, die aber noch nicht aufgrund des Haftwiderstandes vom Erdboden aufsteigen können (vergleichbar mit dem am Wasserhahn hängenden Wassertropfen). Vielmehr erwärmen sich diese Blasen weiter und werden größer oder aber durch den horizontalen Wind am Erdboden entlanggeschoben. Im ersteren Fall lösen sie dann ab, wenn sie eine bestimmte, kritische Größe erreicht haben, im zweiten Fall dann, wenn die Ablösung "künstlich" ausgelöst wird, z.B. durch einen Waldrand, einen Hügel oder auch durch einen wie ein Hügel wirkenden "Kaltluftberg" über einem Gewässer. Je nachdem, wie stark der zusätzliche Ablöseimpuls war, löst die Blase ab, also: starke Ablöseimpulse führen zu schwachen Blasenablösungen in kurzen Zeitabständen und umgekehrt. Für den Segelflug können diese Blasen u.U. zu schwach und damit nicht nutzbar sein - für die Modelle dürften sie in fast jedem Falle ausreichen.

Der örtliche Ablösepunkt einer Blase ist in diesem Sinne bei Windstille durch das Gebiet der Aufheizung und bei Wind durch die Lage des "Ablöseauslösers" bestimmt. Der zeitliche Ablösepunkt wird durch die Größe der Wärmeproduktion im Aufheizungsgebiet relativ zur Umgebung bestimmt. Kräftige Sonneneinstrahlung und/oder hohe Wärmereflexionsdifferenzen führen zu öfteren Ablösungen. Die Stärke des Aufwindes allerdings wird nicht durch die Größe der Wärmeproduktion bestimmt, solange noch einzelne Blasen ablösen. Steigt die Wärmeproduktion weiter, gehen die Ablösungen so schnell hintereinander vonstatten, daß es zur Ausbildung eines regelrechten Thermikschlauches (Kamincharakter – Hammerwetter) kommt. Über die Nutzung dieser beiden Thermikformen wurde schon aus der Perspektive des Modellfliegers berichtet, der Segelflieger schreibt dazu folgendes:[6]

> "Bei bestimmten Wetterlagen steigt die erwärmte Luft wie eine Qualle oder Blase in die Höhe. Die Fachleute sprechen dann vom Blasencharakter der Thermik. Deren Größe und Dauer sind sehr begrenzt. Deshalb wundert sich der versierte Flieger nicht, wenn er nur für kurze Zeit steigt und das Variometer bald wieder 'Fallen' anzeigt. Manchmal werden in einer solchen Blase nur 300 m Höhe gewonnen, und auch die Abstände von Aufwind zu Aufwind sind oft sehr groß."

(Anm. d. Verf.: = geringe Wärmeproduktion)

"Viel lieber haben die Segelflieger eine Thermik mit Kamincharakter, wo die Warmluft tatsächlich wie in einem Kamin in die Höhe zieht. Hier steigt der Segelflieger für längere Zeit, und an besonders günstigen Tagen kann er an der gleichen Stelle manchmal stundenlang kreisen. Der einmal begonnene Aufstieg der Luft ist dann so kräftig, daß ein Sog entsteht, der die gesamte Warmluft der Umgebung 'absaugt'. Thermik mit Kamincharakter tritt bei ausgeprägten Hochdruckwetterlagen mit großer Aufheizung des Bodens auf. Während normalerweise ein Aufwindfeld einen Durchmesser von 400 bis 600 m hat, erreichen Thermikfelder mit Kamincharakter Ausdehnungen von 800 m und mehr. Ein solches Thermikfeld hat nicht nur ein Zentrum, nicht nur ein Gebiet mit höchster Steiggeschwindigkeit, sondern mehrere." [6]

(Anm. d. Verf.: = hohe Wärmeproduktion)

"Nicht selten entstehen am gleichen Tag je nach der Tageszeit beide Arten der Thermik. Am Morgen, wenn die Aufheizung des Bodens noch nicht so intensiv ist, dominieren die Thermik-Blasen. Sie werden mit zunehmender Temperatur von den Thermik-Kaminen oder -Schläuchen abgelöst. Am Abend geht die Thermik wieder auf den Blasencharakter zurück." [6]

In einem zweiten Schritt soll davon ausgegangen werden, daß die Thermik einfach da ist, d.h., ihre zeitliche Abhängigkeit wird vernachlässigt. Der Funktionsmechanismus ihrer Ablösung wurde erläutert, soll aber aus Gründen der Übersichtlichkeit nicht mathematisch behandelt werden. Dies hätte ohnehin nur dann einen echten Nutzeffekt, wenn die dazu erforderlichen Eigenschaften des entsprechenden Geländes durch Messungen ermittelt worden wären. Dann könnte man bspw. auch berechnen, wie weit Blasen ausgekurbelt werden müßten, um die dazwischenliegenden "Flautenzeiten" in der Luft überbrücken zu können.

Außer der Ablösung spielt die Entwicklung der Blase oder des Schlauches während seines Aufstieges eine große Rolle, bestimmt sie doch zumindest für die Segelflieger die nutzbare Untergrenze. Bekannt ist, daß die Ausdehnung der Thermikblase oder -Schlauches mit der Höhe zunimmt. Der Funktionsmchanismus ist leicht erklärt: mit dem Aufsteigen der Warmluft in größere Höhen dehnt sich diese infolge des abnehmenden Luftdruckes der Umgebung aus (siehe Standardatmosphäre). Eine grundlegende Bedingung für die Entwicklung nutzbarer Thermik muß gegeben sein: die Temperatur der Umgebung muß möglichst stark mit der Höhe abnehmen. Die Blase steigt natürlich nur, solange sie noch wärmer als die Umgebung ist. Durch ihre Expansion infolge des abnehmenden Luftdrucks wird ihre Temperatur geringer (so wie eine Druckluftflasche vereist, wenn Druck abgelassen wird). Der Wärmeaustausch mit der Umgebung ist dabei relativ gering. Wenn die Umgebungstemperatur schneller mit der Höhe abnimmt als die Temperatur der Blase infolge ihrer Expansion, so vergrößert sich die Temperaturdifferenz zwischen Blase und Umgebung noch mehr und damit die Größe der Aufwärtsgeschwindigkeit. Die bereits weiter oben erwähnten Erfahrungswerte des Temperaturverlaufes (Sommer: 0.65°/100 m, Winter: 0.45°/100 m) unterstreichen noch einmal die Erfahrung: Die Stärke des Aufwindes im Sommer ist höher als im Winter. Diese für den Segelflieger überaus wichtige Eigenschaft der Atmosphäre wird in regelmäßigen Abständen durch Wetterstationen mittels Radiosonden in Form sog. Temperaturzustandskurven ermittelt. Durch diese Temperaturzustandskurven kann man schließen, bei welcher Bodentemperatur die thermische Ablösung beginnt, wie hoch die Warmluft steigen wird, welche Steiggeschwindigkeiten auftreten werden und in welcher Höhe das Kondensationsniveau (sprich: Wolkenuntergrenze oder Basis) liegen wird. Diese Werte sind für den Modellsegelflieger allerdings nur von bedingtem Interesse, zumal sein Wirkungsbereich durch den Sichtkontakt Pilot-Modell eingeschränkt ist. Die Tatsache, ob z.B. in 500 m Höhe ein Steigen von 2 m/s bei 200 m Ausdehnung oder ein Steigen von 4 m/s bei 400 m Ausdehnung herrscht, interessiert nur insofern, als er vorsichtig sein muß und rechtzeitig aus dem Steigen herausfliegt, um nicht das Modell aus den Augen zu verlieren. Es soll hier nur die Thermik in Bodennähe, also der in Intensität schwache und Ausdehnung kleine thermische Aufwind betrachtet werden. Die entscheidende Frage dabei ist, ob ein bestimmtes Aufwindgebiet zum Höhengewinn mit einem bestimmten Modell genutzt werden kann oder nicht. Der Umstand, daß der Aufwind üblicherweise mir der Höhe an Ausdehnung und Intensität zunimmt, wirkt entschärfend und kann deshalb zunächst auch bei der Rechnung vernachlässigt werden. Es wird also im dritten Schritt die örtliche Abhängigkeit des Aufwindes vernachlässigt.

Nach diesen drei (vereinfachenden) Schritten ist ein am Ort "stehender", in Intensität und Ausdehnung konstanter Thermikschlauch übriggeblieben, der in dieser Form nun mathematisch beschrieben werden soll (Bild 6). Der Flieger beurteilt einen thermischen Aufwind zum einen nach seiner Intensität ("starker" oder "schwacher" Bart) und zum anderen nach seiner Ausdehnung ("enger" oder "weiter" Bart). Dabei macht der Flieger immer wieder die selbe Erfahrung: Thermik kündigt sich zunächst durch ein erhöhtes Sinken an. Dieses Sinken muß er im Geradeausflug durchfliegen und es dauert nicht lange und er ist im Steigen. Hier muß er normalerweise einkreisen, tut er das nicht (z.B. wenn er einschätzt, daß dieses Aufwindgebiet nicht für ihn nutzbar ist), so fliegt er aus dem Steigen in ein erneut erhöhtes Sinken und schließlich wieder in die "beruhigte" Luft. Dies ist eine allgemeine Erfahrung: Steigen ist mit Sinken verbunden und zwar in der Weise, daß das eigentliche Steiggebiet von einem Abwindgebiet "umsäumt" ist. Man kann sich diesen Umstand damit erklären, daß die Summe der vertikal bewegten Luft Null ergeben muß, d.h. die Summe der aufsteigenden Luftvolumina muß der Summe der abfallenden Luftvolumina entsprechen. Interessant daran ist, daß diese Vorstellung als Berechnungsgrundlage sehr sinnvolle Werte liefert (wie anschließend gezeigt wird), die Strömung innerhalb eines Bartes oder einer Blase also als eine Zirkulationsströmung aufgefaßt werden kann. In Bild 7 ist der typische Verlauf der Vertikalgeschwindigkeitsverteilung w (dieses Bild ist das Ergebnis der nun folgenden Herleitung) eines konzentrischen Bartes zu sehen.

Bei der folgenden Herleitung wird gelegentlich auf die Integralrechnung zurückgegriffen. Man kann diese Formeln aber getrost überblättern, da sie zum Verständnis und zur späteren Berechnung der Vertikalgeschwindigkeitsverteilung im Bart nicht mehr benötigt werden. Sie dienen hier ausschließlich zur Herleitung der Berechnungsformel.

Allgemein formuliert soll die Vertikalgeschwindigkeitsverteilung in ihrer Summe im Bart (der Bart ist definiert als der Raum, in dem die Vertikalgeschwindigkeit ungleich Null ist, er umfaßt also Auf- und Abwind) Null sein:

$$\int_A w(r_B)\, dA = 0 \qquad (23)$$

Die Fläche A, die der Bart einnimmt (von oben gesehen) ist ein Kreis und schreibt sich in differentieller Form unter Einführung des Bartradius r_B:

$$dA = 2\pi r_B dr_B \qquad (24)$$

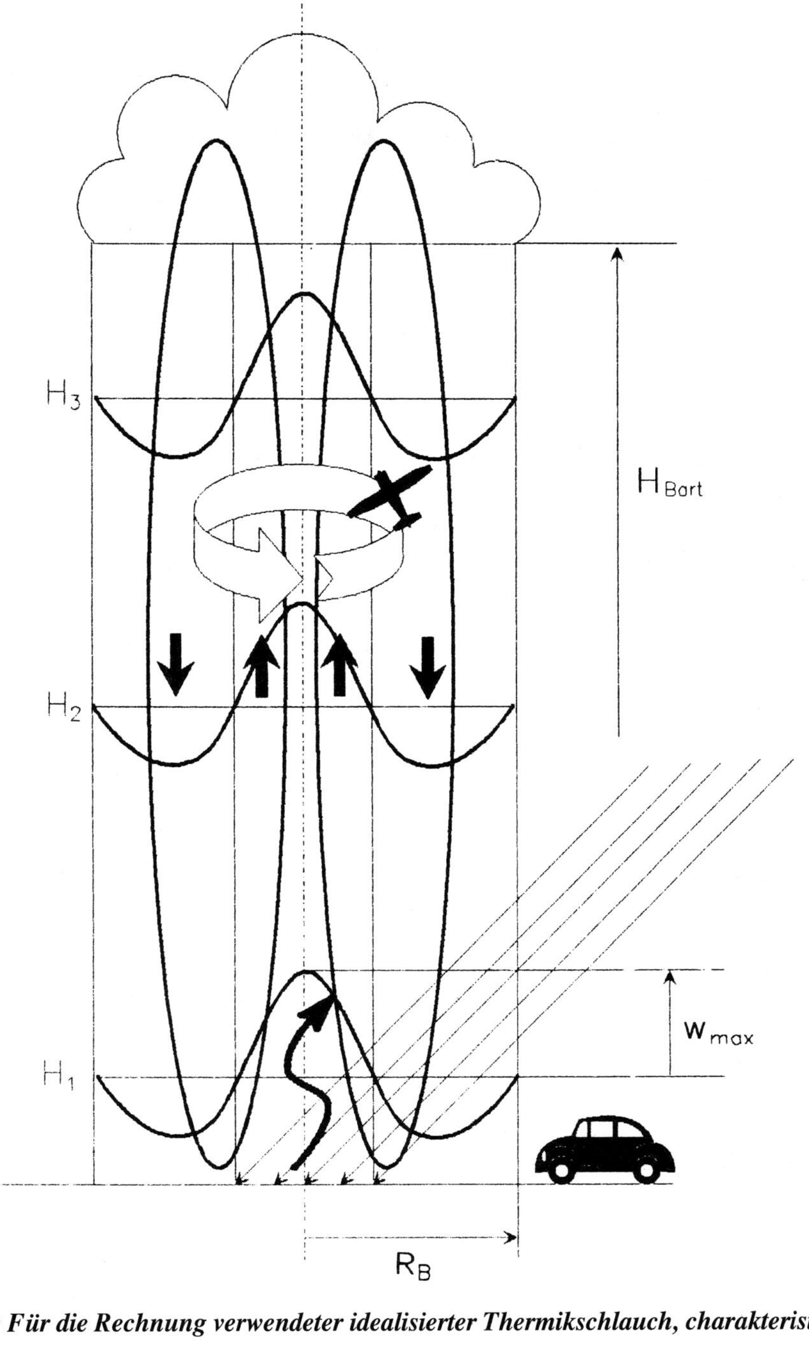

***Bild 6:** Für die Rechnung verwendeter idealisierter Thermikschlauch, charakterisiert durch*
***a)** Zeitunabhängigkeit: Der Bart "steht"*
***b)** Ortsunabhängigkeit: Die vertikale Geschwindigkeitsverteilung, charakterisiert durch Ausdehnung [R_B] und Intensität [w_{max}] des Bartes variiert nicht mit der Höhe H_i, $i=1...n$ und $H_i<H_{Bart}$)*

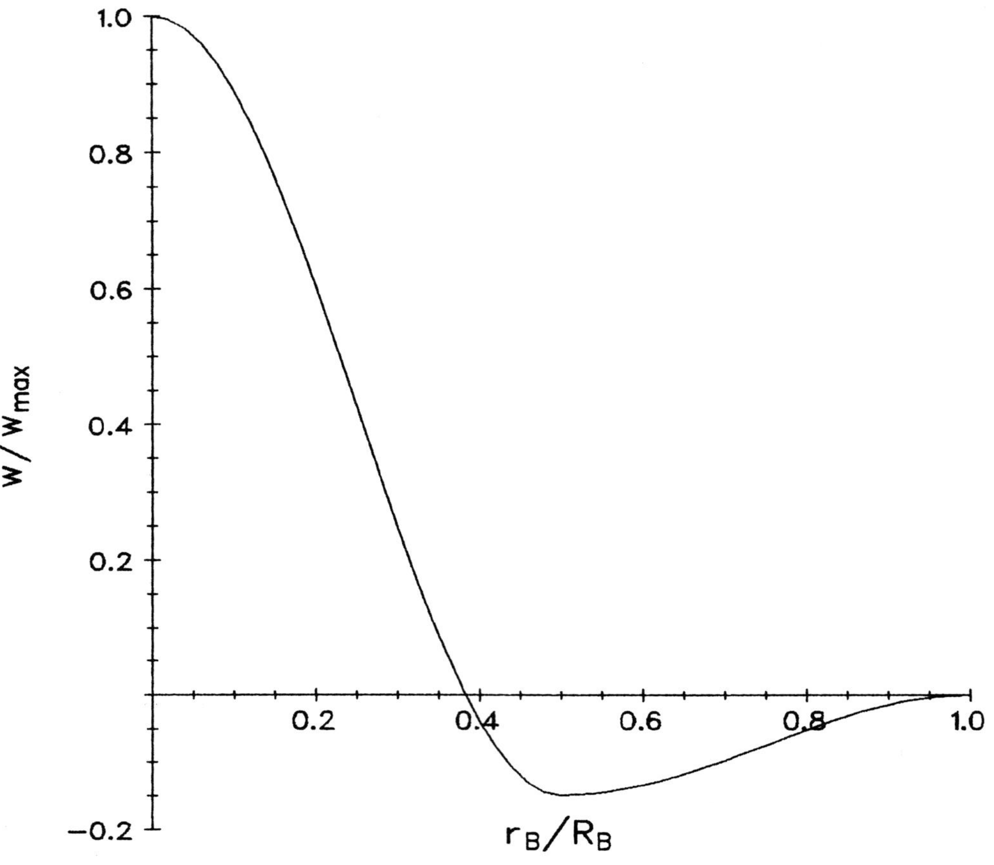

Bild 7: Vertikalgeschwindigkeit w (bezogen auf die Aufwindgeschwindigkeit im Bartzentrum w_{max}) in Abhängigkeit von der Entfernung zum Bartzentrum r_B (bezogen auf den Bartradius R_B) für das konzentrische Bartmodell. In der Summe ist die Menge der aufsteigenden Luft ($w/w_{max}>0$) gleich der Menge der absinkenden Luft ($w/w_{max}<0$) (Kontinuitätsprinzip).

Eingesetzt in Gleichung(23) schreibt sich die Volumenbilanz so:

$$\int_{r_B=0}^{R_B} w(r_B)\, r_B dr_B = 0 \qquad (25)$$

Für die Beschreibung des Geschwindigkeitsprofiles $w(r_B)$ werden einfache trigonometrische Funktionen angesetzt. Ihre Koeffizienten müssen dann so bestimmt werden, daß die Massenbilanz (Gleichung(25)) erfüllt wird. Das Geschwindigkeitsprofil wird im folgenden durch zwei getrennte Funktionen $w_o(r_B)$: Aufwind, $w_u(r_B)$:Abwind)

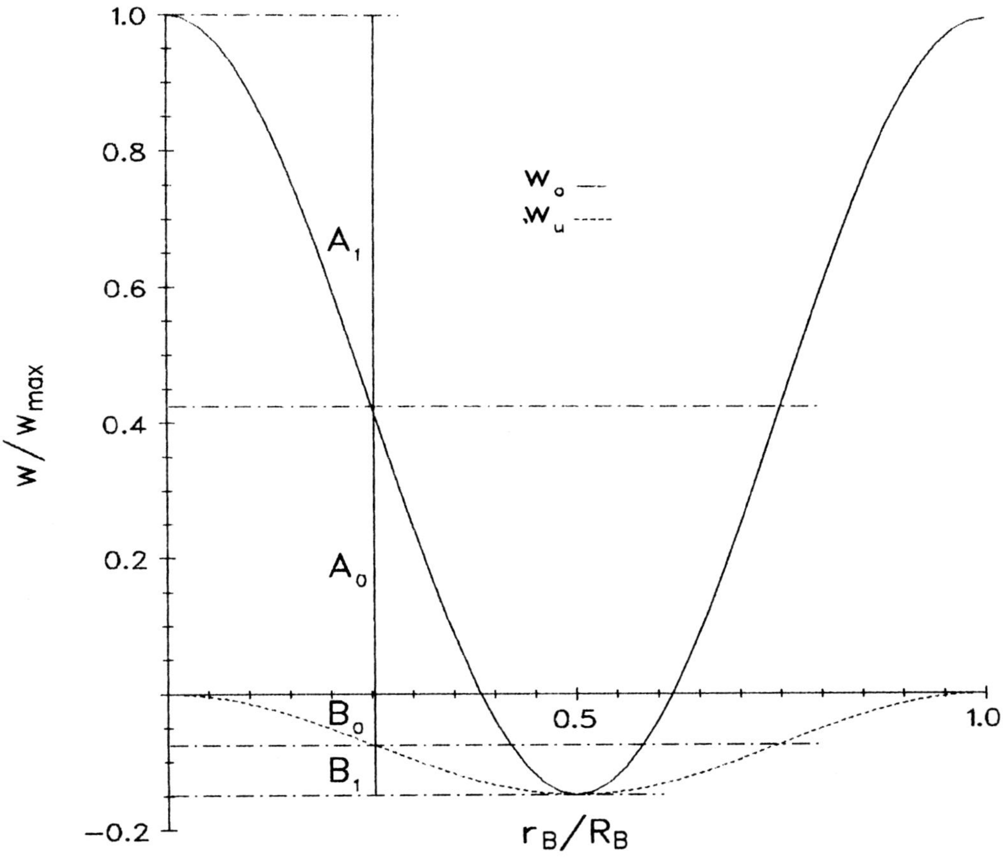

Bild 8: Approximation der im Bart herrschenden vertikalen Geschwindigkeitsverteilung durch zwei Kosinusfunktionen
a) w_o für $0 < r_b/R_B < 0.5$
b) w_u für $0.5 < r_B/R_B < 1$
gleicher Periodenlänge.

$$\boxed{\begin{aligned} w_o &= A_0 + A_1 \cos(A_2 r_B) \\ w_u &= B_0 + B_1 \cos(B_2 r_B) \end{aligned}} \tag{26}$$

mit folgendem Gültigkeitsbereich beschrieben:

$$w_o(r_b)\Bigg|_{r_B = 0}^{r_B = \frac{R_B}{2}} ; \qquad w_u(r_B)\Bigg|_{r_B = \frac{R_B}{2}}^{r_B = R_B} \tag{27}$$

Für die Volumenbilanz gilt nun

$$\int_{r_B = 0}^{R_B/2} w_o(r_B)\, r_B dr_B + \int_{r_B = R_B/2}^{R_B} w_u(r_B)\, r_B dr_B = 0 \qquad (28)$$

wobei noch die unbekannten Koeffizienten A_1, A_2, A_3, B_1, B_2 und B_3 zu bestimmen sind. Mathematisch handelt es sich jetzt um die Lösung eines Gleichungssystems mit sechs Unbekannten, wozu fünf Randbedingungen zur Beseitigung der Unterbestimmtheit formuliert werden müssen. Anhand von Bild 8 kann dies nachvollzogen werden.

$$1.)\ A_2 = B_2 \ (gleichePeriodenlänge) \qquad (29)$$

$$2.)\ A_1 + A_0 = w_{max} \qquad (30)$$

$$3.)\ A_2 = B_2 = \frac{2\pi}{R_B} \qquad (31)$$

$$4.)\ B_1 = -B_0 \qquad (32)$$

$$5.)\ 2B_1 + A_0 = A_1 \Leftrightarrow B_1 = A_1 - \frac{w_{max}}{2} \qquad (33)$$

Substitution der Koeffizienten durch Formulierung ihrer Abhängigkeiten bezogen auf A_1, Einsetzen in die Massenbilanz und Ausführung der Integration liefert:[1]

$$\int_{r_B = 0}^{R_B/2} w_o(r_B)\, r_B dr_B = [-0.1757A_1 + 0.1250w_{max}]R_B^2$$

$$\int_{r_B = R_B/2}^{R_B} w_u(r_B)\, r_B dr_B = [0.3243A_1 + 0.1250w_{max}]R_B^2 \qquad (34)$$

---

[1] $\int \{x[a+bcos(cx)]\}dx = a\frac{x^2}{2} + b\left(\frac{\cos(cx)}{c^2} + \frac{xsin(cx)}{c}\right)$

Durch Rücksubstitution erhält man schließlich die gesuchten Konstanten:

$$\boxed{\begin{aligned} A_0 &= 0.4256 w_{max} \\ A_1 &= 0.5743 w_{max} \\ A_2 &= 6.2832/r_B \\ B_0 &= -0.0743 w_{max} \\ B_1 &= 0.0743 w_{max} \\ B_2 &= 6.2832/r_B \end{aligned}} \qquad (35)$$

Nun kann man die Vertikalgeschwindigkeitsverteilung in einem Bart oder einer Blase in Abhängigkeit vom Steigen im Zentrum des Aufwindes (w_{max} [m/s]) und dem Aufwinddurchmesser (r_B [m]) durch Bestimmung der Koeffizienten aus Formel(35) und Einsetzen in Formel(26) berechnen.

Das Einsetzen "richtiger", d.h. den Bedingungen auf dem Flugplatz entsprechender Werte (w_{max}, r_B), bleibt zunächst jedem selbst vorbehalten. Es wäre sicher eine dankbare Aufgabe, die Gestalt von Aufwinden in Bodennähe durch Messung der vertikalen Geschwindigkeitsverteilung systematisch zu untersuchen und daraus fundierte Ergebnisse abzuleiten. In den weiteren Rechnungen wurde mit einem aus Erfahrungen abgeleiteten Aufwinddurchmesser von 50 m (in ca. 50m Höhe) gerechnet.

Steigleistung des Flugzeuges im Bart

Jetzt endlich, nach der getrennten mathematischen Beschreibung von Flugzeug und Wind kann der Schritt zur Beschreibung des "Systems Flugzeug-Wind" erfolgen. Zuerst wird die horizontale Windkomponente nicht berücksichtigt und nur das Steigen des Flugzeuges im Bart bei Windstille berechnet.

I.a. interessiert den Piloten nur das Aufwindgebiet (im Gegensatz zum Abwindgebiet, welches ja in der Rechnung definitionsgemäß als Teil des Bartes mit erscheint), also nur w_0 in Gleichung(26). Setzt man dort den Kurvenradius in Abhängigkeit vom Kurvenschräglagewinkel (Gleichung(16)) ein, erhält man die Aufwärtsgeschwindigkeit im Bart in Abhängigkeit vom Kurvenschräglagewinkel:

$$w_0 = A_0 + A_1 \cos\left(A_2 \; 1.63 \frac{m}{A} \frac{1}{c_A} \frac{1}{\sin\beta}\right) \qquad (36)$$

Die Überlagerung der Sinkgeschwindigkeit des Flugzeuges (Gleichung(21)) mit der Aufwärtsgeschwindigkeit im Bart (Gleichung(36) ergibt eine resultierende Vertikalgeschwindigkeit des Flugzeuges w_R, die Steiggeschwindigkeit, welche auch das Variometer anzeigt:

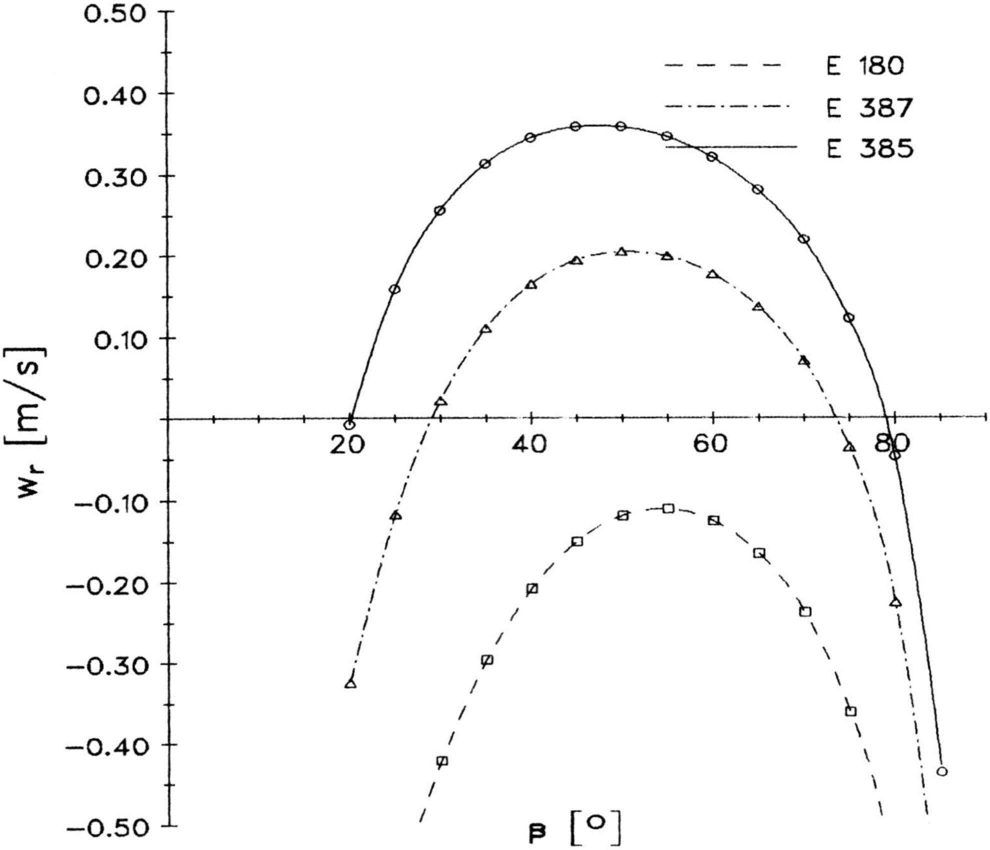

Bild 9: Steiggeschwindigkeit w_r in Abhängigkeit vom Kurvenschräglagewinkel β in einem Bart mit w_{max} = 1 m/s und R_B = 50 m für das
a) Hangmodell (E 180)
b) Allroundmodell (E 387)
c) Thermikmodell (E 385)

$$w_r = A_0 + A_1 \cos\left(A_2 \; 1.63 \frac{m}{A} \frac{1}{c_A} \frac{1}{\sin\beta} \right) - 4 \sqrt{ \frac{m}{A} \frac{{c_w}^2}{{c_A}^3} \frac{1}{\cos\beta} }$$

$$w_r = A_0 + A_1 \cos\left(A_2 \, r_{min} \frac{1}{\sin\beta} \right) - w \sqrt{ \frac{1}{\cos\beta} } \qquad (37)$$

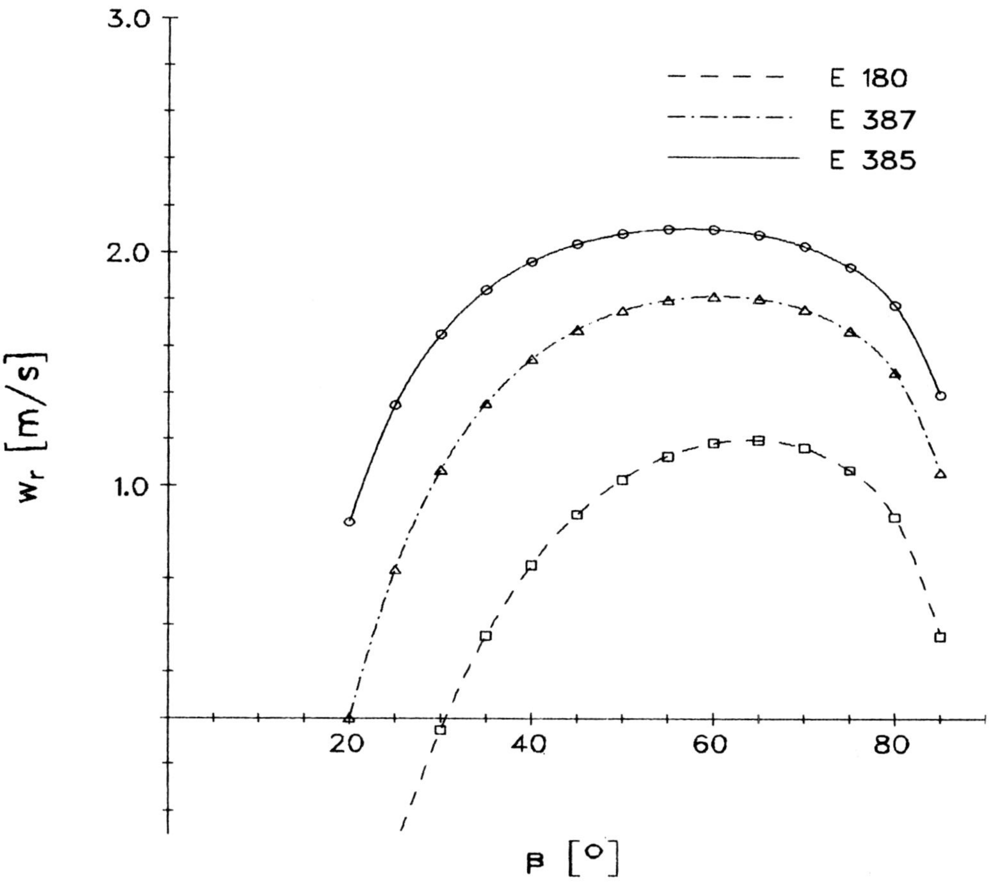

Bild 10: Steiggeschwindigkeit w_r in Abhängigkeit vom Kurvenschräglagewinkel β in einem Bart mit w_{max} = 2 m/s und R_B = 50 m für das
a) Hangmodell (E 180)
b) Allroundmodell (E 387)
c) Thermikmodell (E 385)

Diese Gleichung hat ein echtes Maximum, da sich zwei entgegengesetzte Tendenzen überlagern: Einerseits ist man bemüht, so weit wie möglich am Aufwindzentrum zu kreisen, um möglichst viel Steigen mitzunehmen (1. Summand; also: möglichst große Kurvenschräglage), andererseits nimmt das Eigensinken des Flugzeuges mit größerer Kurvenschräglage zu (2.Summand; also: möglichst kleine Kurvenschräglage).

Bild 9 stellt das Ergenis von Gleichung(37) für einen Bart mit w_{max} = 1 m/s dar, Bild 10 für w_{max} = 3 m/s. Wie besonders an Bild 9 deutlich wird, hat ein (in diesem Bsp. mit 30 g/dm² Flächenbelastung nicht einmal extremes!) Hangmodell bei "leisen" Wetterlagen nicht die Spur einer Chance. Steigt das Thermikmodell in dem sehr weiten Bereich zwischen 20° und 80° Kurvenschräglage sicher weg (natürlich vorausgesetzt, der Pilot hat richtig zentriert), so kann mit dem Hangmodell selbst bei optimalem Flugstil diese Wetterlage nicht genutzt werden. Dieses

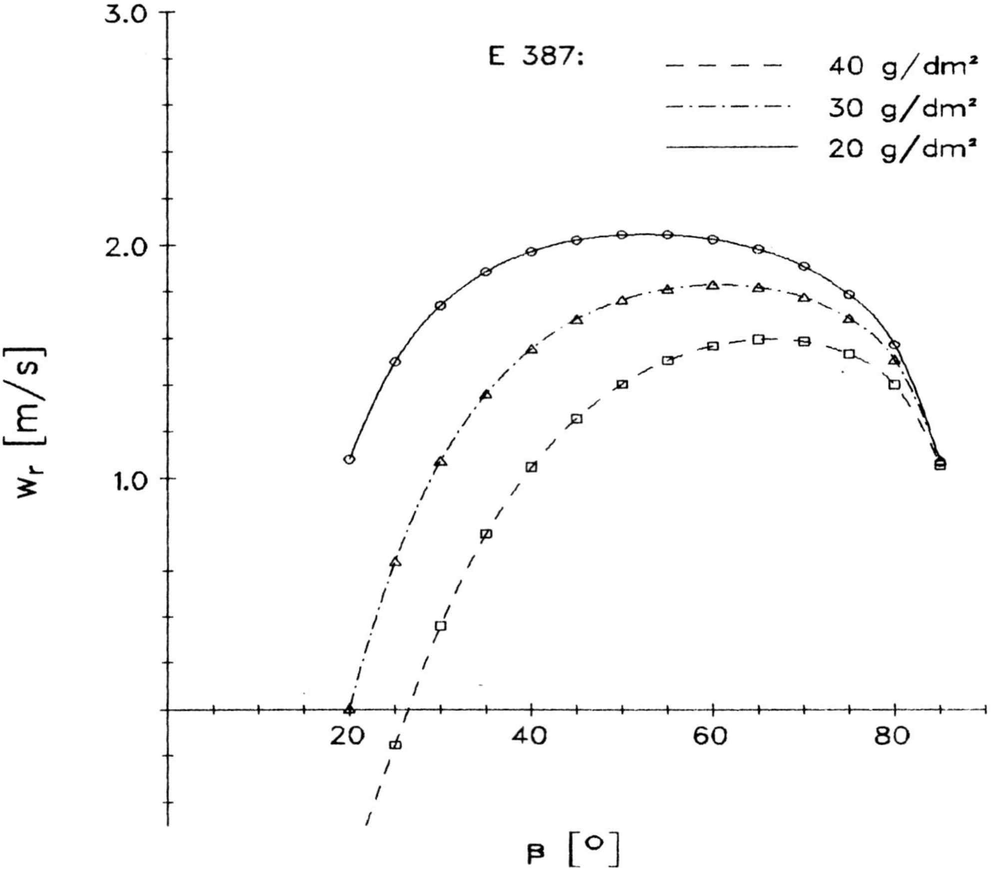

Bild 11: Steiggeschwindigkeit w_r in Abhängigkeit vom Kurvenschräglagewinkel β in einem Bart mit w_{max} = 1 m/s und R_B = 50 m für das Allroundmodell bei verschiedenen Flächenbelastungen.

Ergebnis ist in gewisser Weise verblüffend: Kann man aus der Kurvenflugpolare nur ablesen, daß die Sinkgschwindigkeit des Hangmodells um etwa 40%, d.h. 0.16 m/s, über der des Thermikmodells liegt, so muß nun festgestellt werden, daß diese Differenz im 1 m/s-Bart auf 0.47 m/s und beim 3 m/s-Bart sogar auf 0.90 m/s angewachsen ist! Dieser Effekt hat seine Ursache in den unterschiedlichen Kurvenradien der Modelle: je näher diese am Aufwindkern kreisen, desto größer ist auch die Aufwindkomponente und damit die resultierende vertikale Geschwindigkeit. Selbst die zwischen Thermik- und Allroundmodell, man möchte fast sagen, vernachlässigbare Sinkgeschwindigkeitsdifferenz im Geradeausflug von 14% erhöht sich im 1 m/s-Bart auf 75% bzw. im 3 m/s-Bart auf 53%!

Deshalb an dieser Stelle ein weiteres, verschärfendes Kriterium für die Eignung eines Modells zum Thermikflug: besitzen zwei Modelle die gleiche minimale Sinkgeschwindigkeit bei verschiedenen Fluggeschwindigkeiten, so ist das Modell mit der geringeren Fluggeschwindigkeit

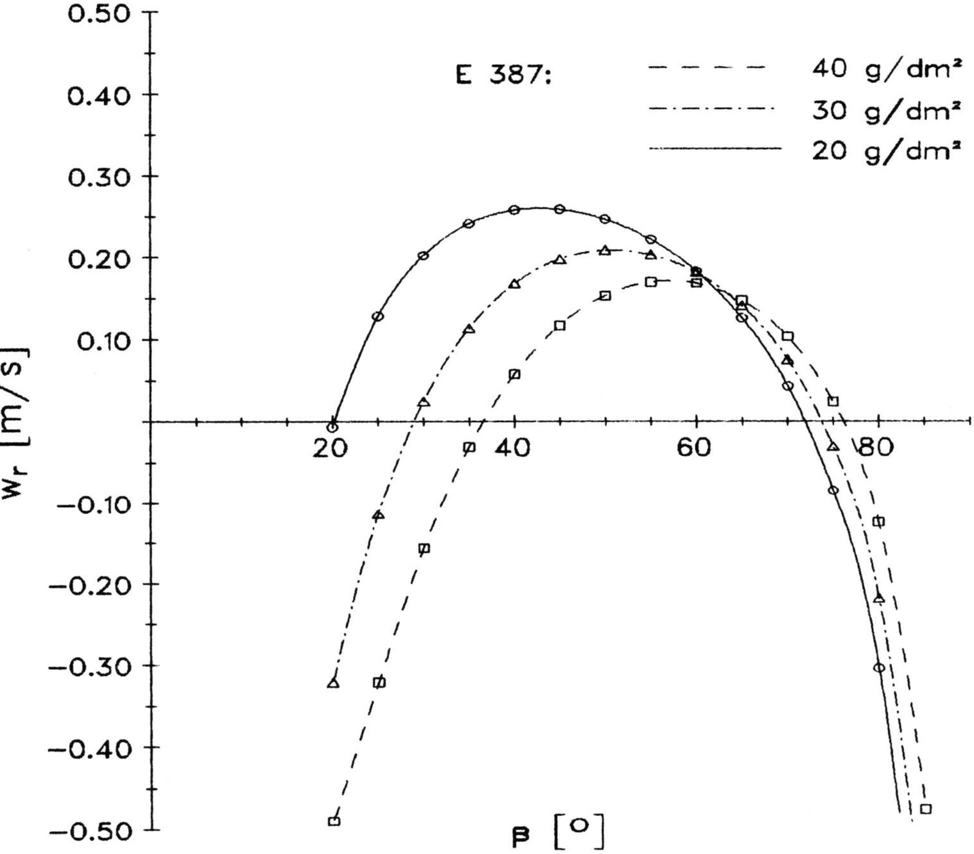

Bild 12: Steiggeschwindigkeit w_r in Abhängigkeit vom Kurvenschräglagewinkel β in einem Bart mit w_{max} = 3 m/s und R_B = 50 m für das Allroundmodell bei verschiedenen Flächenbelastungen.

aufgrund des kleiner ausfliegbaren Kurvenradius' das Günstigerere, obwohl dessen aerodynamische Güte (Gleitzahl wie Steigzahl) niedriger ist!!! Doch Näheres hierzu später.

Noch ein fliegerisch bemerkenswerter Fakt ist aus den Bildern 9 und 10 ersichtlich: Die optimale Kurvenschräglage erhöht sich einerseits mit der Stärke des Aufwindes (1 m/s-Bart: ca. 50°; 3 m/s-Bart: ca. 60°) und andererseits mit dem zunehmenden minimalen Kurvenradius' des Modells, d.h. mit einem Hangmodell muß steiler gekreist werden als mit einem Thermikmodell.

Ein Vergleich der Leistungen des Allroundmodells für verschiedene Flächenbelastungen in den Bildern 11 und 12 zeigt das prinzipiell gleiche Verhalten. Auffällig ist hier die stark von der Flächenbelastung abhängige optimale Schräglage: 40° bzw. 55° im 1 m/s-Bart und 50° bzw. 65° bei Flächenbelastungen von 20 g/dm² bzw. 40 g/dm².

Im Vergleich zu den Bildern 9 und 10 kann hier wieder ein kurzer Vermerk zur Modellauswahl erfolgen: Die Reduzierung des minimalen Kurvenradius' infolge der c_A-Erhöhung des

Flügels durch ein entsprechendes Profil dürfte meist einen größeren Effekt haben als die Veränderung der Flächenbelastung, besonders dann, wenn diese schon recht hoch ist. Im Klartext: Beim Vergleich zweier Modelle kann ein Unterschied in den Flächenbelastungen von 10 g/dm^2 (z.B. von 30 g/dm^2 auf 40 g/dm^2) durchaus in Kauf genommen werden, wenn dafür der Flügel merklich "günstiger" profiliert ist (z.B. von $c_{ap} = 0.8$ auf $c_{ap} = 1.2$).

Allein schon diese wenigen Beispiele verdeutlichen mit aller Klarheit wie wichtig es ist, die Bewegung des Flugzeuges nicht separat in Form der Aufstellung von Polaren zu betrachten, sondern sie in die sich bewegende Luftmasse einzubinden. Ich kann mich noch gut an ein scheinbares Rätsel erinnern. Die 2.40m-Flächen eines Modells (Jedelsky-Profilierung) wurden durch 2.70m-Flächen mit der gleichen Profilierung ersetzt. Die Thermikleistungen dieser neuen Konfiguration waren bedeutend besser – subjektives Urteil: Mindestens 50%. Dieser Leistungsunterschied konnte aber in der errechneten Sinkgeschwindigkeit nicht festgestellt werden. Auch daraufhin durchgeführte Flugmessungen ergaben nur die schon in der Rechnung vorhergesagten wenigen Prozent Leistungsverbesserung. Nach den obigen Ausführungen allerdings ist dieses Phänomen schnell geklärt: Die wesentliche Verbesserung der Steigleistung in der Thermik erfolgte nicht durch die gerinfügig bessere Singgeschwindigkeit, sondern durch die Verminderung des minimalen Kurvenradius' infolge der niederen Flächenbelastung und der Erhöhung des Auftriebsbeiwertes des Flügels infolge der höheren Streckung (siehe Gleichung(2)). Diese subjektiv geschätzte Verbesserung in der Steigleistung infolge der neuen Flächen kann durchaus mit den oben hergeleiteten Formeln bestätigt werden.

Es soll hier nochmals mit aller Deutlichkeit darauf hingewiesen werden: Diese scheinbaren Verbesserungen sind keine bloße Zahlenspielerei, sondern verändern die Leistungen durchaus um 50% und mehr. Oftmals steht man sogar vor einer noch viel grundsätzlicheren Frage auf dem Flugplatz: Kann ich mich heute mit meinem Modell halten oder nicht? Unter diesem Gesichtspunkt sind auch die Rechnungen zu sehen – ein Hilfsmittel zur Beurteilung der prinzipiellen Eignung eines Modells zum Thermikflug und seiner fliegerischen Handhabung unter gegebenen Voraussetzungen.

Einfluß der Windstärke

Wie bereits gesagt wurde, soll nur der Fall des gleichmäßig über das Flugfeld wehenden Windes betrachtet werden. Örtliche Abhängigkeiten wie die Windschattenwirkung von Hindernissen und die Erdgrenzschicht ("weiter oben" ist die Windstärke fast immer größer als "weiter unten") sowie zeitliche Abhängigkeiten wie Böigkeit und Änderung von Windstärke- und Richtung infolge thermischer Ablösungen werden vernachlässigt. Die Kunst besteht hier wie vor allem bei dem "Bartmodell" darin, die wesentlichen Erscheinungen zu erfassen, also ein mathematisches Modell so zu formulieren, daß seine Übersichtlichkeit bei Wahrung seiner Anwendbarkeit auf praktische Probleme erhalten bleibt.

Prinzipiell kann gesagt werden, daß sich eine horizontale Windkomponente in der Ebene immer negativ auf den Thermikflug ausübt. Während des Kurbelns in der Thermik driftet das Flugzeug mit dem Wind ab (Bild13). Diese Drift L beträgt bei einer Windgeschwindigkeit v_w in der Zeit Δt

$$L = v_w \Delta t \tag{38}$$

Sie muß nach Abbruch des Kurbelns durch Zurückfliegen gegen den Wind abgebaut werden. Dabei wird natürlich Höhe verbraucht. Diejenige Höhe, die das Flugzeug nach Rückkehr zum Startpunkt gewonnen hat, stellt den effektiven Höhengewinn H dar. Als Mindestbedingung für den Thermikflug bei Wind muß gesichert sein, daß der Steigwinkel α_s größer als der Gleitwinkel α_g ist. Die für die Thermiksuche verbleibende Zeit t_s beträgt dann noch

$$t_s = \frac{H}{w} \tag{39}$$

Der Steigwinkel ist der Neigungswinkel der Geschwindigkeitsresultierenden aus Steig- und Windgeschwindigkeit:

$$\alpha_s = arctan\left(\frac{w_s}{v_w}\right) \tag{40}$$

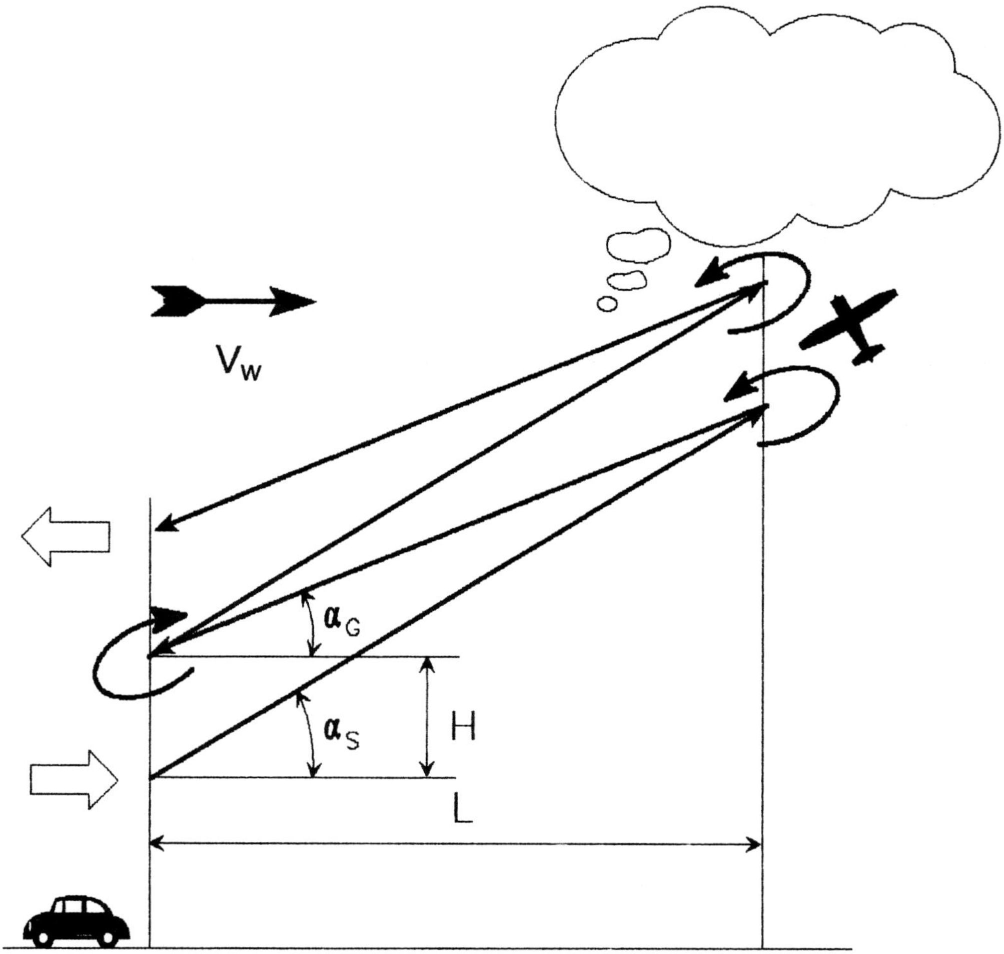

Bild 13: Drift L beim Thermikflug unter Windeinfluß. Der effektive Höhengewinn H ist abhängig von der Differenz aus Steigwinkel α_S und Gleitwinkel gegen den Wind α_g.

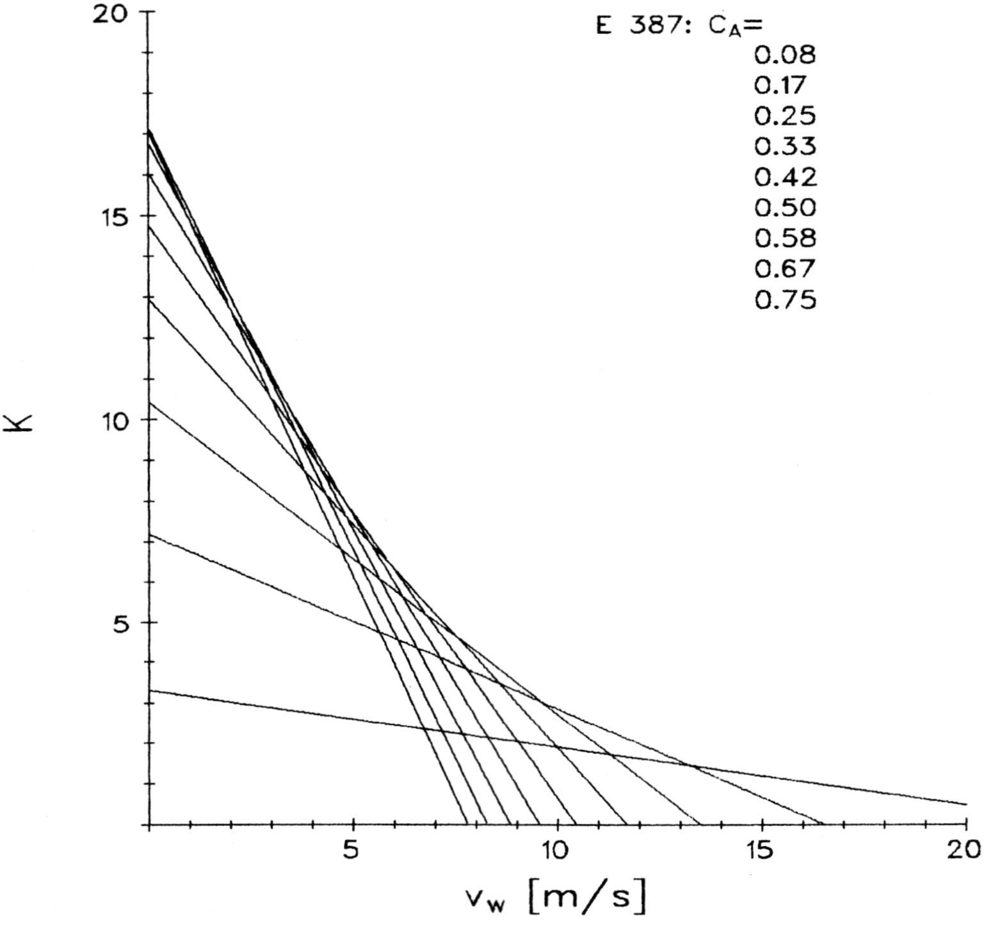

Bild 14: Effektive Gleitzahl gegen den Wind K in Abhängigkeit von der Windgeschwindigkeit v_w für das Allroundmodell (E 387) bei verschiedenen Auftriebsbeiwerten c_A. Die steilste Linie (= größte "Windempfindlichkeit" der effektiven Gleitzahl) bezieht sich auf den Arbeitspunkt des besten Gleitens bei Windstille (c_A = 0.75); die flachste Linie (= geringste "Windempfinglichkeit" der effektiven Gleitzahl) auf den Arbeitspunkt Schnellflug (c_A=0.08).

Bzgl. des Steigwinkels ist demnach nur das Verhältnis von Steig- und Windgeschwindigkeit, nicht aber ihre Absolutbeträge von Belang. Dies deckt sich mit der Erfahrung, daß mit zunehmender Thermikintensität auch größere Windgeschwindigkeiten verkraftet werden. In den Gleitwinkel hingegen geht der Absolutbetrag der Windgeschwindigkeit ein. Dies deckt sich mit der Erfahrung, daß die Thermikfliegerei mit zunehmender Windgeschwindigkeit kritischer wird.

Der Gleitwinkel stellt den Neigungswinkel der Geschwindigkeitsresultierenden aus Sink- und effektiver Vorfluggeschwindigkeit (also der Differenz aus Flug- und Windgeschwindigkeit) dar:

$$\alpha_g = \arctan\left(\frac{w}{v_{eff}}\right) = \arctan\left(\frac{w}{v - v_w}\right) \tag{41}$$

Zunächst wäre zu klären, wann der Gleitwinkel sein Minimum hat. Daß der günstigste Gleitwinkel bei Wind nicht mit dem besten Gleitwinkel des Flugzeuges zusammenfällt, läßt sich an einem einfachen Gedankenexperiment verdeutlichen: Angenommen die Windgeschwindigkeit ist genau so groß wie die Fluggeschwindigkeit im Falle des besten Gleitens. Dann würde das Flugzeug in der Luft wie ein Fahrstuhl ohne Vorwärtsbewegung nach unten gehen; die Gleitzahl wäre Null. Fliegt man das Flugzeug schneller (drücken), kommt es auch gegen den Wind vorwärts und verbessert damit automatisch seine Gleitzahl. Allerdings kann darf dieses "Schnellmachen" nicht übertrieben werden, da die Sinkgeschwindigkeit mit zunehmender Fluggeschwindigkeit ebenfalls steigt und damit nach Gleichung(41) den Gleitwinkel wieder verschlechtert. Es überlagern sich also zwei Tendenzen und damit gibt es auch einen günstigsten Gleitwinkel. Dieser soll nun abgeschätzt werden.

In Bild 14 sind die effektiven Gleitzahlen (d.h. $1/a_g$) des Allroundmodells in Abhängigkeit von der Windgeschwindigkeit nach Gleichung(41) berechnet worden. Jede Linie entspricht einer anderen Fluggeschwindigkeit (bzw. Auftriebsbeiwert) des Modells. Die Tendenz ist eindeutig: Obwohl mit zunehmender Fluggeschwindigkeit die Gleitzahl des Modells abnimmt (die Gleitzahl des Modells entspricht der effektiven Gleitzahl bei Windgeschwindigkeit Null, also den Schnittpunkten der Geraden mit der Ordinate), verbessert sich die effektive Gleitzahl bei hohen Windgeschwindigkeiten.

Man kann nun zu jeder Windgeschwindigkeit diejenige Fluggeschwindigkeit ermitteln, bei der das Modell am besten gegen den Wind gleitet. Dies ist für die drei Vergleichsmodelle in Bild 15 getan worden. Die dort eingetragenen Kurven entsprechen der maximal erreichbaren Gleitzahl gegen den Wind. Der inhaltliche Verlauf entspricht dem schon zu den Polaren im Bild 2 gesagtem: Den besseren Flugleistungen des Thermikmodells im Langsamflug stehen die besseren Flugleistungen des Hangmodells im Schnellflug gegenüber. Erwähnenswert ist, daß die effektiven Gleitzahlen bei einer Windgeschwindigkeit von etwa 5 m/s gleich sind; unterhalb dieser Windgeschwindigkeit liegen die Gleitleistungen des Thermikmodells über denen der beiden Vergleichsmodelle. Aus eigenen Erfahrungen heraus kann ich wiederum sagen, daß Thermikfliegerei bei Windgeschwindigkeiten oberhalb 5 m/s (entspricht immerhin 70% der Modellnormalgeschwindigkeit!) kaum noch sinnvoll möglich ist. Damit kann wiederum eine wesentliche Erkenntnis formuliert werden: Die besseren Schnellflugleistungen von Hang- und Allroundmodellen kommen in der Thermikfliegerei gar nicht erst zum Tragen. Damit ist auch bei Wind ein Thermikmodell allen anderen vorzuziehen!

Eine weitere Erkenntnis für die Flugweise des Piloten gegen den Wind läßt sich aus Bild 14 ableiten. Die Anstiege der Geraden nehmen mit zunehmender Fluggeschwindigkeit ab. Dies bedeutet nichts weiter, als daß die Empfindlichkeit der effektiven Gleitzahl des Flugzeuges gegenüber Windeinflüssen mit zunehmender Fluggeschwindigkeit kleiner wird. Damit sollte jeder Pilot im Zweifelsfalle lieber schneller als zu langsam gegen den Wind fliegen. Er liegt damit auf der sicheren Seite: Zwar muß er in Kauf nehmen, daß er nicht mehr optimal fliegt, jedoch kommt er risikoloser zurück. Fliegt er zu langsam, läuft er Gefahr, eine Außenlandung zu riskieren. Wenn man die Bussarde in ihrem Flugverhalten beobachtet, so stellt man immer wieder fest, daß diese, wenn sie mit ihren fast angelegten Flügeln (zur Erhöhung der Flächenbelastung) gegen den Wind zurückfliegen, "gefühlsmäßig" zu schnell sind. Dieses Gefühl ist aber trügerisch. Zu oft mußte ich schon feststellen, daß die Bussarde mit ihrem Verhalten richtig liegen und trotz des

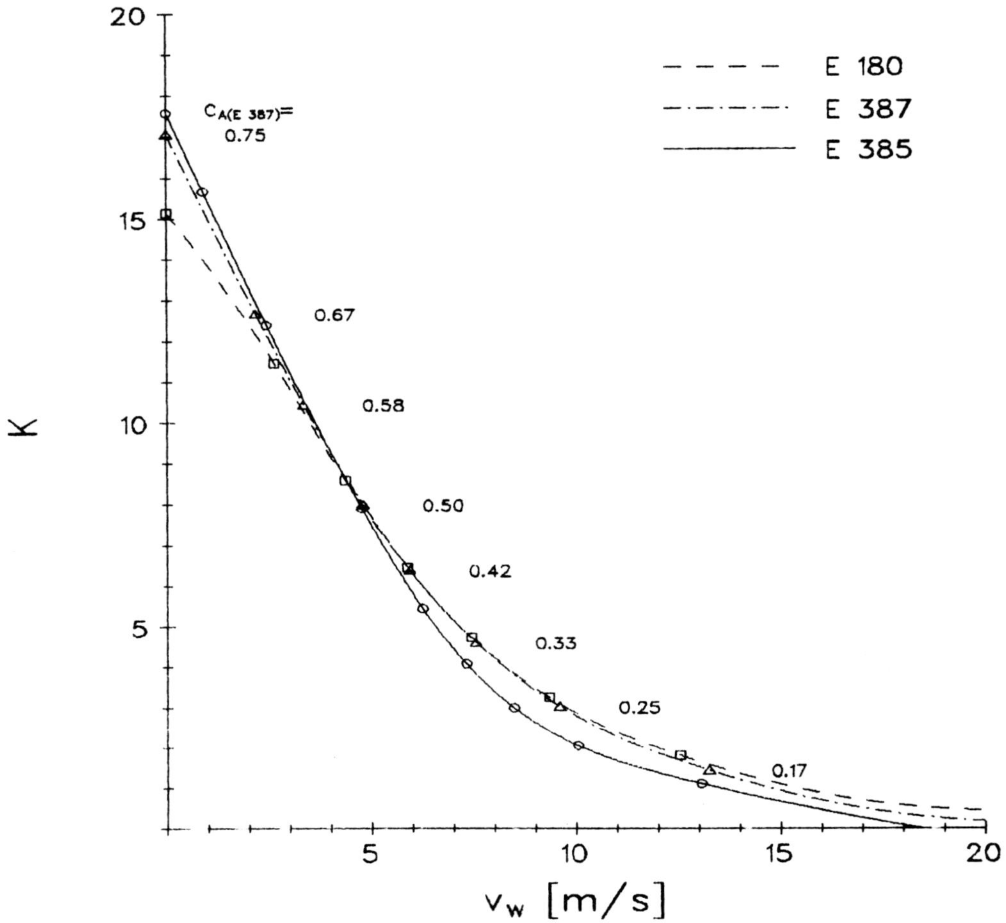

Bild 15: Maximal (bei optimaler Fluggeschwindigkeit) erreichbare effektive Gleitzahlen gegen den Wind K in Abhängigkeit von der Windgeschwindigkeit v_w für das
a) Hangmodell (E 180)
b) Allroundmodell (E 387)
c) Thermikmodell (E 385)
Für das Allroundmodell sind zusätzlich die Auftriebsbeiwerte $c_{A(E\ 387)}$ einiger Arbeitspunkte angegeben

scheinbar steileren Gleitwinkels mit größerer Höhe als das Modell wieder "vorn" ankommen. Es liegt hier eine optische Täuschung vor: Der geringere Anstellwinkel (oder besser die geringere Neigung des Rumpfes gegenüber dem Erdboden) vermitteln den Eindruck eines größeren Sinkens (was ja auch bei Windstille stimmt) und halten den Piloten davon ab, kräftig zu drücken. Die Flugbahn des Modells relativ zur Erdoberfläche ist nur mit wesentlich mehr Konzentration zu bestimmen . Deshalb vertraut man öfter der trügerischen Neigung seines Modells gegenüber der

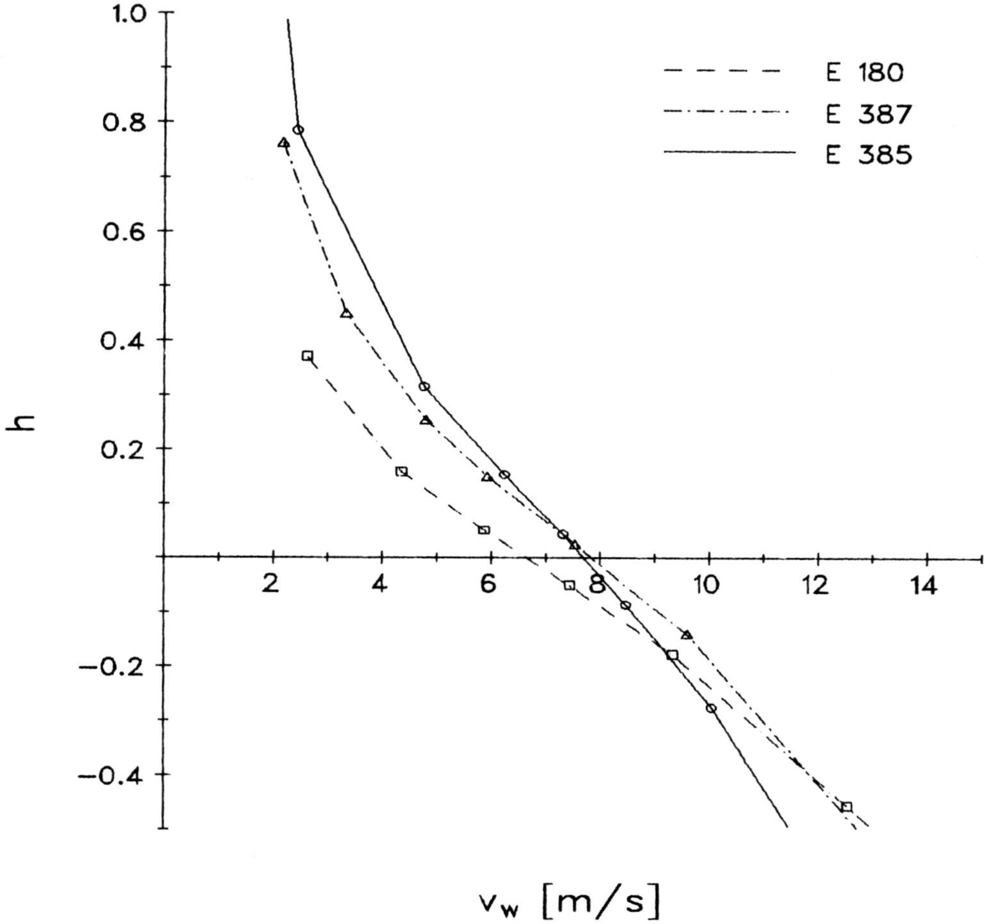

***Bild 16:** Hub h (= effektiver Höhengewinn bezogen auf die Drift L) in Abhängigkeit von der Windgeschwindigkeit v_w für das*
a) Hangmodell (E 180)
b) Allroundmodell (E 387)
c) Thermikmodell (E 385)
in einem Bart mit w_{max} = 3 m/s und R_B = 50 m.

Erdoberfläche und setzt diese unbewußt mit der wirklichen Flugbahn gleich, die natürlich noch stärker geneigt ist! Nach diesen Betrachtungen zum Steig- und Gleitwinkel wieder zurück zu Bild(13). Der effektive Höhengewinn ist von der Drift L abhängig, d.h. werden Bärte lange Zeit ausgeflogen, so sind auch die Drift und der effektive Höhengewinn entsprechend groß. Übersichtlicher ist es, wenn man die beiden Größen aufeinander bezieht und damit eine vergleichbare, dimensionslose Größe, den Hub h, einführt:

$$h = \frac{H}{L} \tag{42}$$

Mit der aus Bild 13 ersichtlichen Beziehung

$$\tan\,(\alpha_s\text{-}\alpha_g) = \frac{H}{L} \tag{43}$$

ergibt sich damit unmittelbar

$$\tan\,(\alpha_s\text{-}\alpha_g) = \frac{H}{L} \tag{44}$$

Haben Steig- und Gleitwinkel die gleiche Größe so ist der Hub Null. In diesem Falle wird der gesamte erzielte Höhengewinn für den Rückflug zum Ausgangspunk verbraucht. Ist der Steigwinkel größer als der Gleitwinkel, so wird der Hub positiv. Im umgekehrten Falle kommt das Flugzeug mit Höhenverlust am Ausgangspunkt an – der Hub hat dann einen negativen Wert. Ist die Windgeschwindigkeit Null, so steigt das Modell senkrecht in den Himmel – der Steigwinkel und damit der Hub werden unendlich groß.

In Bild 16 ist der erzielbare Hub für die drei Vergleichsmodelle in Abhängigkeit von der Windgeschwindigkeit für einen 3 m/s-Bart mit 50 m Bartdurchmesser dargestellt. Es wird deutlich, daß die besseren Schnellflugleistungen des Allround- und Hangmodells selbst bei den schon recht "harten" Bedingungen von 3 m/s Steigen nicht zum Tragen kommen. Im Gegenteil: Die besseren Schnellflugleistungen ab 5 m/s können den Verlust beim Steigen nicht kompensieren, so daß das Hangmodell (obwohl schneller!) ab höchstens 6.5 m/s Wind nicht mehr in der Thermik einsetzbar ist im Gegensatz zum Allround- und Thermikmodell, wo diese Grenze erst bei etwa 8 m/s erreicht wird. Dies ist um so erstaunlicher, wenn man sich vor Augen führt, daß die zulässige Windgeschwindigkeit nur 72% der Fluggeschwindigkeit des Hangmodells beim geringsten Sinken entspricht, beim Thermikmodell jedoch 125%! Außerdem ist zu bemerken, daß im Falle geringeren (also öfter anzutreffenden) Steigens sich das Bild weiter zu Gunsten des Thermikmodells verändert.

Hinweise zur Auslegung von Modellen

Ein Flugzeug wird durch zwei grundlegende Merkmale charakterisiert: Die Flugleistung und die Flugeigenschaften. Die an ein Thermikmodell zu stellenden Anforderungen sind schnell formuliert: Es soll in der Thermik eine maximale Steigleistung aufweisen sowie kurvenstabil und überziehsicher fliegen können. Die sich sofort anschließende Frage lautet, wie diese zunächst subjektiv formulierten Anforderungen in Form von Kennzahlen objektiviert werden können, um Vergleiche von verschiedenen Modellen auch auf dem Papier vorzunehmen. Es ist einfacher, eine Flugleistung in Form einer Kennzahl "festzumachen" als eine Flugeigenschaft. Aus diesem Grunde bleiben die noch folgenden Ausführungen auf dem Gebiet der Flugeigenschaften auf die Darlegung prinzipieller Feststellungen beschränkt.

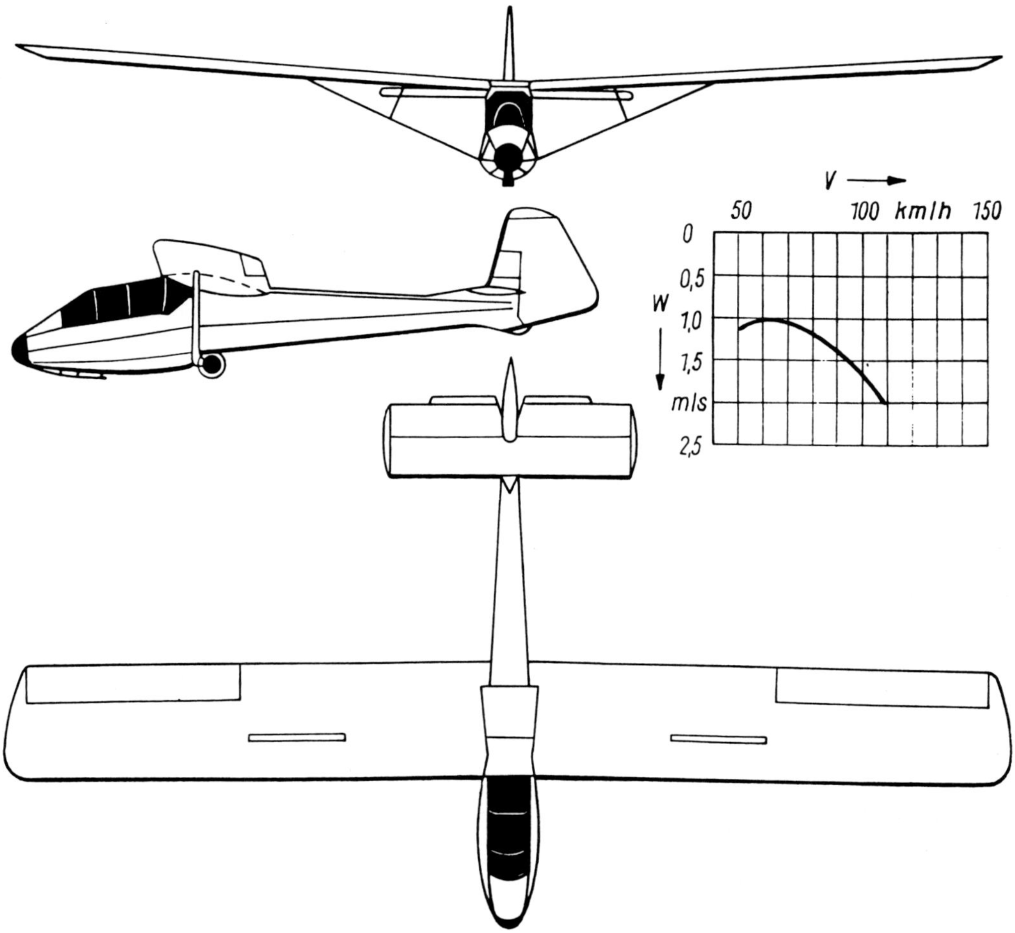

Bild 17: Der tschechoslovakische Schuldoppelsitzer "Pionyr" (1950). Trotz seiner schlechten Gleitleistung (K = 18.5, w_{min} = 1.06 m/s) eignete er sich hervorragend für den Thermikflug.

Flugleistung

Wie bereits aus dem letzten Kapitel hervorgeht, können die klassischen Beurteilungskriterien zur Güte eines Flugzeuges im Falle der Überprüfung seiner Eignung für den Thermikflug in die Irre führen. Zwei Beispiele sollen diese Feststellung bekräftigen:

1. Beispiel: Es stehen zwei Modelle zur Beurteilung ihrer Verwendbarkeit für den Thermikflug zur Verfügung. Bei dem einen Modell handelt es sich um einen Hochleistungssegler der 4 m-Klasse mit folgenden bekannten Flugleistungen:

w_{min} = 0.4 m/s bei Gleitzahl K = 20;

bei dem anderen Modell etwa um das im Buch beschriebene Thermikmodell mit $w_{min} = 0.4$ m/s bei Gleitzahl K = 16 (siehe Polare in Bild 1). Nach "herkömmlichen" Beurteilungskriterien würde man etwa folgendes sagen: Wenn beide Modelle die gleiche Sinkleistung besitzen, eines von beiden dabei aber eine bessere Gleitleistung, so ist das Modell mit der besseren Gleitleistung zu bevorzugen, da es nicht schlechter, wohl aber teilweise bessere Flugleistungen besitzt. Dieser Schluß trifft aber eben nur auf den Flug in der unbewegten Luft zu. Zur Beurteilung der Thermikleistung muß man weitergehen: Aus Sinkgeschwindigkeit und Gleitzahl kann mittels Gleichung(10) die zum besten Sinken gehörige Fluggeschwindigkeit berechnet werden. Sie beträgt $v_{4m} = 8$ m/s und $v_{Thermik} = 6.4$ m/s. Nimmt man weiterhin für beide Modelle eine gleiche Flächenbelastung von z.B. 40 g/dm² an, so ergeben sich aus Gleichung(8) die zugehörigen Auftriebsbeiwerte zu $c_{A4m} = 1.0$ und $c_{AThermik} = 1.56$. Die minimalen Kurvenradien berechnen sich aus Gleichung(17) direkt zu $r_{min4m} = 6.5$ m und $r_{minThermik} = 4.2$ m. Das Steigen in einem 2 m/s-Bart mit 50 m Bartradius und 45° Kurvenschräglage beträgt dann nach Gleichung(37) für die "Orchidee" $w_{r4m} = 0.84$ m/s und für das Thermikmodell $w_{rThermik} = 1.13$ m/s sowie in einem 1 m/s-Bart $w_{r4m} = 0.09$ m/s und $w_{rThermik} = 0.28$ m/s!

FAZIT: Die aerodynamisch hochwertigerere "Orchidee" ist dem Thermikmodell beim Kurbeln unterlegen!

2. Beispiel: In der DDR wurden in den 50-iger Jahren zur Doppelsitzerschulung im Segelflug Flugzeuge vom Typ "Pionyr" (Bild 17) mit den folgenden Daten eingesetzt: [6]

Spannweite = 13.47 m
Flügelstreckung = 9 (Rechteckflügel!)
max. Flächenbelastung = 21.78 kg/m²
geringste Sinkgeschwindigkeit = 1.06 m/s bei 62 km/h
Mindestgeschwindigkeit = 52 km/h.

In den 60iger Jahren flog man überwiegend den aus DDR-Produktion (VEB Apparatebau Lommatzsch) stammenden FES 530 "Lehrmeister", der in den 70iger und 80iger Jahren durch den polnischen Doppelsitzer SZD-8 bis "Bocian" 1 E (Bild18) abgelöst wurde. Dieser weist folgende Leistungen auf: [6]

Spannweite = 17.80 m
Flügelstreckung = 16.2
max. Flächenbelastung = 27.00 kg/m²
geringste Sinkgeschwindigkeit = 0.82 m/s bei 70 km/h
Mindestgeschwindigkeit = 60 km/h.

Die Schilderungen der Fluglehrer, die alle drei Typen geflogen haben, ist die gleiche: Obwohl die Flugleistungen bzgl. des besten Gleitens und des geringsten Sinkens von Typ zu Typ aufgrund der Spannweiten- und Flügelstreckungserhöhung, also im Streckenflug, besser wurden, konnte man mit dem "Pionyr" alle anderen Typen in der Thermik "lässig abhängen". Die Erklärung ist auch hier wieder dieselbe: Bei einem $c_{APionyr} = 1.67$ und einem $c_{ABocian} = 1.14$ ergibt sich ein minimaler Kurvenradius von $r_{minPionyr} = 21$ m bzw. $r_{minBocian} = 39$ m. Kreisen nun beide Flug-

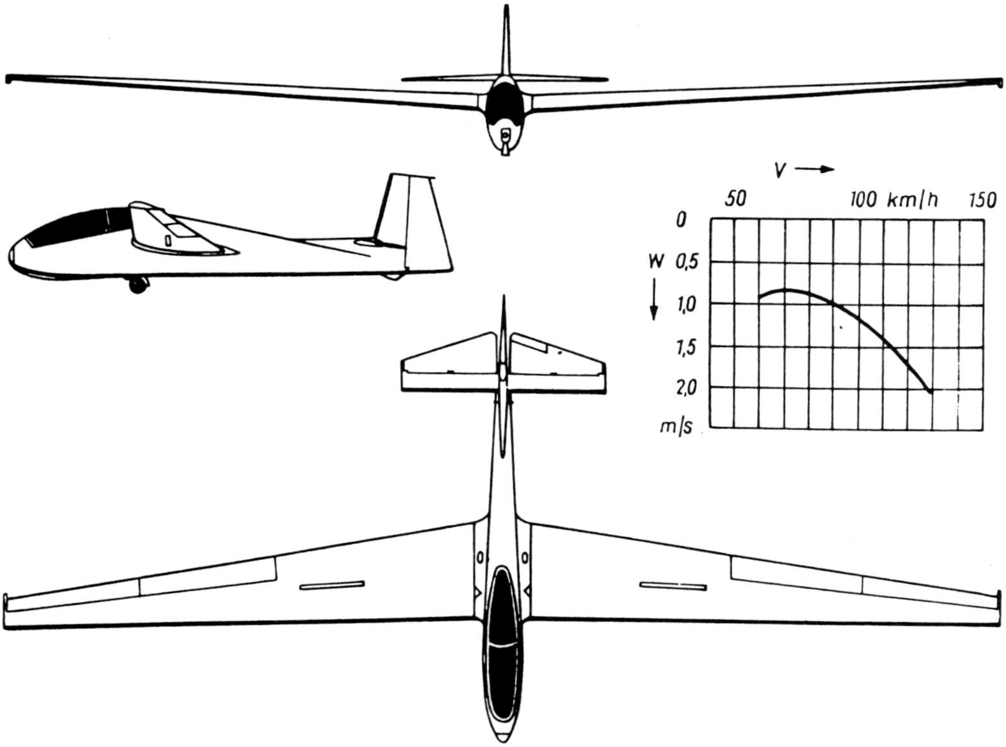

Bild 18: Der polnische Doppelsitzer "Bocian" (1952). Trotz seiner gegenüber dem "Pionyr" um 40% größeren Gleitzahl und seiner um 23% geringeren Sinkgeschwindigkeit sind seine Thermikflugleistungen i.a. geringer.

zeuge in einem 3 m/s-Bart mit einem Radius von 300 m bei einer Kurvenschräglage von 45°, so steigt der Pionyr mit $w_{rPionyr} = 1.4$ m/s dem Bocian mit $w_{rBocian} = 1.0$ m/s davon!

FAZIT: Der aerodynamisch hochwertigerere "Bocian" ist dem "Pionyr" beim Thermikkurbeln unterlegen!

Diese beiden Beispiele machen deutlich, daß die Größe der minimalen Sinkgeschwindigkeit kein alleiniges Beurteilungskriterium für die Eignung eines Flugzeuges sein kann. Besonders der Vergleich von "Pionyr" und "Bocian" macht dies deutlich: Obwohl der "Pionyr" eine um 30% höhere Sinkgeschwindigkeit als der "Bocian" aufweist, steigt er im obigen 3 m/s-Bart um 40% schneller!

Es bietet sich an, den minimalen Kurvenradius als einen Vergleichsmaßstab für die Eignung von Flugzeugen für den Thermikflug zu verwenden. In den beiden Beispielen ist das Flugzeug mit dem geringsten minimalen Kurvenradius dasjenige, welche die besten Thermikflugleistungen aufweist. Ein Blick auf die Sinkgeschwindigkeit muß dennoch geworfen werden: handelt es sich um aerodynamisch ausgesprochen schlechte Flugzeuge (Ultraleichtflugzeuge, Drachen), so kann der Fall eintreten, daß ihr Vorteil, nah am Aufwindzentrum zu kurbeln, durch ausgesprochen große Sinkgeschwindigkeiten nicht zum Tragen kommt. Eine allgemeingültiges Kriterium kann es nicht geben, da **die Leistungsfähigkeit des Flugzeuges nicht von seinen Umgebungsbedingungen separiert werden kann.** Tendenziell läßt sich aber folgende Aussage treffen: der minimale Kurvenradius sollte erstes Entscheidungskriterium bei der Beurteilung eines Flugzeuges bzgl. seiner Thermikflugfähigkeit sein, vor allem dann, wenn enge und intensive Bärte ausgekurbelt werden sollen. Ist die Thermik hingegen weiträumig, so spielt der Absolutbetrag der Sinkgeschwindigkeit die entscheidende Rolle. Mit anderen Worten: beim Auskurbeln enger Bärte (vor allem in der Vormittagszeit) ist ein Flugzeug mit möglichst kleinem minimalem Kurvenradius zu wählen, soll hingegen die Abendthermik optimal ausgenutzt werden, so ist das entscheidende Kriterium die erreichbare minimale Sinkgeschwindigkeit.

Bei Betrachtung der Bestimmungsformeln zur Berechnung des minimalen Kurvenradius (Gleichung(17)) und der Sinkgeschwindigkeit (Gleichung(9)) ist sofort ablesbar, daß in jedem Falle eine geringe Flächenbelastung, ein hoher Auftriebsbeiwert und auch ein niedriger Widerstandsbeiwert (also eine hohe aerodynamische Güte) vorteilhaft sind. Im Folgenden sollen nun einige Schlußfolgerungen, die sich aus diesen Forderungen bei der Auslegung eines Flugzeuges für den Thermikflug ergeben, diskutiert werden.

Prinzipiell kann eine immer geltende Forderung formuliert werden: es ist ein Profil mit einem möglichst hohen Auftriebsbeiwert zu verwenden.

Der Auftriebsbeiwert des Flügels ist aber noch von der Flügelstreckung nach Gleichung(1) abhängig und zwar derart, daß mit zunehmender Flügelstreckung der Auftriebsbeiwert des Flügels dem Auftriebsbeiwert des Flügelprofils zustrebt. Also: eine Erhöhung der Flügelstreckung erhöht den Auftriebsbeiwert des Flügels.

Bei feststehendem Auftriebsbeiwert hängt die aerodynamische Güte eines Flugzeuges von dessen Widerstandsbeiwert ab. Dieser setzt sich aus mehreren Komponenten (Gleichung(3)) zusammen, wobei in erster Näherung nur der induzierte Widerstand als von der Geometrie des Flugzeuges, genauer der Flügelstreckung (Gleichung(4)), abhängig betrachtet werden kann. Also: eine Erhöhung der Flügelstreckung erhöht die aerodynamische Güte des Flugzeuges.

Die Flügelstreckung kann aus folgender Beziehung über die Spannweite und Flügelfläche ermittelt werden:

$$\lambda = \frac{b^2}{A} \tag{45}$$

Damit ergibt sich folgende Abhängigkeit der Flächenbelastung von der Flügelgeometrie:

$$\frac{m}{A} = m\,\frac{\lambda}{b^2} \tag{46}$$

Für eine niedrige Flächenbelastung ist eine geringe Flugzeugmasse, eine geringe Flügelstrekkung und eine große Spannweite erforderlich. Einerseits "beißt" sich die Forderung einer geringen Flügelstreckung zur Erzielung einer geringen Flächenbelastung mit der Forderung einer großen Flügelstreckung zur Erzielung großer Auftriebsbeiwerte und hoher aerodynamischer Güte. Andererseits existiert selbstverständlich eine Abhängigkeit zwischen der Spannweite und der Flugzeugmasse und zwar derart, daß die Flugzeugmasse mit der Spannweite mehr als linear zunimmt. Allerdings verlockt Gleichung(46) wegen der invers quadratischen Abhängigkeit der

Flächenbelastung von der Spannweite zu der Feststellung, daß sich große Spannweiten günstig auf die Flächenbelastung (bei festgehaltener Flügelstreckung) auswirken. Ist das vielleicht auch der Grund, daß in der Modellflugklasse F3J (ferngesteuerte Thermikmodelle) relativ oft Spannweiten von 4 m und mehr anzutreffen sind?

Praktische Gesichtspunkte allerdings legen die Spannweite sowohl für Modelle (Bauaufwand, Transportmöglichkeiten, Bruchgefahr, Anschaffungspreis) als auch für Segelflugzeuge (Unterbringungsmöglichkeit, Packmaße für Straßentransport, Robustheit und auch Preis) ziemlich fest. Damit ist auch die Flugzeugmasse in erster Näherung festgelegt und als optimierender Parameter verbleibt nur die Flügelstreckung. Der sich dann ergebende Rechengang soll jetzt skizziert werden:

1. Vorgabe der Flügelstreckung (Spannweite, Flugzeugmasse, Flügelprofilierung, schädlicher Widerstand und Anstellwinkel[der geringsten Sinkgeschwindigkeit] sowie Ausdehnung, Intensität des Bartes und Kurvenschräglagewinkel bleiben vereinbarungsgemäß immer konstant; der Re-Zahl-Einfluß wird nicht mit berücksichtigt)
2. Berechnung der Flächenbelastung nach Gleichung(46)
3. Berechnung des Flügelauftriebsbeiwertes nach Gleichung(2)
4. Berechnung des induzierten Widerstandes nach Gleichung(4)
5. Berechnung des Modellwiderstandsbeiwertes nach Gleichung(3)
6. Berechnung der Sinkgeschwindigkeit nach Gleichung(9)
7. Berechnung des minimalen Kurvenradius Gleichung(17)
8. Berechnung der Steigleistung im Bart nach Gleichung(37)

Der beschriebene Rechengang stellt natürlich nur ein vereinfachtes Verfahren zur Abschätzung der Leistungsentwicklung infolge der Flügelstreckungsveränderung dar. Es wurde bewußt auf eine umfassendere Einbeziehung von Teileffekten verzichtet, um den Kern der Sache durchsichtig zu halten. Die dabei erzielbaren Aussagen sind völlig korrekt und verändern sich durch die Anwendung komplizierterer Verfahren in ihrem Wesen nicht. In Bild 19 sind die Ergebnisse dieser Rechnung für das als Grundlage dienenden Allroundmodells dargestellt.

Vor der Diskussion soll noch die Einführung der Kennzahl w_r/w begründet werden: Oftmals kommt es vor, daß nach Auskurbeln eines Bartes die Zeit bis zur nächsten Ablösung durch Abgleiten der Höhe überbrückt werden muß. In diesem Fall ist das Flugzeug mit der geringsten Sinkgeschwindigkeit das am wenigsten vom "Absaufen" bedrohte. Bezieht man nun die Steiggschwindigkeit (1.Kriterium) auf die Sinkgeschwindigkeit (2. Kriterium), so erhält man quasi einen gemittelten Kennwert und damit die Möglichkeit der eindeutigen Zuordnung der "Leistung" zur Flügelstreckung.

Die minimale Sinkgeschwindigkeit wird bei einer Flügelstreckung von 12 erreicht. Dieser Wert entspricht den in großer Anzahl angebotenen Baukastenmodellen. Die beste Thermikeignung hingegen stellt sich bei einer Flügelstreckung von 6, also einer Flügelstreckung, wie sie vor allem bei Motormodellen angewendet wird, ein. Dieser Wert wirkt im ersten Moment irritierend, da Segelflugmodelle dieser Geometrie nicht gebaut und geflogen werden. Man betrachte sich aber einmal dazu den Aufriß eines in der Thermik kreisenden Bussards und den im Vergleich dazu eingezeichneten Tragflügel mit der Streckung 6 in Bild 20!!! Es ist unwahrscheinlich, daß alle thermiknutzenden Landvögel (als typischste Vertreter die Raubvögel wie Bussard, Milan und Adler; aber auch Störche) aus Zufall Flügel einer auffällig kleinen Streckung besitzen. Daß die geringen Flügelstreckungen nicht anatomisch bedingt sind, zeigen die im Gegensatz dazu großen

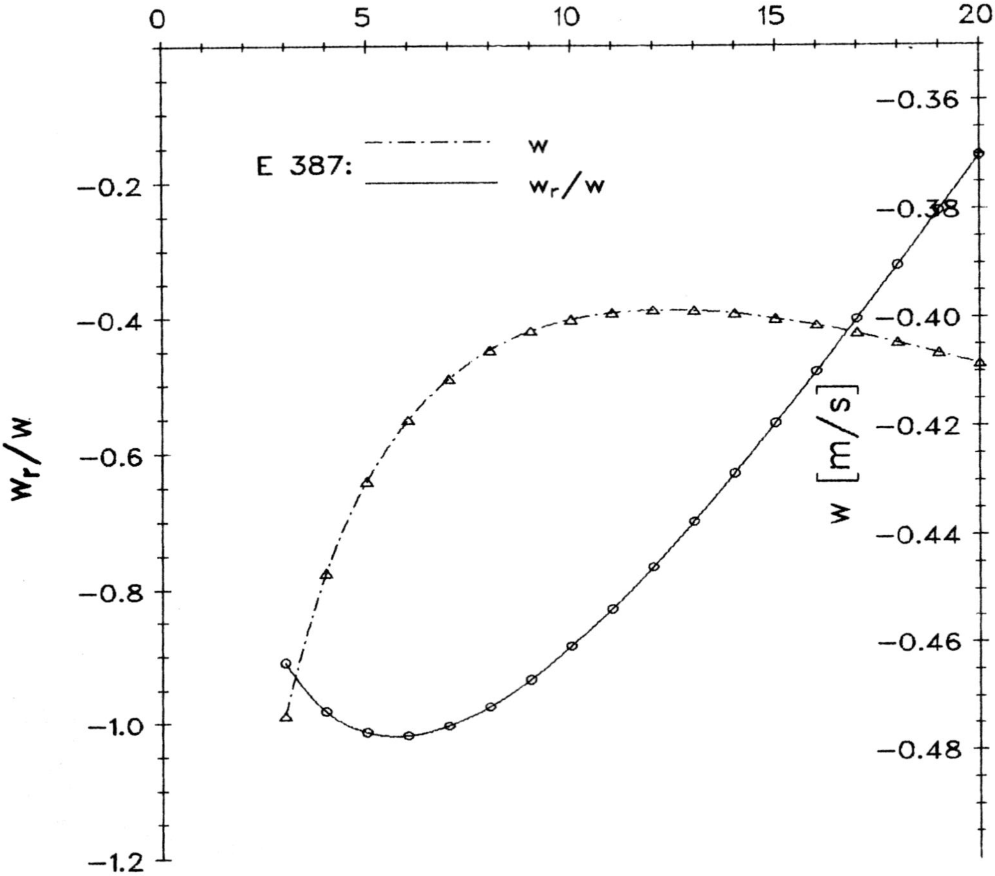

Bild 19: Sinkgeschwindigkeit im Gleitflug w und Steiggeschwindigkeit im Bart w_r (bezogen auf w) in Abhängigkeit von der Flügelstreckung für das Allroundmodell (E 387) in einem Bart von w_{max} = 1 m/s und R_B = 50 m. Es wird zwar die geringste Sinkgeschwindigkeit im Geradeausflug bei einer Flügelstreckung von λ = 12 erreicht; die maximale Steiggeschwindigkeit im Bart allerdings bei einer Flügelstreckung von λ = 6!

▶

Bild 20: Annähernde Bestimmung der Streckung von zwei Vertretern von Landvögeln (Bussard und Storch) und einem Vertreter der Seevögel (Möve). Die Landvögel nutzen vorwiegend die Thermik und haben deshalb kleine Flügelstreckungen von λ = 6. Die Seevögel sind auf gute Gleitleistungen "ausgelegt" und besitzen deshalb große Flügelstreckungen von λ > = 12. Diese im Verlaufe der Evolution herausgebildeten Flügelformen zeigen deutlich, daß eine Auslegung auf geringste Sinkgeschwindigkeit durchaus** nicht **mit einer Auslegung auf maximale Steiggeschwindigkeit im Bart zusammenfällt.

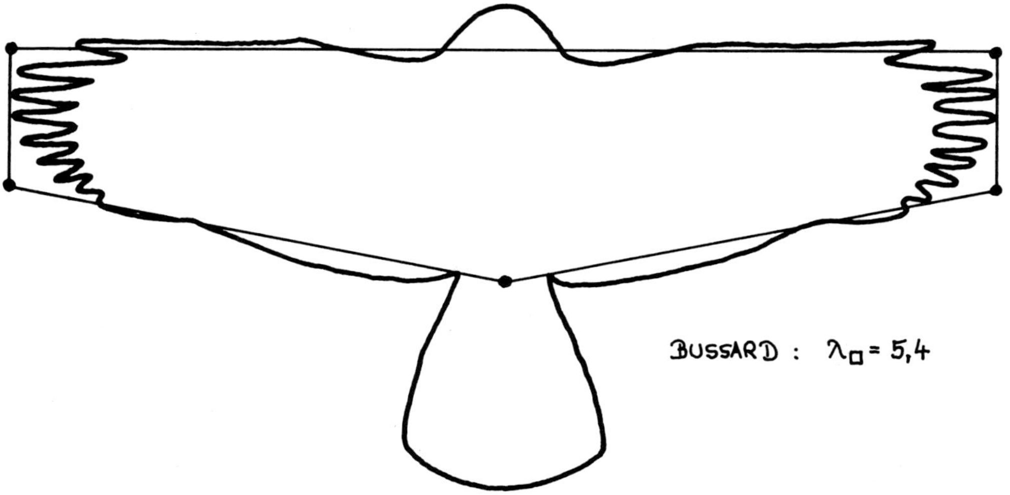

BUSSARD : $\lambda_{\square} = 5,4$

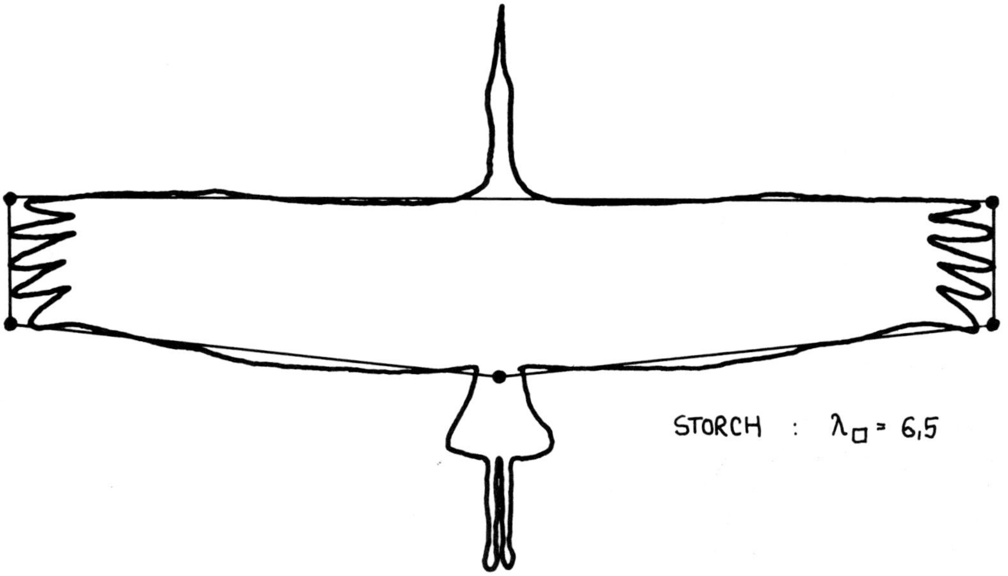

STORCH : $\lambda_{\square} = 6,5$

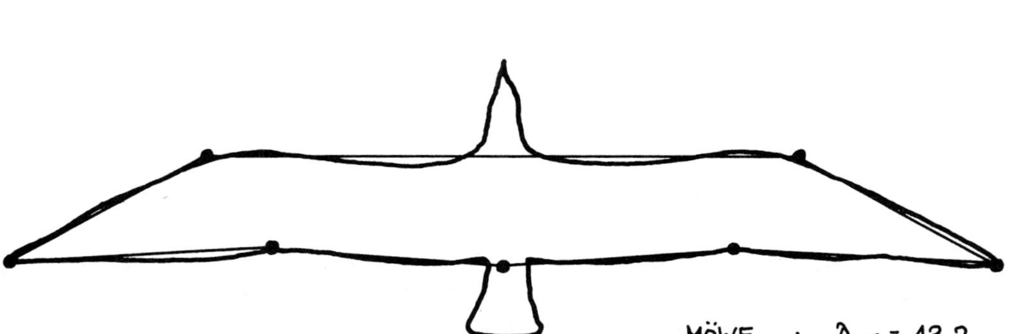

MÖWE : $\lambda_{\square} = 13,2$

Flügelstreckungen der Seevögel wie der Möve oder gar des Albatros. Beobachtungen des Flugverhaltens der Möven in ihrer typischen Umgebung, dem Meeresufer, und Fernsehfilme mit dem Flugverhalten des Albatroses zeigen eindeutig: diese Vögel fliegen keine Thermik (wahrscheinlich sind diese Gebiete thermisch auch nicht sehr ergiebig; allein schon des dort ständig wehenden Windes wegen) sondern beziehen ihren Höhengewinn aus dem über den Dünen befindlichen Hangaufwind oder sogar, wie der Albatros, aus dem sich über Meereswellen bildenden Hangaufwind. Aufällig ist, daß die lt. obiger Rechnung dazu notwendige geringste Sinkgeschwindigkeit bei der doppelt so hohen Flügelstreckung (12) sehr gut mit der der Seevögel übereinstimmt. Dieses Beispiel stützt mit aller Deutlichkeit die Anpassung der Flugleistung der Vögel an die Umgebungsbedingungen. Es sei an dieser Stelle noch einmal ausdrücklich darauf verwiesen, daß sich diese Ergebnisse auf Rechnungen mit dem Profil E387 beziehen und selbstverständlich andere Ergebnisse bei anderen Profilen/Reynoldszahlen zu erwarten sind. Dies ändert allerdings nichts an der prinzipiell hier aufgezeigten Tendenz.

Erstaunlich ist aber auch, daß dieser Aspekt bei der Konstruktion und dem Einsatz vor allem von Modellen so wenig Beachtung findet. Einerseits wird z.T. horrender Aufwand bei der Herstellung von möglichst genauen Profilkonturen getrieben (was die Leistungen vergleichsweise zum Aufwand nur minimal erhöht und dabei auch noch schockierende Diskrepanzen zwischen theoretisch berechneter und im Windkanal vermessener Profilpolare auftreten), Leichtbau unter Nutzung der denkbar teuersten Materialien zur Verringerung der Flugmasse um z.T. vernachlässigbare Einheiten gemacht und andererseits grobe Entwurfsfehler (Einsatzzweck!, in erster Linie bei Thermikmodellen) übersehen.

Wie bereits aus dem Vergleich der Steigleistungen der drei Vergleichsmodelle und dem Allroundmodell mit verschiedenen Flächenbelastungen hervorgeht (Bilder(9)-(12)), hat die Flügelprofilierung einen größeren Einfluß auf die Thermikflugleistung als die Flächenbelastung. So besitzt das Profil E 385 mit $c_{apmax} = 1.47$ gegenüber dem Profil E180 mit $c_{apmax} = 0.75$ einen um fast 100% höheren Auftriebsbeiwert und verringert damit den minimalen Kurvenradius auf die Hälfte des Hangmodells. Soll das Hangmodell die gleichen Thermikflugleistungen wie das Thermikmodell erreichen, müßte es mit der halben Flächenbelastung, also dem halben Fluggewicht fliegen. Ganz von der Realisierbarkeit dieser Forderung abgesehen würde das aber auch bedeuten, daß dieses leichte Modell doppelt empfindlich auf jede Böe reagiert. Greift bspw. eine Böe unter eine Tragfläche mit der Kraft F an, so wird die Tragfläche mit der Masse m durch die Böe beschleunigt:

$$F = ma \qquad (47)$$

Verdoppelt sich die Masse des Flügels, so verringert sich damit die Böenempfindlichkeit auf die Hälfte. Obwohl dieser Effekt natürlich auch die Steuerbarkeit beeinflußt (das Flugzeug verhält sich träger, d.h. es dauert länger, bis es auf die Ruderausschläge reagiert), so sollte man doch nicht unter eine gewisse Flächenbelastung gehen um zu vermeiden, daß das Modell wie ein Blatt im Winde herumwirbelt. Sowohl ein ästhetischer Anblick als auch ein sauberer Flugstil sind dann nicht mehr möglich. Wo diese Grenze freilich liegt, hängt außer von der geometrischen Gestaltung des Flugzeuges auch vom subjektiven Empfinden des Piloten ab. Auf dem Flugplatz trifft man dann auch kaum auf den Fall, daß die Flächenbelastung zu gering wäre, viel typischer ist es, daß die Flächenbelastungen zu hoch ist und die Modelle schon deswegen nicht in der Lage sind, schwache Steiggebiete zu nutzen. In Verbindung mit den Berechnungen zur günstigsten Flügelstreckung für den Thermikflug ergibt sich nun die Frage nach dem Sinn extremer Leichtbauweise zumindest für den Modellflug. Leichtbauweise bedeutet meist hoher Bauaufwand und erhöhte Bruchgefahr. Betrieben wird sie zur Herabsetzung der Flächenbelastung. Wie aber aus den Berechnungen hervorgeht, ist es für den Thermikflug völlig ausreichend, die Flächenbelastung durch Erhöhung der Flügelfläche in Form der Verringerung der Flügelstreckung zu bewerkstelligen. Leichtbau ist deshalb nur dort nötig, wo man die Flächenbelastung durch

a) eine direkte Verringerung des Fluggewichtes oder/und
b) eine Erhöhung der Flügelfläche in Form einer Spannweitenerhöhung

verändern will. Die Folge wäre bei a) eine Beibehaltung sowie bei b) eine Erhöhung der aerodynamischen Güte (min. Sinkgeschwindigkeit, beste Gleitzahl). Ob dies für den Thermikflug gerechtfertigt ist, kann anhand der hergeleiteten Formeln abgeschätzt werden.

Was die Flügelprofilierung bei Modellen angeht, so sollte in erster Linie ein hoher Auftriebsbeiwert bei geringer Re-Zahl-Empfindlichkeit angestrebt werden. Dies bedeutet ein stark gewölbtes (Auftriebsbeiwert), dünnes (Re-Zahl-Unempfindlichkeit) Profil, so, wie es auch die Vögel besitzen. Nicht zu unterschätzen sind die Jedelsky-Profile, die zudem gefühlsmäßig (noch nicht durch Messungen bestätigt) eine hohe Reproduzierbarkeit ihrer Leistungen und eine geringe Leistungsanfälligkeit gegenüber Oberflächenrauhigkeit und Beschädigung aufweisen. Ich konnte auf dem Segelflugplatz jahrelang einen Bussard mit einem 30%ig zerstörten Flügel beobachten, der trotz diesem Handicap munter in der Thermik kurbelte. Dieser Bussard konnte nur a) seiner "richtigen" Auslegung und b)Störunanfälligkeit seines Flügel(profils) wegen überleben. Und letztlich stellt sich auch die folgende Frage: wenn ein Profil mittels eines Turbulators von 0.3 mm Dicke bei kleinen Re-Zahlen überkritisch gehalten werden soll (die Geschwindigkeiten im Modellthermikflug und damit die Re-Zahlen sind gering), hat es dann Sinn, das Profil mit einer Genauigkeit von 0.1 mm oder weniger zu bauen oder ist es nicht sinnvoller, von vornherein ein Re-Zahl-unkritisches Profil zu wählen?!

Eine weitere Möglichkeit, den Auftriebsbeiwert zu erhöhen, besteht im Einsatz von auftrieb-serhöhenden Klappen am Flügel. Besonders die einfachen Wölbklappen bieten die Möglichkeit, mit wenig Bauaufwand große Wirkungen zu erzielen. Unter Einführung des Klappentiefenverhältnisses $\chi = t_k/t$ berechnet sich (angenähert) der Auftriebsbeiwert eines Profils zu

$$c_{apk} = c_{ap} + \frac{dc_a}{d\eta}\eta \qquad (48)$$

mit

$$\frac{dc_a}{d\eta} = -4\left(\sqrt{\chi(1-\chi)} + arcsin\sqrt{\chi}\right) \qquad (49)$$

Normalerweise beträgt die Klappentiefe einer Wölbklappe 25% der Flügeltiefe. χ ist dann 0.25 und damit $dc_a/d\eta = 3.8$. Es soll nun untersucht werden, ob das Hangmodell durch die Anbringung einer Wölbklappe von 25% Flügeltiefe über der gesamten Flügelhinterkante noch "thermiktauglich" gemacht werden kann. Der Auftriebsbeiwert des E180 beträgt ohne Klappe $c_{ap} = 0.75$. Es wird unterstellt, daß die Gleichung(49) für Klappenwinkel bis $\eta = 10°$ Gültigkeit hat; darüber hinausgehende Klappenwinkel führen zu Strömungsablösungen an der Klappenoberseite und damit zu schlagartig verschlechterten Beiwerten. Aus diesem Grunde können auch stärker als 10° ausgeschlagene Wölbklappen als Störklappen zur Gleitwinkelsteuerung verwendet werden. Es ergeben sich folgende Profilauftriebsbeiwerte:

$\eta = 0°$: $c_{ap} = 0.75$; $\eta = 5°$: $c_{apk} = 1.08$; $\eta = 10°$: $c_{apk} = 1.41$

Verglichen mit dem max. Profilauftriebsbeiwert des Thermikmodells von c_{ap}=1.47 erreicht das Hangmodell mit 10% Klappenauschlag einen minimalen Kurvenradius, der nur 5% über dem des Thermikmodells liegt und bereits 25% unter dem des Allroundmodells! Der durch den Klappenausschlag hervorgerufene zusätzliche Profilwiderstand äußert sich in einer geringeren aerodynamischen Güte des Modells. Diese spielt aber beim Kurbeln im Bart, wie in den einleitenden Beispielen zu diesem Abschnitt gezeigt wurde, kaum eine Rolle. Im gestreckten Flug kann dann die Klappe wieder eingefahren werden und das Modell erhält seine ursprüngliche aerodynamische Güte zurück.

In erster Näherung kann man davon ausgehen, daß der durch die Wölbungsklappe zusätzlich hervorgerufene Auftrieb proportional mit der Klappenlänge wächst. Unter Einführung des Klappenlängenverhältnisses $\theta = b_k/b$ ergibt sich dann für den Auftriebsbeiwert des Flügels:

$$c_A = (c_{ap} + \theta c_{apk}) \frac{\lambda}{\lambda + 2} \tag{50}$$

Bei einer beidseitigen Klappenlänge von b/2 verringert sich der minimale Kurvenradius des Hangmodells (bei 10° Klappenwinkel) immerhin noch auf den des Allroundmodells!

Mit anderen Worten: der Einsatz einer Wölbklappe verhilft selbst für Thermikflug eigentlich ungeeigneten Flugzeugen zu einer passablen Thermikflugleistung. Eine an der gesamten Hinterkante ausgeschlagene Wölbklappe entspricht in diesem Beipiel einer Wirkung, die sonst nur eine Halbierung des Modellgewichtes zur Folge hat (Sinn des Leichtbaus?!). Selbst eine assymetrisch angebrachte Wölbklappe kleiner Länge (ca. 20% der Halbspannweite), das sog. "Single Flap", führt beim Hangmodell immerhin noch zu einer Verringerung des Kurvenradius' von knapp 10%.

Fazit: Modelle/Flugzeuge können noch nachträglich durch den Einbau einer Wölbklappe thermiktauglich gemacht werden. Dabei sollte man in der Thermik ruhig von relativ großen Ruderausschlägen Gebrauch machen. Die dabei auftretende Widerstandserhöhung wird durch den Vorteil des kleineren Kurvenradius mehr als kompensiert. Als Anhaltspunkt sollte vor allem bei enger Thermik derjenige Klappenausschlag benutzt werden, der dem höchsten Auftriebsbeiwert entspricht.

Flugeigenschaften

Bis jetzt basierten alle Berechnungsformeln auf der Grundlage der Betrachtung des Flugzeuges als Punktmasse. Betrachtet man jedoch ein kreisendes Flugzeug von oben (Bild 21), so sieht man, daß der kurveninnere Flügel einen kleineren Weg zuücklegt als der kurvenäußere Flügel. Demzufolge wird auch der kurveninnere Flügel mit einer kleineren Geschwindigkeit (v_i) als der kurvenäußere Flügel (v_a) angeblasen. Die daraus resultierende Auftriebsverteilung am Tragflügel ist nicht mehr elliptisch, sondern wird in ihrer Völligkeit zur kurvenäußeren Seite hin verschoben (gestrichelte Linie in Bild 22). Wären alle anderen Bedingungen absolut symme-

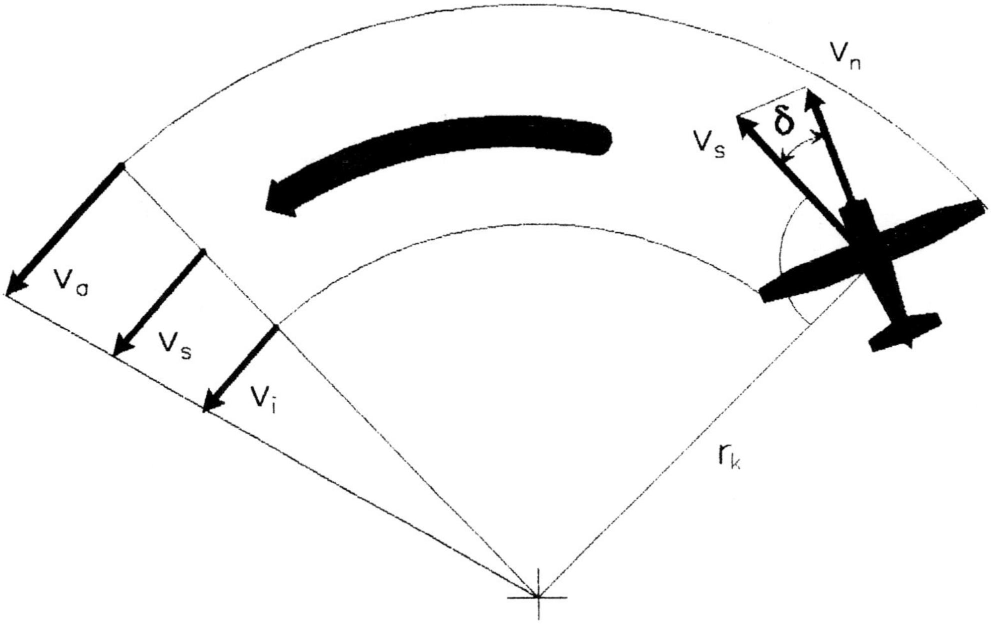

Bild 21: Schiebendes Flugzeug im Kreisflug (für den Fall fehlender Querruder). Das Schieben führt zur Kompensation der ungleichmäßigen Anströmung des Tragflügels (die Anströmgeschwindigkeit des Tragflügels an der kurveninneren Flügelspitze v_i nimmt linear bis zur kurvenäußeren Flügelspitze v_a zu). Das Flugzeug bewegt sich auf einer Kreisbahn (Kurvenradius r_K) mit einer Geschwindkigkeit v_s, die stets größer als die Normale der Geschwindigkeit in Flugzeuglängsachse v_n zur Kompensation der Gewichtskraft ist.

trisch, würde ein Rollmoment entstehen, welches die Kurvenschräglage immer weiter erhöht und zum sog. Spiralsturz führt.

Beim querrudergesteuerten Flugzeug geschieht der Momentenausgleich durch "Stützen" mit dem Querruder, d.h. der Pilot hält den Steuerknüppel im stationären Kreisflug leicht entgegen der Drehrichtung. Viele Thermikmodelle hingegen werden nur über Seiten- und Höhenruder gesteuert. Der Momentenausgleich kann hier mit dem sog. Schieberollmoment erklärt werden. Schiebt ein Flugzeug, dessen Flügel eine V-Form besitzt, so erzeugt die weiter vorn liegende Flügelhälfte einen größeren Auftrieb als die weiter hinten liegende Flügelhälfte. Ursache hiefür ist die durch die Kombination V-Form(γ)/Schiebewinkel(δ) entstehende Anstellwinkeländerung $\Delta\alpha$, die näherungsweise berechnet werden kann zu [7]

$$\Delta\alpha = \pm\gamma\delta \qquad (51)$$

Damit kommt es beim Schieben zu einer antimetrischen Auftriebsverteilung mit einer Unstetigkeitsstelle am "Flügelknick" (dünne Linie in Bild22). Würde es sich um einen geraden Flügel mit "Ohren" handeln, gäbe es entsprechende zwei Unstetigkeitsstellen an den Übergangstellen zu den "Ohren". Die infolge der unterschiedlichen Anströmgeschwindigkeiten in Kurvenrich-

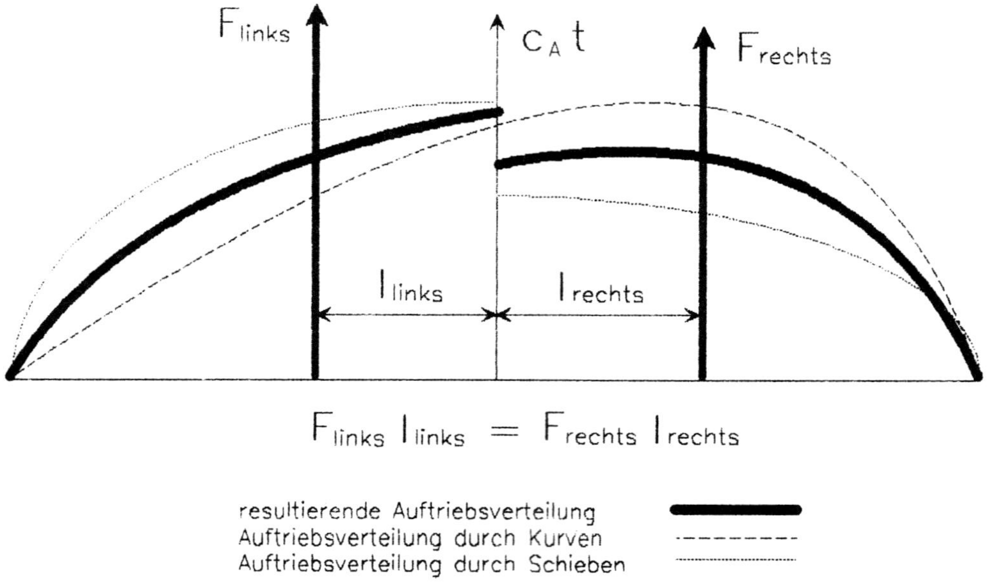

Bild 22: Verlauf der Auftriebsverteilung $c_A t$ über der Spannweite bei einem querruderlosen Flugzeug im stationären Kurvenflug. Infolge der asymmetrischen Flügelanströmung (links = kurveninnere Flügelhälfte; rechts = kurvenäußere Flügelhälfte) durch das Kurven entsteht ein Rollmoment nach links (d.h. in Kurvenrichtung). Dieses wird durch eine zusätzliche asymmetrische Anströmung infolge der Schiebebewegung des Flugzeuges (die voreilende = linke Tragflügelhälfte erfährt infolge der V-Form einen größeren Auftrieb als die nacheilende = rechte Tragflügelhälfte) kompensiert. Die resultierende Auftriebsverteilung über der Spannweite ist zwar in ihrem Verlauf nicht symmetrisch, jedoch kompensiert sich das Rollmoment der beiden Flügelhälften (das Rollmoment einer Flügelhälfte ergibt sich aus dem Produkt ihrer Auftriebsresultierenden $F_{links/rechts}$ mit deren Abstand zur Flugzeuglängsachse $l_{links/rechts}$) zu Null.

tung wirkende Auftriebsverteilung überlagert sich mit der durch Schieben entgegen der Kurvenrichtung wirkenden Auftriebsverteilung zur resultierenden Auftriebsverteilung (dicke Linie in Bild 22) derart, daß die Momentenbilanz am Flügel genau Null wird und das Flugzeug im stationären Kurvenflug verharren kann. Dabei ist es durchaus möglich, daß eine Flügelhälfte einen größeren Auftrieb erzeugt als die Andere: In Bild 22 liefert die kurveninnere Flügelhälfte einen größeren Auftrieb als die kurvenäußere Flügelhälfte. Sie greift jedoch näher an der Flugzeuglängsachse an, so daß das Produkt aus Auftriebskraft und Abstand von der Rumpflängsachse (=Rollmoment, welches eine Flügelhälfte erzeugt) genau so groß wie auf der kurvenäußeren Seite ist.

Auch die Pfeilung eines Flügels liefert ein Schieberollmoment. Dies ist auch der Grund, warum gepfeilte Flügel im Allgemeinen eine geringere V-Form als ungepfeilte Flügel aufweisen. Der Erklärungsmechanismus, wie durch eine Schiebebewegung ein Rollmoment erzeugt wird, ist dann ein anderer. Die Tatsache jedoch, daß durch Schieben ein aufrichtendes Moment erzeugt wird, ändert sich nicht. Daraus kann man aber auch schlußfolgern: Wenn im Kurvenflug nicht durch Querruder "gestützt" wird, muß das Flugzeug schieben! Man kann dies auch bei genauerem Hinsehen beobachten: kurbelt ein Modell ziemlich eng, so zeigt die Rumpfspitze wie in Bild 21 nach außen.

Das Schieben hat natürlich unmittelbare Auswirkungen auf die Kurvenflugleistung des Modells. Es überlagern sich zwei Tendenzen:

1.) Der Schiebewinkel wird klein, wenn die V-Form groß gewählt wird (Gleichung(51)). Eine Vergrößerung der V-Form bedeutet aber auch eine Neigung der Auftriebsresultierenden der beiden Flügelhalften, die immer senkrecht auf dem Flügel stehen. Eine Neigung der Auftriebsresultierenden erfordert eine Zunahme des Gesamtauftriebes F_R zu

$$F_R = \frac{mg}{\cos\gamma} \qquad (52),$$

der nur über eine höhere Fluggeschwindigkeit, also ein höheres Sinken und vor allem einen größeren Kurvenradius erkauft werden kann.

2.) Der Schiebewinkel führt zu einer seitlichen Anströmung des Flügels (v_s, Bild 21). Es kann aber nur die senkrecht zur Querachse gerichtete Komponente der Fluggeschwindigkeit (v_n, Bild 21) zur Kompensation der Schwerekraft genutzt werden:

$$v_n = v_s \cos\delta \qquad (53)$$

Jede Erhöhung des Schiebewinkels führt deshalb zwangsweise zu einer Erhöhung der Bahngeschwindigkeit v_s und damit zu einem größeren Sinken und zu einem größeren Kurvenradius. Außerdem wird durch die seitliche Anströmung der Widerstand der nichttragenden Teile wie Rumpf und Leitwerk erhöht.

Konnte man bei den Betrachtungen zum Kurvenflug noch davon ausgehen, daß die Spannweite des Flugzeuges keinen Einfluß auf den Kurvenradius hat, so muß man jetzt davon abgehen für den Fall, daß die Kurve ohne Querruderunterstützung geflogen wird. Aus Bild 21 geht unmittelbar hervor, daß das Geschwindigkeitsverhältnis an den Flügelspitzen v_a/v_i vom Verhältnis des Kurvenradius r_k zur projezierten Halbspannweite $b_p/2$ mit $b_p/2 = b/2\cos\beta$ abhängig ist:

$$\frac{v_a}{v_i} = \frac{r_k + \frac{b}{2}}{r_k - \frac{b}{2}} \qquad (54)$$

Da das Schieben durch die asymmetrische Anströmung ausgelöst wird, sollte das Geschwindigkeitsverhältnis v_a/v_i möglichst klein sein. Dies wird dann erreicht, wenn die Spannweite relativ zum Kurvenradius klein ist. Da stets ein minimaler Kurvenradius angestrebt wird (möglichst enges Kreisen am Thermikzentrum), besteht die einzige Möglichkeit in einer Verkleinerung der Spannweite. Damit existiert ein weiterer Grund, die Flügelfläche nicht durch Spannweitenvergrößerung sondern durch Streckungsverkleinerung gegenüber den herkömmlichen Auslegungen zu verändern.

Der genaue Verlauf der Auftriebsverteilung längs Spannweite (Bild 22) kann nur über die Anwendung spezieller Verfahren exakt berechnet werden. Im Folgenden wurde die Auftriebsverteilung längs Spannweite abgeschätzt und der Kurvenschiebewinkel als Funktion der V-Form dargestellt (Strich-Punkt-Linie in Bild 23). Grundlage der Abschätzung bildete das Allroundmodell mit einer Spannweite von 3 m bei einer Kurvenschräglage von 30°. Logischerweise wird der Schiebewinkel mit zunehmender V-Form geringer. Einerseits bringt bei diesem Modell eine V-Form (das Modell soll keine Ohren haben, sondern lediglich in Flügelmitte einen "Knick" besitzen) von $\gamma > 10°$ kaum noch erwähnenswerte Verringerungen des Schiebewinkels δ, andererseits sollte die V-Form auf keinen Fall $\gamma < 5°$ betragen. Um eine schärfere Aussage zur richtigen Wahl der V-Form der Flügel zu erhalten, wurde anschließend der sich aus Schiebewinkel, V-Form sowie den Beziehungen(52) und (53) ergebende Kurvenradius über der V-Form aufgetragen (durchgezogene Linie in Bild 23). Dieser erreicht sein Minimum bei einer V-Form von $\gamma = 6°$-$7°$. Dieser Wert deckt sich in etwa mit dem herkömmlicher Konstruktionen. Es ist hierbei zu bemerken, daß einerseits der Kurvenradius ein reines Leistungskriterium ist, welches sich durch den in der Abschätzung vernachlässigten Zusatzwiderstand von Rumpf und Leitwerk noch weiter in Richtung höherer V-Form verschieben wird. Andererseits spielt bei der Thermikfliegerei ein stabiles Kurvenflugverhalten eine entscheidende Rolle (das Modell soll möglichst selbst in der Thermik zentrieren). Dafür haben sich kräftige V-Formen bewährt. Die günstigste V-Form dürfte deshalb in diesem Falle bei etwa $\gamma = 10°$ liegen. Alle diese Werte beziehen sich immer nur auf eine Fläche, die Gesamt V-Form ist also doppelt so groß.

Dieser Wert gilt natürlich nur dann, wenn dieses Modell für eine reine Thermikfliegerei optimiert werden soll. Im Geradeausflug macht sich eine V-Form negativ bemerkbar. Die Wahl der V-Form hängt also wie die Wahl der Flügelgeometrie entscheidend vom Einsatzweck ab.

Aus der Erfahrung heraus ist wohlbekannt, daß "Ohren"-Flächen bessere Kreisflugeigenschaften garantieren als Flächen mit einem einfachen Knick. Dieser Sachverhalt ist schnell erklärt:

a) Es sind nur die Auftriebsresultierenden der Ohren geneigt. Die Auftriebsresultierende des Flügelmittelstücks ist nicht geneigt und erzeugt damit auch keinen zusätzlichen Verlust. So erzeugt im Geradeausflug eine einfache V-Form von 10° einen Verlust von ca. 18% gegenüber dem geraden Flügel. Wird dagegen eine Rechteckfläche mit Ohren vom einer Länge $l_o = 0.5 * b/2$ und einer V-Form von 15° betrachtet, so beträgt hier der Verlust infolge der V-Form ca. 13% gegenüber dem geraden Flügel.

Anmerkung: Der Leistungsverlust infolge V-Form entsteht in erster Linie nicht aus der Verkleinerung der projezierten Fläche (einfacher V-Knick: $A_p = A\cos\gamma$), die sich bei $\gamma = 10°$ um ca. 1.5% verkleinert. Eine Verkleinerung der Flügelspannweite um diese 1.5% würde sich nur minimal auf die Flugleistung auswirken. Anders hingegen die zusätzlich produzierte, horizontale Auftriebskomponente, die eine reine Blindleistung darstellt und die erforderliche Auftriebskraft mit dem damit verbundenen Widerstandszuwachs über der **gesamten** (d.h., nicht der projezierten) Spannweite erhöht:

$$F_{AX} = \frac{F_{AY}}{\cos\gamma}\sin\gamma = mg\tan\gamma \qquad (55)$$

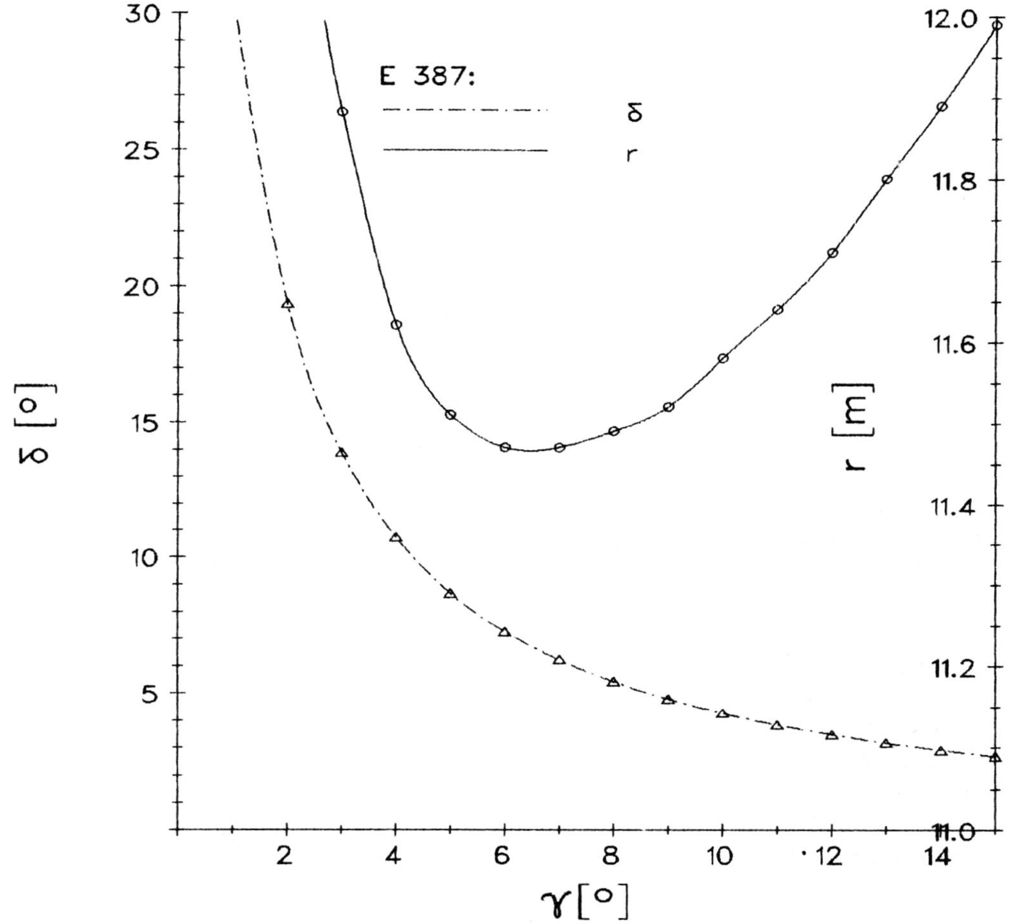

Bild 23: Schiebewinkel δ und Kurvenradius r in Abhängigkeit von der V-Form γ des Allroundmodells (E 387, einfacher V-Knick in Flügelmitte) bei einer Kurvenschräglage von 30°. Zwar nimmt einerseits der Schiebewinkel mit wachsender V-Form ab, andererseits erhöht sich dabei die Fluggeschwindigkeit. Der minimal erzielbare Kurvenradius (Kriterium für Thermiktauglichkeit!) wird bei einer V-Form von γ = 6° erreicht.

b) Dadurch, daß die Ohren eine große Entfernung zur Flugzeuglängsachse aufweisen, wird das Schieberollmoment im Verhältnis zur einfach geknickten Fläche durch eine relativ kleine Kraftänderung an einem relativ großen Hebelarm erzeugt. Dies wiederum bedeutet aber auch kleinere Verluste im Schiebeflug.

Eine genauere Untersuchung sollte unter Nutzung eines Verfahrens zur Berechnung der Auftriebsverteilung an Tragflügeln durchgeführt werden. Man kann aber abschätzen, daß die optimale Ohrenlänge deutlich unter der Hälfte der Halbspannweite liegen muß. Anhaltspunkte liefern dazu die Modelle der Freiflugklassen (F1A, F1B, F1C).

Die bis jetzt aufgeführten Leistungsaspekte der V-Form haben allerdings nur beschränkte Gültigkeit. Die V-Form hat einen entscheidenden Einfluß auf das Kurvenflugverhalten des Flugzeuges. Zu wenig V-Form führt wenigstens dazu, daß das Modell von allein nicht zentriert und zu einem indifferenten Kurvenflugverhalten neigt. Schlimmstenfalls neigt das Modell zum Spiralsturz - eine sinnvolle Fliegerei in der Thermik ist dann nicht mehr möglich. Zu viel V-Form hingegen kann zu Pendelschwingungen führen, die sich darin äußern, daß das Modell um seine Längsachse pendelt. Hervorgerufen wird diese Pendelschwingung durch ein zu starkes Schieberollmoment. Fängt das Modell bspw. an zu schieben, so wird eine so starke Rollbewegung in die entgegengesetzte Richtung erzeugt, daß das Modell über die Normalfluglage hinausschießt und der Vorgang von der anderen Seite erneut beginnt. Sowohl Spiralsturzneigung als auch Pendelschwingungen engen damit die Größe der möglichen V-Form ein. Da die oben gemachten Leistungsbetrachtungen in den Zwischenbereich der möglichen V-Form fallen, können sie auch zur Modelloptimierung mit hinzugezogen werden – der Blick auf die Flugeigenschaften darf dabei freilich nie vergessen werden. Wie neuere Untersuchungen zu zeigen scheinen, erreichen elliptisch durchgebogene Flügel sowohl gute Flugeigenschaften als auch nur sehr geringe Leistungsverluste.

Eine weitere Möglichkeit, die Spiralsturzneigung zu kompensieren, besteht im Einbau einer starken Flügelschränkung. Liefern die Flügelenden Abtrieb, so kehrt sich das oben beschriebene Rollmoment infolge der unterschiedlichen Anströmgeschwindigkeit der Flügel in seinem Vorzeichen um: bei einem zu engen Kreis (Spiralsturz) nimmt der Abtrieb am Außenflügel zu und am Innenflügel ab, so daß ein aufrichtendes Moment entsteht – der Kreis wird wieder flacher. Es wird berichtet, daß das berühmte Segelflugzeug "Minimoa" von Wolf Hirth durch die große eingebaute Flügelschränkung ein sehr angenehmes Kurvenflugverhalten hatte. [8] Diese allerdings erhöht den induzierten Widerstand des Tragflügels und verschlechtert damit ebenfalls die Flugleistung.

FAZIT: Bei einem seitenrudergesteuerten Modell tritt beim Kreisen ein zusätzlicher Leistungsverlust auf, der zur Kompensation des infolge der unterschiedlichen Anströmgeschwindigkeit des Flügels entstehenden Rollmomentes benötigt wird.

Der Pilot eines seitenrudergesteuerten, nicht sehr sauber gebauten oder alten, d.h. eines verzogenen Modells wird schon die Erfahrung gemacht haben, daß dieses Modell seine "Schokoladenkreisseite" hat, d.h. daß es in einer Richtung "besser" kreist als in der anderen Richtung. Dieser Effekt ist schnell erklärt: Der Verzug wirkt wie ein Querruderauschlag. Läßt man nun das Modell entgegen der Richtung kreisen, die es bei neutraler Ruderstellung einnehmen würde, so kreist es quasi querrudergestützt. Damit ist sowohl sein Kurvenflugverhalten als auch seine Flugleistung besser als die des unverzogenen Modells! In entgegengesetzter Richtung hingegen macht sich der Verzug auch in dieser doppelten Weise negativ bemerkbar. Ich bin gegen einen leichten Verzug des Modells nicht abgeneigt. In größeren Flughöhen kann man immer zur "Schokoladenrichtung" wechseln und erhält dadurch ein sehr stabiles Kurvenverhalten, was bis dahin führen kann, daß das Modell 5 min und mehr ohne einen einzigen Steuerausschlag völlig kreisstabil in der Thermik verbleibt.

Modellauslegung

Es stellt sich die prinzipielle Frage nach der günstigsten Konfiguration eines Flugzeuges für den Thermikflug. Dabei soll hier nicht der Versuch unternommen werden, verschiedene Flugzeugkonfigurationen durchzurechnen. Aber es sollen einige Schlußfolgerungen für den Entwurf, die sich aus den Betrachtungen in diesem Buch ergeben haben, angeschnitten werden.

Zentrale Leistungsforderung sollte ein möglichst kleiner minimaler Kurvenradius, d.h. ein hoher Auftriebsbeiwert und eine geringe Flächenbelastung sein. Dies erfordert

1.) Profile mit einem hohen Auftriebsbeiwert. Schnelle Profile mit eingebauten Wölbklappen sind zwar prinzipiell möglich, erhöhen aber den Bauaufwand und bringen im Thermikmodellsegelflug nicht den erhofften Gewinn. Die im Thermikflug geflogenen Geschwindigkeiten führen zu geringen Re-Zahlen. Deshalb sollte man dünne (Re-Zahl-unempfindlich) und stark gewölbte (hoher Auftriebsbeiwert) Profile verwenden. Einen Anhaltspunkt bilden die Flügelprofile von Bussard, Milan, Geyer etc. Sehr gut bewährt hat sich eine Flügelprofilierung mit Jedelsky-Profil.

2.) Flügel großer Flügelfläche. Der Vorteil einer geringen Flügelstreckung (bei vorgegebener Spannweite) ist eine große Flügelfläche sowie eine große Profiltiefe mit der damit verbundenen Erhöhung der Re-Zahl des Flügels.

Wichtigste Flugeigenschaftsvorderungen sind ein gutmütiges Kurvenflug- und Abkippverhalten. Dies kann erreicht werden durch

3.) ein genügend großes Schieberollmoment; konstruktiv durch
 a) V-Form (möglichst zu den Flügelenden zunehmend)
 b) Pfeilung des Flügels

4.) eine starke Flügelschränkung

5.) ein geringes Schiebegiermoment (das Schiebegiermoment verstärkt die Spiralsturzneigung); konstruktiv durch ein kleines Seitenleitwerk, kleine Seitenflächen

6.) füllige Auftriebsbelastung des Flügels; konstruktiv durch eine entsprechend abgestimmte Kombination Flügelgeometrie/Profilierung/Schränkung.

zur Konfiguration:

Enten: das durch den Tragflügel entstehende kopflastige Moment wird durch das Entenleitwerk mittels einer positiven Auftriebskraft kompensiert. Damit ermöglicht die Entenkonfiguration den größten Maximalauftrieb und stellt damit aus leistungsmäßiger Sichtweise trotz verminderter aerodynamischer Güte die optimale Konfiguration dar. Die Frage nach den Flugeigenschaften im Kurvenflug wäre noch zu stellen.

"Normal"-Flugzeug: das durch den Tragflügel entstehende kopflastige Moment wird durch das Höhenleitwerk mittels einer negativen Auftriebskraft kompensiert. Dieser Leistungsverlust (im Sinne des minimalen Kurvenradius') wird aber durch die stabilisierende Wirkung des hintenliegenden Leitwerkes und damit Verbesserung der Flugeigenschaften relativiert.

Nürflügel: Es besteht das Problem der doppelten Optimalität [8], welches besagt, daß man nie sowohl die Forderung nach optimalen Leistungen (hoher Maximalauftrieb und geringer induzierter Widerstand) als auch nach Abkippsicherheit aufstellen kann. Es läßt sich immer nur eine dieser Forderungen erfüllen. Maximalauftrieb und Abkippsicherheit sind aber gerade die entscheidenden Forderungen an ein Thermikmodell. Allerdings besitzt der gepfeilte Nurflügel von Haus aus eine Schränkung, ein hohes Schieberollmoment (welches durch die Pfeilung entsteht und dadurch nicht durch den Leistungsverlust wie bei der V-Form erkauft werden muß!) und ein geringes Schiebegiermoment - also sehr günstige Kreisflugeigenschaften. Andererseits ist die Empfindlichkeit der Nurflügel auf die Profilmomente sehr groß. Deshalb trifft man überwiegend in den Konstruktionen Profile mit einem sehr geringen Nullmomentenbeiwert an. Diese liefern aber prinzipiell geringere Auftriebsbeiwerte als voll ausgewölbte Profile.

Formelverzeichnis

Die angegebenen Einheiten orientieren sich am SI-Einheiten-System. Im Text werden aus Üblichkeitsgründen dennoch hin und wieder SI-femde Einheiten verwendet. Dies ist dann ausdrücklich vermerkt. Winkel werden, wenn nicht anders darauf hingewiesen, im Bogenmaß verwendet.

Allg. physikalische Größen

a	Beschleunigung [m/s²]
g	Erdbeschleunigung [=9.81 m/s²]
K	Gleitzahl
m	Flugzeugmasse [kg]
p	Luftdruck [N/m²]
R_i	Gaskonstante von Luft [=287 J/(kg K)]
S	Steigzahl
T	Lufttemperatur in KELVIN [K]
Δt	Zeitintervall [s]
t_s	für Thermiksuche verbleibende "Restzeit" [s]
v	Fluggeschwindigkeit [m/s]
v_a	Anströmgeschwindigkeit an der kurvenäußeren Flügelspitze [m/s]
v_{eff}	Fluggeschwindigkeit gegenüber der Erdoberfläche [m/s]
v_i	Anströmgeschwindigkeit an der kurveninneren Flügelspitze [m/s]
v_k	Kurvenfluggeschwindigkeit [m/s]
v_n	in Rumpflängsachse gerichtete Geschwindigkeitskomponente [m/s]
v_s	Geschwindigkeit des schiebenden Flugzeuges [m/s]
v_w	Windgeschwindigkeit [m/s]
w	Sinkgeschwindigkeit [m/s] (2.1)
	Vertikalgeschwindigkeit im Bart [m/s] (2.3)
w_k	Kurvenflugsinkgeschwindigkeit [m/s]

w_o, w_u	Vertikalgeschwindigkeit im Bart [m/s]
w_{max}	maximal auftretende Steiggeschwindigkeit im Bart [m/s]
w_r	res. Vertikalgeschw. des Flugzeuges im Bart [m/s]
ρ	Luftdichte [kg/m^3]
ϑ	Lufttemperatur in Grad CELSIUS [°C]
η	Dynamische Viskosität [Pas]

Geometrische Größen:

A	Flügelfläche [m^2]
	projezierte Bartfläche [m^2] (2.3)
b	Flügelspannweite [m]
b_k	Klappenspannweite [m]
H	Flughöhe [m]
h	Hub
Δh	abgeglittene Höhendifferenz [m]
L	Drift [m]
Δl	abgeglittene Strecke [m]
R_B	Bartaußenradius [m]
r	Kurvenradius [m]
r_B	Bartradius [m]
r_{min}	minimaler Kurvenradius [m]
t	Flügeltiefe [m]
t_k	Klappentiefe [m]
λ	Flügelstreckung
χ	Klappentiefenverhältnis
θ	Klappenlängenverhältnis

Aerodynamische Beiwerte

c_A	Auftriebsbeiwert des Flugzeuges
c_{ap}	Profilauftriebsbeiwert
c_{apmax}	maximaler Profilauftriebsbeiwert
c_{apk}	Profilauftriebsbeiwert mit Klappe
c_w	Widerstandsbeiwert des Flugzeuges
c_{wi}	induzierter Widerstandsbeiwert
c_{wp}	Profilwiderstandsbeiwert
c_{ws}	schädlicher Widerstandsbeiwert

Winkel

$\Delta\alpha$	Anstellwinkeländerung
a_g	Gleitwinkel
a_s	Steigwinkel
β	Kurvenschräglagewinkel
β^*	inverser Kurvenschräglagewinkel
δ	Schiebewinkel
γ	V-Form-Winkel
η	Klappenwinkel

Kräfte

F	Kraft [N]
F_A	Auftriebskraft des Flügels [N]
F_{Ax}	horizontale Auftriebskomponente des Flügels [N]
F_{Ay}	vertikale Auftriebskomponente des Flügels [N]
F_G	Gewichtskraft [N]
F_z	Zentrifugalkraft [N]

Literaturverzeichnis

[1] Wissmann, Gerhard: *Die Geschichte des Segelfluges*
Transpress VEB Verlag für Verkehrswesen, Berlin 1988

[2] Thies, Werner; Hepperle, Martin: *Eppler-Profile* (Modell-Technik-Berater 1/2)
Verlag für Technik und Handwerk, Baden-Baden 1986

[3] Autorenkollektiv: *Transpress-Lexikon-Luftfahrt*
Transpress VEB Verlag für Verkehrswesen, Berlin 1975

[4] Autorenkollektiv: *Lehrheft der Flugnavigation*
Zentralvorstand der GST - Abteilung Flugsport, 1968

[5] Bohl, Willi: *Technische Strömungslehre*
VEB Fachbuchverlag Leipzig, Leipzig 1984

[6] Bucht, Hartmut: *Segelfliegen*
Transpress VEB Verlag für Verkehrswesen, Berlin 1980

[7] Schlichting, H.; Truckenbrodte, E.:
Aerodynamik des Flugzeuges
Springer-Verlag, Berlin/Göttingen/Heidelberg 1960

[8] Nickel, K.; Wohlfahrt, M., M.: *Schwanzlose Flugzeuge – Ihre Auslegung und ihre Eigenschaften*
Birkhäuser Verlag, Basel/Boston/Berlin 1990